医学部攻略の数学
III

河合塾講師 西山 清二 著　　黒田 惠悟 編集協力

河合出版

はじめに

　年々厳しくなる医学部合格のためには，他学部であれば解けなくてもよい問題も解かなくてはならないため，たくさんの教科でのハイレベルな学習が必要です．したがって，限られた時間でそれを成し遂げるには，よくまとまった教材を用い効率よく学習する必要があります．

　私たちは長年受験指導をしてきましたが，医学部合格のための数学という視点で構成され受験生に薦められる参考書が見当たりませんでした．見当たらない理由は「医学部だから特別な数学(医学部数学)があるのか」，「ハイレベル数学とは違うのか」という疑問と無関係ではないでしょう．しかし，現に薦められる参考書は見当たらなかったのです．

　本書は，医学部受験指導を長年担当している現役予備校講師が集まり，今までの失敗・成功の議論を重ね，不要なものをそぎ落とし，合格のために本当に必要なものを精選し解説したものです．問題の出典はできるだけ医学部の入試問題を用いました．入試に出題される以上，かなり高度な内容の問題も当然収録しています．しかしこれ以上は必要ないというところまで絞り込んでいます．逆に，どこの大学でも出題されれば受験生は正解するであろう基本的な内容は載せていません．

　本書の編集の過程において，医学部合格のために必要な問題の選択基準は何かということが何度も議論になりました．集まったメンバーはそれぞれに確立された指導方法を持っていましたが，1つの分野1つのテーマという具体的素材の検討ということになるとその度ごとに意見の違いがあり素材選択の再検討ということを何度も行いました．この結果，選択基準は単純な画一的なものではなく，分野ごとテーマごとにさまざまな要因で総合的に判断されたものとなっており，偏見は少なく，より多くの読者に効率のよい学習を提供できるものになったと確信しています．医学部数学という単純なくくりでは本書を語れない理由がここにあると思います．違った立場の人の意見を聞くとなるほどと思うことも少なくなく私たち自身，本書の作成によって成長したように思います．

　本書の編集にあたって，テーマ設定・問題の吟味等は複数のメンバーが共同であたり，解答・解説の執筆は数学Ⅰ・A・Ⅱ・Bは黒田惠悟が，数学Ⅲは西山清二が行いました．

　医学部合格に特別な数学的センスは必要ありません．ただ，難しくてもマスターできるまで繰り返し繰り返し努力を続けられる情熱が必要です．そしてその経験は，将来医師として活躍されるときにきっと皆さんを支えてくれることでしょう．

黒田惠悟 しるす

受験生の皆さんに伝えたいこと

　医学部受験生を教えて20数年が経ちました．その間，本当によい生徒たち，先生たちに出会え私自身も成長することができました．今回，好運にも執筆の機会を得ましたが，私はこの参考書にその20数年間の蓄積を集大成させました．

　さて，医学部に合格することは確かに非常に難しいです．しかし，医学部に合格するために特別な才能が必要なわけではありません．実際，今医学部に通っている学生たちも，現在医師に従事している人たちも努力によってそれを勝ち得たのです．そして，それは皆さんにとっても努力によって必ず届く範囲です．

　本書は医学部に出題率が高く典型的で質の高い問題を厳選しました．解答はなるべくわかり易く書いたつもりです．【解答】のあとの（解説），〈参考〉は解答に対する補足，ポイントの整理，問題の意味を解説しました．（発展）では問題の背景やその問題と大学以降の数学とのつながりを述べたものです．こういうものを通して「数学って面白いんだ」と思ってもらえたら幸いです．

　次に本書の活用法について述べます．

1　まず，ノートとエンピツを用意し，解けなくてもすぐにはあきらめずに [考え方] などを参照して「少なくとも25分」くらいは考えて下さい．

2　自力で解けなかったら【解答】，（解説）をじっくり読んで理解したら，ノートに自分なりの解答を書いて下さい．

3　そして**類題**をやります．

　このようにして一通りやって下さい．これが**一回目の勉強**です．

　さてこれからが大切です！　物事は一回だけで修得できるというものはほとんどありません．卑近な例ですが，自転車に乗るのだって，逆上がりだって何度も何度も練習してできるようになります．

　医学部の入試は平均するとだいたい **100分で4題**くらいです．したがって入試においては初見の問題を **1題平均25分**くらいで解くことになります．そのためには，すでに学習した問題が25分くらいで解答を見ないで解けるようになることが必要です．そこで，

4　本書にある問題，類題をすべて**解答を見ないで25分くらいで解けるまで繰り返して下さい．**その際，すべての計算を実行しきちんと解答をノートに書いて下さい．

　知ることと繰り返すことは違います！　医学部に合格した人たちに聞くと**7回は繰り返した**ということをよく耳にします．このように繰り返し繰り返しやることで計算力がつき，数学特有の発想法や思考回路が脳の中にできあがっていくのでしょう．数学が不得意な人は，**数学こそは繰り返すことが必要**だと肝に銘じて下さい．受験勉強というのは，ある意味では学んだ問題をすべて解けるようにしていく，しか方法はないのです．上の4で述べたことをやるかどうかが医学部への**合否の別れ道**です．

　人間は計り知れない潜在能力を秘めています．成功を信じて頑張って下さい．

　なお初校の段階で中村拓人先生にみてもらいました．ここに感謝の意を表します．

2015年9月　西山清二

目　次

はじめに
受験生の皆さんに伝えたいこと

第1章　極　限

問題1　$\lim_{n\to\infty}\dfrac{n}{a^n}=0$ の証明 …………… 8　　類題1 ………………………… 9

問題2　漸化式で定まる数列の極限
　　　$|x_{n+1}-\alpha|\leqq K|x_n-\alpha|$ ……… 10　　類題2 ………………………… 13

問題3　ニュートン法◆ ………………… 14　　類題3 ………………………… 17

問題4　$\lim_{\theta\to 0}\dfrac{\sin\theta}{\theta}=1$ の応用 ……… 18　　類題4 ………………………… 19

問題5　$\lim_{x\to\infty}\left(1+\dfrac{1}{x}\right)^x=e$ ………… 20　　類題5 ………………………… 21

問題6　無限級数の和 …………………… 22　　類題6 ………………………… 23

第2章　微分法の応用

問題7　グラフの概形 …………………… 24　　類題7 ………………………… 25

問題8　パラメータ表示された曲線の
　　　概形―リサジュー曲線 ……… 26　　類題8　［リサジュー曲線］ …… 29

問題9　最大・最小（1） ………………… 30　　類題9 ………………………… 31

問題10　最大・最小（2）独立2変数 …… 32　　類題10 ………………………… 33

問題11　最大・最小（3）陰関数 ………… 34　　類題11　［スネルの法則（屈折の法則）］ 35

問題12　方程式への応用（接線の本数） … 36　　類題12 ………………………… 37

問題13　通過範囲 ………………………… 38　　類題13 ………………………… 41

問題14　不等式への応用 ………………… 42　　類題14 ………………………… 43

問題15　凸不等式◆ ……………………… 44　　類題15 ………………………… 47

問題16　エントロピー◆ ………………… 48　　類題16 ………………………… 51

問題17　$e^x>\sum_{k=0}^{n}\dfrac{x^k}{k!}$ ……………………… 52　　類題17 ………………………… 53

第3章　積分法の応用

問題18　定積分の計算（対称性の利用） 54　　類題18 ………………………… 55

問題19　$I_n=\int_0^{\frac{\pi}{2}}\sin^n x\,dx$（ウォリスの
　　　公式） ……………………………… 56　　類題19　［ウォリスの公式］ …… 57

問題20　ベータ関数 ……………………… 58　　類題20 ………………………… 59

問題21　直交関数 ………………………… 60　　類題21 ………………………… 61

問題22　$\sum_{n=0}^{\infty}\dfrac{1}{n!}=e$，$e$ の無理数性 …… 62　　類題22　［ライプニッツ級数・
　　　　　　　　　　　　　　　　　　　　　　　　メルカトル級数］ ………… 63

問題23　双曲線関数 ……………………… 64　　類題23　［双曲線関数］ ………… 67

問題24　極座標と面積（レムニスケート）
　　　　　　　　　　　　　　　　… 68　　類題24　［デカルトの正葉曲線］ … 71

問題25　パラメータ表示された曲線の
　　　囲む面積（カージオイド） …… 72　　類題25　［リマソン］ …………… 73

問題26　サイクロイドとその平行曲線
　　　の囲む面積 ……………………… 74　　類題26　［円の伸開線］ ………… 77

問題27	図形の回転体の体積………… 78	類題27	…………………………… 79
問題28	不等式で表された立体の体積 80	類題28	[球と円柱の共通部分の体積]‥83
問題29	y軸回転体の体積…………… 84	類題29	…………………………… 85
問題30	斜軸回転体の体積…………… 86	類題30	…………………………… 89
問題31	非回転体の体積……………… 90	類題31	…………………………… 91
問題32	回転一葉双曲面……………… 92	類題32	…………………………… 93
問題33	回転放物面…………………… 94	類題33	…………………………… 95
問題34	展開可能な曲面の面積◆…… 96	類題34	…………………………… 97
問題35	曲線の長さ，対数螺線……… 98	類題35	[円の垂足曲線] ………… 99

第4章　微分・積分総合

問題36	絶対値記号を含む定積分…… 100	類題36	…………………………… 101
問題37	積分方程式…………………… 102	類題37	…………………………… 105
問題38	チェビシェフの多項式……… 106	類題38	…………………………… 109
問題39	体積の評価と極限…………… 110	類題39	[面積の評価と極限] …… 113
問題40	$\lim_{n\to\infty}\int_0^\pi f(x)|\sin nx|dx$ …… 114	類題40	…………………………… 117
問題41	格子点の個数の評価………… 118	類題41	…………………………… 119
問題42	面積(長方形)比較による不等式とその応用………… 120	類題42	…………………………… 121
問題43	面積(台形)比較による不等式とその応用………… 122	類題43	…………………………… 124
問題44	変位・速度・加速度………… 126	類題44	…………………………… 129
問題45	水の問題……………………… 130	類題45	…………………………… 131
問題46	確率と区分求積法…………… 132	類題46	…………………………… 133

第5章　2次曲線と極座標

問題47	楕円の準円…………………… 134	類題47	[楕円に外接する長方形] … 135
問題48	楕円の極方程式……………… 136	類題48	…………………………… 139
問題49	双曲線の性質………………… 140	類題49	[双曲線の性質] ………… 141

第6章　複素数平面

問題50	代数方程式の共役解と複素数平面上での解の配置………… 142	類題50	[複素数平面上での解の配置(ファン・デン・ベルグの定理)] 145
問題51	1の5乗根…………………… 146	類題51	[1のn乗根] …………… 149
問題52	1の7乗根…………………… 150	類題52	[1の7乗根] …………… 152
問題53	$\sum_{k=0}^{n}\cos k\theta$, $\sum_{k=0}^{n}\sin k\theta$……… 154	類題53	…………………………… 155
問題54	複素数平面の図形への応用‥ 156	類題54	…………………………… 157
問題55	平行・直交条件……………… 158	類題55	…………………………… 161
問題56	三角形の相似条件と正三角形‥162	類題56	[三角形の形状] ………… 165
問題57	共線・共円条件……………… 166	類題57	[共円条件] ……………… 167
問題58	1次分数変換………………… 168	類題58	[反転] …………………… 171
問題59	複素数の点列の極限への応用‥ 172	類題59	…………………………… 173
問題60	$w=z^2$ ……………………… 174	類題60	…………………………… 177

この本に登場する有名曲線………………………………………………… 178

(注)　問題文の右肩の◆印はやや難問を表します．入試問題の出題大学名は現行の大学名にしてあります．[例] 高知医科大→高知大 [医]

問題 1 $\lim_{n\to\infty}\dfrac{n}{a^n}=0$ の証明

(1) h を正の数とするとき，任意の自然数 n に対して次の不等式が成立することを，数学的帰納法を用いて証明せよ．
$$(1+h)^n \geqq 1+nh+\dfrac{n(n-1)}{2}h^2$$

(2) r を $|r|<1$ である実数とするとき，等式 $\lim_{n\to\infty}nr^{n-1}=0$ を証明し，無限級数の和 $\sum_{n=1}^{\infty}nr^{n-1}$ を求めよ．

(島根大 [医])

【解答】

(1) $(1+h)^n \geqq 1+nh+\dfrac{n(n-1)}{2}h^2$ ……(*)

(I) $n=1$ のとき，
(左辺)$=1+h$，(右辺)$=1+h$ であり，(*)は成り立つ．

(II) $n=k$ のとき，(*)は成り立つとすると，
$$(1+h)^k \geqq 1+kh+\dfrac{k(k-1)}{2}h^2.$$
両辺に $1+h\ (>0)$ を掛けて，
$$(1+h)^{k+1} \geqq (1+h)\left\{1+kh+\dfrac{k(k-1)}{2}h^2\right\}$$
$$=1+(k+1)h+\dfrac{k(k+1)}{2}h^2+\dfrac{k(k-1)}{2}h^3$$
$$\geqq 1+(k+1)h+\dfrac{k(k+1)}{2}h^2.$$
よって，(*)は $n=k+1$ のときも成り立つ．
(I), (II) より (*) は任意の自然数 n に対して成り立つ．

(2) $r=0$ のとき，$\lim_{n\to\infty}nr^{n-1}=0$ は明らかである．

$r\neq 0$ のとき，まず $\lim_{n\to\infty}nr^n=0$ を示す．

$|r|<1$ より $\dfrac{1}{|r|}>1$ であるから，$\dfrac{1}{|r|}=1+h\ (h>0)$ とおける．

よって
$$0<n|r|^n=\dfrac{n}{(1+h)^n}\leqq\dfrac{n}{1+nh+\dfrac{n(n-1)}{2}h^2}\quad ((*)\text{より})$$

ここで，$\lim_{n\to\infty}\dfrac{n}{1+nh+\dfrac{n(n-1)}{2}h^2}=\lim_{n\to\infty}\dfrac{1}{\dfrac{1}{n}+h+\dfrac{n-1}{2}h^2}=0$

であるから，はさみうちの原理より，
$$\lim_{n\to\infty}n|r|^n=0 \quad \therefore\quad \lim_{n\to\infty}nr^n=0$$

よって，$\lim_{n\to\infty}nr^{n-1}=\lim_{n\to\infty}\dfrac{nr^n}{r}=0.$

次に，$S_n=\sum_{k=1}^{n}kr^{k-1}$ とおく．

$$S_n = 1 + 2r + 3r^2 + \cdots + nr^{n-1}$$
$$-)\ rS_n = \quad r + 2r^2 + \cdots + (n-1)r^{n-1} + nr^n.$$
$$(1-r)S_n = 1 + r + r^2 + \cdots + r^{n-1} - nr^n$$
$$\therefore\ S_n = \frac{1-r^n}{(1-r)^2} - \frac{nr^n}{1-r}.$$

$|r| < 1$ より $\lim_{n \to \infty} r^n = 0$, $\lim_{n \to \infty} nr^n = 0$ であるから

$$\sum_{n=1}^{\infty} nr^{n-1} = \lim_{n \to \infty} S_n = \frac{1}{(1-r)^2}.$$

(解説)

1 (1)の不等式は $n \geq 2$ のとき,二項展開を用いても証明できます.
$$(1+h)^n = {}_nC_0 + {}_nC_1 h + {}_nC_2 h^2 + \cdots + {}_nC_n h^n$$
$$\geq 1 + nh + \frac{n(n-1)}{2} h^2.$$

2 $n \geq 2$ のとき,$(1+h)^n \geq 1 + nh + \frac{n(n-1)}{2} h^2 \geq \frac{n(n-1)}{2} h^2$ であるから,これより

$$0 < n|r|^n = \frac{n}{(1+h)^n} \leq \frac{n}{\frac{n(n-1)}{2} h^2}$$

と評価してもよいです.

3 $a > 1$ のとき $0 < \frac{1}{a} < 1$ であるから(2)の証明より $\lim_{n \to \infty} \frac{n}{a^n} = 0$ です.これは指数関数 a^n の発散のスピードが n に較べて非常に速いことを示しています.たとえば $a = 2$ とすると,

n	1	2	3	$\cdots$	10	$\cdots$	100
2^n	2	4	8	$\cdots$	2^{10}	$\cdots$	2^{100}

$2^{10} = 1024 \fallingdotseq 1000$ であるから $\frac{10}{2^{10}} \fallingdotseq \frac{10}{1000} = 0.01$,$\frac{100}{2^{100}} = \frac{100}{(2^{10})^{10}} \fallingdotseq \frac{100}{(10^3)^{10}} = \frac{1}{10^{28}} = 0.00\cdots 01$

$$\boxed{a > 1 \text{ のとき,} \lim_{n \to \infty} \frac{n}{a^n} = 0.}$$

なお問題 17 を参照して下さい.

類題 1

(1) $x > 0$ のとき,1より大きい自然数 n について,次の不等式が成り立つことを証明せよ.
$$(1+x)^n \geq 1 + nx + \frac{n(n-1)}{2} x^2.$$

(2) 1より大きい自然数 n について,
$(1+n)^{\frac{1}{n}} = 1 + a_n$ とするとき,次の不等式が成り立つことを証明せよ.
$$1 \geq a_n + \frac{n-1}{2} a_n^2$$

(3) (2)の結果を用いて,次の極限値を求めよ.
$$\lim_{n \to \infty} (1+n)^{\frac{1}{n}}$$

(神戸大 [医])

10　第1章　極　限

問題 2　漸化式で定まる数列の極限 $|x_{n+1}-\alpha|\leqq K|x_n-\alpha|$

$0\leqq x\leqq \dfrac{\pi}{2}$ において関数 $f(x)=e^{-x}(\cos x+\sin x)$ を考える.

(1) $0\leqq x\leqq \dfrac{\pi}{2}$ において $f(x)$ の導関数の絶対値 $|f'(x)|$ の最大値を求めよ.

(2) 方程式 $x=f(x)$ は $0<x<\dfrac{\pi}{2}$ にただ 1 つの解をもつことを示せ.

(3) 数列 $\{x_n\}$ を
$$x_1=0,\quad x_{n+1}=f(x_n)\quad (n=1,\ 2,\ 3,\ \cdots)$$
と定める. (1)の最大値を K, (2)の解を α とするとき,
$$|x_{n+1}-\alpha|\leqq K|x_n-\alpha|\quad (n=1,\ 2,\ 3,\ \cdots)$$
が成り立つことを示し,
$$\lim_{n\to\infty}x_n=\alpha$$
を証明せよ.

(山梨大［医］改)

[考え方]

(2) $g(x)=x-f(x)$ とおく. 方程式 $g(x)=0$ が $0<x<\dfrac{\pi}{2}$ にただ 1 つの解をもつことを示すには, 次の 2 つを示せばよいです.

　(i)　$g'(x)\geqq 0$ または $g'(x)\leqq 0$　　(ii)　$g(0)$ と $g\!\left(\dfrac{\pi}{2}\right)$ が異符号

(3) $x_n\neq\alpha$ のとき, $|x_{n+1}-\alpha|\leqq K|x_n-\alpha|\iff\left|\dfrac{x_{n+1}-\alpha}{x_n-\alpha}\right|\leqq K$.

$x_{n+1}=f(x_n)$, $\alpha=f(\alpha)$ であるから上の式は

$\left|\dfrac{f(x_n)-f(\alpha)}{x_n-\alpha}\right|\leqq K$ と同値になり, $\dfrac{f(x_n)-f(\alpha)}{x_n-\alpha}$

に, 右の平均値の定理が利用できます.

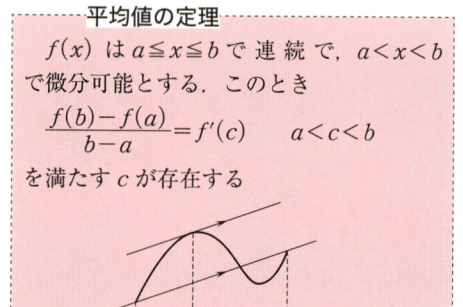

平均値の定理

$f(x)$ は $a\leqq x\leqq b$ で連続で, $a<x<b$ で微分可能とする. このとき
$$\dfrac{f(b)-f(a)}{b-a}=f'(c)\quad a<c<b$$
を満たす c が存在する

【解答】

(1) $f(x)=e^{-x}(\cos x+\sin x)\quad\left(0\leqq x\leqq\dfrac{\pi}{2}\right)$.
$$f'(x)=-2e^{-x}\sin x.$$
$h(x)=|f'(x)|=2e^{-x}\sin x$ とおく.
$$h'(x)=2e^{-x}(\cos x-\sin x).$$

x	0		$\dfrac{\pi}{4}$		$\dfrac{\pi}{2}$
$h'(x)$		$+$	0	$-$	
$h(x)$		↗	最大	↘	

よって, $h(x)=|f'(x)|$ は $x=\dfrac{\pi}{4}$ のとき最大で, 最大値は $\sqrt{2}\,e^{-\frac{\pi}{4}}$.

(2) $g(x)=x-f(x)$ とおく.
$$g'(x)=1-f'(x)=1+2e^{-x}\sin x>0\quad\left(0<x<\dfrac{\pi}{2}\right).$$

よって, $g(x)$ は $0<x<\dfrac{\pi}{2}$ において単調増加で, しかも
$$g(0)=-1<0,\quad g\!\left(\dfrac{\pi}{2}\right)=\dfrac{\pi}{2}-\dfrac{1}{e^{\frac{\pi}{2}}}>0$$

であるから $g(x)=0$, つまり $x=f(x)$ は $0<x<\dfrac{\pi}{2}$ にただ1つの解をもつ.

(3) $x_1=0$, $x_{n+1}=f(x_n)$ ……①

まず, $0\leq x_n\leq\dfrac{\pi}{2}$ $(n=1, 2, 3, \cdots)$ ……②

であることを, 数学的帰納法で示す.

$n=1$ のとき, $x_1=0$ より ② は成り立つ.

$n=k$ のとき, $0\leq x_k\leq\dfrac{\pi}{2}$ が成り立つとする.

$0\leq x\leq\dfrac{\pi}{2}$ において $f'(x)=-2e^{-x}\sin x\leq 0$ であるから $f(x)$ は単調減少である.

よって, $f\left(\dfrac{\pi}{2}\right)\leq f(x)\leq f(0)$.

$$\therefore\ 0<e^{-\frac{\pi}{2}}\leq f(x)\leq 1<\dfrac{\pi}{2}.$$

したがって, $0<f(x_k)<\dfrac{\pi}{2}$ つまり $0<x_{k+1}<\dfrac{\pi}{2}$ となり, ② は $n=k+1$ のときも成り立つ.

ゆえに, ② はすべての自然数 n に対して成り立つ.

α は $x=f(x)$ の解であるから $\alpha=f(\alpha)$. ……③

$x_n\neq\alpha$ のとき, x_n と α の間で $f(x)$ に平均値の定理を用いて,

$$\dfrac{f(x_n)-f(\alpha)}{x_n-\alpha}=f'(c) \quad \cdots\cdots ④$$

となる c が x_n と α の間に存在する.

④ より

$$|f(x_n)-f(\alpha)|=|f'(c)||x_n-\alpha| \quad \cdots\cdots ⑤$$

(⑤ は $x_n=\alpha$ のときも成り立つ)

$0\leq c\leq\dfrac{\pi}{2}$ より $|f'(c)|\leq K$ であるから ⑤ より

$$|f(x_n)-f(\alpha)|\leq K|x_n-\alpha|.$$

よって, ① と ③ より

$$|x_{n+1}-\alpha|\leq K|x_n-\alpha|. \quad (n=1, 2, 3, \cdots) \quad \cdots\cdots ⑥$$

⑥ を繰り返し用いて

$$|x_n-\alpha|\leq K|x_{n-1}-\alpha|$$
$$\leq K^2|x_{n-2}-\alpha|$$
$$\cdots\cdots$$
$$\leq K^{n-1}|x_1-\alpha|.$$

$x_1=0$ より

$$0\leq|x_n-\alpha|\leq K^{n-1}\alpha. \quad \cdots\cdots ⑦$$

ここで $0<K=\sqrt{2}\,e^{-\frac{\pi}{4}}=\dfrac{\sqrt{2}}{e^{\frac{\pi}{4}}}<\dfrac{\sqrt{2}}{e^{\frac{2}{4}}}=\sqrt{\dfrac{2}{e}}<1$ であるから ⇐ $e\fallingdotseq 2.718$

$$\lim_{n\to\infty}K^{n-1}\alpha=0.$$

よって, はさみうちの原理より

$$\lim_{n\to\infty}|x_n-\alpha|=0.$$
$$\therefore\ \lim_{n\to\infty}x_n=\alpha.$$

(解説)

1 この問題のように，漸化式で定められた数列は，その一般項が求められなくても極限値は求められることがあります．ここではその手順をまとめておきます．

> **［漸化式で定められた数列の極限の求め方］**
>
> 数列 $\{a_n\}$ が漸化式
> $$a_1 = a, \quad a_{n+1} = f(a_n) \qquad \cdots\cdots ①$$
> を満たし，$\{a_n\}$ は α に収束するとする．すなわち $\lim_{n\to\infty} a_n = \alpha$ とする．
>
> (i) ① の両辺で $n \to \infty$ とすると
> $$\alpha = f(\alpha) \qquad \cdots\cdots ②$$
> となる．よって，極限値 α は $x = f(x)$ の解，つまり $y = x$ と $y = f(x)$ の共有点の x 座標である．
>
> (ii) 次の形の不等式
> $$|a_{n+1} - \alpha| \leq r |a_n - \alpha| \quad (r \text{ は } 0 < r < 1 \text{ を満たす定数}) \cdots\cdots ③$$
> を導く．
>
> (iii) ③ を繰り返し用いて，
> $$0 \leq |a_n - \alpha| \leq r^{n-1} |a_1 - \alpha|.$$
> $0 < r < 1$ より $\lim_{n\to\infty} r^{n-1} |a_1 - \alpha| = 0$ であるから，はさみうちの原理より
> $$\lim_{n\to\infty} |a_n - \alpha| = 0.$$
> よって，$\lim_{n\to\infty} a_n = \alpha$．

2 ③の不等式を作るとき，平均値の定理の利用が有効である場合が多いです．
$|f'(x)| \leq r$ を満たすならば，平均値の定理より
$$|f(b) - f(a)| = |f'(c)||b - a| \leq r|b - a|.$$
したがって，$a = \alpha$, $b = a_n$ とすると
$$|f(a_n) - f(\alpha)| \leq r|a_n - \alpha|.$$
よって，①，② より
$$|a_{n+1} - \alpha| \leq r|a_n - \alpha|$$
となります．

3 **1** の(i)から，$f(x)=e^{-x}(\cos x+\sin x)$ $\left(0\leqq x\leqq\dfrac{\pi}{2}\right)$ と $y=x$ のグラフを利用することにより，問題2の数列 $\{x_n\}$ の動きを xy 平面上で視覚化することができます．

4 このタイプの問題は医学部にも非常によく出題されます．しっかり，マスターしましょう．

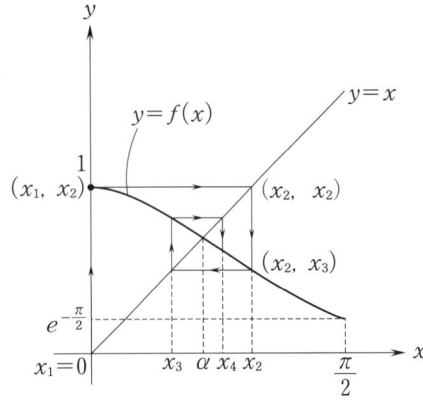

類題 2

関数 $f(x)$ を
$$f(x)=\dfrac{1}{2}x\{1+e^{-2(x-1)}\}$$
とする．ただし，e は自然対数の底である．

(1) $x>\dfrac{1}{2}$ ならば $0\leqq f'(x)<\dfrac{1}{2}$ であることを示せ．

(2) x_0 を正の数とするとき，数列 $\{x_n\}$ $(n=0, 1, \cdots)$ を，$x_{n+1}=f(x_n)$ によって定める．$x_0>\dfrac{1}{2}$ であれば，
$$\lim_{n\to\infty}x_n=1$$
であることを示せ．

(東京大［理類］)

14　第1章　極限

問題 3　ニュートン法◆

c を正の定数，m を2以上の整数とし，$g(x)=x^m-c$ とおく．曲線 $y=g(x)$ 上の点 $(a_n, g(a_n))$ における接線が x 軸と交わる点を $(a_{n+1}, 0)$ とする．このようにして，a_1 から順に a_2, a_3, $\cdots$, a_n, $\cdots$ を定めていく．ただし，$a_1>\sqrt[m]{c}$ である．

(1) a_{n+1} を a_n を用いて表せ．

(2) $\sqrt[m]{c}<a_{n+1}<a_n$ $(n=1, 2, 3, \cdots)$ が成り立つことを示せ．

(3) $a_{n+1}-\sqrt[m]{c}<\dfrac{m-1}{m}(a_n-\sqrt[m]{c})$ $(n=1, 2, 3, \cdots)$ が成り立つことを示せ．

(4) $\lim\limits_{n\to\infty}a_n$ を求めよ．

(類　九州大［医］，鹿児島大［医］)

[考え方]
(2)では，$a_{n+1}=f(a_n)$ とおき，$x\geqq\sqrt[m]{c}$ において $f(x)$ が単調増加であることを用います．

【解答】

(1) 点 $(a_n, g(a_n))$ における $y=g(x)$ の接線の方程式は
$$y-g(a_n)=g'(a_n)(x-a_n).$$
これが x 軸と点 $(a_{n+1}, 0)$ で交わるから
$$-g(a_n)=g'(a_n)(a_{n+1}-a_n).$$
∴　$a_{n+1}=a_n-\dfrac{g(a_n)}{g'(a_n)}.$ ……①

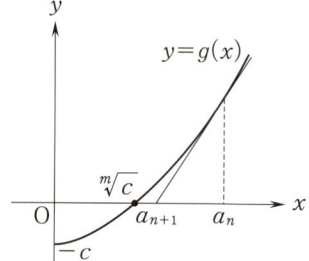

$g'(a_n)=0$ とすると，$a_n=0$ であり，このとき $g(a_n)=g(0)=-c\ne 0$ より不合理

$g'(x)=mx^{m-1}$ であるから
$$a_{n+1}=a_n-\dfrac{a_n{}^m-c}{ma_n{}^{m-1}}.$$ ……①′

(2) ① より $f(x)=x-\dfrac{g(x)}{g'(x)}$ $(x\ne 0)$ とおくと
$$a_{n+1}=f(a_n).$$ ……②
まず，「$x\geqq\sqrt[m]{c}$ において $f(x)$ が単調増加である」 ……③
ことを示しておく．
$g''(x)=m(m-1)x^{m-2}$ であり，
$$f'(x)=1-\dfrac{\{g'(x)\}^2-g(x)g''(x)}{\{g'(x)\}^2}=\dfrac{g(x)g''(x)}{\{g'(x)\}^2}\geqq 0.\ (x\geqq\sqrt[m]{c})$$

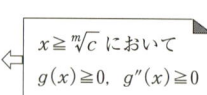

$x\geqq\sqrt[m]{c}$ において $g(x)\geqq 0$，$g''(x)\geqq 0$

よって，③ は成り立つ．
次に，$\sqrt[m]{c}<a_{n+1}<a_n$ $(n=1, 2, 3, \cdots)$ ……④
が成り立つことを数学的帰納法で示す．

(I)　$n=1$ のとき，$a_1-a_2=a_1-\left(a_1-\dfrac{g(a_1)}{g'(a_1)}\right)=\dfrac{g(a_1)}{g'(a_1)}>0.$

$(a_1>\sqrt[m]{c}$ より)

∴　$a_2<a_1.$

また，$g(\sqrt[m]{c})=0$ であるから　$f(\sqrt[m]{c})=\sqrt[m]{c}.$ ……⑤

よって，$\sqrt[m]{c} < a_1$ であるから③より $f(\sqrt[m]{c}) < f(a_1)$，つまり
$$\sqrt[m]{c} < a_2.$$
したがって，$\sqrt[m]{c} < a_2 < a_1$ となり $n=1$ のとき④は成り立つ．

(II) $n=k$ のとき，$\sqrt[m]{c} < a_{k+1} < a_k$ が成り立つとすると，③より
$$f(\sqrt[m]{c}) < f(a_{k+1}) < f(a_k) \text{ となるから } \sqrt[m]{c} < a_{k+2} < a_{k+1}.$$
よって，$n=k+1$ のときも④は成り立つ．

(I), (II) より④はすべての自然数 n に対して成り立つ．

(3) $(m-1)(a_n - \sqrt[m]{c}) - m(a_{n+1} - \sqrt[m]{c})$

$= (m-1)(a_n - \sqrt[m]{c}) - m\left(a_n - \dfrac{a_n{}^m - c}{m a_n{}^{m-1}} - \sqrt[m]{c}\right)$ （①′より）

$= \sqrt[m]{c} - \dfrac{c}{a_n{}^{m-1}} > \sqrt[m]{c} - \dfrac{c}{c^{\frac{m-1}{m}}} = 0.$

よって，
$$a_{n+1} - \sqrt[m]{c} < \frac{m-1}{m}(a_n - \sqrt[m]{c}). \quad (n=1, 2, 3, \cdots)$$
……⑥

⇐ ④より
$a_n{}^{m-1} > c^{\frac{m-1}{m}}$

(4) ⑥は，すべての自然数 n について成り立つから，⑥を繰り返し用いて

$0 < a_n - \sqrt[m]{c} < \left(\dfrac{m-1}{m}\right)(a_{n-1} - \sqrt[m]{c})$

$\phantom{0 < a_n - \sqrt[m]{c}} < \left(\dfrac{m-1}{m}\right)^2 (a_{n-2} - \sqrt[m]{c})$

……

$\phantom{0 < a_n - \sqrt[m]{c}} < \left(\dfrac{m-1}{m}\right)^{n-1} (a_1 - \sqrt[m]{c}).$

$\therefore \quad 0 < a_n - \sqrt[m]{c} \leqq \left(\dfrac{m-1}{m}\right)^{n-1} (a_1 - \sqrt[m]{c}).$

（等号は $n=1$ のとき成立）

$\displaystyle\lim_{n \to \infty} \left(\dfrac{m-1}{m}\right)^{n-1} (a_n - \sqrt[m]{c}) = 0$ であるから，はさみうちの原理より
$$\lim_{n \to \infty} (a_n - \sqrt[m]{c}) = 0.$$
よって，
$$\lim_{n \to \infty} a_n = \sqrt[m]{c}.$$

（解説）

1 (3)は $y = f(x)$ に平均値の定理を用いてもできます．
$$f'(x) = \frac{g(x) g''(x)}{\{g'(x)\}^2} = \frac{(x^m - c) m(m-1) x^{m-2}}{m^2 x^{2(m-1)}} = \frac{m-1}{m}\left(1 - \frac{c}{x^m}\right). \quad \text{……⑦}$$
区間 $[\sqrt[m]{c}, a_n]$ において $y = f(x)$ に平均値の定理を用いると
$$\frac{f(a_n) - f(\sqrt[m]{c})}{a_n - \sqrt[m]{c}} = f'(d) \quad (\sqrt[m]{c} < d < a_n) \quad \text{……⑧}$$
を満たす d が存在する．

⑧に②と⑤を代入して

$$\frac{a_{n+1}-\sqrt[m]{c}}{a_n-\sqrt[m]{c}}=f'(d).$$
$$\therefore\ a_{n+1}-\sqrt[m]{c}=f'(d)(a_n-\sqrt[m]{c}). \quad \cdots\cdots ⑨$$

$\sqrt[m]{c}<d$ より $c<d^m$ であるから, $0<\dfrac{c}{d^m}<1$.

よって, ⑦ より
$$0<f'(d)=\frac{m-1}{m}\left(1-\frac{c}{d^m}\right)<\frac{m-1}{m}. \quad \cdots\cdots ⑩$$

ゆえに, ⑨ と ⑩ より
$$a_{n+1}-\sqrt[m]{c}<\frac{m-1}{m}(a_n-\sqrt[m]{c}).$$

2 ニュートン法

方程式 $f(x)=0$ の実数解 α の近似値を曲線 $y=f(x)$ の接線を利用して求めることができます.

点 $(x_1,\ f(x_1))$ での接線の方程式は
$$y-f(x_1)=f'(x_1)(x-x_1).$$
この接線が x 軸と交わる点を $(x_2,\ 0)$ とすると
$$-f(x_1)=f'(x_1)(x_2-x_1).$$
よって,
$$x_2=x_1-\frac{f(x_1)}{f'(x_1)}.$$
再び, 点 $(x_2,\ f(x_2))$ における接線と x 軸の交点を $(x_3,\ 0)$ とすると,
$$x_3=x_2-\frac{f(x_2)}{f'(x_2)}.$$
これを繰り返すと,
$$x_{n+1}=x_n-\frac{f(x_n)}{f'(x_n)}\ (n=1,\ 2,\ 3,\ \cdots).$$
を満たす数列 $x_1,\ x_2,\ x_3,\ \cdots,\ x_n,\ \cdots$ が得られますが, この数列 $\{x_n\}$ が方程式 $f(x)=0$ の実数解 α に収束していくことは図を見れば明らかでしょう.

適当な x_n をとれば, α の近似値が得られます. このようにして, 方程式の実数解の近似値を求める方法を, ニュートン (Newton) 法といいます.

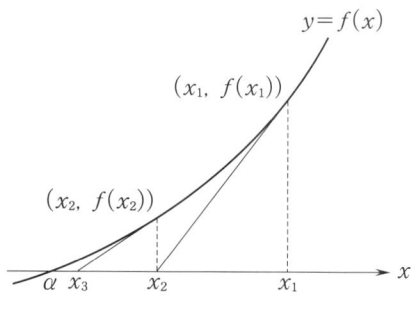

3 たとえば, ①′ において $m=2,\ c=3,\ a_1=2$ とすると $g(x)=x^2-3$ であり
$$a_2=2-\frac{2^2-3}{2\cdot 2}=\frac{7}{4}=1.75$$
$$a_3=\frac{7}{4}-\frac{\left(\frac{7}{4}\right)^2-3}{2\cdot\frac{7}{4}}=\frac{97}{56}=1.7321428\cdots$$

$\sqrt{3}=1.7320508\cdots$ であるから a_3 は小数第3位まで $\sqrt{3}$ と一致していることがわかります.

つまり a_3 と $\sqrt{3}$ の誤差は $|a_3-\sqrt{3}|<\dfrac{1}{10^4}$ を満たします.

これによりニュートン法がいかに収束が速いかわかります.

4 ニュートン法も医学部入試においてよく出題されます．問題2と合わせてしっかりマスターしましょう．

類題 3

正の整数 N に対して，$a^2 \leqq N < (a+1)^2$ である正の整数 a と $b = N - a^2$ によって，数列 $\{x_n\}$ を
$$x_0 = a$$
$$x_{n+1} = a + \frac{b}{x_n + a}$$
で定義する．

(1) $x_{n+1} - \sqrt{N} = \dfrac{a - \sqrt{N}}{x_n + a}(x_n - \sqrt{N})$ $(n = 0, 1, 2, \cdots)$ が成り立つことを示せ．

(2) $b > 0$ のとき，次の不等式が成り立つことを示せ．
$$x_0 < x_2 < \cdots < x_{2k} < \sqrt{N} < x_{2k+1} < \cdots < x_3 < x_1$$

(3) $\lim_{n \to \infty} x_n = \sqrt{N}$ を示せ．

(筑波大 [医])

問題 4 $\lim_{\theta \to 0} \dfrac{\sin\theta}{\theta} = 1$ の応用

n を自然数とする．次の各問に答えよ．

(1) $0 < x < 2\pi$ のとき，
$$\sin x + \sin 2x + \cdots + \sin nx = \dfrac{\sin \dfrac{n+1}{2}x \sin \dfrac{n}{2}x}{\sin \dfrac{x}{2}}$$
を示せ．

(2) $n \geqq 3$ とする．中心 O，半径 r の円周上に n 個の点 $P_1, P_2, \cdots, P_n = P_0$ が順番に並んでおり，$\angle P_{k-1}OP_k = k\angle P_0OP_1$ $(k = 1, 2, \cdots, n)$ を満たしているものとする．このとき，多角形 $P_1P_2\cdots P_n$ の面積 S_n を求めよ．

(3) $\lim_{n \to \infty} S_n$ を求めよ．

(高知大〔医〕)

[考え方]

(1)は分母をはらい積を差になおす公式
$$\sin \dfrac{x}{2} \sin kx = \dfrac{1}{2}\left\{\cos\left(k - \dfrac{1}{2}\right)x - \cos\left(k + \dfrac{1}{2}\right)x\right\}$$
を用いて，いわゆる階差型の和にします．

⇐ $\sin\alpha\sin\beta = \dfrac{1}{2}\{\cos(\alpha-\beta) - \cos(\alpha+\beta)\}$

(3)は公式 $\lim_{\theta \to 0} \dfrac{\sin\theta}{\theta} = 1$ を用います．

【解答】

(1) $\sin \dfrac{x}{2}\sin kx = \dfrac{1}{2}\left\{\cos\left(k - \dfrac{1}{2}\right)x - \cos\left(k + \dfrac{1}{2}\right)x\right\}$ より

$$\sum_{k=1}^n \sin \dfrac{x}{2} \sin kx = \dfrac{1}{2}\sum_{k=1}^n \left\{\cos\left(k - \dfrac{1}{2}\right)x - \cos\left(k + \dfrac{1}{2}\right)x\right\}$$
$$= \dfrac{1}{2}\left[\left\{\left(\cos \dfrac{x}{2} - \cos \dfrac{3}{2}x\right) + \left(\cos \dfrac{3}{2}x - \cos \dfrac{5}{2}x\right)\right\}\right.$$
$$\left. + \cdots + \left\{\cos\left(n - \dfrac{1}{2}\right)x - \cos\left(n + \dfrac{1}{2}\right)x\right\}\right]$$
$$= \dfrac{1}{2}\left\{\cos \dfrac{x}{2} - \cos\left(n + \dfrac{1}{2}\right)x\right\}$$
$$= \sin \dfrac{n+1}{2}x \sin \dfrac{n}{2}x.$$

⇐ $\cos A - \cos B = -2\sin \dfrac{A+B}{2}\sin \dfrac{A-B}{2}$

$0 < x < 2\pi$ より $\sin \dfrac{x}{2} \neq 0$ であるから

$$\sum_{k=1}^n \sin kx = \dfrac{\sin \dfrac{n+1}{2}x \sin \dfrac{n}{2}x}{\sin \dfrac{x}{2}}. \qquad \cdots\cdots ①$$

(2) $\angle P_0OP_1 = x$ とおくと $\angle P_{k-1}OP_k = kx$
$(k = 1, 2, \cdots, n)$ であるから

$$x + 2x + \cdots + nx = 2\pi. \qquad \therefore \quad \dfrac{1}{2}n(n+1)x = 2\pi.$$

よって，$x = \dfrac{4\pi}{n(n+1)}. \qquad \cdots\cdots ②$

$S_n = \triangle OP_0P_1 + \triangle OP_1P_2 + \cdots + \triangle OP_{n-1}P_n$

$$= \frac{1}{2}r^2\sin x + \frac{1}{2}r^2\sin 2x + \cdots + \frac{1}{2}r^2\sin nx = \frac{1}{2}r^2\sum_{k=1}^{n}\sin kx.$$

よって，① より

$$S_n = \frac{1}{2}r^2 \frac{\sin\frac{n+1}{2}x \sin\frac{n}{2}x}{\sin\frac{x}{2}}.$$

② を代入して，

$$S_n = \frac{1}{2}r^2 \frac{\sin\frac{2\pi}{n} \sin\frac{2\pi}{n+1}}{\sin\frac{2\pi}{n(n+1)}} \quad \cdots\cdots ③$$

(3) ③ より

$$S_n = \frac{1}{2}r^2 \frac{\sin\frac{2\pi}{n}}{\frac{2\pi}{n}} \cdot \frac{\sin\frac{2\pi}{n+1}}{\frac{2\pi}{n+1}} \cdot \frac{\frac{2\pi}{n(n+1)}}{\sin\frac{2\pi}{n(n+1)}} \cdot 2\pi$$

⇐ $n\to\infty$ のとき $\frac{2\pi}{n}\to 0$，$\frac{2\pi}{n+1}\to 0$，$\frac{2\pi}{n(n+1)}\to 0$

$\lim_{\theta\to 0}\frac{\sin\theta}{\theta}=1$ であるから，$\lim_{n\to\infty}S_n = \frac{1}{2}r^2\cdot 1\cdot 1\cdot 1\cdot 2\pi = \pi r^2$.

(解説)

1 (1)で和 $\sum_{k=1}^{n}\sin\frac{x}{2}\sin kx$ を求めるために，積を差になおす公式を用いて階差型の和に変形しましたが，この手法はしばしば入試では用いられるのでしっかりと身につけておきましょう．

なお，和 $\sum_{k=1}^{n}\sin kx$ は複素数 $z=\cos\theta+i\sin\theta$ を利用しても求めることができます．問題53を参照．

2 $\lim_{\theta\to 0}\frac{\sin\theta}{\theta}=1$ を用いるとき，$\lim_{\square\to 0}\frac{\sin\square}{\square}$ において分母，分子の□を同じ式にすることが重要です．

3 入試において，三角関数の極限は $\lim_{\theta\to 0}\frac{\sin\theta}{\theta}=1$ 以外に，$\lim_{\theta\to 0}\frac{1-\cos\theta}{\theta^2}=\frac{1}{2}$ もよく用いられます．

あわせて覚えておきましょう．

三角関数の極限
$$\lim_{\theta\to 0}\frac{\sin\theta}{\theta}=1, \quad \lim_{\theta\to 0}\frac{1-\cos\theta}{\theta^2}=\frac{1}{2}$$

$$\lim_{\theta\to 0}\frac{1-\cos\theta}{\theta^2}$$
$$=\lim_{\theta\to 0}\frac{1-\cos^2\theta}{\theta^2(1+\cos\theta)}$$
$$=\lim_{\theta\to 0}\left(\frac{\sin\theta}{\theta}\right)^2\cdot\frac{1}{1+\cos\theta}=\frac{1}{2}$$

類題 4

正 n 角形 P_n を次のようにして定義する．
(i) P_3 は面積が 1 の正三角形である．
(ii) P_n と同じ面積をもつ円を D_n とする．P_{n+1} は D_n と周の長さが等しい正 $n+1$ 角形である．

$n=3,\ 4,\ 5,\ \cdots$ について P_n の面積を a_n としたとき次の各問に答えよ．

(1) $n\geq 4$ について $\frac{a_{n-1}}{a_n}$ を n を用いて表せ．

(2) 極限 $\lim_{n\to\infty}n^2\left(\frac{a_{n-1}}{a_n}-\frac{n}{\pi}\sin\frac{\pi}{n}\right)$ を求めよ．

(東北大 [医])

20　第1章　極　限

> **問題 5** $\lim\limits_{x\to\infty}\left(1+\dfrac{1}{x}\right)^x=e$
>
> 導関数の定義にもとづいて，次の(1), (2)に答えよ．ただし，e は自然対数の底とし，$a\neq 1$, $a>0$ とする．
>
> (1) $\lim\limits_{h\to 0}(1+h)^{\frac{1}{h}}=e$ を用いて，$x>0$ のとき，$(\log_a x)'=\dfrac{1}{x\log_e a}$ を証明せよ．
>
> (2) $\lim\limits_{h\to 0}\dfrac{e^h-1}{h}=1$ を用いて，$(a^x)'=a^x\log_e a$ を証明せよ．
>
> （名古屋市立大）

【解答】

(1) $f(x)=\log_a x$ とおくと，$f(x)=\dfrac{\log_e x}{\log_e a}$.

$$\begin{aligned}f'(x)&=\lim_{h\to 0}\frac{f(x+h)-f(x)}{h}\\&=\lim_{h\to 0}\frac{\log_e(x+h)-\log_e x}{h\log_e a}\\&=\frac{1}{\log_e a}\lim_{h\to 0}\log_e\left(1+\frac{h}{x}\right)^{\frac{1}{h}}\\&=\frac{1}{\log_e a}\lim_{u\to 0}\log_e(1+u)^{\frac{1}{ux}}\quad\left(u=\frac{h}{x}\text{ とおいた}\right)\\&=\frac{1}{\log_e a}\lim_{u\to 0}\frac{1}{x}\log_e(1+u)^{\frac{1}{u}}\\&=\frac{1}{\log_e a}\cdot\frac{1}{x}\log_e e\\&=\frac{1}{x\log_e a}.\end{aligned}$$

よって，$(\log_a x)'=\dfrac{1}{x\log_e a}$.

(2) $g(x)=a^x$ とおく．

$$\begin{aligned}g'(x)&=\lim_{h\to 0}\frac{g(x+h)-g(x)}{h}\\&=\lim_{h\to 0}\frac{a^{x+h}-a^x}{h}\\&=\lim_{h\to 0}a^x\frac{a^h-1}{h}\\&=a^x\lim_{h\to 0}\frac{e^{h\log_e a}-1}{h}\\&=a^x\lim_{h\to 0}\frac{e^{h\log_e a}-1}{h\log_e a}\cdot\log_e a\\&=a^x\log_e a\lim_{t\to 0}\frac{e^t-1}{t}\quad(t=h\log_e a\text{ とおいた})\\&=a^x\log_e a.\end{aligned}$$

よって，$(a^x)'=a^x\log_e a$.

⇐ $A>0$ のとき $A=e^{\log A}$ より $a^h=e^{\log a^h}=e^{h\log a}$.

（解説）

1 自然対数の底 e の定義はいろいろありますが，ここでは数列 $a_n=\left(1+\dfrac{1}{n}\right)^n$ （$n=1, 2, 3, \cdots$）の極限値を e とする立場をとっておきます．

> **定義** 自然数 n に対して, $\displaystyle\lim_{n\to\infty}\left(1+\frac{1}{n}\right)^n=e$ と定める.

このとき, 次の定理が成り立ちます.

定理
x, u, h は実数とする.
(1) $\displaystyle\lim_{x\to\infty}\left(1+\frac{1}{x}\right)^x=e$
(2) $\displaystyle\lim_{x\to-\infty}\left(1+\frac{1}{x}\right)^x=e$
(3) $\displaystyle\lim_{u\to 0}(1+u)^{\frac{1}{u}}=e$
(4) $\displaystyle\lim_{u\to 0}\frac{\log(1+u)}{u}=1$
(5) $\displaystyle\lim_{h\to 0}\frac{e^h-1}{h}=1$

証明
(1) 正の実数 x に対して, $n\leqq x<n+1$ を満たす自然数 n が存在する. このとき
$$\left(1+\frac{1}{n+1}\right)^n<\left(1+\frac{1}{x}\right)^x<\left(1+\frac{1}{n}\right)^{n+1}$$
が成り立つ. $x\to\infty$ のとき, $n\to\infty$ であり
$$\lim_{n\to\infty}\left(1+\frac{1}{n+1}\right)^n=\lim_{n\to\infty}\left(1+\frac{1}{n+1}\right)^{n+1}\frac{1}{1+\frac{1}{n+1}}$$
$$=e\cdot 1=e.$$
$$\lim_{n\to\infty}\left(1+\frac{1}{n}\right)^{n+1}=\lim_{n\to\infty}\left(1+\frac{1}{n}\right)^n\cdot\left(1+\frac{1}{n}\right)$$
$$=e\cdot 1=e.$$
よって, はさみうちの原理より $\displaystyle\lim_{x\to\infty}\left(1+\frac{1}{x}\right)^x=e.$

(2) $y=-x$ とおくと $x\to-\infty$ のとき, $y\to\infty$.
$$\lim_{x\to-\infty}\left(1+\frac{1}{x}\right)^x=\lim_{y\to\infty}\left(1-\frac{1}{y}\right)^{-y}=\lim_{y\to\infty}\left(\frac{y}{y-1}\right)^y$$
$$=\lim_{y\to\infty}\left(1+\frac{1}{y-1}\right)^{y-1}\cdot\left(1+\frac{1}{y-1}\right)$$
$$=e\cdot 1=e.$$

(3) $u=\dfrac{1}{x}$ とおけば, (1), (2)より明らかである.

(4) (3)の自然対数をとればよい.

(5) $u=e^h-1$ とおくと $h=\log(1+u)$ であり, $h\to 0$ のとき $u\to 0$ であるから
$$\lim_{h\to 0}\frac{e^h-1}{h}=\lim_{u\to 0}\frac{u}{\log(1+u)}=1.$$

2 **1**の(5)において $\displaystyle\lim_{\square\to 0}\frac{e^\square-1}{\square}=1$ の分母, 分子の□を同じ式にすることが重要です.

類題 5

平面上に点 O, P_0 をとり, OP_0 の長さを1とする. 次に, 点 P_1 を $\angle P_0OP_1=\theta$, $\angle OP_1P_0=\dfrac{\pi}{4}$ となるようにとり, P_2 を $\angle P_1OP_2=\theta$, $\angle OP_2P_1=\dfrac{\pi}{4}$ となるようにとる. 同様にして, 点 P_3, P_4, … を $\angle P_{k-1}OP_k=\theta$, $\angle OP_kP_{k-1}=\dfrac{\pi}{4}$ $(k=3, 4, 5, \cdots)$ となるようにとる. このとき, 次の問に答えよ.

(1) 線分の長さの比 $\dfrac{OP_k}{OP_{k-1}}$ を θ で表せ.

(2) OP_k の長さを k と θ とで表せ.

(3) (2)で求めた OP_k において, $\theta=\dfrac{1}{2n}$, $k=2n$ としたときの式を L_n とするとき, $L_n=\left(1+\sin\dfrac{1}{n}\right)^n$ となることを示せ.

(4) $\displaystyle\lim_{n\to\infty}L_n$ を求めよ.

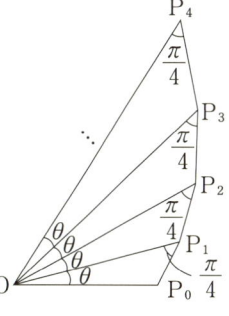

(東京電機大)

問題 6 無限級数の和

数列 $\{a_n\}$ について，$S_n = \sum_{k=1}^{n} a_k$ $(n=1, 2, 3, \cdots)$, $S_0 = 0$ とおく．
$$a_n = S_{n-1} + n \cdot 2^n \quad (n=1, 2, 3, \cdots)$$
が成り立つとき，次の問に答えよ．

(1) S_n を n の式で表せ．

(2) 極限値 $\displaystyle\lim_{n\to\infty} \sum_{k=1}^{n} \frac{2^k}{a_k}$ を求めよ．

(熊本大 [医])

【解答】

(1) $\quad a_n = S_{n-1} + n \cdot 2^n.$ ……①

$n \geqq 1$ のとき，$a_n = S_n - S_{n-1}.$ ……②

①，② より $\quad S_n - S_{n-1} = S_{n-1} + n \cdot 2^n.$

$\therefore \quad S_n = 2S_{n-1} + n \cdot 2^n.$ ……③

両辺を 2^n で割って

$$\frac{S_n}{2^n} = \frac{S_{n-1}}{2^{n-1}} + n. \quad \cdots\cdots ③'$$

よって，$n \geqq 1$ のとき，

$$\frac{S_n}{2^n} = \frac{S_0}{2^0} + \sum_{k=1}^{n} k = \frac{1}{2} n(n+1).$$

$\therefore \quad S_n = n(n+1) \cdot 2^{n-1}.$

⇐ 階差数列の一般項

これは $n=0$ のときも成り立つ．

$\therefore \quad \boldsymbol{S_n = n(n+1) \cdot 2^{n-1}.} \quad (n=0, 1, 2, \cdots)$

(2) ① より，$a_n = (n-1)n \cdot 2^{n-2} + n \cdot 2^n = n(n+3) \cdot 2^{n-2}.$

よって，$T_n = \sum_{k=1}^{n} \dfrac{2^k}{a_k}$ とおくと，

$$T_n = \sum_{k=1}^{n} \frac{2^k}{k(k+3) \cdot 2^{k-2}} = \sum_{k=1}^{n} \frac{4}{k(k+3)} = \frac{4}{3} \sum_{k=1}^{n} \left(\frac{1}{k} - \frac{1}{k+3} \right)$$

$$= \frac{4}{3} \left(\sum_{k=1}^{n} \frac{1}{k} - \sum_{k=1}^{n} \frac{1}{k+3} \right)$$

$$= \frac{4}{3} \left\{ \left(1 + \frac{1}{2} + \frac{1}{3} + \boxed{\frac{1}{4} + \frac{1}{5} + \cdots + \frac{1}{n}}\right) - \left(\boxed{\frac{1}{4} + \frac{1}{5} + \cdots + \frac{1}{n}} + \frac{1}{n+1} + \frac{1}{n+2} + \frac{1}{n+3}\right) \right\}$$

$$= \frac{4}{3} \left\{ 1 + \frac{1}{2} + \frac{1}{3} - \left(\frac{1}{n+1} + \frac{1}{n+2} + \frac{1}{n+3} \right) \right\}$$

$$= \frac{4}{3} \left\{ \frac{11}{6} - \frac{3n^2 + 12n + 11}{(n+1)(n+2)(n+3)} \right\}.$$

ここで，

$$\lim_{n\to\infty} \frac{3n^2 + 12n + 11}{(n+1)(n+2)(n+3)} = \lim_{n\to\infty} \frac{3 + \dfrac{12}{n} + \dfrac{11}{n^2}}{(n+1)\left(1+\dfrac{2}{n}\right)\left(1+\dfrac{3}{n}\right)} = 0$$

であるから

$$\lim_{n\to\infty} T_n = \lim_{n\to\infty} \sum_{k=1}^{n} \frac{2^k}{a_k} = \frac{4}{3} \cdot \frac{11}{6} = \boldsymbol{\frac{22}{9}}.$$

(解説)

1 数列の和と一般項の関係

$$S_n = \sum_{k=1}^{n} a_n \text{ のとき}$$
$$a_n = \begin{cases} S_n - S_{n-1} & (n \geq 2), \\ S_1 & (n = 1). \end{cases}$$

これは重要な公式です．なお問題6では n は 0 からになっていることに注意して下さい．

2 漸化式 $a_{n+1} = pa_n + qr^n$ の解法

両辺を r^{n+1} で割ると $\dfrac{a_{n+1}}{r^{n+1}} = \dfrac{p}{r} \dfrac{a_n}{r^n} + \dfrac{q}{r}$

となり数列 $\left\{\dfrac{a_n}{r^n}\right\}$ の定数係数の漸化式に帰着され，一般項 a_n が求められます．

なお，両辺を p^{n+1} で割ってから解く解法や

$$a_{n+1} - \frac{q}{r-p} r^{n+1} = p\left(a_n - \frac{q}{r-p} r^n\right) \quad (r \neq p)$$

と変形して，数列 $\left\{a_n - \dfrac{q}{r-p} r^n\right\}$ が公比 p の等比数列であることを用いる解法もあります．

3 $\displaystyle\sum_{k=1}^{n} \left(\frac{1}{k} - \frac{1}{k+3}\right)$ を求めるには【解答】のように $\displaystyle\sum_{k=1}^{n}$ を $\dfrac{1}{k}$ と $\dfrac{1}{k+3}$ に分配して，$\displaystyle\sum_{k=1}^{n}\left(\frac{1}{k} - \frac{1}{k+3}\right) = \sum_{k=1}^{n}\frac{1}{k} - \sum_{k=1}^{n}\frac{1}{k+3}$ と計算すると見とおしが良くなり和が求めやすいです．

類題 6

次の条件で定められる数列 $\{a_n\}$ について，次の問に答えよ．
$$a_1 = 1 - p \ (0 < p < 1), \ a_{n+1} = pa_n + (1-p)p^n \ (n = 1, 2, 3, \cdots)$$

(1) a_n を求めよ．

(2) 部分和 $S_N = \displaystyle\sum_{n=1}^{N} a_n$ と $\displaystyle\lim_{N \to \infty} S_N$ を求めよ．

(和歌山県立医科大)

問題 7 グラフの概形

曲線 $C: y=x^2$ 上の 2 点 $P(t, t^2)$, $Q(t+h, (t+h)^2)$ においてそれぞれの法線を引く．法線の交点を R とし，$h \to 0$ としたとき R の極限の点を R_0 とする．このとき次の問に答えよ．

(1) R_0 の座標を t を用いて表せ．
(2) 点 P が曲線 C 上を動くとき，点 R_0 の軌跡を $y=f(x)$ の形で表せ．
(3) (2)で求めた $y=f(x)$ のグラフの増減，凹凸を調べて概形をかけ．

(名古屋市立大 [医])

【解答】

(1) $C: y=x^2$．
$y'=2x$ より $P(t, t^2)$, $Q(t+h, (t+h)^2)$ における法線の方程式は
$$\begin{cases} x-t+2t(y-t^2)=0, & \cdots\cdots① \\ x-(t+h)+2(t+h)(y-(t+h)^2)=0. & \cdots\cdots② \end{cases}$$
$R(X, Y)$ とおくと，$R(X, Y)$ は①と②の交点であるから
① $\times (t+h)-$ ② $\times t$ より
$$X=-2t(t+h)(2t+h).$$
よって，$R_0(x, y)$ とおくと
$$x=\lim_{h \to 0} X = \lim_{h \to 0}\{-2t(t+h)(2t+h)\}=-4t^3. \quad \cdots\cdots③$$
$R_0(x, y)$ は①上の点であるから③を①に代入して
$$-4t^3-t+2t(y-t^2)=0.$$
$t \neq 0$ のとき，$y=3t^2+\dfrac{1}{2}$．

よって，$R_0\left(-4t^3, \ 3t^2+\dfrac{1}{2}\right) \quad \cdots\cdots④$

$t=0$ のとき，①と②より $R\left(0, \ h^2+\dfrac{1}{2}\right)$ であるから

$R_0\left(0, \ \dfrac{1}{2}\right)$ となり④に含まれる．よって，
$$\mathbf{R_0}\left(-4t^3, \ 3t^2+\dfrac{1}{2}\right).$$

(2) 点 R_0 の軌跡を Γ とおく．(1)より，
$$\Gamma: \begin{cases} x=-4t^3, & \cdots\cdots⑤ \\ y=3t^2+\dfrac{1}{2}. & \cdots\cdots⑥ \end{cases}$$

← Γ はギリシア文字でガンマと読みます．

⑤より $t=\left(-\dfrac{x}{4}\right)^{\frac{1}{3}}$ であるからこれを⑥に代入して t を消去すると
$$y=3\left(-\dfrac{x}{4}\right)^{\frac{2}{3}}+\dfrac{1}{2}.$$
$$\therefore \ \boldsymbol{y=\dfrac{3\sqrt[3]{4}}{4}x^{\frac{2}{3}}+\dfrac{1}{2}}.$$

(3) $f(x)=\dfrac{3\sqrt[3]{4}}{4}x^{\frac{2}{3}}+\dfrac{1}{2}$ とおく．

$f(-x)=f(x)$ より Γ は y 軸に関して対称であるから $x \geqq 0$ で調べればよい.

$x \neq 0$ のとき

$$f'(x)=\frac{\sqrt[3]{4}}{2}x^{-\frac{1}{3}}>0, \quad f''(x)=-\frac{\sqrt[3]{4}}{6}x^{-\frac{4}{3}}<0.$$

よって，$y=f(x)$ の $x \geqq 0$ における増減，凹凸は次のようになる．

x	0		(∞)
$f'(x)$	/	+	
$f''(x)$	/	−	
$f(x)$	$\frac{1}{2}$	↗	(∞)

$(\lim_{n \to \infty} f(x)=\infty)$

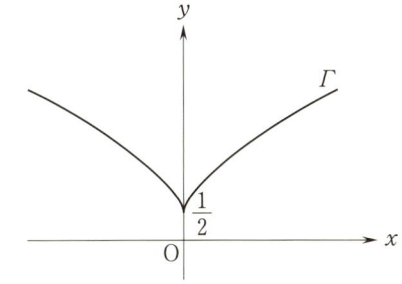

したがって，$y=f(x)$ のグラフの概形は右図のようになる．

(解説)

1 グラフをかくためのチェック項目

[グラフをかくためのチェック項目]

（Ⅰ）大局的　　　　　　　　（Ⅱ）局所的（微分して調べる）
　(1) 定義域　　　　　　　　　(5) 増減，極値
　(2) 対称性　　　　　　　　　(6) 凹凸，変曲点
　(3) 漸近線　　　　　　　　　(7) 定義域の端点や特異点での y や y'
　[(4) x 軸や y 軸との交点]　　　の極限

グラフをかくにあたって，いきなり微分して増減表というのでは，まるで枝葉を見て樹を見ずという感があり，最初から局所的なことだけを調べてもグラフはうまくかけません．定義域や対称性など，なるべく全体像を捉えるべきです．

2 上の【解答】のように $x \to \infty$ または $x \to -\infty$ における $f(x)$ の極限も増減表の中に入れておくとよいでしょう．なお，$x=0$ では $f(x)$ は微分不可能で，尖点 (cusp) というという特異点です．点 $\left(0, \frac{1}{2}\right)$ における曲線 Γ のふるまいをもう少し詳しくみることができます．つまり，$\lim_{x \to +0} f'(x)=\infty$ であるから点 $\left(0, \frac{1}{2}\right)$ で Γ は y 軸に接しています．

3 曲線 Γ は曲線 C の縮閉線といわれるものです．

類題 7

$f(x)=\sqrt[3]{x^3-x^2}$ とする．
(1) $\lim_{x \to \infty}\{f(x)-(x+a)\}=0$ を満たす a の値を求めよ．またこのとき，曲線 $y=f(x)$ と直線 $y=x+a$ の交点の座標を求めよ．
(2) $f(x)$ の増減と極値を調べて，$y=f(x)$ のグラフをかけ．

（東北大［医］）

問題 8 パラメータ表示された曲線の概形 — リサジュー曲線

座標平面上で，次のように媒介変数表示される曲線 C を考える．

$$\begin{cases} x = \sin 2\theta, \\ y = \sin 3\theta. \end{cases} \quad (0 \leq \theta \leq 2\pi)$$

(1) 曲線 C 上で，$x > 0$ かつ $y > 0$ となる θ の範囲を求めよ．
(2) 曲線 C は x 軸，y 軸に関して対称であることを示せ．
(3) 曲線 C の概形を描き，自分自身と交わる点の個数を求めよ．

(東京医科歯科大［医］改)

【解答】

(1) $0 \leq \theta \leq 2\pi$ において

$$x = \sin 2\theta > 0, \quad y = \sin 3\theta > 0$$

となる θ は，
「$0 < 2\theta < \pi$ または $2\pi < 2\theta < 3\pi$」かつ「$0 < 3\theta < \pi$ または $2\pi < 3\theta < 3\pi$ または $4\pi < 3\theta < 5\pi$」
より

$$0 < \theta < \frac{\pi}{3} \quad \text{または} \quad \frac{4\pi}{3} < \theta < \frac{3\pi}{2}.$$

(2) $x(\theta) = \sin 2\theta, \ y(\theta) = \sin 3\theta \ (0 \leq \theta \leq 2\pi)$
とおく．

$$\begin{cases} x(\pi + \theta) = \sin(2\pi + 2\theta) = \sin 2\theta = x(\theta), \\ y(\pi + \theta) = \sin(3\pi + 3\theta) = -\sin 3\theta = -y(\theta) \end{cases}$$

であるから，C の $0 \leq \theta \leq \pi$ の部分と，$\pi \leq \theta \leq 2\pi$ の部分は x 軸に関して対称である．

また，

$$\begin{cases} x(\pi - \theta) = \sin(2\pi - 2\theta) = -\sin 2\theta = -x(\theta), \\ y(\pi - \theta) = \sin(3\pi - 3\theta) = \sin 3\theta = y(\theta) \end{cases}$$

であるから，C の $0 \leq \theta \leq \frac{\pi}{2}$ の部分と，$\frac{\pi}{2} \leq \theta \leq \pi$ の部分は y 軸に関して対称である．

(3) (2)より $0 \leq \theta \leq \frac{\pi}{2}$ の部分における C の概形を求めればよい．

$$\begin{cases} \dfrac{dx}{d\theta} = 2\cos 2\theta, \\ \dfrac{dy}{d\theta} = 3\cos 3\theta. \end{cases} \quad \left(0 \leq \theta \leq \frac{\pi}{2}\right)$$

したがって，増減表は次のようになる．
ただし，$\vec{v} = \left(\dfrac{dx}{d\theta}, \dfrac{dy}{d\theta}\right)$ である．

θ	0	$\cdots$	$\dfrac{\pi}{6}$	$\cdots$	$\dfrac{\pi}{4}$	$\cdots$	$\dfrac{\pi}{2}$
$\dfrac{dx}{d\theta}$	+	+	+	+	0	−	−
$\dfrac{dy}{d\theta}$	+	+	0	−	−	−	0
$\vec{v}$	↗	↗	→	↘	↓	↙	←
(x, y)	$(0, 0)$	↗	$\left(\dfrac{\sqrt{3}}{2}, 1\right)$	↘	$\left(1, \dfrac{\sqrt{2}}{2}\right)$	↙	$(0, -1)$

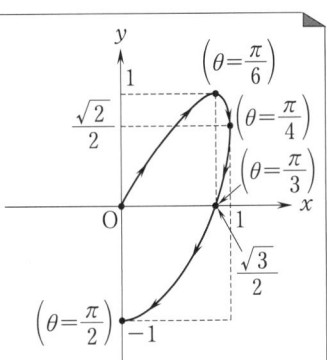

$0 < \theta < \dfrac{\pi}{2}$ において $y = \sin 3\theta$ とすると $3\theta = \pi$ より $\theta = \dfrac{\pi}{3}$ である．このとき $x = \dfrac{\sqrt{3}}{2}$ であるから曲線 C は x 軸と $\theta = \dfrac{\pi}{3}$ のとき点 $\left(\dfrac{\sqrt{3}}{2}, 0\right)$ で x 軸と交わる．

よって，曲線 C の $0 \leqq \theta \leqq \dfrac{\pi}{2}$ における概形は右の図のようになる．

ゆえに，x 軸，y 軸に関する対称性より曲線 C の概形は下の図のようになる．

よって，曲線 C が自分自身と交わる点は

7 個

である．

増減表の最下段の (x, y) の動きをそのまま xy 平面上で追跡するとよい．

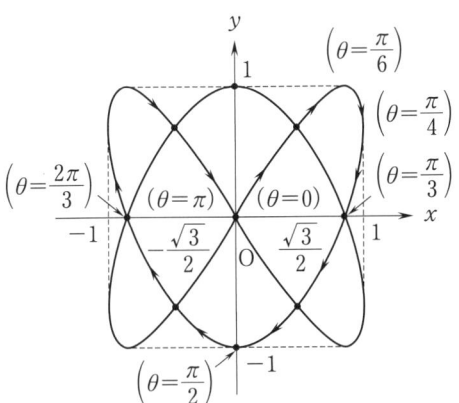

（解説）

1 パラメータ（媒介変数）t を用いて
$$\begin{cases} x = f(t), \\ y = g(t) \end{cases} (\alpha \leqq t \leqq \beta)$$
とパラメータ表示された曲線 C の x 軸または y 軸に関する対称性の有無の判断は，「$f(t)$ と $g(t)$ が偶関数または奇関数であるかどうか」で判断できます．

本問では $x = \sin 2\theta$，$y = \sin 3\theta$ はともに奇関数なので対称性があると推察できます．実際の対称性の証明は θ の範囲が $0 \leqq \theta \leqq 2\pi$ なので，θ に $2\pi - \theta$ または $\pi \pm \theta$ を代入することになります．

2 増減表の $\vec{v}$ の向きは，たとえば $0 < \theta < \dfrac{\pi}{6}$ においては $\dfrac{dx}{d\theta} > 0$，$\dfrac{dy}{d\theta} > 0$ で

あるから 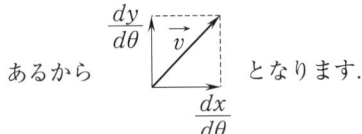 となります．

$\dfrac{dx}{d\theta} \neq 0$ のとき $\dfrac{dy}{dx} = \dfrac{\frac{dy}{d\theta}}{\frac{dx}{d\theta}}$ は接線の傾きを表すので，$\vec{v} = \left(\dfrac{dx}{d\theta},\ \dfrac{dy}{d\theta}\right)$ は接線の方向ベクトルを表します．

したがって，曲線 C は $\vec{v}$ に接するように，増減表の最下段の (x, y) の動きをそのまま xy 平面上で追跡すると曲線 C の概形が得られます．

3 この曲線は Lissajous（リサジュー）曲線といわれるものの 1 つです．パラメータ θ を変えることにより次の例が得られます．ちなみに，Lissajous はフランスの物理学者の名前です．

リサジュー曲線

$a > 0$ とする

(i) $\begin{cases} x = a\sin t \\ y = a\sin 2t \end{cases}$ (ii) $\begin{cases} x = a\sin 2t \\ y = a\sin 3t \end{cases}$ (iii) $\begin{cases} x = a\cos 2t \\ y = a\cos 3t \end{cases}$

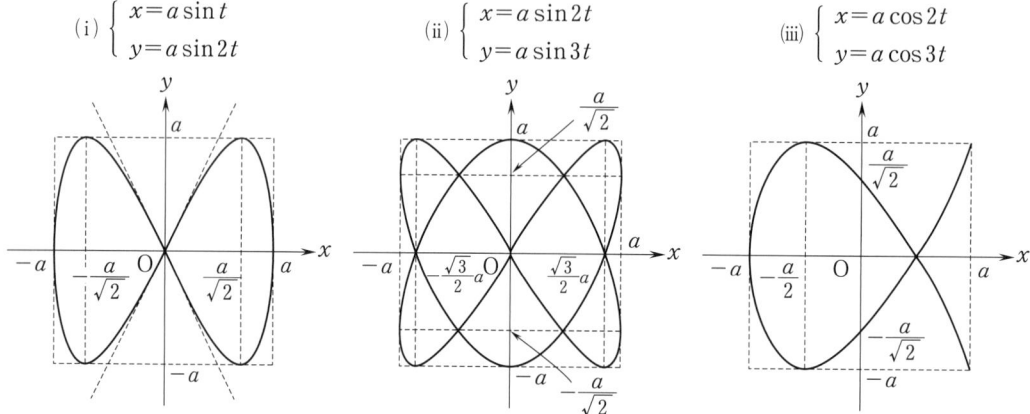

リサジュー曲線に関する入試問題は頻出問題です．

類題 8 [リサジュー曲線]

$-\dfrac{2\pi}{5} \leqq t \leqq \dfrac{2\pi}{5}$ の範囲を動く媒介変数 t により

$$\begin{cases} x = \cos 2t \\ y = \sin 5t \end{cases}$$

で表される曲線 C の概形をかけ．

(滋賀医科大　改)

問題 9 最大・最小(1)

Oを原点とする xy 平面上において，直線 l が点 $A(1, 2)$ を通り，x 軸および y 軸とそれぞれの正の部分で交わっている．l と x 軸，y 軸との交点をそれぞれ P，Q とし，$\angle QPO = \theta$ とおく．このとき以下の問に答えよ．

(1) 三角形 QPO の周の長さ L を θ を用いて表せ．

(2) θ が $0 < \theta < \dfrac{\pi}{2}$ の間を動くとき，L の最小値を求めよ．

(福井大 [医])

【解答】

(1) 直線 l の方程式は
$$y = -\tan\theta (x-1) + 2.$$
$x = 0$ とすると，$y = \tan\theta + 2$ であるから
$$OQ = \tan\theta + 2, \quad PQ = \frac{OQ}{\sin\theta} = \frac{1}{\cos\theta} + \frac{2}{\sin\theta},$$
$$OP = PQ\cos\theta = 1 + \frac{2\cos\theta}{\sin\theta}.$$
よって，
$$L = (\tan\theta + 2) + \left(\frac{1}{\cos\theta} + \frac{2}{\sin\theta}\right) + \left(1 + \frac{2\cos\theta}{\sin\theta}\right)$$
$$= \frac{\sin\theta + 1}{\cos\theta} + \frac{2(\cos\theta + 1)}{\sin\theta} + 3.$$

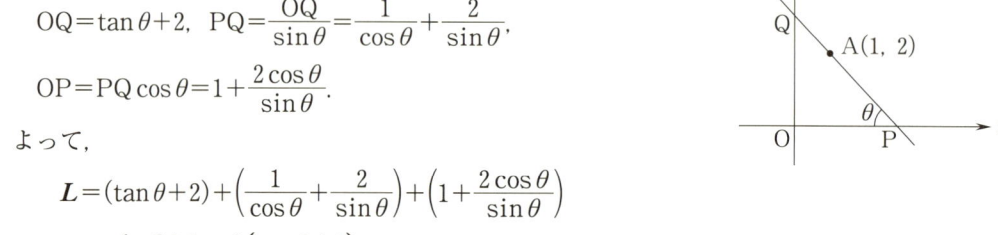

(2) $$\frac{dL}{d\theta} = \frac{\cos^2\theta + (\sin\theta + 1)\sin\theta}{\cos^2\theta} + \frac{2\{-\sin^2\theta - (\cos\theta + 1)\cos\theta\}}{\sin^2\theta}$$
$$= \frac{\sin\theta + 1}{\cos^2\theta} - \frac{2(\cos\theta + 1)}{\sin^2\theta}$$
$$= \frac{1 + \sin\theta}{1 - \sin^2\theta} - \frac{2(1 + \cos\theta)}{1 - \cos^2\theta}$$
$$= \frac{1}{1 - \sin\theta} - \frac{2}{1 - \cos\theta}$$
$$= \frac{2\sin\theta - (\cos\theta + 1)}{(1-\sin\theta)(1-\cos\theta)}$$
$$= \frac{4\sin\dfrac{\theta}{2}\cos\dfrac{\theta}{2} - 2\cos^2\dfrac{\theta}{2}}{(1-\sin\theta)(1-\cos\theta)}$$
$$= \frac{4\cos^2\dfrac{\theta}{2}\left(\tan\dfrac{\theta}{2} - \dfrac{1}{2}\right)}{(1-\sin\theta)(1-\cos\theta)}.$$

ここの分子の式変形が大切です！

$0 < \theta < \dfrac{\pi}{2}$ において $\tan\dfrac{\theta}{2} = \dfrac{1}{2}$ となる θ がただ1つ存在するから，それを α とおく.
$$\tan\frac{\alpha}{2} = \frac{1}{2}. \quad \left(0 < \alpha < \frac{\pi}{2}\right) \quad \cdots\cdots ①$$
右のグラフより増減表は次のようになる．

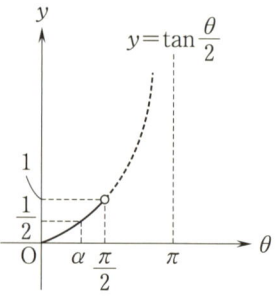

θ	(0)		α		$\left(\dfrac{\pi}{2}\right)$
$\dfrac{dL}{d\theta}$		$-$	0	$+$	
L		↘	最小	↗	

よって，$\theta=\alpha$ で最小．

① より $\cos\dfrac{\alpha}{2}=\dfrac{2}{\sqrt{5}}$，$\sin\dfrac{\alpha}{2}=\dfrac{1}{\sqrt{5}}$ だから

$\sin\alpha=2\sin\dfrac{\alpha}{2}\cos\dfrac{\alpha}{2}=\dfrac{4}{5}$，$\cos\alpha=\dfrac{3}{5}$.

ゆえに，(**L の最小値**)$=3+4+3=$**10**.

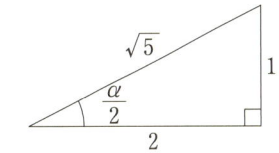

(解説)

1 $f'(\theta)=a(\theta)\sin\theta-b(\theta)\cos\theta$ のタイプではとくに，a，b が θ の関数ならば合成しても有効でないので，

$$\boldsymbol{f'(\theta)=a(\theta)\cos\theta\left(\tan\theta-\frac{b(\theta)}{a(\theta)}\right)}$$

と変形して，$y=\tan\theta$ と $y=\dfrac{b(\theta)}{a(\theta)}$ の大小関係より $f'(\theta)$ の符号を判定するとよいです．

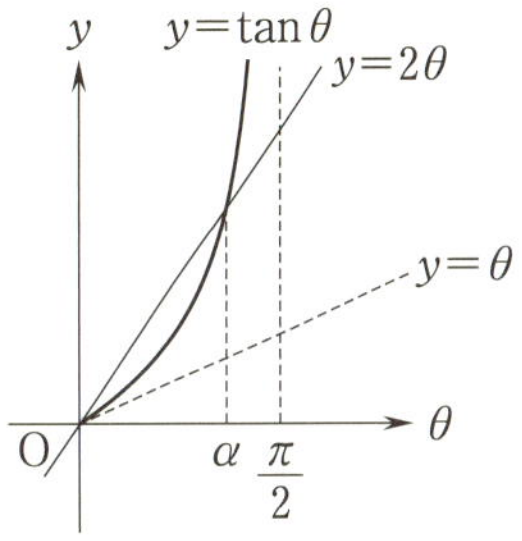

たとえば，$0<\theta<\dfrac{\pi}{2}$ において，$f'(\theta)=\sin\theta-2\theta\cos\theta$ ならば

$$f'(\theta)=\cos\theta(\tan\theta-2\theta)$$

と変形して，$y=\tan\theta$ と $y=2\theta$ のグラフを図示し，その大小関係を利用して $f'(\theta)$ の符号を判定します．

なお，本問では $\dfrac{dL}{d\theta}$ の分子を合成してもできます．

2 数学Ⅲにおいては倍角の公式・半角の公式は利用頻度が高いのでしっかりと身につけておくべきです．

$$\boldsymbol{\sin 2\theta=2\sin\theta\cos\theta}$$

$$\boldsymbol{\cos 2\theta=2\cos^2\theta-1=1-2\sin^2\theta}$$

$$\boldsymbol{\cos^2\frac{\theta}{2}=\frac{1+\cos\theta}{2},\quad \sin^2\frac{\theta}{2}=\frac{1-\cos\theta}{2}}$$

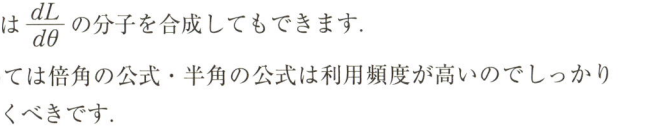

類題 9

図はトンネルの断面の形を示し，その周囲は円弧と線分からなっている．その面積が一定値 $\dfrac{k}{2}$ のとき，円弧の長さを最小にしたい．そのときの中心角および円弧の長さを求めよ．

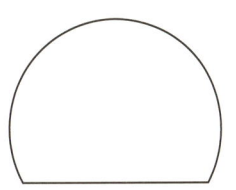

(岐阜薬科大)

32　第2章　微分法の応用

問題 10 最大・最小(2) 独立2変数

2つの円 $C_1:(x-1)^2+y^2=1$ と $C_2:(x-2)^2+y^2=4$ がある．点Pは第1象限において円 C_1 上を動き，点Qは第4象限において円 C_2 上を動くとする．ただし，2点P，Qは原点Oとともに三角形OPQを作るものとする．このとき，三角形OPQの面積の最大値を求めよ．

(島根大　改)

[考え方]　この問題のように独立に2点P，Qが動くときはまずは，1つを固定して考えるとよいです．

【解答1】
$$C_1:(x-1)^2+y^2=1 \quad (y>0),$$
$$C_2:(x-2)^2+y^2=4 \quad (y<0).$$

x 軸とOQのなす角 $\theta\left(0<\theta<\dfrac{\pi}{2}\right)$ とおく．

(i)　まず，Qつまり θ を固定してPのみを動かす．
B(2, 0) とおくと，OB=BQ=2 より
OQ=$4\cos\theta$（一定）であるから
「三角形OPQの面積が最大となる」
$\iff$「PからOQに下ろした垂線PHの長さが最大」
$\iff$「PHが C_1 の中心A(1, 0)を通る」．
このとき AH=$\sin\theta$ より，PH=$1+\sin\theta$.

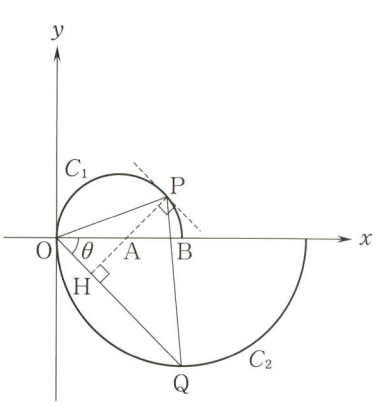

よって，Qを固定したときの三角形OPQの面積の最大値を $S(\theta)$ とすると
$$S(\theta)=\dfrac{1}{2}\cdot 4\cos\theta(1+\sin\theta)=2\cos\theta(1+\sin\theta).$$

(ii)　次に，Qつまり $\theta\left(0<\theta<\dfrac{\pi}{2}\right)$ を動かして $S(\theta)$ の最大値を求める．

$$S'(\theta)=2\{-\sin\theta(1+\sin\theta)+\cos^2\theta\}$$
$$=2(-2\sin^2\theta-\sin\theta+1)$$
$$=-2(2\sin^2\theta+\sin\theta-1)=-2(2\sin\theta-1)(\sin\theta+1).$$

θ	(0)		$\dfrac{\pi}{6}$		$\left(\dfrac{\pi}{2}\right)$
$S'(\theta)$		+	0	−	
$S(\theta)$		↗	最大	↘	

よって，$\theta=\dfrac{\pi}{6}$ で最大であるから，$(S(\theta)$ の最大値$)=\sqrt{3}\cdot\dfrac{3}{2}=\dfrac{3\sqrt{3}}{2}$.

【解答2】
P($1+\cos\alpha$, $\sin\alpha$), Q($2+2\cos\beta$, $-2\sin\beta$)
$(0<\alpha<\pi,\ 0<\beta<\pi)$
とおける．三角形OPQの面積を S とすると
$$S=\dfrac{1}{2}\left|\sin\alpha(2+2\cos\beta)+(1+\cos\alpha)2\sin\beta\right|$$
$$=\left|\sin\alpha(1+\cos\beta)+(1+\cos\alpha)\sin\beta\right|$$

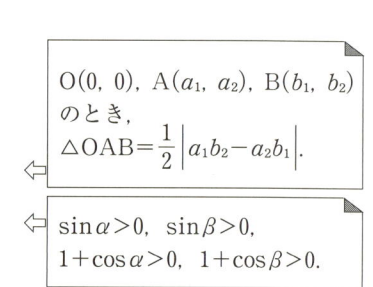

O(0, 0), A(a_1, a_2), B(b_1, b_2) のとき，
$\triangle$OAB=$\dfrac{1}{2}|a_1b_2-a_2b_1|$.

$\sin\alpha>0$, $\sin\beta>0$,
$1+\cos\alpha>0$, $1+\cos\beta>0$.

$$= \sin\alpha(1+\cos\beta)+(1+\cos\alpha)\sin\beta$$
$$= \sin\alpha+\sin\beta+\sin(\alpha+\beta).$$

（ⅰ） α を固定して β のみを動かす．

$$S=\sin\alpha+2\sin\left(\beta+\frac{\alpha}{2}\right)\cos\frac{\alpha}{2}$$

⇐ β が変数

$\cos\dfrac{\alpha}{2}>0$ であるから，$\dfrac{\alpha}{2}<\beta+\dfrac{\alpha}{2}<\pi+\dfrac{\alpha}{2}$ において，

$\beta+\dfrac{\alpha}{2}=\dfrac{\pi}{2}$ つまり $\beta=\dfrac{\pi}{2}-\dfrac{\alpha}{2}\ (>0)$ のとき，S は最大値

$$S(\alpha)=\sin\alpha+2\cos\frac{\alpha}{2}$$ をとる．

（ⅱ） 次に，α を動かして $S(\alpha)$ の最大値を求める．

$$S'(\alpha)=\cos\alpha-\sin\frac{\alpha}{2}$$
$$=-\left(2\sin^2\frac{\alpha}{2}+\sin\frac{\alpha}{2}-1\right)$$
$$=-\left(2\sin\frac{\alpha}{2}-1\right)\left(\sin\frac{\alpha}{2}+1\right).$$

α	(0)		$\dfrac{\pi}{3}$		(π)
$S'(\alpha)$		$+$	0	$-$	
$S(\alpha)$		↗	最大	↘	

よって，$(S$ の最大値$)=\dfrac{\sqrt{3}}{2}+\sqrt{3}=\dfrac{3\sqrt{3}}{2}$．

（解説）

1 次のように考えることもできます．

x 軸の正方向と OP，OQ のなす角を $\alpha,\ \beta\left(-\dfrac{\pi}{2}<\beta<0<\alpha<\dfrac{\pi}{2}\right)$ とおくと，

OP$=2\cos\alpha$，OQ$=4\cos\beta$ であるから

$$S=\frac{1}{2}\text{OP}\cdot\text{OQ}\sin(\alpha-\beta)$$
$$=\cos\alpha\cdot 4\cos\beta\cdot\sin(\alpha-\beta).$$

この後まず，α を固定して考えます．

2 独立多変数の問題において，変数を固定して考えるというのは非常に重要な発想ですからしっかりとマスターしましょう．いま一度まとめておきます．

［動くものを減らせ！！］

独立に2つ以上のものが動くときは，まずは1つのみ動かし，他は固定して考えよ！！

類題 10

AB＝BC＝CD＝1 である四角形 ABCD の面積の最大値を次の手順で求めよ．

(1) ∠ABC＝$\theta\ (0<\theta<\pi)$ を固定したときの四角形 ABCD の面積の最大値 $S(\theta)$ を θ を用いて表せ．

(2) θ を $0<\theta<\pi$ の範囲で動かしたときの $S(\theta)$ の最大値を求めよ．

（大分大［医］改）

問題 11 最大・最小（3）陰関数

四角形 ABCD の各辺の長さは一定で，AB=a，BC=b，CD=c，DA=d である．また内角はすべて，π より小さい範囲で変化するものとする．∠B=x，∠D=y，四角形 ABCD の面積を S とおく．

(1) $\dfrac{dy}{dx}$ を x，y で表せ．

(2) $\dfrac{dS}{dx}$ を x，y で表せ．

(3) S が最大になるとき，四角形 ABCD は円に内接することを示せ．

（滋賀医科大　改）

【解答】

(1) 余弦定理を用いると，
$$AC^2 = a^2 + b^2 - 2ab\cos x$$
$$= c^2 + d^2 - 2cd\cos y.$$
よって，$a^2 + b^2 - 2ab\cos x = c^2 + d^2 - 2cd\cos y$．
両辺を x で微分すると
$$2ab\sin x = 2cd\sin y \cdot \dfrac{dy}{dx}.$$
$\sin y > 0$ より，
$$\dfrac{dy}{dx} = \dfrac{ab\sin x}{cd\sin y}. \qquad \cdots\cdots ①$$

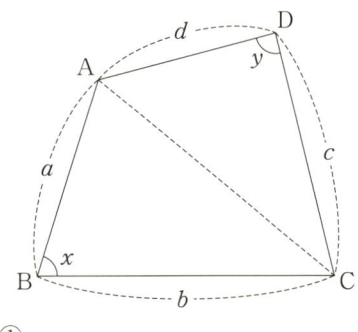

(2) $S = \dfrac{1}{2}ab\sin x + \dfrac{1}{2}cd\sin y$.
両辺を x で微分すると
$$\dfrac{dS}{dx} = \dfrac{1}{2}ab\cos x + \dfrac{1}{2}cd\cos y \cdot \dfrac{dy}{dx}$$
$$= \dfrac{ab(\cos x\sin y + \cos y\sin x)}{2\sin y} \quad (①より)$$
$$= \dfrac{ab}{2\sin y}\sin(x+y). \qquad \cdots\cdots ②$$

(3) ① より $\dfrac{dy}{dx} > 0$ であるから y は x の増加関数である．

よって，$x+y$ も x の増加関数であるから $x+y = \pi$ となる $x\,(0<x<\pi)$ がただ1つ存在する．
この値を $x=\alpha$ とおく．

右の増減表より，面積 S は $x=\alpha$ のとき，つまり $x+y=\pi$ のとき最大となる．このとき，対角の和 ∠B+∠D=π であるから四角形 ABCD は円に内接する．

x	(0)		α		(π)
$x+y$	(0)		π		(2π)
$\dfrac{dS}{dx}$		+	0	−	
S		↗	最大	↘	

（解説）
辺の長さは変わらないので，∠B=x が変化すれば ∠D=y も変化します．
したがって(1)では y は x の関数とみなして微分することになります．

類題 11 ［スネルの法則（屈折の法則）］

平面上に直線 L と，L 上にない 2 定点 A, B がある．ただし，A, B は L に関して反対側にある．A, B より L に下ろした垂線と L との交点をそれぞれ A_1, B_1 とする．L 上の $A_1 B_1$ 間の任意の点を X とする．A を出発して AX 上を速さ V_1 で，XB 上を速さ V_2 で動く点 P がある．

線分 AA_1, BB_1, $A_1 B_1$, $A_1 X$ の長さをそれぞれ a, b, c, $x\,(0<x<c)$ とする．このとき，次の問に答えよ．

(1) 動点 P が点 A を出発して点 B に達するまでの時間 t を求めよ．

(2) 点 X で L に立てた垂線と線分 AX, BX とのなす角をそれぞれ α, β とするとき，点 A から点 B まで動点 P が最小時間で達するならば，$\dfrac{\sin\alpha}{\sin\beta}=\dfrac{V_1}{V_2}$ が成り立つことを証明せよ．

(鳥取大［医］)

問題 12 方程式への応用（接線の本数）

(1) $t>0$ で定義された関数 $f(t)=e^{-t}\sin t$ が極値をとる t の値を小さいものから順に $t_1, t_2, \cdots, t_n, \cdots$ とおく．t_n と $f(t_n)$ を求めよ．

(2) xy 平面上に媒介変数 t により表示された曲線 $C: x=e^t\cos t, y=e^t\sin t$ $(t>0)$ があり，直線 $y=x$ 上に点 $\mathrm{P}(r, r)$ $(r>0)$ をとる．C の接線で P を通るものの本数を $N(r)$ とするとき，以下の問に答えよ．

　(i) $N(r)=1$ となる r の値を求め，さらにそのときの P を通る C の接線の方程式を求めよ．

　(ii) $N(r)=2$ となる r の範囲を求めよ．

（福井大［医］）

【解答】

(1) $f(t)=e^{-t}\sin t$ $(t>0)$.

$f'(t)=e^{-t}(-\sin t+\cos t)=\sqrt{2}\,e^{-t}\sin\left(t+\dfrac{3\pi}{4}\right)$.

$f'(t)=0$ とすると，$t>0$ より

$$t+\dfrac{3\pi}{4}=n\pi. \quad (n=1, 2, 3, \cdots)$$

よって，$\boldsymbol{t_n=n\pi-\dfrac{3\pi}{4}.}$ $(n=1, 2, 3, \cdots)$

また，$\boldsymbol{f(t_n)}=e^{-n\pi+\frac{3\pi}{4}}\sin\left(n\pi-\dfrac{3\pi}{4}\right)$

$=e^{-n\pi+\frac{3\pi}{4}}\sin\left((n-1)\pi+\dfrac{\pi}{4}\right)$

$=e^{-n\pi+\frac{3\pi}{4}}(-1)^{n-1}\dfrac{\sqrt{2}}{2}$

$=\boldsymbol{\dfrac{\sqrt{2}}{2}(-1)^{n-1}e^{-n\pi+\frac{3\pi}{4}}.}$

(2) $C:\begin{cases} x=e^t\cos t, \\ y=e^t\sin t. \end{cases} (t>0)$

$\dfrac{dx}{dt}=e^t(\cos t-\sin t), \quad \dfrac{dy}{dt}=e^t(\sin t+\cos t)$

より曲線 C の接線の方向ベクトルを $\vec{v}=\left(\dfrac{dx}{dt}, \dfrac{dy}{dt}\right)$ とおくと，

$$\vec{v}\,/\!/\,(\cos t-\sin t,\ \sin t+\cos t).$$

よって，点 $(e^t\cos t, e^t\sin t)$ における C の接線の方程式は

$(\sin t+\cos t)(x-e^t\cos t)-(\cos t-\sin t)(y-e^t\sin t)=0$.

$\therefore\ (\sin t+\cos t)x-(\cos t-\sin t)y=e^t.\quad\cdots\cdots$①

これが点 $\mathrm{P}(r, r)$ $(r>0)$ を通るための条件は，

$(\sin t+\cos t)r-(\cos t-\sin t)r=e^t$

$\iff 2r\sin t=e^t$

$\iff e^{-t}\sin t=\dfrac{1}{2r}.\quad\cdots\cdots$②

曲線 C において，点 $\mathrm{P}(r, r)$ を通る接線と接点は 1 対 1 に

対応するから，点Pを通る接線の本数は②を満たす t ($t>0$) の個数に等しい．

そして，それはまた ty 平面において2つのグラフ

$$\begin{cases} y=f(t)=e^{-t}\sin t, & (t>0) \quad \cdots\cdots ③ \\ y=\dfrac{1}{2r} & (r>0) \quad \cdots\cdots ④ \end{cases}$$

の共有点の個数に等しい．

(i) $N(r)=1$

$\iff$「③と④がただ1つの共有点をもつ」……(∗)

また，$y=e^{-t}$ は減少関数であるから

$$|f(t_1)|>|f(t_2)|>|f(t_3)|>\cdots\cdots.$$

よって，

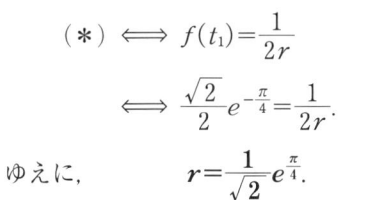

$$(*) \iff f(t_1)=\frac{1}{2r}$$

$$\iff \frac{\sqrt{2}}{2}e^{-\frac{\pi}{4}}=\frac{1}{2r}.$$

ゆえに，$\quad r=\dfrac{1}{\sqrt{2}}e^{\frac{\pi}{4}}.$

$t_1=\dfrac{\pi}{4}$ であるからこのときの接線は，①より

$$x=\frac{1}{\sqrt{2}}e^{\frac{\pi}{4}}.$$

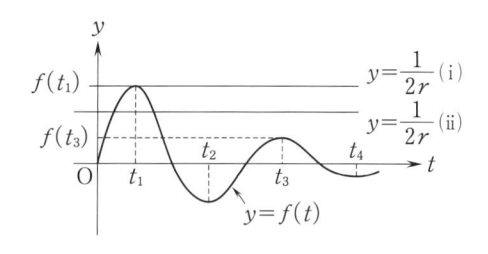

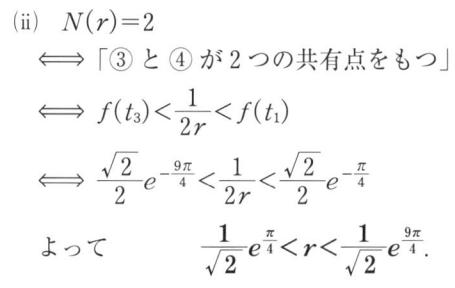

(ii) $N(r)=2$

$\iff$「③と④が2つの共有点をもつ」

$\iff f(t_3)<\dfrac{1}{2r}<f(t_1)$

$\iff \dfrac{\sqrt{2}}{2}e^{-\frac{9\pi}{4}}<\dfrac{1}{2r}<\dfrac{\sqrt{2}}{2}e^{-\frac{\pi}{4}}$

よって $\quad \dfrac{1}{\sqrt{2}}e^{\frac{\pi}{4}}<r<\dfrac{1}{\sqrt{2}}e^{\frac{9\pi}{4}}.$

(解説)

1 $f(t)=e^{-t}\sin t$ は減衰曲線といわれ，また曲線 C は対数（等角）螺線 (spiral) といわれ，ともによく入試に出題される曲線です．

2 点Pを通る曲線 C の接線と接点は1対1にする（1つの接線が C と2点以上で接することはない）ので，②を満たす t の個数が接線の本数となります．

類題 12

曲線 $y=xe^{-x^2}$ について，傾き m の接線は何本引けるか．m の値により分類してその本数を求めよ．

(東京医科大)

問題 13 通過範囲

x 軸上に点 P を，y 軸上に点 Q をそれぞれとり，PQ＝1 を満たすように変化させる．このとき，線分 PQ が通過する領域を求めて，図示せよ．

(滋賀医科大，日本医科大　改)

【解答1】

線分 PQ の通過範囲を D とおく．D は明らかに x 軸，y 軸に関して対称だから，点 P，Q がそれぞれ $x≧0$，$y≧0$ を動くときを考えればよい．

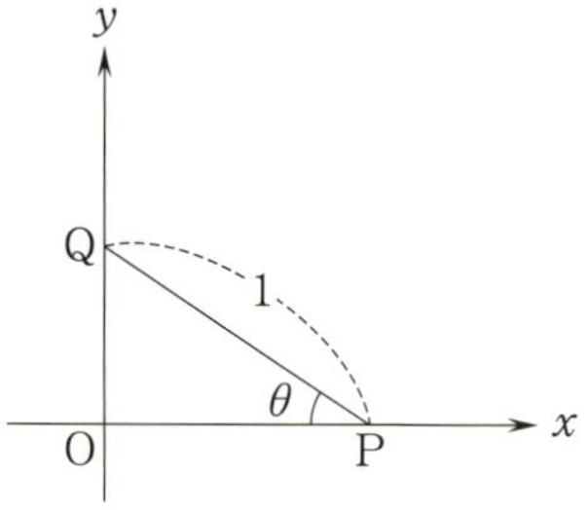

PQ＝1 より
$$P(\cos\theta, 0), \ Q(0, \sin\theta) \ \left(0≦\theta≦\frac{\pi}{2}\right)$$
とおける．

(i) $\theta=0$ のとき，線分 PQ：$y=0$，$0≦x≦1$．

(ii) $\theta=\dfrac{\pi}{2}$ のとき，線分 PQ：$x=0$，$0≦y≦1$．

(iii) $0<\theta<\dfrac{\pi}{2}$ のとき，

線分 PQ：$\dfrac{x}{\cos\theta}+\dfrac{y}{\sin\theta}=1$．$(x≧0, y≧0)$ ……①

① が第1象限で通過する範囲を求めればよい．

$0<\theta<\dfrac{\pi}{2}$ を θ が動くとき線分 ① が点 (X, Y) $(X>0, Y>0)$ を通過する，つまり $(X, Y)\in D$ であるための条件は，

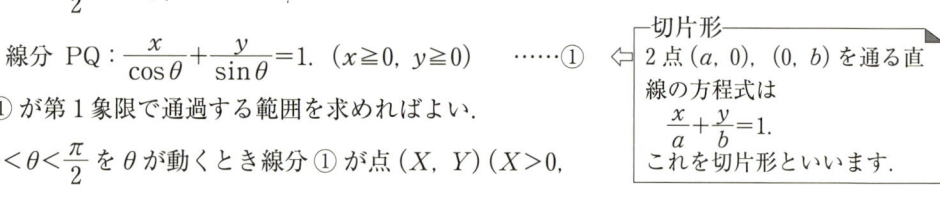

「$\dfrac{X}{\cos\theta}+\dfrac{Y}{\sin\theta}=1$ を満たす θ が $0<\theta<\dfrac{\pi}{2}$ に存在する．ただし，$X>0$，$Y>0$」 ……(∗)

$f(\theta)=\dfrac{X}{\cos\theta}+\dfrac{Y}{\sin\theta}$ $\left(0<\theta<\dfrac{\pi}{2}\right)$ とおく．

$f'(\theta)=X\cdot\dfrac{\sin\theta}{\cos^2\theta}-Y\cdot\dfrac{\cos\theta}{\sin^2\theta}$
$=\dfrac{X\cos\theta}{\sin^2\theta}\left(\tan^3\theta-\dfrac{Y}{X}\right)$．

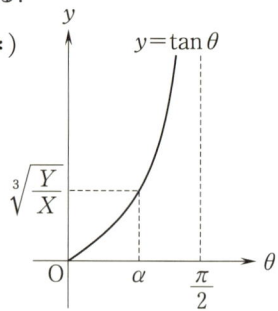

$0<\theta<\dfrac{\pi}{2}$，$\dfrac{Y}{X}>0$ だから $\tan^3\theta-\dfrac{Y}{X}=0$

を満たす θ がただ1つ存在する．それを α とおく．
$$\tan\alpha=\sqrt[3]{\dfrac{Y}{X}}. \qquad \text{……②}$$
したがって増減表は右のようになる．

② より
$$\cos\alpha=\dfrac{X^{\frac{1}{3}}}{\sqrt{X^{\frac{2}{3}}+Y^{\frac{2}{3}}}}, \quad \sin\alpha=\dfrac{Y^{\frac{1}{3}}}{\sqrt{X^{\frac{2}{3}}+Y^{\frac{2}{3}}}}.$$

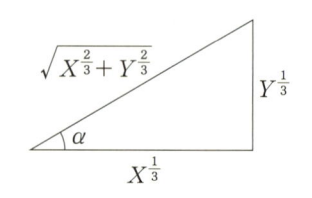

よって，$f(\theta)$ は $\theta=\alpha$ で極小値

――切片形――
2点 $(a, 0)$，$(0, b)$ を通る直線の方程式は
$$\dfrac{x}{a}+\dfrac{y}{b}=1.$$
これを切片形といいます．

θ	(0)		α		$\left(\dfrac{\pi}{2}\right)$
$f'(\theta)$		$-$	0	$+$	
$f(\theta)$	(∞)	↘	$f(\alpha)$	↗	(∞)

$$f(\alpha) = \frac{X}{\cos\alpha} + \frac{Y}{\sin\alpha}$$
$$= X^{\frac{2}{3}}\sqrt{X^{\frac{2}{3}}+Y^{\frac{2}{3}}} + Y^{\frac{2}{3}}\sqrt{X^{\frac{2}{3}}+Y^{\frac{2}{3}}}$$
$$= \left(X^{\frac{2}{3}}+Y^{\frac{2}{3}}\right)^{\frac{3}{2}}$$

をとる．ゆえに，

(∗) $\iff$ 「$f(\theta)=1$ が $0<\theta<\dfrac{\pi}{2}$ に解をもつ．
　　　　　ただし，$X>0$, $Y>0$」
$\iff f(\alpha)\leqq 1$ かつ $X>0$, $Y>0$
$\iff X^{\frac{2}{3}}+Y^{\frac{2}{3}}\leqq 1$ かつ $X>0$, $Y>0$.

以上，(i)(ii)(iii) より $x\geqq 0$, $y\geqq 0$ のとき線分 PQ の通過範囲は
$$x^{\frac{2}{3}}+y^{\frac{2}{3}}\leqq 1,\ x\geqq 0,\ y\geqq 0 \quad \cdots\cdots ③$$
となる．
$$x^{\frac{2}{3}}+y^{\frac{2}{3}}=1 \quad \cdots\cdots ④$$
において，
$$y^{\frac{2}{3}}=1-x^{\frac{2}{3}}\geqq 0 \ \text{より}\ 0\leqq x\leqq 1.$$

④の両辺を x で微分して
$$\frac{2}{3}x^{-\frac{1}{3}}+\frac{2}{3}y^{-\frac{1}{3}}\frac{dy}{dx}=0.$$

よって，
$$\frac{dy}{dx}=-\left(\frac{y}{x}\right)^{\frac{1}{3}}<0 \ (0<x<1)$$

ゆえに，y は x の単調減少関数で
$$\lim_{x\to +0}\frac{dy}{dx}=-\infty,\ \lim_{x\to 1-0}\frac{dy}{dx}=0$$

であるから④は点 $(0, 1)$ で y 軸に接し，点 $(1, 0)$ で x 軸に接する．

したがって，対称性により
$$D=\left\{(x,\ y)\mid x^{\frac{2}{3}}+y^{\frac{2}{3}}\leqq 1\right\}$$

であり，図示すると右のようになる．

(解説)

1 通過範囲の求め方は次の 2 通りの方法があります．

------[曲線の通過範囲(I)]------
$$f(x,\ y,\ t)=0, \quad \cdots\cdots ①$$
$$a\leqq t\leqq b. \quad \cdots\cdots ②$$
　パラメータ t が②の範囲を動くとき，曲線①が通過する範囲は，①をパラメータ t の方程式とみなしたとき，それが②の範囲に少なくとも 1 つは実数解をもつような (x, y) の集合として得られる．

------[曲線の通過範囲(II)]------
$$y=g(x,\ t), \quad \cdots\cdots ①$$
$$a\leqq t\leqq b. \quad \cdots\cdots ②$$
　パラメータ t が②の範囲を動くとき，曲線①が通過する範囲は，x を固定して①を t の関数とみなしたとき，その値域を求めることによって得られる．

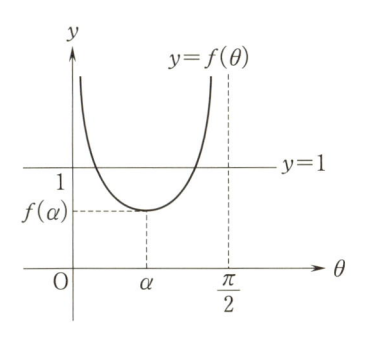

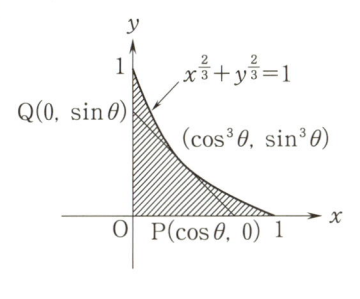

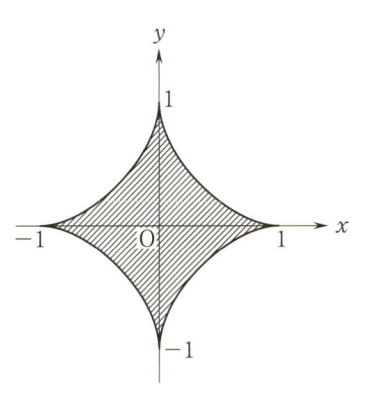

40　第2章　微分法の応用

　注　上の解法からわかるように曲線の通過範囲を求めるときには，パラメータの方程式またはパラメータの関数とみなして考えることが発想の根幹です．したがって，曲線の通過範囲を求めるときには

$$\text{パラメータを主役にせよ！}$$

ということができます．

　【解答1】は解法（I）の方法です．解法（II）による解答も述べておきましょう．

【解答2】　PQ=1 より P($\cos\theta$, 0)，Q(0, $\sin\theta$) $\left(0\leq\theta\leq\dfrac{\pi}{2}\right)$ とおける．

$0\leq\theta<\dfrac{\pi}{2}$ のとき線分 PQ は

$$y=-(\tan\theta)x+\sin\theta \quad (x\geq 0,\ y\geq 0) \quad \cdots\cdots ①'$$

とおける．$x=X\ (0<X\leq\cos\theta)$ と固定すると，

$$y=-X\tan\theta+\sin\theta$$

は θ の関数である．

$$g(\theta)=-X\tan\theta+\sin\theta$$

とおき，β を $X=\cos\beta\ \left(0\leq\beta<\dfrac{\pi}{2}\right)$ を満たすようにとる．

θ は，$X\leq\cos\theta\leq 1$ を満たす範囲を動くから，θ の変域は

$$0\leq\theta\leq\beta. \quad \cdots\cdots ②$$

② における $y=g(\theta)$ の値域を調べる．

$$g'(\theta)=-\dfrac{X}{\cos^2\theta}+\cos\theta=\dfrac{\cos^3\theta-X}{\cos^2\theta}.$$

$X\leq\sqrt[3]{X}\leq 1$ より $\cos\theta=\sqrt[3]{X}$ となる θ が ② にただ1つ存在し，それを α とおく．

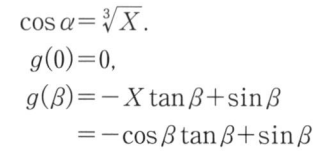

$$\cos\alpha=\sqrt[3]{X}.$$

$g(0)=0,$

$g(\beta)=-X\tan\beta+\sin\beta$

　　　$=-\cos\beta\tan\beta+\sin\beta$

　　　$=0,$

$g(\alpha)=-X\tan\alpha+\sin\alpha$

　　　$=-\cos^3\alpha\tan\alpha+\sin\alpha$

　　　$=\sin^3\alpha=(1-\cos^2\alpha)^{\frac{3}{2}}=(1-X^{\frac{2}{3}})^{\frac{3}{2}}.$

θ	0		α		β
$g'(\theta)$		+	0	−	
$g(\theta)$	0	↗	$g(\alpha)$	↘	0

よって，$y=g(\theta)$ の値域は　$0\leq y\leq (1-X^{\frac{2}{3}})^{\frac{3}{2}}.$

　したがって，線分 ① の x 座標が X である点 (X, y) の存在範囲は

$$0\leq y\leq (1-X^{\frac{2}{3}})^{\frac{3}{2}}$$

となる点 (X, y) の全体となる．

　よって，$x=X$ を変化させて考えることにより，$x\geq 0,\ y\geq 0$ における ①' の通過範囲は

$$0\leq y\leq (1-x^{\frac{2}{3}})^{\frac{3}{2}},\ x\geq 0,\ y\geq 0$$

すなわち，$x^{\frac{2}{3}}+y^{\frac{2}{3}}\leq 1,\ x\geq 0,\ y\geq 0$

となる．（以下【解答1】と同様）

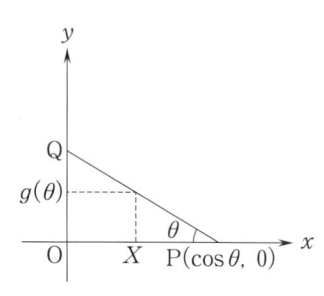

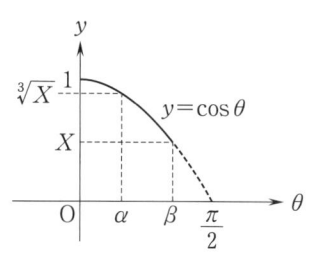

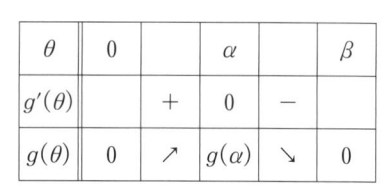

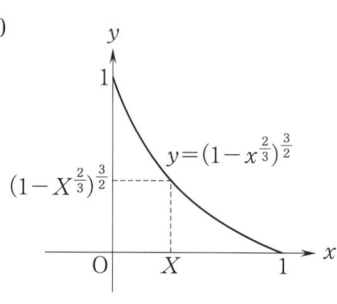

(解説)

2 $x^{\frac{2}{3}}+y^{\frac{2}{3}}=1$ はアステロイド（asteroid）（astroid とも表記します）といわれる曲線です.

$\dfrac{x}{\cos\theta}+\dfrac{y}{\sin\theta}=1$ はアステロイド $x^{\frac{2}{3}}+y^{\frac{2}{3}}=1$ の点 $(\cos^3\theta, \sin^3\theta)$ における接線です. すなわち, 線分 PQ はアステロイド $x^{\frac{2}{3}}+y^{\frac{2}{3}}=1$ につねに接しながら動きます.

したがって, アステロイド $x^{\frac{2}{3}}+y^{\frac{2}{3}}=1$ は直線族 $\dfrac{x}{\cos\theta}+\dfrac{y}{\sin\theta}=1$ の包絡線になります.

ちなみに asteroid の oid は「～のような」を意味する接尾語です.

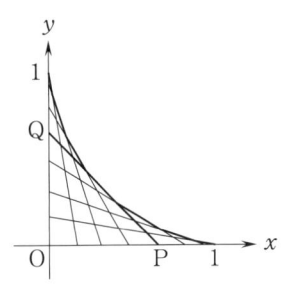

類題 13

t を定数として xy 平面上の直線 $C_t : y=(x+t)e^t$ を考える. t が $t>0$ の範囲を変化するとき, C_t が通る範囲を求め, その概形を図示せよ.

（慶應義塾大［医］）

問題 14 不等式への応用

$f(x) = \log x$, $0 < a < b$ とする.

$f'(c) = \dfrac{\log b - \log a}{b-a}$ を満たす c に対し次を示せ.

$$\sqrt{ab} < c < \dfrac{a+b}{2}$$

(和歌山県立医科大　改)

[考え方]

独立2変数の不等式の微分法を用いた証明はおもに次の方法があります.

（i）a または b を固定して1変数にして考える（問題10参照）.

（ii）$\dfrac{b}{a}$ または $\dfrac{a}{b}$ を t とおき t の1変数にして考える（同次式）.

（iii）平均値の定理の利用.

【解答】

$f(x) = \log x$ より $f'(x) = \dfrac{1}{x}$ であるから

$$f'(c) = \dfrac{\log b - \log a}{b-a} \iff \dfrac{1}{c} = \dfrac{\log b - \log a}{b-a}.$$

よって, $\sqrt{ab} < c < \dfrac{a+b}{2}$ は次と同値である.

$$\sqrt{ab} < \dfrac{b-a}{\log b - \log a} < \dfrac{a+b}{2}. \quad \cdots\cdots ①$$

ゆえに, ① を示せばよい. また, ① は

$$\sqrt{\dfrac{b}{a}} < \dfrac{\dfrac{b}{a}-1}{\log\dfrac{b}{a}} < \dfrac{1+\dfrac{b}{a}}{2} \quad \cdots\cdots ①'$$

と変形できるから $t = \dfrac{b}{a}$ とおくと, ①' は

$$\sqrt{t} < \dfrac{t-1}{\log t} < \dfrac{1+t}{2}. \quad \cdots\cdots ②$$

となる. ただし, $0 < a < b$ より $1 < t$.

よって, $t > 1$ のもとで, ② が成り立つことを示せばよい.

さらに, ② は

$$\begin{cases} \sqrt{t} < \dfrac{t-1}{\log t} \iff \log t < \dfrac{t-1}{\sqrt{t}}, & \cdots\cdots ③ \\ \dfrac{t-1}{\log t} < \dfrac{t+1}{2} \iff 2\dfrac{t-1}{t+1} < \log t & \cdots\cdots ④ \end{cases}$$

⇐ $t > 1$ より $\log t > 0$

と変形できるから ③ かつ ④ を示せばよい.

$g(t) = \dfrac{t-1}{\sqrt{t}} - \log t \ (t > 1)$ とおく.

$$g'(t) = \dfrac{\sqrt{t} - (t-1)\dfrac{1}{2\sqrt{t}}}{t} - \dfrac{1}{t} = \dfrac{(\sqrt{t}-1)^2}{2t\sqrt{t}} > 0.$$

よって，$g(t)$ は単調増加であり，$g(1)=0$ であるから $t>1$ において $g(t)>0$ である．

したがって，③ は成り立つ．

次に，$h(t)=\log t-\dfrac{2(t-1)}{t+1}$ $(t>1)$ とおく．

$$h'(t)=\dfrac{1}{t}-\dfrac{2\{t+1-(t-1)\}}{(t+1)^2}=\dfrac{(t-1)^2}{t(t+1)^2}>0.$$

よって，$h(t)$ は単調増加で，$h(1)=0$ であるから $t>1$ において $h(t)>0$ である．

したがって，④ も成り立つ．

ゆえに，② つまり ① は成り立つ．

(解説)

1 ② を直接示そうとしても分母に $\log t$ があるためこの問題ではうまくいきません．$\log t>0$ であることに着目して，② を {③ かつ ④} の形に変形しておくことが point です．

2 a を固定して，b のみを変数とみなし $b=x$ とおき

$$\sqrt{ax}<\dfrac{x-a}{\log x-\log a}<\dfrac{x+a}{2} \quad (x>a)$$

つまり，$\quad\dfrac{2(x-a)}{x+a}<\log x-\log a<\dfrac{x-a}{\sqrt{ax}}$

を示してもよいでしょう（ここからあとは簡単なので各自試みて下さい）．

3 問題 **43**（P.122）で解説する **[台形の面積との比較]** を用いても証明できます．

$A(\log a, 0)$，$B(\log b, 0)$，$C(\log b, b)$，$D(\log a, a)$，$M(\log\sqrt{ab}, 0)$ とし，EF は点 $N(\log\sqrt{ab}, \sqrt{ab})$ における $y=e^x$ の接線とする．$y=e^x$ は下に凸だから面積を比較して

台形 $ABEF<\displaystyle\int_{\log a}^{\log b}e^x dx<$ 台形 $ABCD$．

$MN\cdot AB<\Big[e^x\Big]_{\log a}^{\log b}<\dfrac{1}{2}(AD+BC)\cdot AB$．

$\sqrt{ab}(\log b-\log a)<b-a<\dfrac{a+b}{2}(\log b-\log a)$．

よって，$\sqrt{ab}<\dfrac{b-a}{\log b-\log a}<\dfrac{a+b}{2}$．

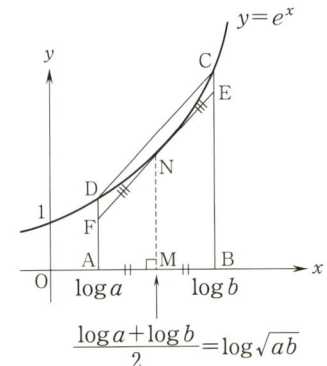

類題 14

e を自然対数の底とする．$e\leqq p<q$ のとき，不等式

$$\log(\log q)-\log(\log p)<\dfrac{q-p}{e}$$

が成り立つことを証明せよ．

（名古屋大 [医]）

問題 15 凸不等式◆

$f(x)$ は $x>0$ において $f''(x)>0$ を満たすとする.

(1) $x_1>0$, $x_2>0$ とする. $s+t=1$, $s \geqq 0$, $t \geqq 0$ を満たす任意の s, t に対して
$$f(sx_1+tx_2) \leqq sf(x_1)+tf(x_2)$$
が成り立つことを証明せよ.

(2) n を 2 以上の自然数とし, $x_1>0$, $x_2>0$, …, $x_n>0$ とする.
$$\alpha_1+\alpha_2+\cdots+\alpha_n=1, \quad \alpha_1 \geqq 0, \quad \alpha_2 \geqq 0, \quad \cdots, \quad \alpha_n \geqq 0$$
を満たす任意の α_1, α_2, …, α_n に対して
$$f(\alpha_1 x_1+\alpha_2 x_2+\cdots+\alpha_n x_n) \leqq \alpha_1 f(x_1)+\alpha_2 f(x_2)+\cdots+\alpha_n f(x_n)$$
が成り立つことを n に関する数学的帰納法で証明せよ.

(3) $f(x)=-\log x$ とおくことにより, $x_1>0$, $x_2>0$, …, $x_n>0$ に対して,
相加平均と相乗平均の不等式
$$\frac{x_1+x_2+\cdots+x_n}{n} \geqq \sqrt[n]{x_1 x_2 \cdots x_n}$$
が成り立つことを証明せよ.

(類　滋賀医科大)

[考え方]

(1)では文字が 4 つ（独立な変数は t, x_1, x_2, の 3 つ）あるので何を固定して何を変数とみなすかによって証明の仕方が変わります. なお凸性を用いた次の方法があります.

> 区間 $a<x<b$ において $F''(x)<0$（上に凸）かつ $F(a)>0$, $F(b)>0$
> ならば $a<x<b$ において $F(x)>0$

【解答】

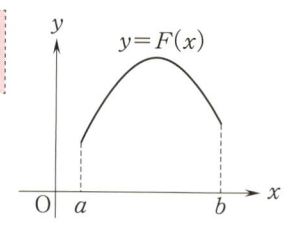

(1) $x_1=x_2$ のときは等号が成り立つから $x_1 \neq x_2$ としてよい.
$s+t=1$ より $s=1-t$ であり $s \geqq 0$, $t \geqq 0$ より $0 \leqq t \leqq 1$.
いま, x_1, x_2 を任意に固定して, t の関数
$$\begin{aligned} F(t) &= (1-t)f(x_1)+tf(x_2)-f((1-t)x_1+tx_2) \\ &= f(x_1)+\{f(x_2)-f(x_1)\}t-f(x_1+(x_2-x_1)t) \end{aligned}$$
を考える.
$$F'(t)=f(x_2)-f(x_1)-(x_2-x_1)f'(x_1+(x_2-x_1)t)$$
$$F''(t)=-(x_2-x_1)^2 f''(x_1+(x_2-x_1)t)<0 \quad (f''(x)>0 \text{ より})$$
よって, $F(t)$ は, $0 \leqq t \leqq 1$ において上に凸であり, しかも
$F(0)=0$ かつ $F(1)=0$ であるから $0 \leqq t \leqq 1$ において $F(t) \geqq 0$
である.
以上より, $f(sx_1+tx_2) \leqq sf(x_1)+tf(x_2)$ が成り立つ.

(別解)　$t=0$ $(s=1)$ のときは, 両辺ともに $f(x_1)$ となり成り立つ.
$t>0$ のとき, s, t, x_2 を任意に固定し, $x_1=x$ とおき x の関数
$$G(x)=sf(x)+tf(x_2)-f(sx+tx_2) \quad (x>0)$$
を考える.
$$G'(x)=s\{f'(x)-f'(sx+tx_2)\}.$$
$f''(x)>0$ より $f'(x)$ は単調増加であるから

$$G'(x) \gtreqless 0 \iff f'(x) \gtreqless f'(sx+tx_2)$$
$$\iff x \gtreqless sx+tx_2$$
$$\iff x \gtreqless x_2. \quad (1-s=t \text{ より})$$

よって，$G(x)$ の増減表は右のようになり $G(x) \geqq 0$ である．ゆえに x を x_1 にもどして
$$f(sx_1+tx_2) \leqq sf(x_1)+tf(x_2).$$

⇐ A≧B は A>B または A=B または A<B を表す不等号です．

x		x_2	
$G'(x)$	$-$	0	$+$
$G(x)$	↘	0	↗

(2) 「$\sum_{i=1}^{n} \alpha_i = 1$, $\alpha_i \geqq 0$ $(i=1, 2, \cdots, n)$ のとき
$$f(\alpha_1 x_1 + \alpha_2 x_2 + \cdots + \alpha_n x_n)$$
$$\leqq \alpha_1 f(x_1) + \alpha_2 f(x_2) + \cdots + \alpha_n f(x_n)\text{」} \quad \cdots\cdots(*)$$

(I) $n=2$ のとき
 (1)より成り立つ.

(II) $n=k$ のとき $(*)$ は成り立つとすると，
「$\sum_{i=1}^{k} \alpha_i = 1$, $\alpha_i \geqq 0$ $(i=1, 2, \cdots, k)$ のとき,
$$f(\alpha_1 x_1 + \alpha_2 x_2 + \cdots + \alpha_k x_k)$$
$$\leqq \alpha_1 f(x_1) + \alpha_2 f(x_2) + \cdots + \alpha_k f(x_k)\text{」} \quad \cdots\cdots(**)$$
が成り立つ.

いま，$\alpha_1, \alpha_2, \cdots, \alpha_k, \alpha_{k+1}$ を
$\alpha_1 + \alpha_2 + \cdots + \alpha_k + \alpha_{k+1} = 1$,
$\alpha_1 \geqq 0$, $\alpha_2 \geqq 0$, $\cdots$, $\alpha_k \geqq 0$, $\alpha_{k+1} \geqq 0$ $\quad \cdots\cdots$①
を満たす任意の実数とする

$s = \alpha_1 + \alpha_2 + \cdots + \alpha_k$, $t = \alpha_{k+1}$ とおくと
$$s+t=1, \quad s \geqq 0, \quad t \geqq 0. \quad \cdots\cdots ②$$

$\alpha_i' = \dfrac{\alpha_i}{s}$ $(i=1, 2, \cdots, k)$ とし，
$$X = \dfrac{\sum_{i=1}^{k} \alpha_i x_i}{s} = \sum_{i=1}^{k} \alpha_i' x_i, \quad Y = x_{k+1}$$

⇐ 慣れないと難しい!!

とおくと
$$\alpha_1' + \alpha_2' + \cdots + \alpha_k' = \dfrac{\alpha_1 + \alpha_2 + \cdots + \alpha_k}{s} = 1 \quad \cdots\cdots ③$$
であるから
$$f(\alpha_1 x_1 + \alpha_2 x_2 + \cdots + \alpha_k x_k + \alpha_{k+1} x_{k+1})$$
$$= f(sX + tY)$$
$$\leqq sf(X) + tf(Y) \quad ((1) \text{より})$$
$$= sf(\alpha_1' x_1 + \alpha_2' x_2 + \cdots + \alpha_k' x_k) + \alpha_{k+1} f(x_{k+1})$$
$$\leqq s\{\alpha_1' f(x_1) + \alpha_2' f(x_2) + \cdots + \alpha_k' f(x_k)\} + \alpha_{k+1} f(x_{k+1}) \quad (③ \text{と}(**)\text{により})$$
$$= s\left\{\dfrac{\alpha_1}{s} f(x_1) + \dfrac{\alpha_2}{s} f(x_2) + \cdots + \dfrac{\alpha_k}{s} f(x_k)\right\} + \alpha_{k+1} f(x_{k+1})$$
$$= \alpha_1 f(x_1) + \alpha_2 f(x_2) + \cdots + \alpha_k f(x_k) + \alpha_{k+1} f(x_{k+1})$$

よって，$n=k+1$ のときも成り立つ.

(I)(II)より $(*)$ は 2 以上のすべての自然数 n に対して成り立つ.

(3) $f(x) = -\log x$ より $f'(x) = -\dfrac{1}{x}$, $f''(x) = \dfrac{1}{x^2} > 0$.

よって, (2)で $\alpha_i = \dfrac{1}{n}$ $(i=1, 2, \cdots, n)$ とおくと,

$$f\left(\dfrac{x_1+x_2+\cdots+x_n}{n}\right) \leqq \dfrac{f(x_1)+f(x_2)+\cdots+f(x_n)}{n}$$

$$\iff -\log\dfrac{x_1+x_2+\cdots+x_n}{n} \leqq -\dfrac{1}{n}(\log x_1 + \log x_2 + \cdots + \log x_n)$$

$$\iff \log\dfrac{x_1+x_2+\cdots+x_n}{n} \geqq \log(x_1 x_2 \cdots x_n)^{\frac{1}{n}}.$$

したがって, $\dfrac{x_1+x_2+\cdots+x_n}{n} \geqq \sqrt[n]{x_1 x_2 \cdots x_n}$.

(解説)

1 $A(x_1, f(x_1))$, $B(x_2, f(x_2))$ とし
$P(sx_1+tx_2, sf(x_1)+tf(x_2))$,
$Q(sx_1+tx_2, f(sx_1+tx_2))$
とおく. $s+t=1$, $s \geqq 0$, $t \geqq 0$ より P は線分 AB を $t:s$ に内分する点であり Q は曲線 AB 上の点であるから(1)は, $f''(x) > 0$ すなわち $y = f(x)$ が下に凸なら
「曲線 AB は線分 AB より下側にある」
ことを示しています.

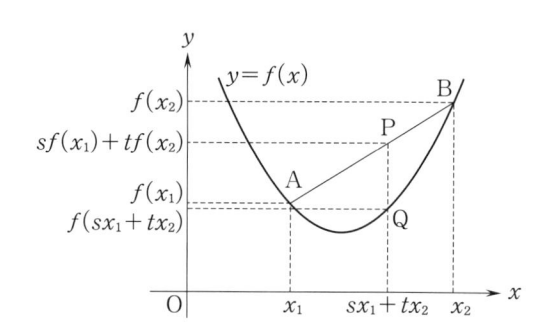

2 (2)の証明は初めての人には非常に難しいでしょう. 慣れるしかありません.

3 (3)で凸不等式の応用として相加・相乗平均の不等式を証明しましたが, そのほかにも凸不等式を応用したさまざまな不等式が得られます.

4 滋賀医科大に問題15の類題が出題されました. そのとき滋賀医科大を受験した筆者の教え子は本問と同じ問題を何度も何度も復習していたので「まるで, ノートを写しているようにできた」といってみごとに合格しました.

難しくても繰り返して身につけるしかないですね. それが医学部を本気でめざすということです. 大変でしょうが頑張って下さい.

類題 15

次の不等式が成り立つことを証明し，等号が成立するための条件を求めよ．

(1) $0 \leq \alpha \leq \pi$，$0 \leq \beta \leq \pi$ のとき，
$$\frac{\sin\alpha+\sin\beta}{2} \leq \sin\frac{\alpha+\beta}{2}.$$

(2) $0 \leq \alpha \leq \pi$，$0 \leq \beta \leq \pi$，$0 \leq \gamma \leq \pi$，$0 \leq \delta \leq \pi$ のとき，
$$\frac{\sin\alpha+\sin\beta+\sin\gamma+\sin\delta}{4} \leq \sin\frac{\alpha+\beta+\gamma+\delta}{4}.$$

(3) $0 \leq \alpha \leq \pi$，$0 \leq \beta \leq \pi$，$0 \leq \gamma \leq \pi$ のとき，
$$\frac{\sin\alpha+\sin\beta+\sin\gamma}{3} \leq \sin\frac{\alpha+\beta+\gamma}{3}.$$

（奈良県立医科大）

問題 16 エントロピー◆

正の数 $x_i\,(i=1,\,2,\,\cdots,\,n)$ が $\sum_{i=1}^{n}x_i=a$ を満たしながら変化するとき, 不等式

$$\sum_{i=1}^{n}x_i\log x_i\geqq a\log\frac{a}{n}$$

が成り立つことを証明せよ.

(東京工業大)

[考え方] x_i の個数 n に関する数学的帰納法で示します. "文字 a" にこだわってはいけません.

もし, $\sum_{i=1}^{n}x_i=A$ ならば $\sum_{i=1}^{n}x_i\log x_i\geqq A\log\frac{A}{n}$ が成り立ちます.

和 $\sum_{i=1}^{n}x_i$ の値に応じて右辺も変わります.

【解答】

「a を任意の正の定数とする.

$x_1,\,x_2,\,\cdots,\,x_n$ が

$x_1+x_2+\cdots+x_n=a\ (x_1>0,\,x_2>0,\,\cdots,\,x_n>0)$

を満たしながら変化するとき

$$\sum_{i=1}^{n}x_i\log x_i\geqq a\log\frac{a}{n}$$

が成り立つ.

ただし, 等号は $x_1=x_2=\cdots=x_n=\dfrac{a}{n}$ のとき成り立つ」……(∗)

(∗)を n に関する数学的帰納法で示す.

(Ⅰ) $n=1$ のとき

$$a\log a=a\log a$$

で成り立つ.

(Ⅱ) $n=k$ のとき (∗) は成り立つとする.

変数 $x_1,\,x_2,\,\cdots,\,x_k,\,x_{k+1}$ が

$x_1+x_2+\cdots+x_k+x_{k+1}=a$ ……①

$(x_1>0,\,x_2>0,\,\cdots,\,x_k>0,\,x_{k+1}>0)$

を満たすとし,

$y=x_1\log x_1+x_2\log x_2+\cdots+x_k\log x_k+x_{k+1}\log x_{k+1}$ ……②

の最小値を求める.

(ⅰ) まず x_{k+1} を $x_{k+1}=t\ (0<t<a)$ と固定して, $x_1,\,x_2,\,\cdots,\,x_k$ を動かすと, $x_1,\,x_2,\,\cdots,\,x_k$ は

$x_1+x_2+\cdots+x_k=a-t\ (x_1>0,\,x_2>0,\,\cdots,\,x_k>0)$ ……③

を満たしながら動くので帰納法の仮定より

$$\sum_{i=1}^{k}x_i\log x_i\geqq (a-t)\log\frac{a-t}{k}$$ ……④

(等号は $x_1=x_2=\cdots=x_k=\dfrac{a-t}{k}$ のとき成り立つ)

⇐ ④が point!! ③より $\sum_{i=1}^{k}x_i=a-t$ だから右辺も a を $a-t$ とした式になる.

よって, $x_{k+1}=t\ (0<t<a)$ と固定したとき, ② は

最小値
$$\varphi(t)=(a-t)\log\frac{a-t}{k}+t\log t \quad (0<t<a)$$
をとる.

(ii) 次に, t を $0<t<a$ の範囲で動かすと
$$\varphi'(t)=-\log\frac{a-t}{k}+(a-t)\frac{-1}{a-t}+\log t+1$$
$$=-\log\frac{a-t}{k}+\log t$$
$$=\log\frac{kt}{a-t}.$$

$\frac{kt}{a-t} \lessgtr 1$ とすると $t \lessgtr \frac{a}{k+1}$ より

t	(0)		$\frac{a}{k+1}$		(a)
$\varphi'(t)$		$-$	0	$+$	
$\varphi(t)$		↘	最小	↗	

よって, $y=\varphi(t)$ は $t=\frac{a}{k+1}$ のとき最小値
$$\varphi\left(\frac{a}{k+1}\right)=a\log\frac{a}{k+1}$$
をとる.

したがって, ② は
$$x_1=x_2=\cdots=x_k=x_{k+1}=\frac{a}{k+1}$$
のとき最小値 $a\log\frac{a}{k+1}$ をとり, $n=k+1$ でも (∗) は成り立つ.

(I)(II) よりすべての自然数 n に対して (∗) は成り立つ.

(解説)

1 $f(x)=x\log x$ とおくと, $f'(x)=\log x+1$, $f''(x)=\frac{1}{x}>0$ より $f(x)$ は下に凸です. よって問題 15 により, 任意の正の数 $x_1, x_2, \cdots, x_n$ に対して
$$\frac{f(x_1)+f(x_2)+\cdots+f(x_n)}{n} \geq f\left(\frac{x_1+x_2+\cdots+x_n}{n}\right)$$
が成り立ちます. したがって, $x_1+x_2+\cdots+x_n=a$ のとき
$$\sum_{i=1}^{n} f(x_i) \geq nf\left(\frac{a}{n}\right).$$
$$\therefore \sum_{i=1}^{n} x_i \log x_i \geq a\log\frac{a}{n}.$$

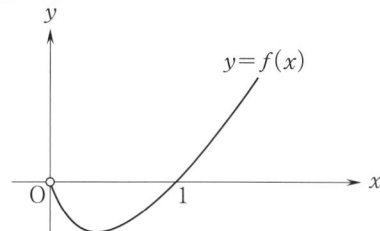

2 類題 16 の(1)で示す $\log x \leq x-1$ を用いると直接証明できます. この不等式で x を $\frac{1}{x}$ とおき換えると $\log\frac{1}{x} \leq \frac{1}{x}-1$ となるから $\log x \geq 1-\frac{1}{x}$. ……☆
$$\sum_{i=1}^{n} x_i \log x_i - a\log\frac{a}{n} = \sum_{i=1}^{n} x_i\left(\log x_i - \log\frac{a}{n}\right) \quad \left(\sum_{i=1}^{n} x_i = a \text{ より}\right)$$
$$= \sum_{i=1}^{n} x_i \log\frac{nx_i}{a}$$

$$\geq \sum_{i=1}^{n} x_i \left(1 - \frac{a}{nx_i}\right) \quad \left(\text{☆で } x \text{ を } \frac{nx_i}{a} \text{ とした}\right)$$

$$= \sum_{i=1}^{n} x_i - \sum_{i=1}^{n} \frac{a}{n} = a - a = 0.$$

3 また，次のようにしても解けます．

$f(x) = x \log x$ とおく．$f'(x) = \log x + 1$ より $y = f(x)$ 上の点 $(t, t \log t)$ における接線の方程式は

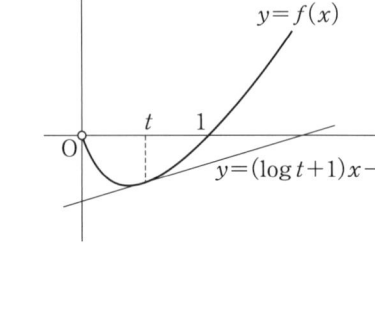

$$y = (\log t + 1)(x - t) + t \log t.$$

$\therefore \quad y = (\log t + 1) x - t.$

$y = f(x)$ は，**1** で示したように下に凸であるから

$$x \log x \geq (\log t + 1) x - t. \qquad \cdots (☆☆)$$

(☆☆) で，$x = x_i$, $t = \dfrac{a}{n}$ とおくと

$$x_i \log x_i \geq \left(\log \frac{a}{n} + 1\right) x_i - \frac{a}{n}.$$

$i = 1, 2, \cdots, n$ として辺々の和をとると

$$\sum_{i=1}^{n} x_i \log x_i \geq \sum_{i=1}^{n} \left\{\left(\log \frac{a}{n} + 1\right) x_i - \frac{a}{n}\right\}$$

$$= \left(\log \frac{a}{n} + 1\right) a - n \cdot \frac{a}{n} \quad \left(\sum_{i=1}^{n} x_i = a \text{ より}\right)$$

$$= a \log \frac{a}{n}.$$

なお，(☆☆) の不等式は微分法により示されます．

(発展)

$(p_1, p_2, \cdots, p_n)$ が，$p_1 + p_2 + \cdots + p_n = 1$, $p_1 \geq 0$, $p_2 \geq 0$, $\cdots$, $p_n \geq 0$ を満たすとき，$\boldsymbol{p} = (p_1, p_2, \cdots, p_n)$ に対して，

$$H(\boldsymbol{p}) = -(p_1 \log p_1 + p_2 \log p_2 + \cdots + p_n \log p_n)$$

を $\boldsymbol{p}$ のエントロピーといいます．ただし，$0 \log 0 = 0$ と定めます．$H(\boldsymbol{p})$ は，p_1, p_2, $\cdots$, p_n について対称な連続関数であり，$p_1 = p_2 = \cdots = p_n = \dfrac{1}{n}$ のとき最大値 $\log n$ をとり，$p_i = 1$, $p_j = 0$ $(i \neq j)$ のとき最小値 0 をとります．

類題 16

(1) $x>0$ のとき，次の不等式が成り立つことを示せ．
$$\log x \leqq x-1$$

(2) $p_1, p_2, \cdots, p_n, q_1, q_2, \cdots, q_n$ は次を満たす正の数とする．
$$\sum_{i=1}^{n} p_i = \sum_{i=1}^{n} q_i = 1$$
このとき，次の不等式を示せ．
$$\sum_{i=1}^{n} p_i \log\left(\frac{p_i}{q_i}\right) \geqq 0$$
また，等号が成り立つのはどのような場合か．

（京都府立医科大）

52　第2章　微分法の応用

> **問　題　17** $e^x > \sum_{k=0}^{n} \dfrac{x^k}{k!}$
>
> (1) $x>0$ のとき，0以上の整数 n に対して
>
> $$e^x > \sum_{k=0}^{n} \dfrac{x^k}{k!}$$
>
> が成り立つことを示せ．
>
> (2) 任意の実数 p に対して
>
> $$\lim_{x \to \infty} \dfrac{x^p}{e^x} = 0$$
>
> を示せ．
>
> （類　慶應義塾大，岡山大　等）

【解答】

(1) $f_n(x) = e^x - \sum_{k=0}^{n} \dfrac{x^k}{k!}$ とおき，

「$x>0$ において $f_n(x)>0$ ($n=0, 1, 2, \cdots$)」　……(∗)

が成り立つことを数学的帰納法で示す．

(I) $n=0$ のとき

$x>0$ において，$f_0(x) = e^x - 1 > 0$ だから成り立つ． ⇐ $0!=1,\ x^0=1$

(II) $n=k$ のとき (∗) は成り立つとすると，

$x>0$ において $f_k(x)>0$．

$f_{k+1}(x) = e^x - \left(1 + \dfrac{x}{1!} + \dfrac{x^2}{2!} + \dfrac{x^3}{3!} + \cdots + \dfrac{x^{k+1}}{(k+1)!}\right)$ より

$f_{k+1}'(x) = e^x - \left(1 + \dfrac{x}{1!} + \dfrac{x^2}{2!} + \cdots + \dfrac{x^k}{k!}\right) = f_k(x) > 0$．

よって，$f_{k+1}(x)$ は $x>0$ において単調増加で，しかも $f_{k+1}(0)=0$ であるから $x>0$ において $f_{k+1}(x)>0$．

(I)(II) よりすべての 0 以上の整数 n に対して (∗) は成り立つ．

(2) $p \leq 0$ のとき $\lim_{x \to \infty} \dfrac{x^p}{e^x} = 0$ は明らかであるから $p>0$ の場合を考える．

任意の $p>0$ に対して $n-1 \leq p < n$ を満たす自然数 n が存在する．

$x \to \infty$ であるから $x>1$ としてよい．このとき $x^p < x^n$．　……①

また，(1) より　$e^x > \sum_{k=1}^{n+1} \dfrac{x^k}{k!} > \dfrac{x^{n+1}}{(n+1)!}$．

$\therefore\ \dfrac{e^x}{x^n} > \dfrac{x}{(n+1)!}$．　　　　　……②

①，② より　$\dfrac{e^x}{x^p} > \dfrac{e^x}{x^n} > \dfrac{x}{(n+1)!}$．

$\therefore\ 0 < \dfrac{x^p}{e^x} < \dfrac{(n+1)!}{x}$．

$\lim_{x \to \infty} \dfrac{(n+1)!}{x} = 0$ であるから，はさみうちの原理より $\lim_{x \to \infty} \dfrac{x^p}{e^x} = 0$．

（解説）

1　この問題17より次の極限が得られます．

> $(1°)\ \displaystyle\lim_{x\to\infty}\frac{x}{e^x}=0, \qquad (2°)\ \displaystyle\lim_{x\to\infty}\frac{\log x}{x}=0, \qquad (3°)\ \displaystyle\lim_{x\to +0} x\log x=0.$

(1°) は，問題17の(2)で $p=1$ とすればよいです．

(2°) は，$\log x=t$ とおくと $x=e^t$ であるから
$$\lim_{x\to\infty}\frac{\log x}{x}=\lim_{t\to\infty}\frac{t}{e^t}=0.$$

(3°) は，$x=\dfrac{1}{u}$ とおくと $x\to +0$ のとき $u\to\infty$ であり
$$\lim_{x\to +0} x\log x=\lim_{u\to\infty}\frac{1}{u}\log\frac{1}{u}=\lim_{u\to\infty}\left(-\frac{\log u}{u}\right)=0.$$

2　$x\to\infty$ のとき $e^x\to\infty$ ですが，$\dfrac{x}{e^x}\to 0$ というのは x に較べ e^x の発散速度がはるかに速いことを意味しています．このとき e^x は x より高位の無限大であるといいます．（問題1参照）

類題 17

(1) $0\leqq x\leqq a$ のとき，すべての正の整数 n に対して
$$0\leqq e^x-\sum_{k=0}^{n-1}\frac{x^k}{k!}\leqq e^a\frac{x^n}{n!} \quad\cdots\cdots(*)$$
を証明せよ．

(2) e の小数第1位までが，2.7 であることを，不等式 $(*)$ を用いて証明せよ．
　　（$e<3$ を既知とする．）

（弘前大［医］）

問題 18 定積分の計算（対称性の利用）

次の問に答えよ．

(1) 連続関数 $f(x)$ に対し，等式 $\int_0^\pi xf(\sin x)\,dx = \dfrac{\pi}{2}\int_0^\pi f(\sin x)\,dx$ を証明せよ．

(2) 定積分 $\int_0^\pi \dfrac{x\sin x}{1+\sin^2 x}\,dx$ の値を求めよ．

(弘前大［医］)

【解答】

(1) $I = \int_0^\pi xf(\sin x)\,dx$ とおき，$t = \pi - x$ とおくと，

$dt = -dx$　　$\begin{array}{c|ccc} x & 0 & \to & \pi \\ \hline t & \pi & \to & 0 \end{array}$　　より，

$$I = \int_\pi^0 (\pi - t)f(\sin(\pi - t))(-1)\,dt$$
$$= \int_0^\pi (\pi - t)f(\sin t)\,dt$$
$$= \pi\int_0^\pi f(\sin t)\,dt - \int_0^\pi tf(\sin t)\,dt$$
$$= \pi\int_0^\pi f(\sin t)\,dt - I.$$

よって，
$$I = \dfrac{\pi}{2}\int_0^\pi f(\sin t)\,dt = \dfrac{\pi}{2}\int_0^\pi f(\sin x)\,dx.$$

したがって，
$$\int_0^\pi xf(\sin x)\,dx = \dfrac{\pi}{2}\int_0^\pi f(\sin x)\,dx.$$

⇐ 定積分の値は変数によりません．たとえば
$\int_0^1 x^2\,dx = \int_0^1 t^2\,dt = \int_0^1 u^2\,du = \dfrac{1}{3}.$

(2) $f(x) = \dfrac{x}{1+x^2}$ とおく．(1)より，

$$\int_0^\pi \dfrac{x\sin x}{1+\sin^2 x}\,dx = \int_0^\pi xf(\sin x)\,dx$$
$$= \dfrac{\pi}{2}\int_0^\pi f(\sin x)\,dx$$
$$= \dfrac{\pi}{2}\int_0^\pi \dfrac{\sin x}{1+\sin^2 x}\,dx$$
$$= \dfrac{\pi}{2}\int_0^\pi \dfrac{\sin x}{2-\cos^2 x}\,dx$$
$$= \dfrac{\pi}{4\sqrt{2}}\int_0^\pi \left(\dfrac{\sin x}{\sqrt{2}-\cos x} + \dfrac{\sin x}{\sqrt{2}+\cos x}\right)dx$$
$$= \dfrac{\pi}{4\sqrt{2}}\int_0^\pi \left\{\dfrac{(\sqrt{2}-\cos x)'}{\sqrt{2}-\cos x} - \dfrac{(\sqrt{2}+\cos x)'}{\sqrt{2}+\cos x}\right\}dx$$
$$= \dfrac{\pi}{4\sqrt{2}}\Big[\log(\sqrt{2}-\cos x) - \log(\sqrt{2}+\cos x)\Big]_0^\pi$$
$$= \dfrac{\pi}{4\sqrt{2}}\left[\log\dfrac{\sqrt{2}-\cos x}{\sqrt{2}+\cos x}\right]_0^\pi$$
$$= \dfrac{\pi}{2\sqrt{2}}\log\dfrac{\sqrt{2}+1}{\sqrt{2}-1} = \dfrac{\pi}{\sqrt{2}}\log(\sqrt{2}+1).$$

(解説)

(1)の図形的な意味を説明します．

$F(x)=f(\sin x)$ とおくと，$F(\pi-x)=F(x)$ より $y=F(x)$ のグラフは直線 $x=\dfrac{\pi}{2}$ に関して対称です．さらに，$G(x)=\left(x-\dfrac{\pi}{2}\right)F(x)$ とおくと，

$$G(\pi-x)=\left(\dfrac{\pi}{2}-x\right)F(x)=-G(x)$$ を満たします．

よって，$A\left(\dfrac{\pi}{2},\ 0\right)$，$P(x,\ G(x))$，$Q(\pi-x,\ G(\pi-x))$ とおくと

$$\left(\dfrac{x+(\pi-x)}{2},\ \dfrac{G(x)+G(\pi-x)}{2}\right)=\left(\dfrac{\pi}{2},\ 0\right)$$

となるから，点 A は線分 PQ の中点です．つまり，$y=G(x)$ のグラフは点 $A\left(\dfrac{\pi}{2},\ 0\right)$ に関して点対称です．ゆえに

$$\int_0^\pi G(x)\,dx=\int_0^\pi\left(x-\dfrac{\pi}{2}\right)F(x)\,dx=0 \quad (類題18参照)$$

すなわち，$$\int_0^\pi xF(x)\,dx=\dfrac{\pi}{2}\int_0^\pi F(x)\,dx$$

を満たします．

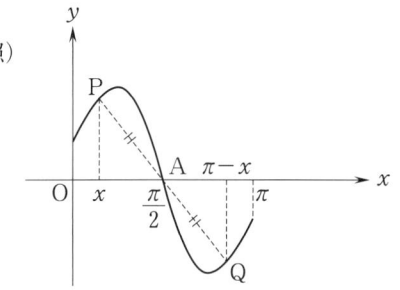

類題 18

(1) 連続関数 $f(x)$ が，すべての実数 x について $f(\pi-x)=f(x)$ を満たすとき，$\int_0^\pi\left(x-\dfrac{\pi}{2}\right)f(x)\,dx=0$ が成り立つことを証明せよ．

(2) $\displaystyle\int_0^\pi\dfrac{x\sin^3 x}{4-\cos^2 x}\,dx$ を求めよ．

(名古屋大 [医])

問題 19 $I_n = \int_0^{\frac{\pi}{2}} \sin^n x \, dx$（ウォリスの公式）

$I_n = \int_0^{\frac{\pi}{2}} \sin^n \theta \, d\theta \ (n=0, 1, 2, \cdots)$ とおく．

(1) I_n を I_{n-2} を用いて表し，nI_nI_{n-1} の値を求めよ．
(2) 数列 $\{I_n\}$ は減少数列であることを示せ．
(3) $\displaystyle\lim_{n \to \infty} nI_n^2$ を求めよ．

(東京医科歯科大)

［考え方］
定積分で与えられた数列の漸化式を導くには次のテクニックを覚えておくとよいです．

> 定積分で与えられた数列の漸化式を導くには部分積分を用いるとよい．

【解答】

(1) $I_n = \int_0^{\frac{\pi}{2}} \sin^n \theta \, d\theta$

$= \int_0^{\frac{\pi}{2}} (-\cos\theta)' \sin^{n-1}\theta \, d\theta$

$= \left[-\cos\theta \sin^{n-1}\theta \right]_0^{\frac{\pi}{2}} - \int_0^{\frac{\pi}{2}} (-\cos\theta)(n-1)\sin^{n-2}\theta \cos\theta \, d\theta$

$= (n-1) \int_0^{\frac{\pi}{2}} (1-\sin^2\theta)\sin^{n-2}\theta \, d\theta$

$= (n-1) \int_0^{\frac{\pi}{2}} (\sin^{n-2}\theta - \sin^n\theta) \, d\theta$

$= (n-1)(I_{n-2} - I_n).$

よって，$I_n = \dfrac{n-1}{n} I_{n-2}. \quad (n=2, 3, \cdots)$ ……①

①の両辺に nI_{n-1} を掛けて
$\quad nI_nI_{n-1} = (n-1)I_{n-1}I_{n-2} \quad (n=2, 3, \cdots)$ ……②

②を繰り返し用いると
$\quad nI_nI_{n-1} = (n-1)I_{n-1}I_{n-2} = \cdots = 1 \cdot I_1 \cdot I_0$ ……③

> $a_n = nI_nI_{n-1}$ とおくと②より $a_n = a_{n-1}$ です．したがって数列 $\{a_n\}$ は定数数列です．

ここで
$I_0 = \int_0^{\frac{\pi}{2}} d\theta = \dfrac{\pi}{2}, \quad I_1 = \int_0^{\frac{\pi}{2}} \sin\theta \, d\theta = \left[-\cos\theta \right]_0^{\frac{\pi}{2}} = 1$

であるから③より
$$nI_nI_{n-1} = \dfrac{\pi}{2}. \qquad \cdots\cdots ④$$

(2) $0 \leqq \theta \leqq \dfrac{\pi}{2}$ において $0 \leqq \sin\theta \leqq 1$ であるから $\sin^n\theta \geqq \sin^{n+1}\theta$．
$\qquad$（等号は $\theta=0, \dfrac{\pi}{2}$ のときのみ成立）

よって，$\int_0^{\frac{\pi}{2}} \sin^n\theta \, d\theta > \int_0^{\frac{\pi}{2}} \sin^{n+1}\theta \, d\theta$．
$\quad \therefore \ I_n > I_{n+1}. \qquad \cdots\cdots ⑤$

ゆえに，$\{I_n\}$ は減少数列である．

(3) ⑤より $\quad I_{n-1} > I_n > I_{n+1}$

$nI_n(>0)$ を辺々に掛けて
$$nI_nI_{n-1} > nI_n{}^2 > nI_nI_{n+1}.$$

よって，④ より $\dfrac{\pi}{2} > nI_n{}^2 > nI_nI_{n+1}.$

$$\lim_{n\to\infty} nI_nI_{n+1} = \lim_{n\to\infty} \dfrac{n}{n+1}(n+1)I_{n+1}I_n = \lim_{n\to\infty} \dfrac{n}{n+1}\dfrac{\pi}{2} = \dfrac{\pi}{2}. \quad \left(\text{④ より } (n+1)I_{n+1}I_n = \dfrac{\pi}{2}\right)$$

ゆえに，はさみうちの原理より
$$\lim_{n\to\infty} nI_n{}^2 = \dfrac{\pi}{2}.$$

（解説）

1 $I_n = \displaystyle\int_0^{\frac{\pi}{2}} \sin^n\theta\,d\theta$ の漸化式 $I_n = \dfrac{n-1}{n}I_{n-2}$ は頻出なので解法をしっかりと身につけておきましょう．

2 $a \leqq x \leqq b$ において $f(x), g(x)$ は連続とする．$a \leqq x \leqq b$ において $f(x) \leqq g(x)$ ならば $\displaystyle\int_a^b f(x)\,dx \leqq \int_a^b g(x)\,dx.$

（等号は $a \leqq x \leqq b$ において恒等的に $f(x) = g(x)$ のとき成り立ちます．）

したがって，$a \leqq x_0 \leqq b$ かつ $f(x_0) < g(x_0)$ となる x_0 が存在すれば
$$\int_a^b f(x)\,dx < \int_a^b g(x)\,dx. \quad \cdots(*)$$

> $f(x) \leqq g(x)$ は x ごとの不等式で x に応じて等号か不等号が成り立ちます．
> 一方，$(*)$ は $a \leqq x \leqq b$ 全体での不等式です．

（発展）

(3)より $\displaystyle\lim_{n\to\infty} \sqrt{n}\,I_n = \sqrt{\dfrac{\pi}{2}}$ であるから $\displaystyle\lim_{n\to\infty} \sqrt{2n+1}\,I_{2n+1} = \sqrt{\dfrac{\pi}{2}}$ です．

また，① より $I_{2n+1} = \dfrac{2n}{2n+1}\cdot\dfrac{2n-2}{2n-1}\cdots\dfrac{4}{5}\cdot\dfrac{2}{3}\cdot 1 = \dfrac{2^{2n}(n!)^2}{(2n+1)!}$ ですから

$$\lim_{n\to\infty} \sqrt{2}\,\sqrt{2n+1}\,I_{2n+1} = \lim_{n\to\infty} \sqrt{2(2n+1)}\,\dfrac{2^{2n}(n!)^2}{(2n+1)!} = \lim_{n\to\infty} \dfrac{\sqrt{2}}{\sqrt{2n+1}}\,\dfrac{2^{2n}(n!)^2}{(2n)!} = \sqrt{\pi}.$$

よって，$\displaystyle\lim_{n\to\infty} \dfrac{2^{2n}(n!)^2}{\sqrt{n}\,(2n)!} = \lim_{n\to\infty} \dfrac{\sqrt{2n+1}}{\sqrt{2n}}\cdot\dfrac{\sqrt{2}\cdot 2^{2n}(n!)^2}{\sqrt{2n+1}\,(2n)!} = \sqrt{\pi}$ となります．

$\displaystyle\lim_{n\to\infty} \dfrac{2^{2n}(n!)^2}{\sqrt{n}\,(2n)!} = \sqrt{\pi}$ をウォリス（Wallis）の公式といいます．

類題 19 [ウォリスの公式]

$I_n = \displaystyle\int_0^{\frac{\pi}{2}} \sin^n x\,dx\ (n=0, 1, 2, \cdots)$ とおく．ただし，$\sin^0 x = 1$ とする．

(1) $n = 0, 1, 2, \cdots$ に対して，$I_{n+2} = \dfrac{n+1}{n+2}I_n$ を示せ．

(2) $n = 1, 2, 3, \cdots$ に対して
$$a_n = \dfrac{2\cdot 2}{1\cdot 3}\cdot\dfrac{4\cdot 4}{3\cdot 5}\cdot\dfrac{6\cdot 6}{5\cdot 7}\cdots\dfrac{2n\cdot 2n}{(2n-1)\cdot(2n+1)}$$
$$= \left(\dfrac{2}{1}\cdot\dfrac{4}{3}\cdot\dfrac{6}{5}\cdots\dfrac{2n}{2n-1}\right)\left(\dfrac{2}{3}\cdot\dfrac{4}{5}\cdot\dfrac{6}{7}\cdots\dfrac{2n}{2n+1}\right)$$
を I_{2n}, I_{2n+1} を用いて表せ．

(3) $n = 0, 1, 2, \cdots$ に対して，$I_n > I_{n+1}$ を示せ．

(4) $\displaystyle\lim_{n\to\infty} a_n = \dfrac{\pi}{2}$ を示せ．

(広島大)

問題 20 ベータ関数

自然数 p, q に対し, $B(p, q) = \int_0^1 x^{p-1}(1-x)^{q-1}dx$ と定義する.

次の(1)〜(3)を証明せよ.

(1) $q > 1$ のとき, $B(p, q) = \dfrac{q-1}{p} B(p+1, q-1)$

(2) $B(p, q) = \dfrac{(p-1)!(q-1)!}{(p+q-1)!}$

(3) $\int_a^b (x-a)^{p-1}(b-x)^{q-1} dx = (b-a)^{p+q-1} B(p, q)$

(秋田大［医］小改)

【解答】

(1) $B(p, q) = \int_0^1 x^{p-1}(1-x)^{q-1} dx$

$= \left[\dfrac{1}{p} x^p (1-x)^{q-1} \right]_0^1 + \dfrac{q-1}{p} \int_0^1 x^p (1-x)^{q-2} dx$

$= \dfrac{q-1}{p} B(p+1, q-1)$ ……①

$(p = 1, 2, 3, \cdots,\ q = 2, 3, 4, \cdots)$.

(2) ① を繰り返し用いて

$B(p, q) = \dfrac{q-1}{p} B(p+1, q-1)$

$= \dfrac{q-1}{p} \cdot \dfrac{q-2}{p+1} B(p+2, q-2)$

$= \dfrac{q-1}{p} \cdot \dfrac{q-2}{p+1} \cdot \dfrac{q-3}{p+2} B(p+3, q-3)$

……

$= \dfrac{q-1}{p} \cdot \dfrac{q-2}{p+1} \cdot \dfrac{q-3}{p+2} \cdots \dfrac{1}{p+q-2} B(p+q-1, 1)$.

⇐ $B(m, n)$ とおくと m, n はつねに $m+n = p+q$ を満たします.

ここで, $B(p+q-1, 1) = \int_0^1 x^{p+q-2} dx = \dfrac{1}{p+q-1}$ であるから

$B(p, q) = \dfrac{q-1}{p} \cdot \dfrac{q-2}{p+1} \cdot \dfrac{q-3}{p+2} \cdots \dfrac{1}{p+q-2} \cdot \dfrac{1}{p+q-1}$

$= \dfrac{(p-1)!(q-1)!}{(p+q-1)!}$.

⇐ 分母・分子に $(p-1)!$ を掛けた

(3) $I(p, q) = \int_a^b (x-a)^{p-1}(b-x)^{q-1} dx$ とおく.

$t = \dfrac{x-a}{b-a}$ つまり $x = (b-a)t + a$ とおくと,

$dx = (b-a) dt$,

x	a	$\to$	b
t	0	$\to$	1

より

⇐ point! 積分区間を $[0, 1]$ にするために

$I(p, q) = \int_0^1 \{(b-a)t\}^{p-1} \{(b-a)(1-t)\}^{q-1} (b-a) dt$

$= (b-a)^{p+q-1} \int_0^1 t^{p-1}(1-t)^{q-1} dt$

$$=(b-a)^{p+q-1}B(p, q).$$

〈参考〉

1 $B(p, q)$ をオイラー（Euler）のベータ関数といいます．(2)より

$$B(p+1, q+1) = \frac{p!q!}{(p+q+1)!} = \frac{1}{p+q+1} \frac{p!q!}{(p+q)!} = \frac{1}{p+q+1} \cdot \frac{1}{{}_{p+q}C_p}$$

が成り立ちます．

2 (2)と(3)より

$$\int_a^b (x-a)^{p-1}(b-x)^{q-1}\,dx = \frac{(p-1)!(q-1)!}{(p+q-1)!}(b-a)^{p+q-1}$$

となります．たとえば $p=q=2$ とすると

$$\int_a^b (x-a)(b-x)\,dx = \frac{1}{6}(b-a)^3$$

という有名な公式が得られます．

類題 20

m, n, p を負でない整数とし，

$$I(m, n) = \int_0^1 x^m (1-x)^n \, dx$$

とおく．

(1) $I(m, n+1)$ と $I(m+1, n)$ の関係を求めよ．

(2) $\displaystyle\lim_{m\to\infty} m^p I(m, n)$ の収束，発散を調べよ．また収束するときはその極限値を求めよ．

(3) 実数係数の多項式 $f(x) = \displaystyle\sum_{k=0}^{n} a_k x^k$ がすべての負でない整数 m に対して，$\displaystyle\int_0^1 x^m f(1-x)\,dx = 0$ を満たしているとする．このとき，$f(x)$ は恒等的に 0 であることを示せ．

(奈良県立医科大)

60　第3章　積分法の応用

> **問題 21 直交関数**
>
> $n=1, 2, \cdots$ に対して, $a_n = \int_{-\pi}^{\pi} x \sin nx \, dx$, $I_n = \int_{-\pi}^{\pi} \left(\pi x - \sum_{k=1}^{n} a_k \sin kx\right)^2 dx$ と定義する.
>
> (1) $n=1, 2, \cdots$ に対して, $a_n = (-1)^{n+1} \dfrac{2\pi}{n}$ であることを示せ.
>
> (2) $k, l=1, 2, \cdots$ に対して, $\int_{-\pi}^{\pi} \sin kx \sin lx \, dx$ を求めよ.
>
> (3) I_1 を求めよ.
>
> (4) $n=2, 3, \cdots$ に対して, $I_n - I_{n-1} = -\dfrac{4\pi^3}{n^2}$ であることを示せ.
>
> (5) $n=1, 2, \cdots$ に対して, $\displaystyle\sum_{k=1}^{n} \dfrac{1}{k^2} \leq \dfrac{\pi^2}{6}$ が成立することを示せ.
>
> （富山大［医］）

【解答】

(1)
$$a_n = \int_{-\pi}^{\pi} x \sin nx \, dx = 2\int_0^{\pi} x \sin nx \, dx$$

$$= 2\left[-\frac{1}{n}x \cos nx\right]_0^{\pi} + \frac{2}{n}\int_0^{\pi} \cos nx \, dx$$

$$= -\frac{2\pi}{n}\cos n\pi + 0$$

$$= -\frac{2\pi}{n}(-1)^n = (-1)^{n+1}\frac{2\pi}{n}.$$

⇐ $x \sin nx$ は偶関数

(2) $J_{k,l} = \displaystyle\int_{-\pi}^{\pi} \sin kx \sin lx \, dx$ とおく.

$k=l$ のとき
$$J_{k,k} = 2\int_0^{\pi} \sin^2 kx \, dx = \int_0^{\pi} (1-\cos 2kx) \, dx$$
$$= \left[x - \frac{1}{2k}\sin 2kx\right]_0^{\pi} = \pi.$$

$k \neq l$ のとき
$$J_{k,l} = 2\int_0^{\pi} \sin kx \sin lx \, dx$$
$$= \int_0^{\pi} \{\cos(k-l)x - \cos(k+l)x\} \, dx$$
$$= \left[\frac{1}{k-l}\sin(k-l)x - \frac{1}{k+l}\sin(k+l)x\right]_0^{\pi} = 0.$$

よって, $J_{k,l} = \begin{cases} \pi & (k=l), \\ 0 & (k \neq l). \end{cases}$

(3)
$$I_1 = \int_{-\pi}^{\pi} (\pi x - a_1 \sin x)^2 \, dx$$
$$= \int_{-\pi}^{\pi} (\pi^2 x^2 - 2\pi a_1 x \sin x + a_1^2 \sin^2 x) \, dx$$
$$= 2\left[\frac{\pi^2}{3}x^3\right]_0^{\pi} - 2\pi a_1^2 + a_1^2 \pi$$
$$= \frac{2}{3}\pi^5 - \pi a_1^2$$

⇐ $a_1 = \displaystyle\int_{-\pi}^{\pi} x \sin x \, dx = 2\pi$
$J_{1,1} = \displaystyle\int_{-\pi}^{\pi} \sin^2 x \, dx = \pi$

$$= \left(\frac{2}{3}\pi^2 - 4\right)\pi^3.$$

(4) $A(x) = \pi x - \sum_{k=1}^{n-1} a_k \sin kx$ とおく.

$$\begin{aligned}
I_n - I_{n-1} &= \int_{-\pi}^{\pi} \left(\pi x - \sum_{k=1}^{n} a_k \sin kx\right)^2 dx - \int_{-\pi}^{\pi} \left(\pi x - \sum_{k=1}^{n-1} a_k \sin kx\right)^2 dx \\
&= \int_{-\pi}^{\pi} \left(A(x) - a_n \sin nx\right)^2 dx - \int_{-\pi}^{\pi} A(x)^2 dx \\
&= -2a_n \int_{-\pi}^{\pi} A(x) \sin nx \, dx + a_n^2 \int_{-\pi}^{\pi} \sin^2 nx \, dx \\
&= -2a_n \int_{-\pi}^{\pi} \left(\pi x - \sum_{k=1}^{n-1} a_k \sin kx\right) \sin nx \, dx + a_n^2 \int_{-\pi}^{\pi} \sin^2 nx \, dx \\
&= -2a_n \pi \int_{-\pi}^{\pi} x \sin nx \, dx + 2a_n \sum_{k=1}^{n-1} a_k \int_{-\pi}^{\pi} \sin kx \sin nx \, dx + a_n^2 \int_{-\pi}^{\pi} \sin^2 nx \, dx \\
&= -2a_n \pi \cdot a_n + 2a_n \sum_{k=1}^{n-1} a_k J_{k,n} + a_n^2 J_{n,n} \\
&= -2\pi a_n^2 + \pi a_n^2 = -\pi a_n^2 = -\frac{4\pi^3}{n^2}.
\end{aligned}$$

⇐ (2)より
$J_{k,n} = 0 \ (k \neq n)$,
$J_{n,n} = \pi$

(5) (4)より,
$$\begin{aligned}
I_n &= I_1 + \sum_{k=1}^{n-1}\left\{-\frac{4\pi^3}{(k+1)^2}\right\} \\
&= \frac{2}{3}\pi^5 - 4\pi^3 - 4\pi^3 \sum_{k=1}^{n-1} \frac{1}{(k+1)^2} \\
&= \frac{2}{3}\pi^5 - 4\pi^3 \sum_{k=1}^{n} \frac{1}{k^2}
\end{aligned}$$

$I_n \geqq 0$ より $\pi^3\left(\frac{2}{3}\pi^2 - 4\sum_{k=1}^{n}\frac{1}{k^2}\right) \geqq 0$ であるから $\sum_{k=1}^{n} \frac{1}{k^2} \leqq \frac{\pi^2}{6}$.

（発展）

1 $\vec{a} \cdot \vec{b} = 0$ のとき $\vec{a}$ と $\vec{b}$ は直交するのと同じように, $k \neq l$ のとき $J_{k,l} = \int_{-\pi}^{\pi} \sin kx \sin lx \, dx = 0$ が成り立つので, 関数 $\sin kx$ と $\sin lx$ は直交するといいます. これは大学で学ぶFourier級数で重要な役割を果たします.

2 実は, $\lim_{n \to \infty} \sum_{k=1}^{n} \frac{1}{k^2} = \sum_{n=1}^{\infty} \frac{1}{n^2} = \frac{\pi^2}{6}$ (Euler) が成り立つことが知られています.
自然数の平方数の逆数の和が円周率と結びついているのは興味深いですね.

一般に, $\sum_{n=1}^{\infty} \frac{1}{n^s}$ は $s > 1$ のとき収束します. $\sum_{n=1}^{\infty} \frac{1}{n^s}$ の和は s の関数です. それを $\zeta(s)$ と表し, Riemann の ζ（ゼータ）関数といいます. この記号を用いるならば $\zeta(2) = \frac{\pi^2}{6}$ が成り立ちます. この ζ 関数は数学や物理の最先端で, 重要な役割を果たす興味深い関数です.

類題 21

$f_n(x) = \frac{1}{\sqrt{\pi}} \sin nx \ (n=1, 2, 3, \cdots)$ とする.

(1) $\int_{-\pi}^{\pi} f_m(x) f_n(x) \, dx = \begin{cases} 0 & (m \neq n \text{ のとき}), \\ 1 & (m = n \text{ のとき}). \end{cases}$ を示せ. ただし, m, n は自然数とする.

(2) 自然数 N を固定するとき,
$J = \int_{-\pi}^{\pi} \left\{x - \sum_{n=1}^{N} c_n f_n(x)\right\}^2 dx$ を最小にする定数 $c_1, c_2, \cdots, c_N$ を求めよ.

(横浜国立大　小改)

問題 22 $\sum_{n=0}^{\infty}\dfrac{1}{n!}=e$, e の無理数性

n を 0 以上の整数とし
$$a_n=\int_0^1 x^n e^{-x}\,dx$$
とおく.

(1) a_{n+1} を a_n を用いて表せ.

(2) $\lim_{n\to\infty}a_n=0$ を示せ.

(3) $\sum_{n=0}^{\infty}\dfrac{1}{n!}=e$ を示せ.

(4) e が無理数であることを示せ.

(名古屋市立大［医］・信州大［医］・昭和大［医］等)

【解答】

(1) $a_{n+1}=\int_0^1 x^{n+1}e^{-x}\,dx$
$\quad =\Big[-x^{n+1}e^{-x}\Big]_0^1+(n+1)\int_0^1 x^n e^{-x}\,dx$
$\quad =-\dfrac{1}{e}+(n+1)a_n.$ ……①

⇐ 部分積分を用いました.
（問題 19 の［考え方］を参照）

(2) $0\le x\le 1$ において $0<e^{-x}\le 1$ より $0\le x^n e^{-x}\le x^n$.

よって, $0<\int_0^1 x^n e^{-x}\,dx<\int_0^1 x^n\,dx=\dfrac{1}{n+1}.$

$\therefore\quad 0<a_n<\dfrac{1}{n+1}.$

$\lim_{n\to\infty}\dfrac{1}{n+1}=0$ であるから, はさみうちの原理より $\lim_{n\to\infty}a_n=0.$ ……②

(3) $a_0=\int_0^1 e^{-x}\,dx=\Big[-e^{-x}\Big]_0^1=1-\dfrac{1}{e}.$

①の両辺を $(n+1)!$ で割って
$$\dfrac{a_{n+1}}{(n+1)!}-\dfrac{a_n}{n!}=-\dfrac{1}{e(n+1)!}.$$

よって, $n\ge 1$ のとき
$\dfrac{a_n}{n!}=a_0-\sum_{k=1}^{n}\dfrac{1}{ek!}$
$\quad =1-\dfrac{1}{e}-\dfrac{1}{e}\sum_{k=1}^{n}\dfrac{1}{k!}$
$\quad =1-\dfrac{1}{e}\sum_{k=0}^{n}\dfrac{1}{k!}.$

$\therefore\quad \dfrac{ea_n}{n!}=e-\sum_{k=0}^{n}\dfrac{1}{k!}.$ ……③

②より $\lim_{n\to\infty}\dfrac{ea_n}{n!}=0$ であるから ③より
$$\lim_{n\to\infty}\sum_{k=0}^{n}\dfrac{1}{k!}=e.$$

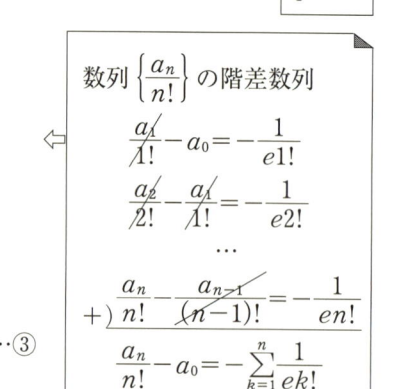

point!

数列 $\left\{\dfrac{a_n}{n!}\right\}$ の階差数列

$\dfrac{a_1}{1!}-a_0=-\dfrac{1}{e\,1!}$

$\dfrac{a_2}{2!}-\dfrac{a_1}{1!}=-\dfrac{1}{e\,2!}$

…

$+)\ \dfrac{a_n}{n!}-\dfrac{a_{n-1}}{(n-1)!}=-\dfrac{1}{en!}$

$\dfrac{a_n}{n!}-a_0=-\sum_{k=1}^{n}\dfrac{1}{ek!}$

よって，　　　　　　　　　$\sum_{n=0}^{\infty}\dfrac{1}{n!}=e.$

(4) 背理法で示す．

e が有理数であると仮定して $e=\dfrac{q}{p}$（p と q は互いに素な整数）とおく．

> 有理数 (rational number) は整数の比で表される数です． 注 ratio＝比

③ より　$e(n!-a_n)=n!\sum_{k=0}^{n}\dfrac{1}{k!}.$

$b_n=n!\sum_{k=0}^{n}\dfrac{1}{k!}$ とおくと b_n は整数であり，
$$e(n!-a_n)=b_n.$$

よって，仮定より　$\dfrac{q}{p}(n!-a_n)=b_n.$

$\therefore\quad qa_n=qn!-pb_n.$　　　　　……④

④ の左辺は正で，右辺は整数であるから $qa_n\geqq 1.$

よって，$a_n\geqq\dfrac{1}{q}$ となり，これは ② に矛盾する．

ゆえに e は無理数である．

(解説)

1 $a_{n+1}-(n+1)a_n=b_n$ のタイプの漸化式は入試で誘導なしで出題されることがあるので両辺を $(n+1)!$ で割り，$\dfrac{a_{n+1}}{(n+1)!}-\dfrac{a_n}{n!}=\dfrac{b_n}{(n+1)!}$ として，数列 $\left\{\dfrac{a_n}{n!}\right\}$ の階差数列を作る手法は覚えておきましょう．

2 ある数が無理数かどうかというのは数論的な性質ですが，このように e の無理数性を示すには微分・積分が必要となります．いわゆる "解析的な数論" です．同様な方法で円周率 π の無理数性も証明できます．

類題 22 [ライプニッツ級数・メルカトル級数]

(1) 自然数 n に対して，
$$R_n(x)=\dfrac{1}{1+x}-\{1-x+x^2-\cdots+(-1)^n x^n\}$$
とするとき，$\left|\int_0^1 R_n(x)\,dx\right|\leqq\dfrac{1}{n+2}$ を示し，

  (i) $\lim_{n\to\infty}\int_0^1 R_n(x)\,dx$

  (ii) $\lim_{n\to\infty}\int_0^1 R_n(x^2)\,dx$

を求めよ．

(2) (1)を利用して，次の無限級数の和を求めよ．

  (i) $1-\dfrac{1}{2}+\dfrac{1}{3}-\dfrac{1}{4}+\cdots+(-1)^{n-1}\dfrac{1}{n}+\cdots$

  (ii) $1-\dfrac{1}{3}+\dfrac{1}{5}-\dfrac{1}{7}+\cdots+(-1)^{n-1}\dfrac{1}{2n-1}+\cdots$

(札幌医科大)

問題 23 双曲線関数

$$f(t)=\frac{e^t+e^{-t}}{2},\ g(t)=\frac{e^t-e^{-t}}{2}$$

とする．

(1) $\{f(t)\}^2-\{g(t)\}^2$ の値を求めよ．また，$x=g(t)$ を t について解け．

(2) 置換積分法を用いて，不定積分

$$I=\int\sqrt{x^2+1}\,dx$$

を求めよ．

(3) A(0, 1) とし，P(X, Y) $(X>0, Y>0)$ を曲線 $C: y^2-x^2=1$ 上の点とする．
O を原点として，2線分 OA，OP と曲線 C で囲まれた部分の面積を $\frac{1}{2}\theta$ とするとき，X, Y を θ の式で表せ．

(高知大［医］改)

[考え方]
(1)は(2)のヒントです．このように数学の問題においては，前の問はその後の問のヒントであることが多いです．

【解答】

(1) $\left(\dfrac{e^t+e^{-t}}{2}\right)^2-\left(\dfrac{e^t-e^{-t}}{2}\right)^2=1$ より $\{f(t)\}^2-\{g(t)\}^2=1.$ ……①

$x=\dfrac{e^t-e^{-t}}{2}$ より $e^{2t}-2xe^t-1=0.$

$e^t>0$ より $e^t=x+\sqrt{x^2+1}.$

∴ $t=\log(x+\sqrt{x^2+1}).$ ……②

(2) $I=\int\sqrt{x^2+1}\,dx$

$x=g(t)=\dfrac{e^t-e^{-t}}{2}$ とおくと ① より

$$x^2+1=g(t)^2+1=f(t)^2$$

$f(t)>0$ より $\sqrt{x^2+1}=f(t)=\dfrac{e^t+e^{-t}}{2}.$ ……③

$$dx=\frac{e^t+e^{-t}}{2}dt.$$

よって，

$$I=\int\left(\frac{e^t+e^{-t}}{2}\right)^2 dt$$

$$=\int\frac{e^{2t}+2+e^{-2t}}{4}dt$$

$$=\frac{1}{4}\left(\frac{1}{2}e^{2t}+2t-\frac{1}{2}e^{-2t}\right)+C$$

$$=\frac{1}{8}(e^{2t}-e^{-2t})+\frac{1}{2}t+C$$

$$=\frac{1}{2}\cdot\frac{e^t-e^{-t}}{2}\cdot\frac{e^t+e^{-t}}{2}+\frac{1}{2}t+C$$

$$=\frac{1}{2}\{x\sqrt{x^2+1}+\log(x+\sqrt{x^2+1})\}+C. \quad(C\text{ は積分定数})$$

(3) $y^2 - x^2 = 1$.

$y > 0$ のとき $y = \sqrt{x^2+1}$. ……④

P(X, Y) は ④ 上の点であるから

$$Y = \sqrt{X^2+1}.$$ ……⑤

$$\frac{\theta}{2} = \int_0^X \sqrt{x^2+1}\, dx - \frac{1}{2} X\sqrt{X^2+1}$$

$$= \left[\frac{1}{2}\{x\sqrt{x^2+1} + \log(x+\sqrt{x^2+1})\}\right]_0^X - \frac{1}{2} X\sqrt{X^2+1}$$

$$= \frac{1}{2} \log(X + \sqrt{X^2+1}),$$

∴ $\theta = \log(X + \sqrt{X^2+1})$.

(1) より $X = \dfrac{e^\theta - e^{-\theta}}{2}$,

③, ⑤ より $Y = \dfrac{e^\theta + e^{-\theta}}{2}$.

〈参考〉

1 双曲線関数 $f(x) = \dfrac{e^x + e^{-x}}{2}$, $g(x) = \dfrac{e^x - e^{-x}}{2}$ とおくと $\{f(x)\}^2 - \{g(x)\}^2 = 1$

を満たします．これらは双曲線関数といわれ，三角関数と類似の関係式を満たすため，大学レベルのテキストでは

$$\cosh x = \frac{e^x + e^{-x}}{2},\ \sinh x = \frac{e^x - e^{-x}}{2},\ \tanh x = \frac{\sinh x}{\cosh x} = \frac{e^x - e^{-x}}{e^x + e^{-x}}$$

と表し，hyperbolic（双曲的な）cosine などと読みます．ここに三角関数と双曲線関数の性質を並列しておきます．

三角関数	双曲線関数
$\cos^2 x + \sin^2 x = 1$	$(\cosh x)^2 - (\sinh x)^2 = 1$
$\cos(x+y) = \cos x \cos y - \sin x \sin y$ $\sin(x+y) = \sin x \cos y + \cos x \sin y$ $\tan(x+y) = \dfrac{\tan x + \tan y}{1 - \tan x \tan y}$	$\cosh(x+y) = \cosh x \cosh y + \sinh x \sinh y$ $\sinh(x+y) = \sinh x \cosh y + \cosh x \sinh y$ $\tanh(x+y) = \dfrac{\tanh x + \tanh y}{1 + \tanh x \tanh y}$
$(\cos x)' = -\sin x$ $(\sin x)' = \cos x$ $(\tan x)' = \dfrac{1}{\cos^2 x}$	$(\cosh x)' = \sinh x$ $(\sinh x)' = \cosh x$ $(\tanh x)' = \dfrac{1}{(\cosh x)^2}$

問題23では，x, yを入れ換えれば，A(1, 0), Pを双曲線 $x^2-y^2=1$ 上の点とし，図形OAPの面積が $\dfrac{\theta}{2}$ ならばP$(\cosh\theta, \sinh\theta)$となることを示したことになります．

加法定理について示しておきましょう．

$$\cosh x \cosh y + \sinh x \sinh y = \dfrac{e^x+e^{-x}}{2}\cdot\dfrac{e^y+e^{-y}}{2}+\dfrac{e^x-e^{-x}}{2}\cdot\dfrac{e^y-e^{-y}}{2}$$

$$=\dfrac{1}{4}(e^{x+y}+e^{x-y}+e^{-x+y}+e^{-x-y}+e^{x+y}-e^{x-y}-e^{-x+y}+e^{-x-y})$$

$$=\dfrac{e^{x+y}+e^{-(x+y)}}{2}$$

$$=\cosh(x+y)$$

次に $\tanh x$ の微分について示しておきます．

$$(\tanh x)' = \left(\dfrac{\sinh x}{\cosh x}\right)' = \dfrac{(\cosh x)^2-(\sinh x)^2}{(\cosh x)^2} = \dfrac{1}{(\cosh x)^2}.$$

これだけ三角関数と類似の関係式を満たせば，双曲線関数を表す関数記号に $\cosh x$, $\sinh x$, $\tanh x$ のように cos, sin, tan が含まれているのがうなずけるでしょう．

2　$I=\int\dfrac{1}{\sqrt{1+x^2}}dx$, $J=\int\sqrt{1+x^2}\,dx$ の積分

$\int\dfrac{1}{\sqrt{1-x^2}}dx$, $\int\sqrt{1-x^2}\,dx$ の積分において，$y=\sqrt{1-x^2}$ とおくと半円 $x^2+y^2=1$ ($y\geqq 0$) となります．そこで円のパラメータ表示である三角関数を用いて $x=\sin\theta\left(-\dfrac{\pi}{2}\leqq\theta\leqq\dfrac{\pi}{2}\right)$ と置換することにより積分できます．このように実は，置換積分と曲線のパラメータ表示には密接な関係があります．

さて，上のI, Jにおいて $y=\sqrt{1+x^2}$ とおくと，
$$y^2-x^2=1\ (y\geqq 0)\quad\cdots(*)$$

となり，双曲線（の一部）を表します．ところで，双曲線$(*)$のパラメータ表示には次の3通りがあります．

(i) $(y,\ x)=\left(\dfrac{e^t+e^{-t}}{2},\ \dfrac{e^t-e^{-t}}{2}\right)$.

(ii) $y^2-x^2=1$ は $(y+x)(y-x)=1$ と変形できますから，

$y+x=t$ とおくと，$y-x=\dfrac{1}{t}$．

これより，$\begin{cases} y=\dfrac{1}{2}\left(t+\dfrac{1}{t}\right), \\ x=\dfrac{1}{2}\left(t-\dfrac{1}{t}\right). \end{cases}$

（ただし，$t>0$）

(iii) $1+\tan^2\theta=\dfrac{1}{\cos^2\theta}$ より $\dfrac{1}{\cos^2\theta}-\tan^2\theta=1$ だから，

$(y,\ x)=\left(\dfrac{1}{\cos\theta},\ \tan\theta\right)$．（ただし，$0<\theta<\dfrac{\pi}{2}$）

上の(i), (ii), (iii)により I, J の積分においては，

(i) $x=\dfrac{e^t-e^{-t}}{2}$

(ii) $y+x=\sqrt{1+x^2}+x=t$　（類題23参照）

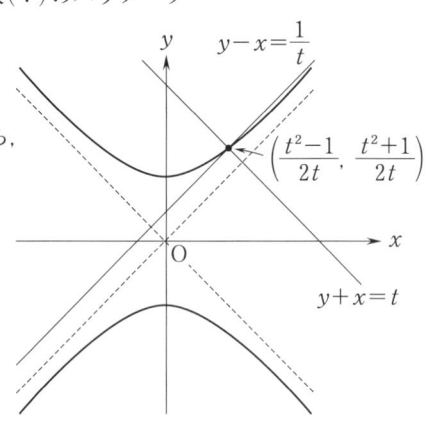

(iii)　$x = \tan\theta$

の3通りの置換が考えられます．ただし，(iii)の方法は，(i)，(ii)に比べ若干めんどうになります．

I, J の不定積分は次のようになります．各自，是非試みて下さい．

$$I = \int \frac{1}{\sqrt{1+x^2}}\,dx = \log(x + \sqrt{1+x^2}) + C,$$

$$J = \int \sqrt{1+x^2}\,dx = \frac{1}{2}\{x\sqrt{1+x^2} + \log(x + \sqrt{1+x^2})\} + C.$$

(C は積分定数)

注　$y = \log(x + \sqrt{1+x^2})$ とすると，$\dfrac{dy}{dx} = \dfrac{1 + \dfrac{1}{\sqrt{1+x^2}}}{x + \sqrt{1+x^2}} = \dfrac{1}{\sqrt{1+x^2}}$.

これからも

$$I = \int \frac{1}{\sqrt{1+x^2}}\,dx = \log(x + \sqrt{1+x^2}) + C$$

が得られます．

なお，部分積分法を用いると，J は I に帰着されます．

$$\begin{aligned}
J &= \int x'\sqrt{1+x^2}\,dx = x\sqrt{1+x^2} - \int x \frac{x}{\sqrt{1+x^2}}\,dx \\
&= x\sqrt{1+x^2} - \int \frac{(1+x^2)-1}{\sqrt{1+x^2}}\,dx \\
&= x\sqrt{1+x^2} - \int \sqrt{1+x^2}\,dx + \int \frac{1}{\sqrt{1+x^2}}\,dx \\
&= x\sqrt{1+x^2} - J + I.
\end{aligned}$$

よって，

$$J = \frac{1}{2}\{x\sqrt{1+x^2} + \log(x + \sqrt{1+x^2})\} + C.$$

類題 23 ［双曲線関数］

次の問に答えよ．

(1) $x + \sqrt{x^2-1} = t$ とおくことにより，不定積分 $\displaystyle\int \sqrt{x^2-1}\,dx$ を求めよ．

(2) 曲線 $x^2 - y^2 = 1$ 上で点 $\mathrm{P}(p, q)$ ($p>1$, $q>0$) と点 $\mathrm{A}(1, 0)$ がある．2線分 OA, OP とこの曲線で囲まれる図形の面積 S を p の式で表せ．ただし，O は原点を表す．

(3) (2)における S を $\dfrac{\theta}{2}$ とおくとき，p, q を θ の式で表せ．

(秋田大［医］)

問題 24 極座標と面積（レムニスケート）

(1) xy 平面において，O を原点とし $A(a, 0)$，$B(-a, 0)$ $(a>0)$ とする．線分 AB 外の動点 P が
$$AP \cdot BP = a^2$$
を満たしながら動くとき，点 P の軌跡の方程式を求めよ．

(2) (1)で求めた点 P の軌跡について，極方程式 $r=f(\theta)$ を求め，そのグラフの概形をかけ．

(3) (2)で求めた曲線の囲む面積を S とすると，
$$S = 4\int_0^{\frac{\pi}{4}} \frac{1}{2} r^2 d\theta$$
となることを示し，その値を求めよ．

(鹿児島大[医] 改)

【解答】

(1) $P(x, y)$ とおくと
$AP \cdot BP = a^2$
$\iff AP^2 \cdot BP^2 = a^4$
$\iff \{(x-a)^2 + y^2\}\{(x+a)^2 + y^2\} = a^4$
$\iff (x^2-a^2)^2 + (x-a)^2 y^2 + (x+a)^2 y^2 + y^4 = a^4$
$\iff x^4 - 2a^2 x^2 + a^4 + 2(x^2+a^2)y^2 + y^4 = a^4$
$\iff \boldsymbol{(x^2+y^2)^2 = 2a^2(x^2-y^2)}$. ……①

(2) $x = r\cos\theta$, $y = r\sin\theta$ $(r \geq 0, 0 \leq \theta \leq 2\pi)$ ……②
とおき ① に代入すると，
$r^4 = 2a^2 r^2 (\cos^2\theta - \sin^2\theta)$
$\iff r^2 = 2a^2 \cos 2\theta$
$\therefore \boldsymbol{r = a\sqrt{2\cos 2\theta}}$. $(0 \leq \theta \leq 2\pi)$ ……③

③ より $\cos 2\theta \geq 0$ だから $0 \leq 2\theta \leq 4\pi$ より
$$0 \leq 2\theta \leq \frac{\pi}{2}, \quad \frac{3\pi}{2} \leq 2\theta \leq \frac{5\pi}{2}, \quad \frac{7\pi}{2} \leq 2\theta \leq 4\pi.$$

よって，この曲線の存在範囲は，
$$0 \leq \theta \leq \frac{\pi}{4}, \quad \frac{3\pi}{4} \leq \theta \leq \frac{5\pi}{4}, \quad \frac{7\pi}{4} \leq \theta \leq 2\pi. \quad \cdots\cdots ④$$

$f(\theta) = a\sqrt{2\cos 2\theta}$ とおくと，
$f(\pi - \theta) = f(\theta)$, $f(2\pi - \theta) = f(\theta)$ より，この曲線は x 軸，y 軸に関して対称である．よって，$0 \leq \theta \leq \frac{\pi}{4}$ で考えると，
$f(\theta)$ は θ の減少関数で次のように変化する．

θ	0	$\cdots$	$\frac{\pi}{6}$	$\cdots$	$\frac{\pi}{4}$
r	$\sqrt{2}a$	$\cdots$	a	$\cdots$	0

よって，対称性よりグラフは次のようになる．

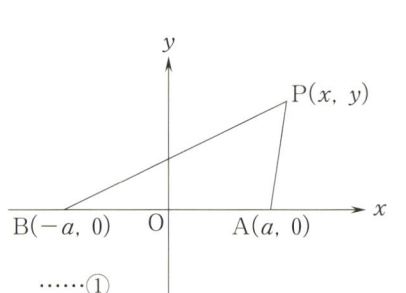

⇐ 原点 O を極，x 軸の正の部分を始線とする極座標．

⇐ ①からもこの曲線が x 軸，y 軸に関して対称であることがわかります．

24 極座標と面積（レムニスケート） 69

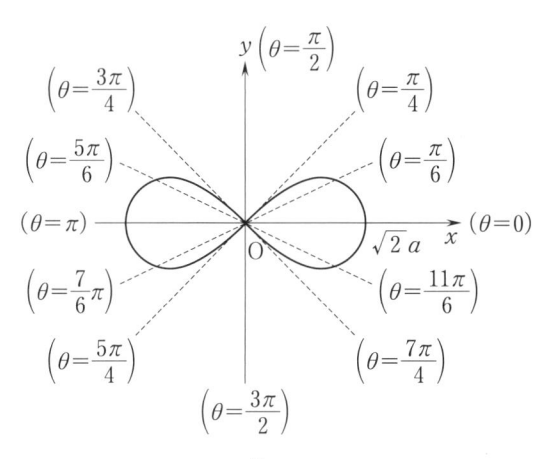

(3) 求める面積を S とする．$0 \leqq \theta \leqq \dfrac{\pi}{4}$ の部分を 4 倍すればよい．

区間 $[\theta,\ \theta+\Delta\theta]$ に対応する微小面積を ΔS とする．

$0 \leqq \theta \leqq \dfrac{\pi}{4}$ で $r=f(\theta)$ は単調減少であるから

$$f(\theta+\Delta\theta) \leqq r \leqq f(\theta).$$

よって，ΔS は中心角が $\Delta\theta$，半径が r の扇形の面積と，中心角が $\Delta\theta$，半径が $r+\Delta r$ の扇形の面積にはさまれるので，

$$\frac{1}{2}\{f(\theta+\Delta\theta)\}^2 \Delta\theta \leqq \Delta S \leqq \frac{1}{2}\{f(\theta)\}^2 \Delta\theta.$$

$\therefore\ \dfrac{1}{2}\{f(\theta+\Delta\theta)\}^2 \leqq \dfrac{\Delta S}{\Delta\theta} \leqq \dfrac{1}{2}\{f(\theta)\}^2.$

よって，$\displaystyle\lim_{\Delta\theta \to +0} \dfrac{\Delta S}{\Delta\theta} = \dfrac{1}{2}\{f(\theta)\}^2$

$\Delta\theta<0$ のときも同様であるから $\dfrac{dS}{d\theta} = \dfrac{1}{2}\{f(\theta)\}^2.$

ゆえに，$S = 4\displaystyle\int_0^{\frac{\pi}{4}} \dfrac{1}{2}\{f(\theta)\}^2 d\theta$

$\qquad = 2\displaystyle\int_0^{\frac{\pi}{4}} 2a^2 \cos 2\theta\, d\theta$

$\qquad = 2a^2 \Bigl[\sin 2\theta\Bigr]_0^{\frac{\pi}{4}}$

$\qquad = \boldsymbol{2a^2}.$

（解説）

1 P が描く曲線をレムニスケート（lemniscate）といいます．lemniscate はラテン語でりぼんを表すことばに由来しています．

2 初等的に面積が求められる図形は右図のようにごく限られています．このほかの一般的な図形の面積や体積は直接には求められないので細かく分割して求めます．面積は長方形か扇形で評価することが多いです．

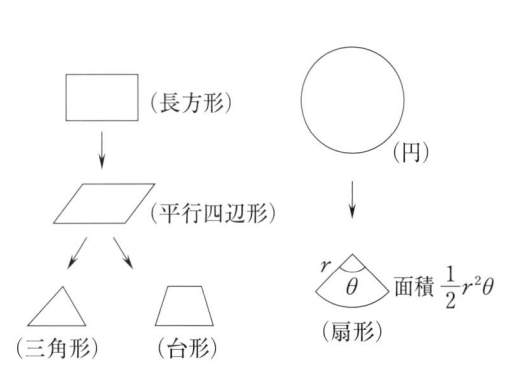

(3)の証明法は面積・体積の証明の基本ですからしっかりマスターしましょう．極座標による面積公式をまとめておきます．

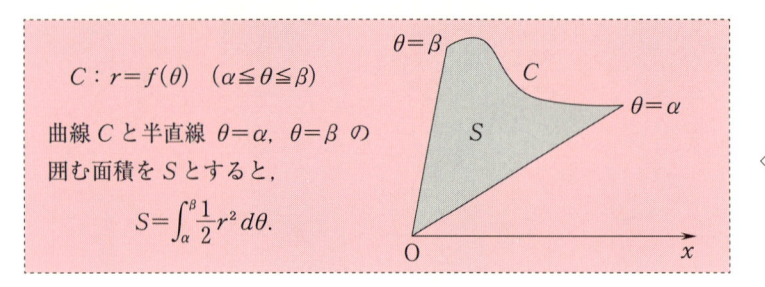

$C: r = f(\theta) \quad (\alpha \leq \theta \leq \beta)$

曲線 C と半直線 $\theta = \alpha$, $\theta = \beta$ の囲む面積を S とすると，
$$S = \int_\alpha^\beta \frac{1}{2} r^2 \, d\theta.$$

> $\Delta\theta$ が十分小さいとき区間 $[\theta, \theta + \Delta\theta]$ に対応する面積を ΔS とすると
> $$\Delta S \fallingdotseq \frac{1}{2} r^2 \Delta\theta,$$
> よって，
> $$S = \int_\alpha^\beta \frac{1}{2} r^2 \, d\theta.$$
> ～～の部分は微小な扇形の面積を表しています

3 また(3)は次のように，パラメータ表示された曲線の囲む面積を利用しても求められます．

$$\frac{S}{4} = \int_0^{\sqrt{2}a} y \, dx = \int_{\frac{\pi}{4}}^0 y \frac{dx}{d\theta} d\theta = -\int_0^{\frac{\pi}{4}} y \frac{dx}{d\theta} d\theta$$

ここで $x = r(\theta)\cos\theta$, $y = r(\theta)\sin\theta$ より

$$\frac{dx}{d\theta} = r'(\theta)\cos\theta - r(\theta)\sin\theta$$

よって，

$$\frac{S}{4} = -\int_0^{\frac{\pi}{4}} r(\theta)\sin\theta \{r'(\theta)\cos\theta - r(\theta)\sin\theta\} d\theta$$

$$= -\int_0^{\frac{\pi}{4}} r'(\theta) r(\theta) \sin\theta \cos\theta \, d\theta + \int_0^{\frac{\pi}{4}} r(\theta)^2 \sin^2\theta \, d\theta \quad \cdots\cdots (\☆)$$

ところで，

$$\int_0^{\frac{\pi}{4}} r'(\theta) r(\theta) \sin\theta \cos\theta \, d\theta$$

$$= \int_0^{\frac{\pi}{4}} \left\{ \frac{1}{2} r(\theta)^2 \right\}' \sin\theta \cos\theta \, d\theta$$

$$= \left[\frac{1}{2} r(\theta)^2 \sin\theta \cos\theta \right]_0^{\frac{\pi}{4}} - \int_0^{\frac{\pi}{4}} \frac{1}{2} r(\theta)^2 (\cos^2\theta - \sin^2\theta) \, d\theta$$

$$= -\frac{1}{2} \int_0^{\frac{\pi}{4}} r(\theta)^2 (\cos^2\theta - \sin^2\theta) \, d\theta. \quad \left(r\left(\frac{\pi}{4}\right) = 0 \text{ より} \right)$$

よって，(☆)より

$$\frac{S}{4} = \frac{1}{2} \int_0^{\frac{\pi}{4}} r(\theta)^2 (\cos^2\theta - \sin^2\theta) \, d\theta + \int_0^{\frac{\pi}{4}} r(\theta)^2 \sin^2\theta \, d\theta$$

$$= \frac{1}{2} \int_0^{\frac{\pi}{4}} r(\theta)^2 (\sin^2\theta + \cos^2\theta) \, d\theta$$

$$= \frac{1}{2} \int_0^{\frac{\pi}{4}} r(\theta)^2 \, d\theta.$$

類題 24 ［デカルトの正葉曲線］

xy 平面上に曲線 C

$$C : x^3 + y^3 - 3xy = 0, \quad x \geq 0, \quad y \geq 0$$

がある．

(1) 直線 $y = tx$ $(t > 0)$ と曲線 C の原点以外の交点を求めよ．

(2) C が囲む領域の面積を求めよ．

（横浜市立大［医］ 改）

問題 25 パラメータ表示された曲線の囲む面積（カージオイド）

xy 平面で原点 O を中心とする半径 1 の円を C_1，点 A(1, 0) で C_1 に外接する半径 1 の円を C_2 とする．C_2 が C_1 の周上を，反時計回りに滑らずに転がってもとの位置に戻るものとする．このとき，はじめに点 A にあった C_2 上の点を P とし，また，C_2 の中心を Q とする．$\angle AOQ = \theta$ $(0 \leq \theta \leq 2\pi)$ とおく．

(1) P の座標を (X, Y) とするとき，X, Y を θ で表せ．
(2) P が描く曲線の概形をかけ．
(3) P が描く曲線の囲む面積を求めよ．

[考え方]
動点の座標を求めるにはベクトルを活用します！
すなわち $\overrightarrow{OP} = \overrightarrow{OQ} + \overrightarrow{QP}$ と考えて，$\overrightarrow{OQ}$ と $\overrightarrow{QP}$ の成分を求めます．

【解答】
(1) $\angle AOQ = \theta$ のときの C_1 と C_2 の接点を T とおく．「滑らずに転がる」ことにより $\overset{\frown}{AT} = \overset{\frown}{TP}$ であるから，$\angle TQP = \theta$．
よって，$\overrightarrow{QP}$ は

$$\overrightarrow{QT} = -\begin{pmatrix}\cos\theta\\ \sin\theta\end{pmatrix} = \begin{pmatrix}\cos(\pi+\theta)\\ \sin(\pi+\theta)\end{pmatrix}$$

を $+\theta$ 回転したものであるから，

$$\overrightarrow{QP} = \begin{pmatrix}\cos(\pi+2\theta)\\ \sin(\pi+2\theta)\end{pmatrix} = -\begin{pmatrix}\cos 2\theta\\ \sin 2\theta\end{pmatrix}.$$

また，$\overrightarrow{OQ} = 2\begin{pmatrix}\cos\theta\\ \sin\theta\end{pmatrix}$ より，

$$\overrightarrow{OP} = \overrightarrow{OQ} + \overrightarrow{QP} = 2\begin{pmatrix}\cos\theta\\ \sin\theta\end{pmatrix} - \begin{pmatrix}\cos 2\theta\\ \sin 2\theta\end{pmatrix}.$$

$$\therefore \begin{cases} X = 2\cos\theta - \cos 2\theta, \\ Y = 2\sin\theta - \sin 2\theta. \end{cases} \quad (0 \leq \theta \leq 2\pi)$$

(2) $X(2\pi - \theta) = X(\theta)$, $Y(2\pi - \theta) = -Y(\theta)$ より P が描く曲線 C の $0 \leq \theta \leq \pi$ の部分と $\pi \leq \theta \leq 2\pi$ の部分は X 軸に関して対称である．よって，$0 \leq \theta \leq \pi$ の範囲で調べればよい．

$\dfrac{dX}{d\theta} = -2\sin\theta + 2\sin 2\theta = 2\sin\theta(2\cos\theta - 1)$.

$\dfrac{dY}{d\theta} = 2\cos\theta - 2\cos 2\theta = -2(2\cos^2\theta - \cos\theta - 1) = -2(2\cos\theta + 1)(\cos\theta - 1)$.

$\vec{v} = \left(\dfrac{dx}{d\theta}, \dfrac{dy}{d\theta}\right)$ とおく．

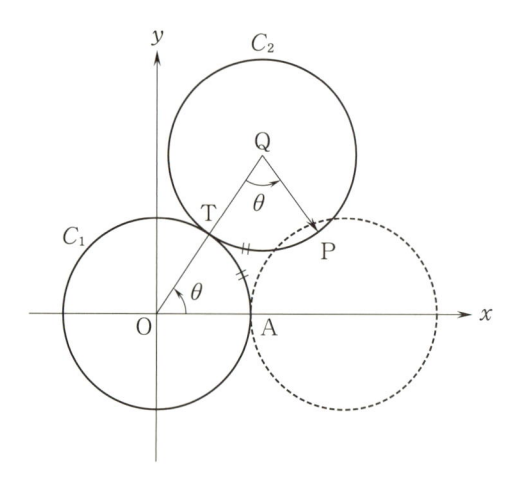

θ	0		$\dfrac{\pi}{3}$		$\dfrac{2\pi}{3}$		π
$\dfrac{dX}{d\theta}$	0	+	0	−	−	−	0
$\dfrac{dY}{d\theta}$	0	+	+	+	0	−	−
$\vec{v}$		↗	↑	↖	←	↙	↓
(X, Y)	$(1, 0)$	↗	$\left(\dfrac{3}{2}, \dfrac{\sqrt{3}}{2}\right)$	↖	$\left(-\dfrac{1}{2}, \dfrac{3\sqrt{3}}{2}\right)$	↙	$(-3, 0)$

よって，対称性より，C の概形は右図のようになる．

(3) 求める面積を S とする．対称性により C の $0 \leqq \theta \leqq \pi$ の部分と x 軸の囲む面積を 2 倍すればよい．

$$\begin{aligned}
S &= 2\left\{\int_{-3}^{\frac{3}{2}} y\, dx - \int_{1}^{\frac{3}{2}} y\, dx\right\} \quad \cdots(\text{☆}) \\
&= 2\left\{\int_{\pi}^{\frac{\pi}{3}} y\frac{dx}{d\theta}\, d\theta - \int_{0}^{\frac{\pi}{3}} y\frac{dx}{d\theta}\, d\theta\right\} \\
&= -2\int_{0}^{\pi} y\frac{dx}{d\theta}\, d\theta \quad \cdots(\text{☆☆}) \\
&= -2\int_{0}^{\pi} (2\sin\theta - \sin 2\theta)(-2\sin\theta + 2\sin 2\theta)\, d\theta \\
&= 4\int_{0}^{\pi} (2\sin^2\theta - 3\sin 2\theta \sin\theta + \sin^2 2\theta)\, d\theta \\
&= 4\int_{0}^{\pi} \left(1 - \cos 2\theta - 6\cos\theta \sin^2\theta + \frac{1-\cos 4\theta}{2}\right) d\theta \\
&= 4\left[\frac{3}{2}\theta - \frac{1}{2}\sin 2\theta - 2\sin^3\theta - \frac{1}{8}\sin 4\theta\right]_{0}^{\pi} = \boldsymbol{6\pi}.
\end{aligned}$$

（解説）

1　(☆☆)をいきなり書くことは許されません．(☆)の式から書きましょう．

2　$\overrightarrow{\mathrm{AP}} = \begin{pmatrix} 2\cos\theta - \cos 2\theta - 1 \\ 2\sin\theta - \sin 2\theta \end{pmatrix} = 2(1-\cos\theta)\begin{pmatrix} \cos\theta \\ \sin\theta \end{pmatrix}$ となるから A を極とする

C の極方程式は $C : r = 2(1-\cos\theta)\ (0 \leqq \theta \leqq 2\pi)$ です．

したがって面積 S は問題 24 のようにして次のように求められます．

$$S = 2\int_{0}^{\pi} \frac{1}{2} r^2\, d\theta = 4\int_{0}^{\pi} (1 - 2\cos\theta + \cos^2\theta)\, d\theta = 4\left[\frac{3}{2}\theta - 2\sin\theta + \frac{1}{4}\sin 4\theta\right]_{0}^{\pi} = 6\pi.$$

3　曲線 C をカージオイド (cardioid) といいます．なお cardio は心臓 (heart) を表します．

類題 25 ［リマソン］

xy 平面上において，半径 1 の円板 D の中心 P は円 $x^2 + y^2 = 1$ 上を正の方向に回転し，点 Q は円板 D の周上を正の方向に回転する．ただし右図のように，$\overrightarrow{\mathrm{OP}}$ が x 軸の正方向と $\theta\ (0 \leqq \theta \leqq 2\pi)$ の角をなすとき，$\overrightarrow{\mathrm{PQ}}$ は $\overrightarrow{\mathrm{OP}}$ と θ の角をなすとする．このとき，点 Q の描く曲線について，次の問に答えよ．

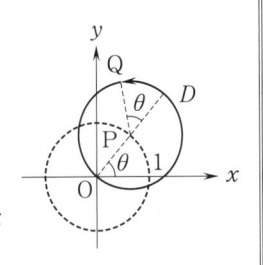

(1) 点 Q の座標を媒介変数 $\theta\ (0 \leqq \theta \leqq 2\pi)$ を用いて表し，点 Q が x 軸上にあるときの θ の値を求めよ．また，点 Q の描く曲線は x 軸に関して対称であることを示せ．

(2) 円内 $x^2 + y^2 \leqq 1$ において，点 Q の描く曲線が囲む部分の面積を求めよ．

(熊本大［医］)

問題 26 サイクロイドとその平行曲線の囲む面積

曲線 $C : x = t - \sin t$, $y = 1 - \cos t$ $(0 \le t \le 2\pi)$ 上に動点 $P(t - \sin t, 1 - \cos t)$ をとり，P における法線上に点 Q を次のようにとる．

   (i) $PQ = a$ $(a > 0)$，
   (ii) Q の y 座標は P の y 座標以上である．

ただし，P が $(0, 0)$，$(2\pi, 0)$ のときは x 軸を法線と考えて，Q をそれぞれ $(-a, 0)$，$(2\pi + a, 0)$ とする．このとき以下の問に答えよ．

(1) Q の座標を求めよ．
(2) t が $0 \le t \le 2\pi$ を動くとき，線分 PQ の通る領域の面積を求めよ．

(福井大[医] 改)

[考え方]

問題 25 の [考え方] で述べたように，動点 Q の座標を求めるにはベクトルを用います！

この種の問題ではベクトルを $\pm \dfrac{\pi}{2}$ 回転することがしばしば必要になります．

ベクトル $\overrightarrow{OA} = \begin{pmatrix} a \\ b \end{pmatrix}$ を原点 O のまわりに $+\dfrac{\pi}{2}$ 回転したベクトルを $\overrightarrow{OB}$，$-\dfrac{\pi}{2}$ 回転したベクトルを $\overrightarrow{OC}$ とすると，複素数平面で考えて

$i(a + bi) = -b + ai$ より $\overrightarrow{OB} = \begin{pmatrix} -b \\ a \end{pmatrix}$，

$\overrightarrow{OC} = -\overrightarrow{OB} = \begin{pmatrix} b \\ -a \end{pmatrix}$

となります．

【解答】

(1) $C : \begin{cases} x = t - \sin t, \\ y = 1 - \cos t. \end{cases}$ $(0 \le t \le 2\pi)$

$\dfrac{dx}{dt} = 1 - \cos t$, $\dfrac{dy}{dt} = \sin t$.

よって，点 $P(t - \sin t, 1 - \cos t)$ での曲線 C の接ベクトル（接線の方向ベクトル）を $\vec{v}$ とおくと，

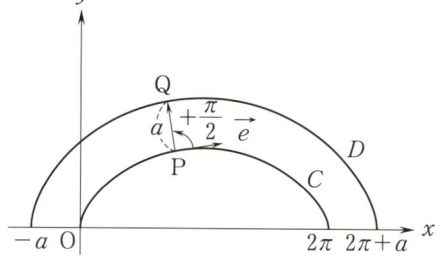

$\vec{v} = \begin{pmatrix} \dfrac{dx}{dt} \\ \dfrac{dy}{dt} \end{pmatrix} = \begin{pmatrix} 1 - \cos t \\ \sin t \end{pmatrix}$.

$|\vec{v}| = \sqrt{(1 - \cos t)^2 + \sin^2 t} = \sqrt{2(1 - \cos t)} = \sqrt{4 \sin^2 \dfrac{t}{2}} = 2 \sin \dfrac{t}{2}$.

$\Leftarrow$ $0 \le t \le 2\pi$ より $\sin \dfrac{t}{2} \ge 0$.
半角の公式
$\sin^2 \dfrac{t}{2} = \dfrac{1 - \cos t}{2}$
を用いました．

よって，$\vec{v}$ 方向の単位ベクトルを $\vec{e}$ とおくと，$t \ne 0$, 2π のとき

$\vec{e} = \dfrac{\vec{v}}{|\vec{v}|} = \dfrac{1}{2 \sin \dfrac{t}{2}} \begin{pmatrix} 1 - \cos t \\ \sin t \end{pmatrix} = \dfrac{1}{2 \sin \dfrac{t}{2}} \begin{pmatrix} 2 \sin^2 \dfrac{t}{2} \\ 2 \sin \dfrac{t}{2} \cos \dfrac{t}{2} \end{pmatrix} = \begin{pmatrix} \sin \dfrac{t}{2} \\ \cos \dfrac{t}{2} \end{pmatrix}$.

$\overrightarrow{PQ}$ は $\vec{e}$ を点 P のまわりに $+\dfrac{\pi}{2}$ 回転して a 倍したものであるから，

$$\overrightarrow{\mathrm{PQ}}=a\begin{pmatrix}-\cos\dfrac{t}{2}\\ \sin\dfrac{t}{2}\end{pmatrix}.$$

前頁の[考え方]を用いました.

よって

$$\overrightarrow{\mathrm{OQ}}=\overrightarrow{\mathrm{OP}}+\overrightarrow{\mathrm{PQ}}=\begin{pmatrix}t-\sin t\\ 1-\cos t\end{pmatrix}+a\begin{pmatrix}-\cos\dfrac{t}{2}\\ \sin\dfrac{t}{2}\end{pmatrix}=\begin{pmatrix}t-\sin t-a\cos\dfrac{t}{2}\\ 1-\cos t+a\sin\dfrac{t}{2}\end{pmatrix}.$$

したがって,

$$\mathrm{Q}\Big(t-\sin t-a\cos\dfrac{t}{2},\ 1-\cos t+a\sin\dfrac{t}{2}\Big).\quad (t=0,\ 2\pi\text{のときも含む})$$

(2) $\mathrm{Q}(x, y)$ とおき,Q の描く曲線を D とおくと,(1)より

$$D:\begin{cases}x=t-\sin t-a\cos\dfrac{t}{2}, & \cdots\cdots\text{①}\\ y=1-\cos t+a\sin\dfrac{t}{2} & \cdots\cdots\text{②}\end{cases}\quad(0\leqq t\leqq 2\pi)$$

とパラメータ表示される.

D と x 軸の囲む面積を S_1,C と x 軸の囲む面積を S_2 とおくと,線分 PQ が通過する領域の面積 S は,

$$S=S_1-S_2 \quad\cdots\cdots\text{③}$$

となる.①より,

$\dfrac{dx}{dt}=1-\cos t+\dfrac{a}{2}\sin\dfrac{t}{2}$ であるから,

$$\begin{aligned}S_1&=\int_{-a}^{2\pi+a}y\,dx=\int_0^{2\pi}y\dfrac{dx}{dt}dt\\ &=\int_0^{2\pi}\Big(1-\cos t+a\sin\dfrac{t}{2}\Big)\Big(1-\cos t+\dfrac{a}{2}\sin\dfrac{t}{2}\Big)dt\\ &=\int_0^{2\pi}\Big\{(1-\cos t)^2+\dfrac{3a}{2}(1-\cos t)\sin\dfrac{t}{2}+\dfrac{a^2}{2}\sin^2\dfrac{t}{2}\Big\}dt.\\ &\qquad\qquad\qquad\qquad\qquad\qquad\qquad\qquad\cdots\cdots\text{④}\end{aligned}$$

また,

$$S_2=\int_0^{2\pi}y\,dx=\int_0^{2\pi}y\dfrac{dx}{dt}dt=\int_0^{2\pi}(1-\cos t)^2\,dt. \quad\cdots\cdots\text{⑤}$$

よって,③,④,⑤より,

$$\begin{aligned}S&=\int_0^{2\pi}\Big\{\dfrac{3a}{2}(1-\cos t)\sin\dfrac{t}{2}+\dfrac{a^2}{2}\sin^2\dfrac{t}{2}\Big\}dt\\ &=\int_0^{2\pi}\Big(3a\sin^3\dfrac{t}{2}+\dfrac{a^2}{2}\sin^2\dfrac{t}{2}\Big)dt.\end{aligned}$$

ここでも半角の公式 $\sin^2\dfrac{t}{2}=\dfrac{1-\cos t}{2}$ を用いました.

ここで,$\theta=\dfrac{t}{2}$ とおくと,$d\theta=\dfrac{1}{2}dt$,$\begin{array}{c|c}t & 0\to 2\pi\\ \hline \theta & 0\to\pi\end{array}$ であるから,

$$\begin{aligned}S&=\int_0^{\pi}(6a\sin^3\theta+a^2\sin^2\theta)\,d\theta\\ &=\int_0^{\pi}\{6a(1-\cos^2\theta)\sin\theta+a^2\sin^2\theta\}\,d\theta\\ &=\int_0^{\pi}\Big(6a\sin\theta-6a\cos^2\theta\sin\theta+a^2\dfrac{1-\cos 2\theta}{2}\Big)d\theta\\ &=\Big[-6a\cos\theta+2a\cos^3\theta+\dfrac{a^2}{2}\Big(\theta-\dfrac{1}{2}\sin 2\theta\Big)\Big]_0^{\pi}\\ &=8a+\dfrac{\pi}{2}a^2.\end{aligned}$$

$(\cos^3\theta)'=-3\cos^2\theta\sin\theta$ より,$\displaystyle\int\cos^2\theta\sin\theta\,d\theta=-\dfrac{1}{3}\cos^3\theta+C.$

(解説)

1 曲線 $C: \begin{cases} x = t - \sin t, \\ y = 1 - \cos t \end{cases}$ $(0 \leq t \leq \pi)$ はサイクロイド (cycloid) といわれる曲線です。

$\dfrac{dx}{dt} = 1 - \cos t \geq 0$, $\dfrac{dy}{dt} = \sin t$ より，増減表は次のようになります．

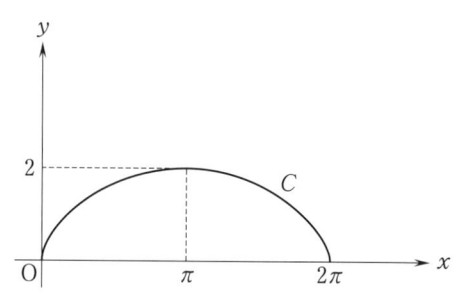

t	0	$\cdots$	π	$\cdots$	2π
$\dfrac{dx}{dt}$	0	+	+	+	0
$\dfrac{dy}{dt}$	0	+	0	−	0
$\vec{v}$		↗	→	↘	
(x, y)	$(0, 0)$	↗	$(\pi, 2)$	↘	$(2\pi, 0)$

$\dfrac{dy}{dx} = \dfrac{\frac{dy}{dt}}{\frac{dx}{dt}} = \dfrac{\sin t}{1 - \cos t} = \dfrac{\cos\frac{t}{2}}{\sin\frac{t}{2}}$ より, $\displaystyle\lim_{t \to +0} \dfrac{dy}{dx} = \infty$, $\displaystyle\lim_{t \to 2\pi - 0} \dfrac{dy}{dx} = -\infty$.

よって，C の概形は右上のようになります．

しかし，医学部を志望する人ならばサイクロイドのパラメータ表示とその概形については "常識" でなくてはなりません．

2 S_1, S_2 の値は次のようになります．

④ より

$$S_1 = \int_0^{2\pi} \left(4\sin^4\frac{t}{2} + 3a\sin^3\frac{t}{2} + \frac{a^2}{2}\sin^2\frac{t}{2}\right) dt$$

$$= \int_0^{\pi} \left(4\sin^4\theta + 3a\sin^3\theta + \frac{a^2}{2}\sin^2\theta\right) \cdot 2\, d\theta \quad \left(\theta = \frac{t}{2} \text{とおいた}\right)$$

$$= \int_0^{\pi} (8\sin^4\theta + 6a\sin^3\theta + a^2\sin^2\theta)\, d\theta.$$

ここで，$I_n = \displaystyle\int_0^{\pi} \sin^n\theta\, d\theta$ $(n = 0, 1, 2, \cdots)$ とおくと，$I_0 = \pi$, $I_1 = 2$ であり，

問題 19 と同じようにして，$I_n = \dfrac{n-1}{n} I_{n-2}$ となるから，

$$S_1 = 8I_4 + 6aI_3 + a^2 I_2 = 8 \cdot \frac{3}{4} \cdot \frac{1}{2}\pi + 6a \cdot \frac{2}{3} \cdot 2 + a^2 \cdot \frac{1}{2}\pi = 3\pi + 8a + \frac{\pi}{2}a^2.$$

⑤ より，

$$S_2 = \int_0^{2\pi} \left(1 - 2\cos t + \frac{1 + \cos 2t}{2}\right) dt = \left[\frac{3}{2}t - 2\sin t + \frac{1}{4}\sin 2t\right]_0^{2\pi} = 3\pi.$$

したがって，$S = S_1 - S_2 = 8a + \dfrac{\pi}{2}a^2$.

〈参考〉

1 曲線 C の長さを L_1 とすると，

$$L_1 = \int_0^{2\pi} \sqrt{\left(\frac{dx}{dt}\right)^2 + \left(\frac{dy}{dt}\right)^2}\, dt$$

$$= \int_0^{2\pi} |\vec{v}|\, dt$$

$$= \int_0^{2\pi} 2\sin\frac{t}{2}\, dt = \left[-4\cos\frac{t}{2}\right]_0^{2\pi} = 8.$$

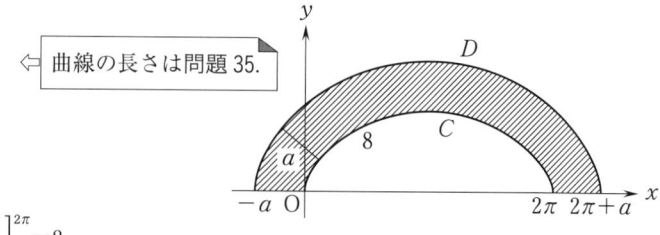

⇐ 曲線の長さは問題 35．

よって，$S = 8a + \dfrac{\pi}{2}a^2 = (C \text{の長さ}) \times (\text{帯の幅 } a) + (\text{半径 } a \text{の半円の面積})$ と解釈することができます．

2 また，次の事実が成り立ちます．
PQ の中点を R とすると，

$$\overrightarrow{OR} = \overrightarrow{OP} + \overrightarrow{PR} = \overrightarrow{OP} + \frac{1}{2}\overrightarrow{PQ} \text{ より}$$

$$\overrightarrow{OR} = \begin{pmatrix} t - \sin t \\ 1 - \cos t \end{pmatrix} + \frac{a}{2}\begin{pmatrix} -\cos\frac{t}{2} \\ \sin\frac{t}{2} \end{pmatrix} = \begin{pmatrix} t - \sin t - \frac{a}{2}\cos\frac{t}{2} \\ 1 - \cos t + \frac{a}{2}\sin\frac{t}{2} \end{pmatrix}$$

よって，R(x, y) とおくと

$$\frac{dx}{dt} = 1 - \cos t + \frac{a}{4}\sin\frac{t}{2} = \sin\frac{t}{2}\left(2\sin\frac{t}{2} + \frac{a}{4}\right)$$

$$\frac{dy}{dt} = \sin t + \frac{a}{4}\cos\frac{t}{2} = \cos\frac{t}{2}\left(2\sin\frac{t}{2} + \frac{a}{4}\right)$$

$$\therefore \sqrt{\left(\frac{dx}{dt}\right)^2 + \left(\frac{dy}{dt}\right)^2} = 2\sin\frac{t}{2} + \frac{a}{4}$$

したがって，R の描く曲線の長さを L とすると

$$L = \int_0^{2\pi}\left(2\sin\frac{t}{2} + \frac{a}{4}\right)dt$$

$$= \left[-4\cos\frac{t}{2} + \frac{a}{4}t\right]_0^{2\pi}$$

$$= 8 + \frac{\pi}{2}a$$

ゆえに，

$$S = aL.$$

（おもしろいですね）

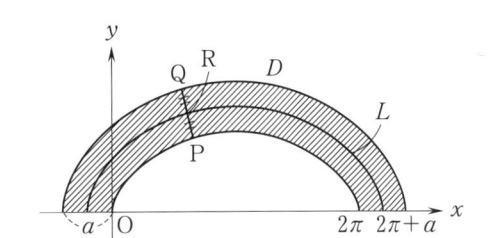

類題 **26**［円の伸開線］

座標平面上で原点 O を中心とする半径 a の円 C に糸がまかれてあり，その端点 P はまず最初，定点 A$(a, 0)$ の位置にある．この端点 P をもって，ピンと張ったまま糸を図のようにほどいていく．このとき，ほどけた糸と円 C の接点を Q とし，∠AOQ $= \theta$ とおく．次の各問に答えよ．

(1) 点 P の座標を a と θ を用いて表せ．

(2) θ が 0 から $\frac{\pi}{2}$ まで動くとき，点 P が描く曲線の長さを求めよ．

(3) θ が 0 から $\frac{\pi}{2}$ まで動くとき，点 P の描く曲線と円 C，および直線 $y = a$ で囲まれる図形の面積 S の値を求めよ．

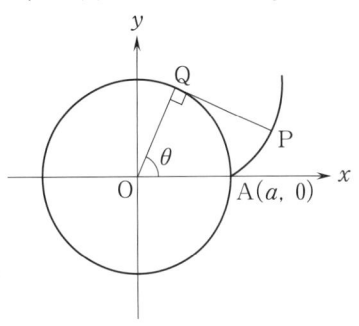

（旭川医科大　改）

問題 27 図形の回転体の体積

xyz 空間内の点 $\left(0, \dfrac{1}{2}, 0\right)$ を通り z 軸に平行な直線を l とする.

3点 A(1, 1, 0), B(1, −1, 0), C(1, 0, 1) を頂点とする三角形の板を l を軸として1回転させたとき,この三角形 ABC の板が通過する領域 K の体積を求めよ.

(名古屋大 [医])

[考え方]

この立体 K を正しく描こうとしても,うまく描くことは簡単ではありません.一般に立体の体積を求めるとき,その立体の概形を正確に描くことは困難です.しかし,立体の体積はその概形が描けなくても,断面積さえ求められれば得られます.

さらに回転体の断面積は

切ってから回せ！

と発想すれば求めやすくなります.すなわちこの問題では

"立体 K の切り口" ＝ "三角形 ABC の切り口を回転した図形"

です.また,回転体の切断面は回転軸に垂直な断面を考えるのが基本です.

【解答】

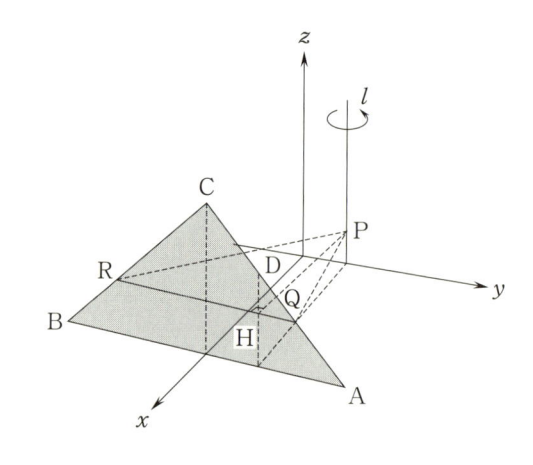

直線 AC 上の点で y 座標が $\dfrac{1}{2}$ である点を D とすると,D は AC の中点だから D$\left(1, \dfrac{1}{2}, \dfrac{1}{2}\right)$ である.

点 P$\left(0, \dfrac{1}{2}, t\right)$ を通り l に垂直な平面 $z = t \ (0 \leqq t \leqq 1)$ による三角形 ABC の切り口の線分を QR とおく.立体 K の平面 $z = t$ による切り口は,平面 $z = t$ 上で点 P のまわりに線分 QR を回転して得られる2つの同心円で囲まれた図形である.

よって,この切り口の面積を $S(t)$ とし,点 P から線分 QR までの距離の最大値を M,最小値を m とすると,
$$S(t) = \pi(M^2 - m^2) \quad \cdots\cdots ①$$
である.

AQ : QC $= t : 1-t$ より
$$\overrightarrow{OQ} = (1-t)\overrightarrow{OA} + t\overrightarrow{OC} = (1, 1-t, t).$$

BR : RC $= t : 1-t$ より
$$\overrightarrow{OR} = (1-t)\overrightarrow{OB} + t\overrightarrow{OC} = (1, -1+t, t).$$

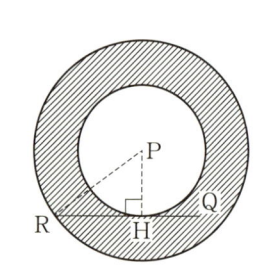

点 P から直線 QR に下ろした垂線の足を H とすると H$\left(1, \dfrac{1}{2}, t\right)$ である.

(i) $0 \leqq t \leqq \dfrac{1}{2}$ のとき

$M = \mathrm{PR}$ であり，点 H は線分 QR 上にあるから，$m = \mathrm{PH}$ である．
よって，① より $S(t) = \pi(\mathrm{PR}^2 - \mathrm{PH}^2) = \pi \mathrm{HR}^2 = \pi\left(t - \dfrac{3}{2}\right)^2$.

(ii) $\dfrac{1}{2} \leqq t \leqq 1$ のとき

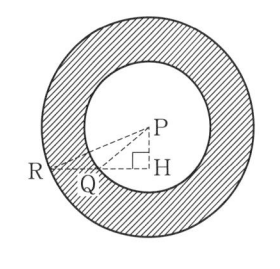

$M = \mathrm{PR}$ であり，点 H は線分 QR の外部の点だから
$m = \mathrm{PQ}$ である．よって，① より
$$S(t) = \pi(\mathrm{PR}^2 - \mathrm{PQ}^2) = \pi\left\{\left(1 + \left(\dfrac{3}{2} - t\right)^2\right) - \left(1 + \left(\dfrac{1}{2} - t\right)^2\right)\right\}$$
$$= \pi(2 - 2t).$$

したがって，求める体積を V とすると
$$V = \int_0^1 S(t)\,dt = \pi\int_0^{\frac{1}{2}} \left(t - \dfrac{3}{2}\right)^2 dt + \pi\int_{\frac{1}{2}}^1 (2 - 2t)\,dt$$
$$= \pi\left[\dfrac{1}{3}\left(t - \dfrac{3}{2}\right)^3\right]_0^{\frac{1}{2}} + \pi\left[2t - t^2\right]_{\frac{1}{2}}^1$$
$$= \dfrac{25}{24}\pi.$$

(解説)

1 ① からわかるように，点 P から線分 PQ までの距離の最大値 M と最小値 m が求まれば，断面積は求められます．なお，Q, R の座標を求めるのに，直線 AC, BC の方程式を求める必要はなく，内分点の公式を用いれば簡単です．

2 $0 \leqq t \leqq \dfrac{1}{2}$ のとき $S(t) = \pi \mathrm{HR}^2$,

$\dfrac{1}{2} \leqq t \leqq 1$ のとき $S(t) = \pi(\mathrm{PR}^2 - \mathrm{PQ}^2) = \pi\{(\mathrm{HR}^2 + \mathrm{PH}^2) - (\mathrm{HQ}^2 + \mathrm{PH}^2)\}$
$\qquad\qquad\qquad\qquad\quad = \pi(\mathrm{HR}^2 - \mathrm{HQ}^2)$

なので，平面 ABC に l を正射影した直線を l' とすると，V は三角形 ABC を l' のまわりに回転させた立体の体積と同じになります．

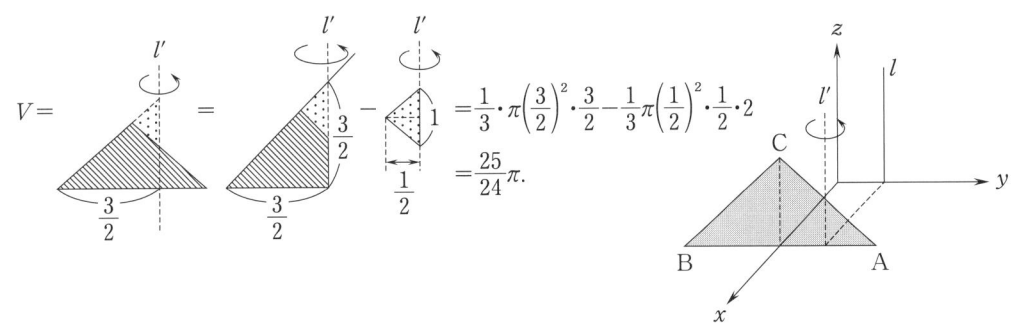

$$V = \cdots = \cdots - \cdots = \dfrac{1}{3}\cdot\pi\left(\dfrac{3}{2}\right)^2 \cdot \dfrac{3}{2} - \dfrac{1}{3}\pi\left(\dfrac{1}{2}\right)^2 \cdot \dfrac{1}{2} \cdot 2$$
$$= \dfrac{25}{24}\pi.$$

類題 27

xyz 空間内に 2 点 $\mathrm{P}(u, u, 0)$, $\mathrm{Q}(u, 0, \sqrt{1-u^2})$ を考える．u が 0 から 1 まで動くとき，線分 PQ が通過してできる曲面を S とする．

(1) 点 $(u, 0, 0)$ $(0 \leqq u \leqq 1)$ と線分 PQ の距離を求めよ．
(2) 曲面 S を x 軸のまわりに 1 回転させて得られる立体の体積を求めよ．

(東北大 [医])

問題 28 不等式で表された立体の体積

次の各問に答えよ．

(1) xyz 空間において
$$\begin{cases} y^2+z^2 \leq 1, \\ z^2+x^2 \leq 1 \end{cases}$$
を満たす点全体からなる立体の体積を求めよ．

(2) xyz 空間において
$$\begin{cases} y^2+z^2 \leq 1, \\ z^2+x^2 \leq 1, \\ x^2+y^2 \leq 1 \end{cases}$$
を満たす点全体からなる立体の体積を求めよ．

(名古屋市立大 [医] 改)

[考え方]

非回転体の体積を求めるための断面積の求め方についてまず説明しておきます．

[非回転体の体積]

(I) x 軸または y 軸または z 軸に垂直な平面 $x=t$ または $y=t$ または $z=t$ による切り口を考える．

(II) 切り口は長方形，三角形，台形，平行四辺形，円の一部分，楕円，放物線と直線の囲む図形などである．

問題 24 の（解説）で述べたように，初等的に面積が求められる図形は非常に限られています．したがって，立体の体積を求める場合，その立体の断面も上にあげた図形が多いです．

次に，不等式で表された立体を求めるための発想法を述べます．

[不等式で表された立体の体積]

x，y，z のうち最も面倒な文字 (最高次数の文字，次数が同じなら最頻出の文字) を一定にするとよい．

最も面倒な文字を固定すれば，より単純なふるまいをする 2 変数のみが動き，それだけ断面積が求めやすくなります．

【解答】

(1)
$$\begin{cases} y^2+z^2 \leq 1, & \cdots\cdots ① \\ z^2+x^2 \leq 1. & \cdots\cdots ② \end{cases}$$

平面 $z=t\ (-1 \leq t \leq 1)$ による切り口は ①，② で $z=t$ として
$$\begin{cases} -\sqrt{1-t^2} \leq y \leq \sqrt{1-t^2}, & \cdots\cdots ③ \\ -\sqrt{1-t^2} \leq x \leq \sqrt{1-t^2}. & \cdots\cdots ④ \end{cases}$$

この断面積を $S_1(t)$ とすると
$$S_1(t) = (2\sqrt{1-t^2})^2 = 4(1-t^2).$$

よって，求める体積を V_1 とすると
$$V_1 = \int_{-1}^{1} S_1(t)\,dt = 2\int_0^1 4(1-t^2)\,dt = 8\left[t-\frac{1}{3}t^3\right]_0^1$$
$$= \frac{16}{3}.$$

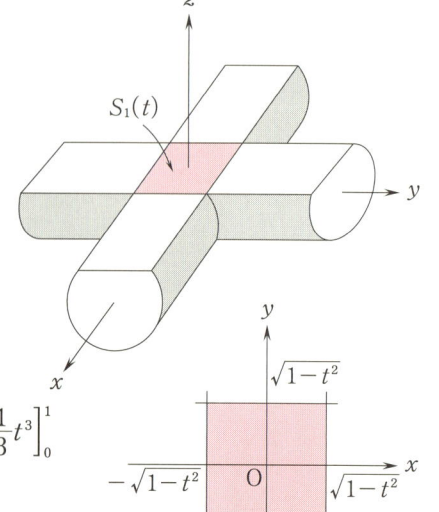

(2) $\begin{cases} y^2+z^2 \leqq 1, & \cdots\cdots ① \\ z^2+x^2 \leqq 1, & \cdots\cdots ② \\ x^2+y^2 \leqq 1. & \cdots\cdots ③ \end{cases}$

対称性より $0 \leqq t \leqq 1$ で考えてよい.

平面 $z=t$ $(0 \leqq t \leqq 1)$ による切り口は

$\begin{cases} -\sqrt{1-t^2} \leqq y \leqq \sqrt{1-t^2}, & \cdots\cdots ④ \\ -\sqrt{1-t^2} \leqq x \leqq \sqrt{1-t^2}, & \cdots\cdots ⑤ \\ x^2+y^2 \leqq 1. & \cdots\cdots ⑥ \end{cases}$

この断面積を $S_2(t)$ とおく.

(ⅰ) 正方形 ④ かつ ⑤ が円板 ⑥ に含まれるとき,

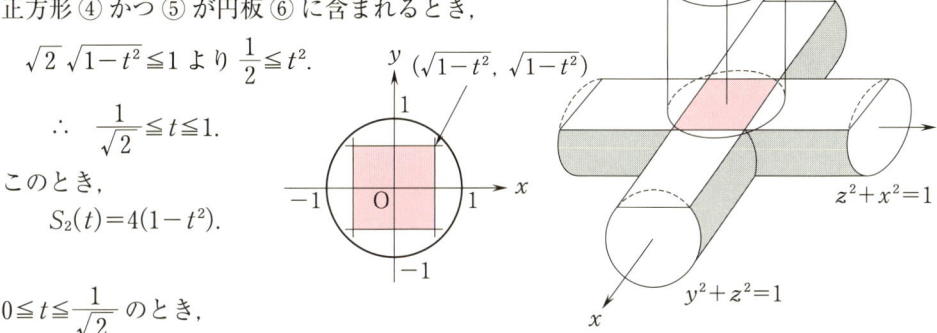

$\sqrt{2}\sqrt{1-t^2} \leqq 1$ より $\dfrac{1}{2} \leqq t^2$.

∴ $\dfrac{1}{\sqrt{2}} \leqq t \leqq 1$.

このとき,
$S_2(t) = 4(1-t^2)$.

(ⅱ) $0 \leqq t \leqq \dfrac{1}{\sqrt{2}}$ のとき,

図のように P, Q をとり OP と x 軸のなす角を θ とおく.

$\cos\theta = \sqrt{1-t^2},\ \sin\theta = t,\ \triangle\mathrm{OAP} = \dfrac{1}{2}\sin\theta\cos\theta$.

$\angle\mathrm{POQ} = \dfrac{\pi}{2} - 2\theta$ より,

(扇形OPQ) $= \dfrac{1}{2} \cdot 1^2 \cdot \left(\dfrac{\pi}{2} - 2\theta\right)$.

よって,

$S_2(t) = \left\{2 \cdot \dfrac{1}{2}\sin\theta\cos\theta + \dfrac{1}{2}\left(\dfrac{\pi}{2} - 2\theta\right)\right\} \cdot 4$

$= 4\sin\theta\cos\theta + \pi - 4\theta$.

ゆえに, 求める体積を V_2 とすると

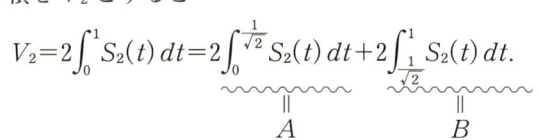

$V_2 = 2\int_0^1 S_2(t)\,dt = \underbrace{2\int_0^{\frac{1}{\sqrt{2}}} S_2(t)\,dt}_{A} + \underbrace{2\int_{\frac{1}{\sqrt{2}}}^1 S_2(t)\,dt}_{B}$.

$A = \int_0^{\frac{1}{\sqrt{2}}} S_2(t)\,dt$ とおく.

$t = \sin\theta$ より $dt = \cos\theta\,d\theta$,

t	$0 \to \dfrac{1}{\sqrt{2}}$
θ	$0 \to \dfrac{\pi}{4}$

⇐ $0 \leqq t \leqq \dfrac{1}{\sqrt{2}}$ のとき, 断面に扇形が含まれるので, $S_2(t)$ は θ の関数となっています. したがって置換積分する必要があります.

$A = \int_0^{\frac{\pi}{4}} (4\sin\theta\cos\theta + \pi - 4\theta)\cos\theta\,d\theta$

$= \int_0^{\frac{\pi}{4}} \{4\sin\theta\cos^2\theta + (\pi - 4\theta)\cos\theta\}\,d\theta$.

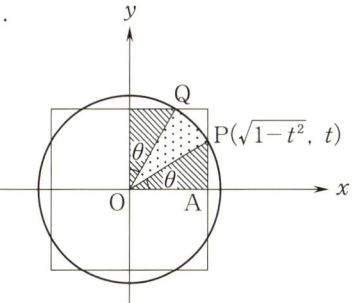

ここで，
$$\int_0^{\frac{\pi}{4}} 4\sin\theta\cos^2\theta\, d\theta = \left[-\frac{4}{3}\cos^3\theta\right]_0^{\frac{\pi}{4}} = \frac{4}{3} - \frac{\sqrt{2}}{3},$$
$$\int_0^{\frac{\pi}{4}} (\pi-4\theta)\cos\theta\, d\theta = \Big[(\pi-4\theta)\sin\theta\Big]_0^{\frac{\pi}{4}} + 4\int_0^{\frac{\pi}{4}} \sin\theta\, d\theta$$
$$= 4\Big[-\cos\theta\Big]_0^{\frac{\pi}{4}} = 4\left(1 - \frac{\sqrt{2}}{2}\right)$$

より，$A = \dfrac{4}{3} - \dfrac{\sqrt{2}}{3} + 4\left(1 - \dfrac{\sqrt{2}}{2}\right) = \dfrac{16}{3} - \dfrac{7\sqrt{2}}{3}$.

また，
$$B = \int_{\frac{1}{\sqrt{2}}}^1 S_2(t)\, dt = \int_{\frac{1}{\sqrt{2}}}^1 4(1-t^2)\, dt = \left[4\left(t - \frac{1}{3}t^3\right)\right]_{\frac{1}{\sqrt{2}}}^1$$
$$= \frac{8}{3} - \frac{5\sqrt{2}}{3}.$$

したがって，$V_2 = 2\left(\dfrac{16}{3} - \dfrac{7\sqrt{2}}{3}\right) + 2\left(\dfrac{8}{3} - \dfrac{5\sqrt{2}}{3}\right)$
$$= 16 - 8\sqrt{2}.$$

（解説）

1 この問題のような立体を描くことは非常に難しいです．しかし，上の【解答】で立体の概形を描かなくても体積が求められることに注意すべきです．

2 $0 \leqq t \leqq \dfrac{1}{\sqrt{2}}$ のとき
$$S(t) = S_1(t) - S_2(t)$$
$$= 4\left(\cos^2\theta - \sin\theta\cos\theta + \theta - \frac{\pi}{4}\right)$$

とおくと，

$0 \leqq t \leqq \dfrac{1}{\sqrt{2}}$ のとき，$S_2(t) = S_1(t) - S(t)$.

$\dfrac{1}{\sqrt{2}} \leqq t \leqq 1$ のとき，$S_2(t) = S_1(t)$.

であるから
$$V_2 = 2\int_0^1 S_2(t)\, dt = V_1 - 2\int_0^{\frac{1}{\sqrt{2}}} S(t)\, dt$$

となります．ここで，
$$\int_0^{\frac{1}{\sqrt{2}}} S(t)\, dt = 4\int_0^{\frac{\pi}{4}} \left(\cos^2\theta - \sin\theta\cos\theta + \theta - \frac{\pi}{4}\right)\cos\theta\, d\theta$$
$$= 4\sqrt{2} - \frac{16}{3}$$

よって，$V_2 = \dfrac{16}{3} - 2\left(4\sqrt{2} - \dfrac{16}{3}\right) = 16 - 8\sqrt{2}$.

3 ちなみに，(1), (2)の立体の $x \geqq 0$, $y \geqq 0$, $z \geqq 0$ の部分の概形は次のようになります．

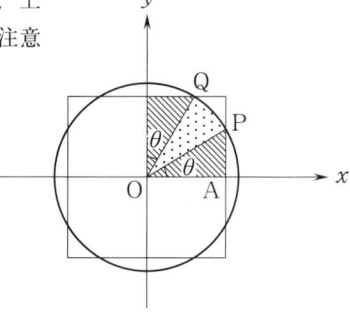

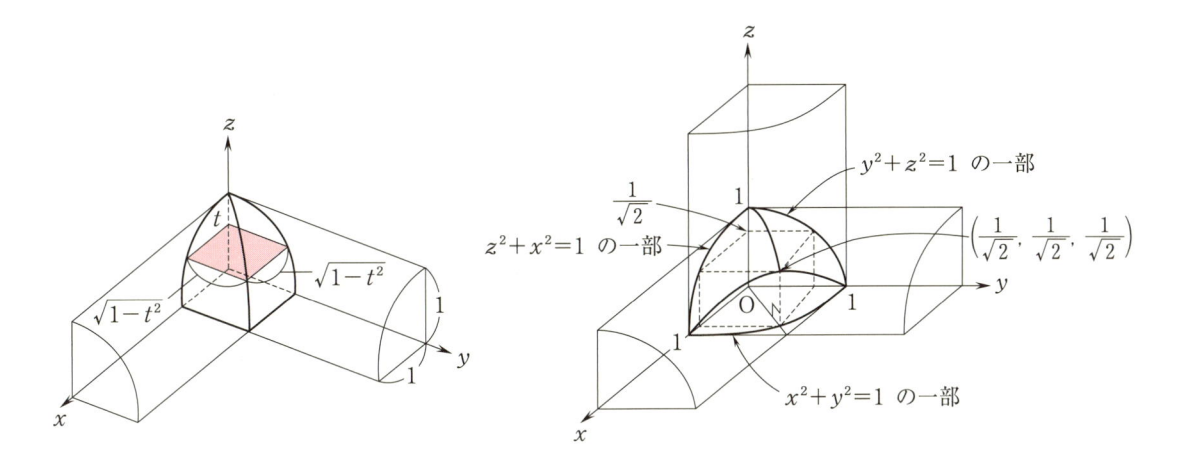

> **類題 28** [球と円柱の共通部分の体積]
>
> a を正の定数とする．xyz 空間において，
> $$\text{球体 } x^2+y^2+z^2 \leqq 4a^2 \text{ と円柱 } (x-a)^2+y^2 \leqq a^2$$
> を考える．この 2 つの立体の共通部分の体積を求めよ．
>
> (山梨大 [医] 改)

問題 29　y 軸回転体の体積

曲線 $f(x)=\sin x\ (0\leqq x\leqq \pi)$ と x 軸によって囲まれる図形を y 軸のまわりに回転してできる立体の体積 V は
$$V=2\pi\int_0^\pi xf(x)\,dx$$
で求められることを証明し，V の値を求めよ．

（東京大　改）

[考え方]

前半の証明方法は 2 通りあります．

(i) y 軸に垂直な断面を考え置換積分する．
(ii) x 軸に垂直な断面を考え微小体積 ΔV を評価する．

⇐ 評価をする (estimate)
数学で "評価をする" というのは，うまく不等式ではさむことをいいます．

【解答1】《y 軸に垂直な断面》

$y=\sin x$ の $0\leqq x\leqq \dfrac{\pi}{2}$ における逆関数を $x=h(y)$，$\dfrac{\pi}{2}\leqq x\leqq \pi$ における逆関数を $x=g(y)$ とおく．
$$V=\int_0^1 \pi\{g(y)\}^2\,dy-\int_0^1 \pi\{h(y)\}^2\,dy.$$
$g(0)=\pi$, $g(1)=\dfrac{\pi}{2}$, $h(0)=0$, $h(1)=\dfrac{\pi}{2}$，
$dy=\cos x\,dx$ より，
$$V=\pi\int_\pi^{\frac{\pi}{2}} x^2\cos x\,dx-\pi\int_0^{\frac{\pi}{2}} x^2\cos x\,dx$$
$$=-\pi\int_0^\pi x^2\cos x\,dx$$
$$=-\pi\left[x^2\sin x\right]_0^\pi+\pi\int_0^\pi 2x\sin x\,dx$$
$$=2\pi\int_0^\pi x\sin x\,dx.$$

よって，$V=2\pi\int_0^\pi xf(x)\,dx$ が示された．

$$\therefore\ V=2\pi\left[-x\cos x\right]_0^\pi+2\pi\int_0^\pi \cos x\,dx$$
$$=\boldsymbol{2\pi^2}.$$

【解答2】《x 軸に垂直な断面》

$\Delta x>0$ のとき，区間 $[x,\ x+\Delta x]$ の部分を y 軸のまわりに回転して得られる立体の体積を ΔV とする．ΔV は内径 x，外径 $x+\Delta x$，高さがほぼ $f(x)=\sin x$ の中が抜けた円柱状の立体である．
区間 $[x,\ x+\Delta x]$ における $f(x)$ の最小値を m，最大値を M とすると
$$\pi\{2x\Delta x+(\Delta x)^2\}m\leqq \Delta V\leqq \pi\{2x\Delta x+(\Delta x)^2\}M.$$

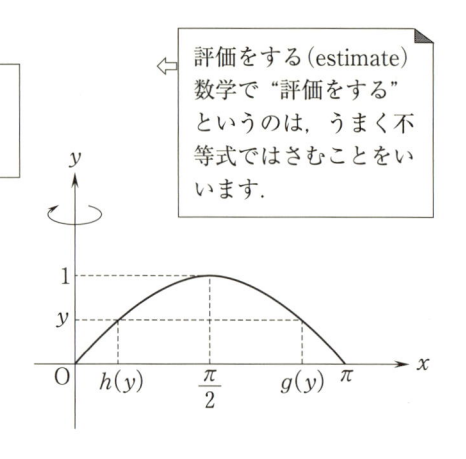

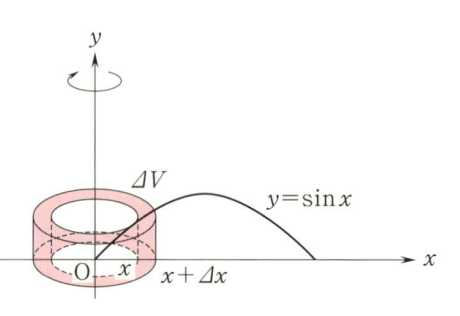

⇐ $\Delta V\fallingdotseq \pi\{(x+\Delta x)^2-x^2\}f(x)$
$=\pi\{2x\Delta x+(\Delta x)^2\}f(x).$

$$\therefore \quad \pi(2x+\varDelta x)m \le \frac{\varDelta V}{\varDelta x} \le \pi(2x+\varDelta x)M.$$

$\varDelta x \to +0$ のとき $m \to f(x)$, $M \to f(x)$ であるから

$$\lim_{\varDelta x \to +0} \frac{\varDelta V}{\varDelta x} = 2\pi x f(x).$$

$\varDelta x < 0$ のときも同様であるから,

$$\frac{dV}{dx} = 2\pi x f(x).$$

$0 \le x \le \pi$ より

$$V = \int_0^\pi 2\pi x f(x)\,dx = 2\pi \int_0^\pi x \sin x\,dx.$$

〈参考〉

1 【解答2】は次のように直観的に理解することができます.

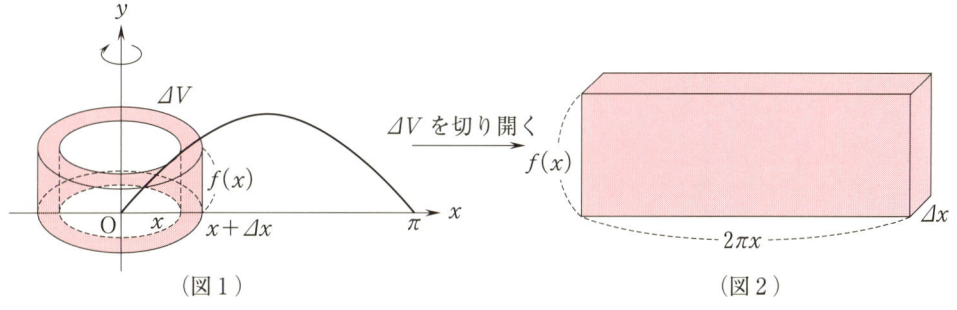

（図1）　（図2）

$\varDelta V$ を切り開くと（図2）のような直方体で近似できるから, $\varDelta V \fallingdotseq 2\pi x f(x) \varDelta x$ となります. よって,

$$V = \int_0^\pi 2\pi x f(x)\,dx.$$

2 また, 次のように解釈することもできます.

問題27で述べたように, 回転体の体積を求めるには "切ってから回せ!!" でした.

領域 $0 \le y \le \sin x$, $0 \le x \le \pi$ を $x=$ 一定 で切ると切り口は長さが $f(x) = \sin x$ の線分です. この線分を y 軸のまわりに回転すると, 半径 x, 高さ $f(x) = \sin x$ の円柱の側面を描きます. この面積を $S(x)$ とすると, $S(x) = 2\pi x f(x)$ となります.

したがって, $$V = \int_0^\pi S(x)\,dx = \int_0^\pi 2\pi x f(x)\,dx.$$

ただし, **1**, **2** は証明ではないので解答では注意して下さい.

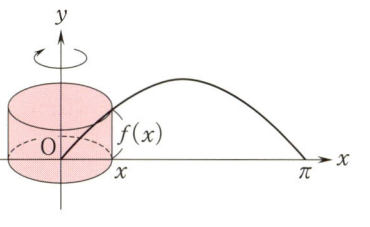

類題 29

以下において $\log x$ は自然対数を表す.

(1) $a > \dfrac{1}{e}$ のとき, $x>0$ に対し $x^a > \log x$ であることを示せ.

(2) $a > \dfrac{1}{e}$ のとき, $\lim_{x \to +0} x^a \log x = 0$ が成り立つことを示せ.

(3) $0 < t < \dfrac{1}{e}$ として, 曲線 $y = x\log x$ $(t \le x \le 1)$ および x 軸と直線 $x=t$ で囲まれた部分を, y 軸のまわりに回転して得られる図形の体積を $V(t)$ とする. このとき, $\lim_{t \to +0} V(t)$ を求めよ.

（千葉大［医］）

問題 30 斜軸回転体の体積

a は正の定数とする．放物線 $y=ax^2$ と直線 $y=ax$ で囲まれる図形を，直線 $y=ax$ の周りに1回転してできる回転体の体積 V を求めよ．

(大分大 [医])

[考え方]

斜軸回転体の体積の求め方は次の3つの方法があります．

> (i) 回転軸に垂直な断面を考える．
> (ii) 回転軸が x 軸に重なるまで原点のまわりに回転して考える．
> (iii) x 軸に垂直な断面を考える－ΔV を作り評価する．

【解答1】《$y=ax$ に垂直な断面》

$$\begin{cases} y=ax^2, & \cdots\cdots① \\ y=ax. & \cdots\cdots② \end{cases}$$

①の上の点 $P(t, at^2)$ から②に下ろした垂線の足を H とする．

$X=\mathrm{OH}$, $Y=\mathrm{HP}$ とおくと，

$$V=\pi\int_0^{\sqrt{a^2+1}} Y^2 dX. \quad\cdots\cdots③$$

$$Y=\mathrm{HP}=\frac{|at-at^2|}{\sqrt{a^2+1}}=\frac{a|t-t^2|}{\sqrt{a^2+1}}. \quad\cdots\cdots④$$

OH は点 P と直線 $y=-\dfrac{1}{a}x$ つまり $x+ay=0$ との距離に等しいから

$$X=\mathrm{OH}=\frac{|t+a^2t^2|}{\sqrt{1+a^2}}=\frac{a^2t^2+t}{\sqrt{a^2+1}} \quad (a>0, t>0). \quad\cdots\cdots⑤$$

⑤より，$dX=\dfrac{2a^2t+1}{\sqrt{a^2+1}}dt$,

t	$0 \to$	1
X	$0 \to$	$\sqrt{a^2+1}$

よって，

$$V=\frac{\pi a^2}{(a^2+1)^{\frac{3}{2}}}\int_0^1 (t-t^2)^2(2a^2t+1)\,dt$$

$$=\frac{\pi a^2}{(a^2+1)^{\frac{3}{2}}}\int_0^1 \{2a^2t^5-(4a^2-1)t^4+2(a^2-1)t^3+t^2\}\,dt$$

$$=\frac{\pi a^2}{(a^2+1)^{\frac{3}{2}}}\left[\frac{a^2}{3}t^6-\frac{4a^2-1}{5}t^5+\frac{a^2-1}{2}t^4+\frac{1}{3}t^3\right]_0^1$$

$$=\frac{\pi a^2}{30\sqrt{a^2+1}}.$$

【解答2】《原点のまわりに回転》

$$\begin{cases} y=ax^2, & \cdots\cdots① \\ y=ax. & \cdots\cdots② \end{cases}$$

②と x 軸の正方向とのなす角を θ とおくと $\tan\theta=a$ より

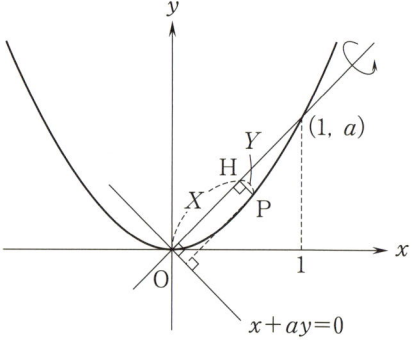

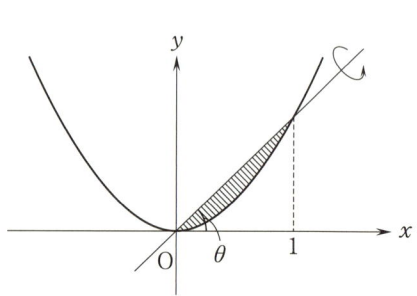

$$\cos\theta = \frac{1}{\sqrt{a^2+1}}, \quad \sin\theta = \frac{a}{\sqrt{a^2+1}}$$

原点 O のまわりに $-\theta$ 回転して考える.

① 上の点 $\mathrm{P}(t, at^2)$ $(0 \leq t \leq 1)$ を原点のまわりに $-\theta$ 回転した点を (X, Y) とおくと,複素数平面で考えて,

$$\begin{aligned}
X+iY &= \{\cos(-\theta)+i\sin(-\theta)\}(t+iat^2) \\
&= \frac{1}{\sqrt{a^2+1}}(1-ia)(t+iat^2) \\
&= \frac{1}{\sqrt{a^2+1}}\{t+a^2t^2+i(-at+at^2)\}.
\end{aligned}$$

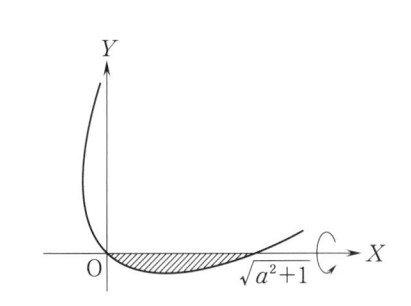

よって,

$$\begin{cases} X = \dfrac{1}{\sqrt{a^2+1}}(t+a^2t^2), \\ Y = \dfrac{1}{\sqrt{a^2+1}}(-at+at^2). \end{cases} \quad (0 \leq t \leq 1) \quad \cdots\cdots ③$$

② を原点 O のまわりに $-\theta$ 回転すると X 軸に一致する.したがって,体積 V は ③ で表される曲線を X 軸のまわりに回転して得られる体積に等しい.

$$\begin{aligned}
V &= \pi \int_0^{\sqrt{a^2+1}} Y^2 \, dX \\
&= \pi \int_0^1 Y^2 \frac{dX}{dt} \, dt \\
&= \pi \int_0^1 \frac{1}{a^2+1}(at^2-at)^2 \cdot \frac{1}{\sqrt{a^2+1}}(2a^2t+1) \, dt \\
&= \frac{\pi a^2}{(a^2+1)^{\frac{3}{2}}} \int_0^1 (t^2-t)^2 (2a^2t+1) \, dt \\
&= \boldsymbol{\frac{\pi a^2}{30\sqrt{a^2+1}}}.
\end{aligned}$$

⇐【解答1】と同じ積分になります.

【解答3】《x 軸に垂直な断面-傘型分割》

$\tan\theta = a$ とおくと,$\cos\theta = \dfrac{1}{\sqrt{a^2+1}}$.

$\mathrm{P}(x, ax^2)$,$\mathrm{Q}(x, ax)$ $(0 \leq x \leq 1)$ とし,P から直線 $y=ax$ に下ろした垂線の足を H とする.

また,$f(x) = ax - ax^2$ とし,$\mathrm{OH} = X$,$\mathrm{HP} = Y$ とおくと

$$V = \pi \int_0^{\sqrt{a^2+1}} Y^2 \, dX \quad \cdots\cdots ①$$

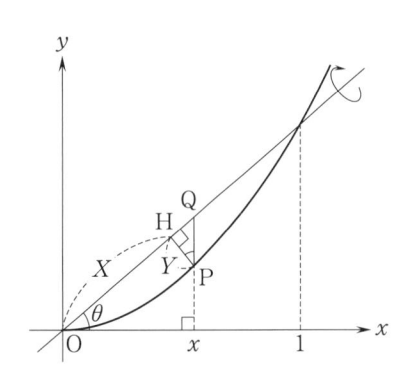

$\angle \mathrm{HPQ} = \theta$ より,

$$Y = \mathrm{PQ}\cos\theta = f(x)\cos\theta,$$
$$\mathrm{HQ} = \mathrm{PQ}\sin\theta = f(x)\sin\theta,$$
$$X = \mathrm{OH} = \mathrm{OQ} - \mathrm{HQ} = \frac{x}{\cos\theta} - f(x)\sin\theta.$$

よって,

$$dX = \left\{\frac{1}{\cos\theta} - f'(x)\sin\theta\right\} dx, \quad \begin{array}{c|ccc} X & 0 & \to & \sqrt{a^2+1} \\ \hline x & 0 & \to & 1 \end{array}$$

88　第3章　積分法の応用

となるから，これらを ① に代入して，

$$\begin{aligned}
V &= \pi \int_0^1 \{f(x)\cos\theta\}^2 \left\{\frac{1}{\cos\theta} - f'(x)\sin\theta\right\} dx \\
&= \pi\cos\theta \int_0^1 \{f(x)\}^2 dx - \pi\cos^2\theta\sin\theta \int_0^1 \{f(x)\}^2 f'(x) dx \\
&= \pi\cos\theta \int_0^1 \{f(x)\}^2 dx - \pi\cos^2\theta\sin\theta \left[\frac{1}{3}\{f(x)\}^3\right]_0^1 \\
&= \pi\cos\theta \int_0^1 \{f(x)\}^2 dx \quad (f(0)=f(1)=0 \text{ より}) \quad \cdots\cdots(☆) \\
&= \frac{\pi}{\sqrt{a^2+1}} \int_0^1 (ax-ax^2)^2 dx \\
&= \frac{\pi a^2}{\sqrt{a^2+1}} \int_0^1 (x^2-2x^3+x^4) dx \\
&= \frac{\pi a^2}{\sqrt{a^2+1}} \left[\frac{1}{3}x^3 - \frac{1}{2}x^4 + \frac{1}{5}x^5\right]_0^1 \\
&= \frac{\pi a^2}{30\sqrt{a^2+1}}
\end{aligned}$$

← ある有名な受験雑誌に傘型分割は解答がかきづらいとありましたが，こうやると明解ですね．

（発展）

【解答3】の(☆)の式は次のように定式化できます．

[斜軸回転体の体積]

　$a \leq x \leq b$ において $f(x) \geq px+q$ とする．
　曲線 $C: y=f(x)$ と直線 $l: y=px+q$ および2直線 $x=a, x=b$ とで囲まれた図形 D を直線 l のまわりに回転してできる立体の体積 V は，l と x 軸のなす角を $\theta \left(0<\theta<\frac{\pi}{2}\right)$ とすると，

$$V = \cos\theta \int_a^b \pi\{f(x)-(px+q)\}^2 dx.$$

[証明]

　まず，高さが a，底辺の長さが b である平行四辺形 ABCD を，底辺 AB を含む直線のまわりに回転してできる立体の体積は

$$\pi a^2 b \qquad \cdots\cdots ①$$

である．

　$\varDelta x > 0$ とする．区間 $[x, x+\varDelta x]$ における図形 PQQ'P' を l のまわりに回転してできる立体の体積を $\varDelta V$ とおく．

　$g(x) = f(x) - (px+q)$ とし，区間 $[x, x+\varDelta x]$ における $g(x)$ の最大値を M，最小値を m とおくと，区間 $[x, x+\varDelta x]$ において，

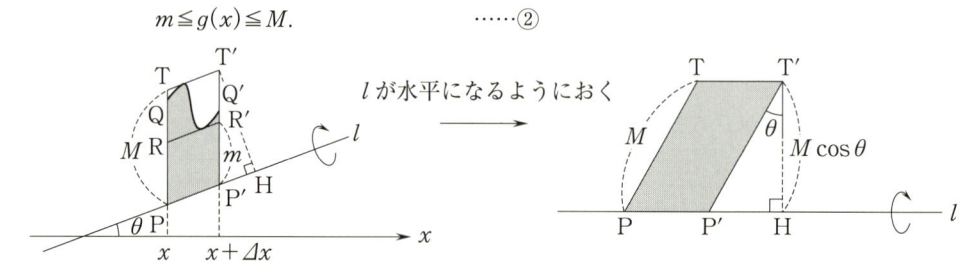

$$m \leq g(x) \leq M. \qquad \cdots\cdots ②$$

l が水平になるようにおく

R, R′, T, T′ を図のようにとり，T′ から l に下ろした垂線の足を H とおく．l と x 軸のなす角が θ であるから $\angle \mathrm{P'T'H}=\theta$ である．

よって，$\mathrm{T'H}=M\cos\theta$. また，$\mathrm{PP'}=\dfrac{\varDelta x}{\cos\theta}$.

したがって，平行四辺形 PTT′P′ を l のまわりに回転して得られる立体の体積は ① より

$$\pi \mathrm{T'H}^2\cdot \mathrm{PP'}=\pi(M\cos\theta)^2\dfrac{\varDelta x}{\cos\theta}=\cos\theta\cdot\pi M^2\varDelta x. \qquad \cdots\cdots ③$$

同様にして，平行四辺形 PRR′P′ を l のまわりに回転して得られる立体の体積は

$$\cos\theta\cdot\pi m^2\varDelta x \qquad \cdots\cdots ④$$

である．②，③，④ より

$$\cos\theta\cdot\pi m^2\varDelta x\leqq \varDelta V\leqq \cos\theta\cdot\pi M^2\varDelta x.$$

これより，

$$\cos\theta\cdot\pi m^2\leqq \dfrac{\varDelta V}{\varDelta x}\leqq \cos\theta\cdot\pi M^2.$$

$\varDelta x\to +0$ のとき，$m\to g(x)$, $M\to g(x)$ であるから，はさみうちの原理より，

$$\lim_{\varDelta x\to +0}\dfrac{\varDelta V}{\varDelta x}=\cos\theta\cdot\pi\{g(x)\}^2.$$

$\varDelta x<0$ のときも同様にして，$\displaystyle\lim_{\varDelta x\to -0}\dfrac{\varDelta V}{\varDelta x}=\cos\theta\cdot\pi\{g(x)\}^2$.

よって，

$$\dfrac{dV}{dx}=\cos\theta\cdot\pi\{g(x)\}^2.$$

したがって，

$$V=\cos\theta\int_a^b\pi\{g(x)\}^2 dx=\cos\theta\int_a^b\pi\{f(x)-(px+q)\}^2 dx.$$

非常に，きれいな公式ですね．斜軸回転体の体積は，$g(x)=f(x)-(px+q)$ $(a\leqq x\leqq b)$ を x 軸のまわりに回転して得られる立体の体積の $\cos\theta$ 倍なのです!! こういうことを知るとやはり数学っておもしろいですよね．ただし，入試においては上の定理を証明なしで直接用いることは許されません．もし，この考え方を用いるならきちっと $\varDelta V$ を評価しましょう．

類題 30

直線 $l: y=mx$ と曲線 $C: y=mx+\sin x$ $(0\leqq x\leqq \pi)$ について次の問に答えよ．ただし，m は自然数とする．

(1) 曲線 C 上の点 $\mathrm{P}(t,\ mt+\sin t)$ を通り直線 l に垂直な直線が，l と交わる点を H とする．
 (a) PH の長さを求めよ．
 (b) OH の長さを求めよ．ただし，O は原点とする．
(2) 直線 l と曲線 C で囲まれる図形を，直線 l のまわりに 1 回転させてできる立体の体積 V を求めよ．

(東京理科大)

問題 31 非回転体の体積

a, b を $0 < b < a$ を満たす実数として，楕円 $C : \dfrac{x^2}{a^2} + \dfrac{y^2}{b^2} = 1$ を考える．

(1) $0 < t \leq \dfrac{\pi}{2}$ とする．座標が $(a\cos t, b\sin t)$ の C 上の点を $P(t)$ とおく．$P(t)$ における C の法線 l の方程式と，l と x 軸の交点 $Q(t)$ の座標を求めよ．

(2) xyz 空間の立体 V で底面が平面 $z = 0$ において
$$\dfrac{x^2}{a^2} + \dfrac{y^2}{b^2} \leq 1, \quad 0 \leq x, \quad 0 \leq y$$
で与えられ，z 軸の正の方向への高さが線分 $P(t)Q(t)$ 上の各点で t となるものを考える．ただし，点 $(a, 0)$ と点 $\left(\dfrac{a^2 - b^2}{a}, 0\right)$ を結ぶ線分上の点での高さは 0 とする．
V の平面 $z = s$ による断面積を求めよ．

(3) V の体積を求めよ．

(東北大 [医])

【解答】

(1) $C : \dfrac{x^2}{a^2} + \dfrac{y^2}{b^2} = 1.$ $(a > b > 0)$

楕円 C 上の点 $P(t)(a\cos t, b\sin t)$ における接線の方程式は
$$\dfrac{\cos t}{a}x + \dfrac{\sin t}{b}y = 1$$
であるから，$P(t)$ における C の法線 l の方程式は
$$l : \dfrac{\sin t}{b}(x - a\cos t) - \dfrac{\cos t}{a}(y - b\sin t) = 0.$$
$y = 0$ とすると
$$\dfrac{\sin t}{b}(x - a\cos t) + \dfrac{b\cos t \sin t}{a} = 0.$$
$$\therefore \quad x = a\cos t - \dfrac{b^2 \cos t}{a}.$$
よって，$Q\left(\dfrac{a^2 - b^2}{a}\cos t, \ 0\right).$

(2) 線分 $P(t)Q(t)$ の上に高さ t の長方形を xy 平面に垂直に作る．t が 0 から $\dfrac{\pi}{2}$ まで動くとき，この長方形が通過して得られる領域が立体 V である．線分 $P(s)Q(s)$ を1辺とする長方形の他の2頂点を S, R とすると，この長方形 $P(s)Q(s)RS$ の高さがちょうど s であるから平面 $z = s$ $\left(0 \leq s \leq \dfrac{\pi}{2}\right)$ による切り口は（図2）の図形 RSTU である．これを xy 平面に正射影すると（図3）の図

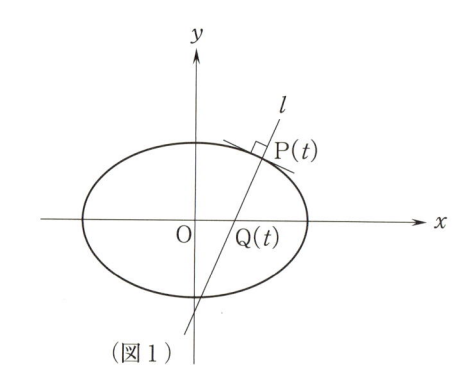

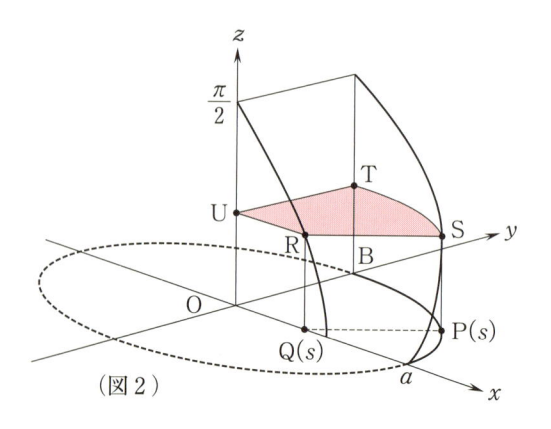

(図1)

(図2)

形 P(s)Q(s)OB となる．ただし，B($0, b$)
である．
　よって，断面積を $A(s)$ とすると
$$A(s)=\int_0^{a\cos s}\frac{b}{a}\sqrt{a^2-x^2}\,dx-\triangle \text{P}(s)\text{Q}(s)\text{H}$$
である．

$\displaystyle\int_0^{a\cos s}\frac{b}{a}\sqrt{a^2-x^2}\,dx$

$\displaystyle =\int_{\frac{\pi}{2}}^{s}\frac{b}{a}\sqrt{a^2-a^2\cos^2 t}\cdot(-a\sin t)\,dt$

$\displaystyle =ab\int_s^{\frac{\pi}{2}}\sin^2 t\,dt=ab\int_s^{\frac{\pi}{2}}\frac{1-\cos 2t}{2}\,dt$

$\displaystyle =\frac{ab}{2}\Bigl[t-\frac{1}{2}\sin 2t\Bigr]_s^{\frac{\pi}{2}}=\frac{ab}{4}(\pi-2s+\sin 2s).$

$\triangle \text{P}(s)\text{Q}(s)\text{H}=\dfrac{1}{2}\Bigl(a\cos s-\dfrac{a^2-b^2}{a}\cos s\Bigr)\cdot b\sin s$

$\displaystyle =\frac{b^3}{2a}\sin s\cos s=\frac{b^3}{4a}\sin 2s.$

よって，$A(s)=\dfrac{ab}{4}(\pi-2s+\sin 2s)-\dfrac{b^3}{4a}\sin 2s$

$\displaystyle =\frac{ab}{4}(\pi-2s)+\frac{(a^2-b^2)b}{4a}\sin 2s.$

⇐ $x=a\cos t$ より
$dx=-a\sin t\,dt$

x	$0 \to a\cos s$
t	$\dfrac{\pi}{2} \to s$

(図3)

(3)　V の体積 $=\displaystyle\int_0^{\frac{\pi}{2}}A(s)\,ds$

$\displaystyle =\int_0^{\frac{\pi}{2}}\Bigl\{\frac{ab}{4}(\pi-2s)+\frac{(a^2-b^2)b}{4a}\sin 2s\Bigr\}ds$

$\displaystyle =\Bigl[\frac{ab}{4}(\pi s-s^2)-\frac{(a^2-b^2)b}{8a}\cos 2s\Bigr]_0^{\frac{\pi}{2}}$

$\displaystyle =\frac{\pi^2}{16}ab+\frac{(a^2-b^2)b}{4a}.$

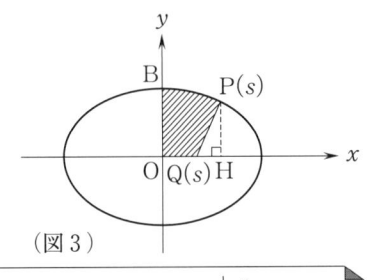

類題 31

xyz 空間に点 P($t\cos t, t\sin t, 0$) と点 Q($0, 0, t$) をとる．t が 0 から $\dfrac{\pi}{2}$ まで動くとき，三角形 OPQ (内部と周を含む) が通過してできる立体を V とする．ただし，O は原点である．

(1)　$0\leqq t\leqq\dfrac{\pi}{2}$ を満たす t を固定する．平面 $z=k$ (k は定数) と三角形 OPQ が交わるとき，その共通部分は線分になる．その線分の端点を $(0, 0, k)$ と $(x(t), y(t), k)$ とするとき，$x(t), y(t)$ を求めよ．

(2)　平面 $z=k$ と V との共通部分の面積 $A(k)$ を求めよ．

(3)　V の体積を求めよ．

(富山大 [医])

問題 32 回転一葉双曲面

a, b を正の実数とする.xyz 空間内の 2 点 $A(a, 0, 0)$, $B(0, b, 1)$ を通る直線を l とし,直線 l を z 軸のまわりに一回転して得られる曲面を M とする.

(1) $P(x, y, z)$ を曲面 M 上の点とする.このとき x, y, z が満たす関係式を求めよ.

(2) 曲面 M と 2 つの平面 $z=0$ と $z=1$ で囲まれた立体の体積を求めよ.

(北海道大 [医] 改)

[考え方]

[回転曲面の方程式の求め方]

回転曲面の方程式を求めるには,回転軸に垂直な平面による切り口の円の方程式を求めるとよい.

【解答】

(1) $\overrightarrow{AB} = \begin{pmatrix} -a \\ b \\ 1 \end{pmatrix}$ より直線 l 上の点 (x, y, z) は

$$\begin{pmatrix} x \\ y \\ z \end{pmatrix} = \overrightarrow{OA} + s\overrightarrow{AB} = \begin{pmatrix} a \\ 0 \\ 0 \end{pmatrix} + s\begin{pmatrix} -a \\ b \\ 1 \end{pmatrix} \quad (s \text{ は実数}) \quad \cdots\cdots ①$$

とベクトル表示される.

直線 l と平面 $z=t$ との交点を Q とし,$H(0, 0, t)$ とおく.Q の z 座標は t であるから,① で $z=t$ とすると,$s=t$ であるから $Q(a(1-t), bt, t)$ となる.

よって,曲面 M の平面 $z=t$ による切り口は点 H を中心とする半径 $HQ = \sqrt{a^2(1-t)^2 + b^2 t^2}$ の円であるから,この切り口の円の方程式は

$$\begin{cases} x^2 + y^2 = a^2(1-t)^2 + b^2 t^2, & \cdots\cdots ② \\ z = t & \cdots\cdots ③ \end{cases}$$

となる.これは曲面 M のパラメータ表示であるから ② と ③ より t を消去して

$$M : \boldsymbol{x^2 + y^2 = a^2(1-z)^2 + b^2 z^2}.$$

これが曲面 M の方程式,つまり $P(x, y, z)$ を M 上の点とするとき x, y, z が満たす関係式である.

(2) 平面 $z=t$ $(0 \leq t \leq 1)$ による断面積を $S(t)$ とすると

$$S(t) = \pi HQ^2 = \pi\{a^2(1-t)^2 + b^2 t^2\}$$

であるから求める体積 V は

$$V = \int_0^1 S(t)\, dt = \pi \int_0^1 \{a^2(t-1)^2 + b^2 t^2\}\, dt$$

$$= \pi \left[\frac{a^2}{3}(t-1)^3 + \frac{b^2}{3} t^3 \right]_0^1 = \frac{\pi}{3}(\boldsymbol{a^2 + b^2}).$$

(解説)

1 M の方程式で $y=0$ とすると $x^2 - (a^2 + b^2)z^2 + 2a^2 z = a^2$ となり,双曲線です.曲面 M は回転一葉双曲面といわれ,右のような籐で編んだ椅子などにみられる図形です.

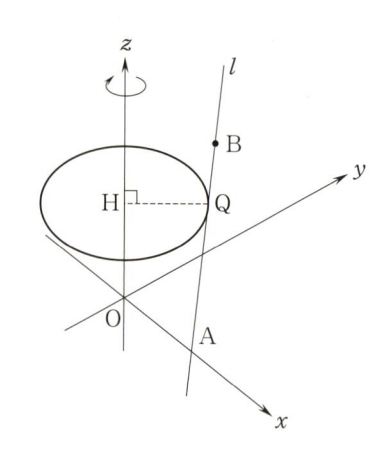

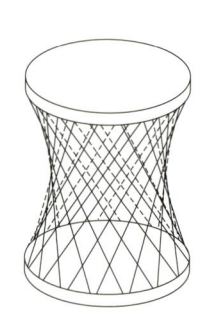

〈参考〉
　この問題では A, B 間の高さは 1 でした．いま高さを h とする．つまり A$(a, 0, 0)$, B$(0, b, h)$ $(h>0)$ とすると，線分 AB を z 軸のまわりに回転して得られる曲面と 2 平面 $z=0$, $z=h$ の囲む体積 $V(h)$ は
$$V(h)=\frac{\pi}{3}(a^2+b^2)h \quad \cdots\cdots(☆)$$
となります．

　さらに，B を回転して B$(b\cos\theta, b\sin\theta, h)$ とすると，このときの体積 $V(\theta, h)$ は
$$V(\theta, h)=\frac{\pi}{3}(a^2+ab\cos\theta+b^2)h \quad \cdots\cdots(☆☆)$$
となります．すなわち，B'$(0, 0, h)$ とおくと (☆) は $\overrightarrow{OA}$ と $\overrightarrow{B'B}$ のなす角が $\frac{\pi}{2}$ のときであり，(☆☆) は $\overrightarrow{OA}$ と $\overrightarrow{B'B}$ のなす角が θ のときです．(☆☆) で $\theta=\frac{\pi}{2}$ とすると (☆) になるので (☆☆) は回転一葉双曲面とその軸に直交する 2 平面の囲む体積の最も一般的な式です．

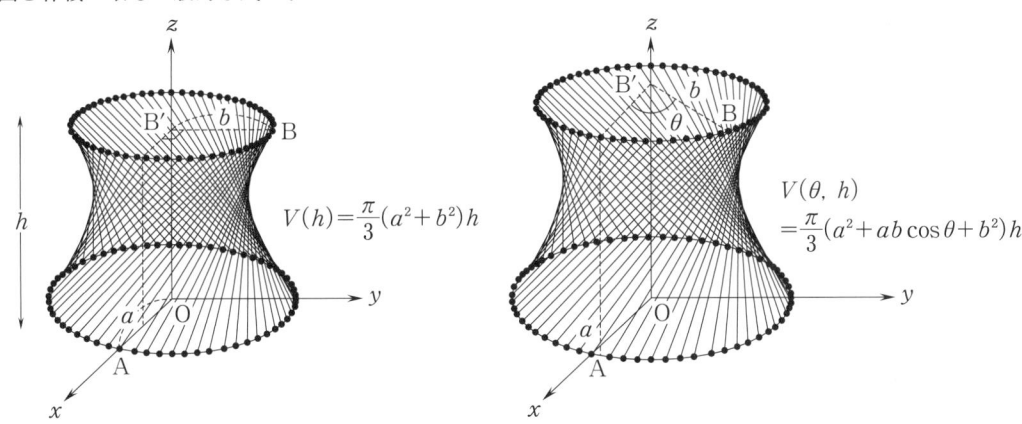

類題 **32**

次の問に答えよ．

(1) A$(a, 0, 0)$, B$(0, b, h)$ $(h>0)$ とする．線分 AB を z 軸のまわりに回転して得られる曲面と 2 平面 $z=0$, $z=h$ で囲まれた立体の体積 $V(h)$ は
$$V(h)=\frac{\pi}{3}(a^2+b^2)h$$
となることを示せ．

(2) A$(a, 0, 0)$, B$(b\cos\theta, b\sin\theta, h)$ $\left(h>0, 0\leqq\theta\leqq\frac{\pi}{2}\right)$ とする．線分 AB を z 軸のまわりに回転して得られる曲面と 2 平面 $z=0$, $z=h$ で囲まれた立体の体積 $V(\theta, h)$ は
$$V(\theta, h)=\frac{\pi}{3}(a^2+ab\cos\theta+b^2)h$$
となることを示せ．

(作問)

問題 33 回転放物面

xyz 空間において，yz 平面上の放物線 $z=y^2$ を z 軸のまわりに回転してできる曲面と平面 $z=y$ で囲まれた立体を D とする．立体 D の体積を求めよ．

(大阪市立大[医] 改)

【解答1】

この回転曲面を K とする．K の平面 $z=k$ $(k>0)$ による切り口は点 $(0, 0, k)$ を中心とする半径が $\sqrt{k}$ の円であるから，この切り口の円の方程式は

$$\begin{cases} x^2+y^2=k, & \cdots\cdots① \\ z=k. & \cdots\cdots② \end{cases}$$

これは曲面 K のパラメータ表示である．
①，② より k を消去して K の方程式は

$$K : x^2+y^2=z.$$

よって，立体 D は

$$x^2+y^2 \leqq z \leqq y \quad \cdots\cdots③$$

と表される．D の平面 $y=t$ による切り口は

$$x^2+t^2 \leqq z \leqq t \quad \cdots\cdots④$$

で表され，$\alpha=\sqrt{t-t^2}$ とおくと断面 ④ の面積 $S(t)$ は

$$S(t)=\int_{-\alpha}^{\alpha}\{t-(x^2+t^2)\}dx$$
$$=-\int_{-\alpha}^{\alpha}(x-\alpha)(x+\alpha)dx$$
$$=\frac{1}{6}\{\alpha-(-\alpha)\}^3=\frac{4}{3}\alpha^3=\frac{4}{3}(t-t^2)^{\frac{3}{2}}.$$

④ を満たす実数 x, z が存在する t の範囲は $t-t^2 \geqq 0$ より $0 \leqq t \leqq 1$．よって，求める体積 V は

$$V=\int_0^1 S(t)dt=\frac{4}{3}\int_0^1 (t-t^2)^{\frac{3}{2}}dt$$
$$=\frac{4}{3}\int_0^1 \left\{\frac{1}{4}-\left(t-\frac{1}{2}\right)^2\right\}^{\frac{3}{2}}dt.$$

$t-\frac{1}{2}=\frac{1}{2}\sin\theta$ とおくと，

$dt=\frac{1}{2}\cos\theta\, d\theta.$

t	$0 \to 1$
θ	$-\frac{\pi}{2} \to \frac{\pi}{2}$

$$V=\frac{4}{3}\int_{-\frac{\pi}{2}}^{\frac{\pi}{2}}\left(\frac{1}{4}-\frac{1}{4}\sin^2\theta\right)^{\frac{3}{2}}\cdot\frac{1}{2}\cos\theta\, d\theta$$
$$=\frac{1}{12}\int_{-\frac{\pi}{2}}^{\frac{\pi}{2}}\cos^4\theta\, d\theta=\frac{1}{6}\int_0^{\frac{\pi}{2}}\cos^4\theta\, d\theta.$$

$I_n=\int_0^{\frac{\pi}{2}}\cos^n\theta\, d\theta$ とおくと，$I_n=\frac{n-1}{n}I_{n-2}$, $I_0=\frac{\pi}{2}$ より

$$V=\frac{1}{6}I_4=\frac{1}{6}\cdot\frac{3}{4}I_2=\frac{1}{6}\cdot\frac{3}{4}\cdot\frac{1}{2}I_0=\frac{\pi}{32}.$$

(図1)

(図2)

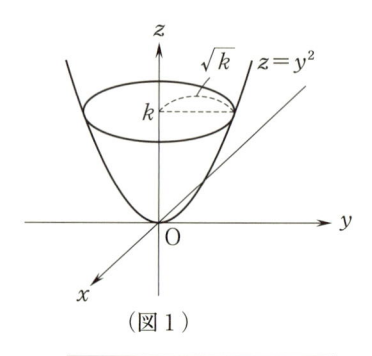

⇐ 問題28の[考え方]を参照

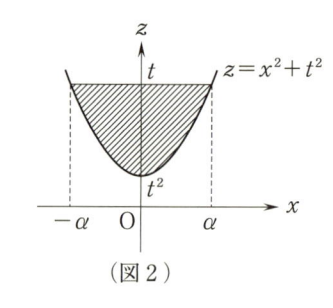

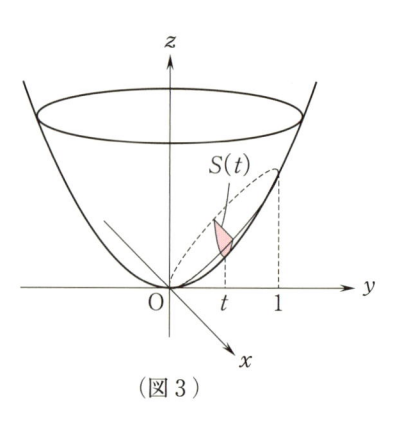

(図3)

⇐ 問題19を参照

【解答2】《カバリエリの原理》
$$\begin{cases} z = x^2 + y^2, & \cdots\cdots ① \\ z = y. & \cdots\cdots ② \end{cases}$$

① と ② の囲む体積（② の右辺）−（① の右辺）を考えて
$$\begin{cases} z = y - x^2 - y^2 & \cdots\cdots ③ \\ z = 0 & \cdots\cdots ④ \end{cases}$$

の囲む立体の体積に等しい．③ の $z = k$ による切り口は
$$y - x^2 - y^2 = k.$$
$$x^2 + \left(y - \frac{1}{2}\right)^2 = \frac{1}{4} - k \quad \left(0 \leqq k \leqq \frac{1}{4}\right).$$

これは半径 $\sqrt{\dfrac{1}{4} - k}$ の円であるから，断面積 $A(k)$ は
$$A(k) = \pi\left(\frac{1}{4} - k\right).$$

よって，$V = \pi \displaystyle\int_0^{\frac{1}{4}} \left(\frac{1}{4} - k\right) dk = \pi\left[-\frac{1}{2}\left(\frac{1}{4} - k\right)^2\right]_0^{\frac{1}{4}} = \dfrac{\pi}{32}$.

（図4）

（図5）

（解説）

1 曲面 K を回転放物面といいます．

2 $\displaystyle\int_0^{\frac{\pi}{2}} \cos^4\theta\, d\theta = \int_0^{\frac{\pi}{2}} \left(\frac{1+\cos 2\theta}{2}\right)^2 d\theta = \frac{1}{4}\int_0^{\frac{\pi}{2}}(1 + 2\cos 2\theta + \cos^2 2\theta)\, d\theta$

$\qquad = \dfrac{1}{4}\displaystyle\int_0^{\frac{\pi}{2}}\left(1 + 2\cos 2\theta + \dfrac{1+\cos 4\theta}{2}\right) d\theta = \dfrac{1}{4}\left[\dfrac{3}{2}\theta + \sin 2\theta + \dfrac{1}{8}\sin 4\theta\right]_0^{\frac{\pi}{2}} = \dfrac{3\pi}{16}$

と計算してもよいです．

3 【解答2】は次のカバリエリ（Cavalieri 1589–1647, イタリア）の原理によって定式化されます．

> [カバリエリの原理]
> [定理1]（面積について）
> 　2つの平面図形 A, B と定直線 l があり，l に平行な任意の直線の A, B によって切りとられる線分の長さが等しいとする．このとき，A, B の面積 $S(A)$, $S(B)$ に対して
> $$S(A) = S(B).$$
> [定理2]（体積について）
> 　2つの立体 C, D と定平面 π があり，π に平行な任意の平面による C, D の断面積が等しいとする．このとき，C, D の体積 $V(C)$, $V(D)$ に対して
> $$V(C) = V(D).$$

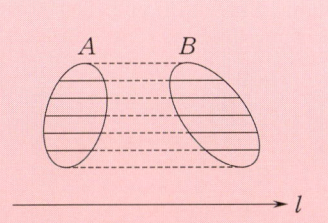

注 （図3）の面積 $S(t)$ と（図5）の面積 $T(t)$ は等しい．

また，$f(x) \leqq y \leqq g(x)$ の囲む面積は $0 \leqq y \leqq g(x) - f(x)$ の囲む面積に等しいように，$f(x, y) \leqq z \leqq g(x, y)$ の囲む体積は $0 \leqq z \leqq g(x, y) - f(x, y)$ の囲む体積に等しい．

類題 33

xyz 空間において，xz 平面内の放物線 $z = \dfrac{3}{4} - x^2$, $y = 0$ を z 軸のまわりに回転して得られる曲面 K を，原点を通り z 軸と $45°$ の角をなす平面 H で切る．曲面 K と平面 H で囲まれた立体の体積を求めよ．

（東京大）

96　第3章　積分法の応用

問題 34 展開可能な曲面の面積◆

xyz 座標空間に円柱面
$$T=\{(x, y, z)|x^2+y^2=4\}$$
と A(2, 0, 0) を中心とする半径 4 の球面
$$S=\{(x, y, z)|(x-2)^2+y^2+z^2=16\}$$
がある.

(1) 円柱面 T 上の点 P$(x, y, 0)$ と，円柱面 T と球面 S の交線上の点 Q(x, y, z)（ただし，$z\geqq 0$）をとる．このとき，z を $\angle$AOP$=\theta$ の関数で表せ，ただし，O は原点である．

(2) 円柱面 T の球面 S の内部にある部分の面積を求めよ．

(埼玉大　改)

[考え方]
円柱の側面の一部分の面積を求めるには平面に展開して考えます．

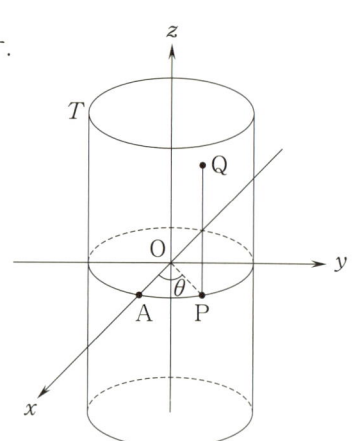

【解答】

(1) $T: x^2+y^2=4$ ……①
P$(x, y, 0)$ は円 : $x^2+y^2=4$, $z=0$ 上の点であるから，
$$x=2\cos\theta, \quad y=2\sin\theta$$
とおける．よって，Q(x, y, z) は
$$Q(2\cos\theta, 2\sin\theta, z)$$
とおける．AQ$=4$ より，
$$AQ^2=(2\cos\theta-2)^2+4\sin^2\theta+z^2=16.$$
∴ $z^2=8(1+\cos\theta)=16\cos^2\dfrac{\theta}{2}.$

$z\geqq 0$ より $z=\sqrt{16\cos^2\dfrac{\theta}{2}}=4\left|\cos\dfrac{\theta}{2}\right|.$ ……②

(2) $\overparen{AP}=X$ とおくと，$X=2\theta$ $(-\pi\leqq\theta\leqq\pi)$ より，
$$z=PQ=4\left|\cos\dfrac{X}{4}\right| \quad (-2\pi\leqq X\leqq 2\pi).$$

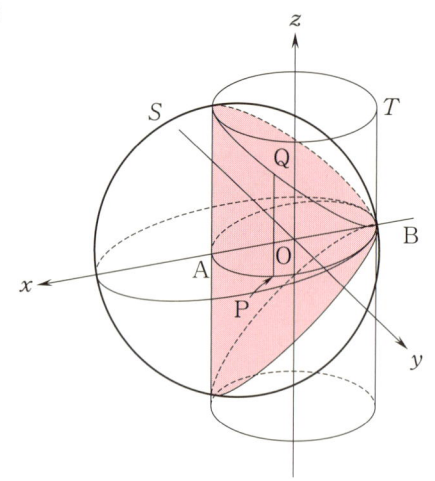

よって，点 B$(-2, 0, 0)$ を通る母線に沿って T を切り開き展開すると下図のようになる．

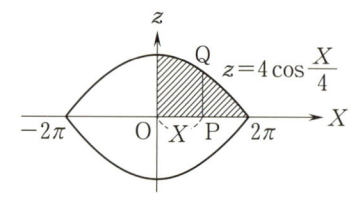

ゆえに求める面積 U は対称性により
$$U=4\int_0^{2\pi}4\cos\dfrac{X}{4}dX$$
$$=\left[64\sin\dfrac{X}{4}\right]_0^{2\pi}=64.$$

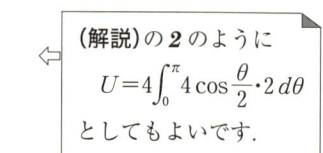

(解説)の **2** のように
$$U=4\int_0^{\pi}4\cos\dfrac{\theta}{2}\cdot 2\,d\theta$$
としてもよいです．

(解説)

1 $U=2\int_{-\pi}^{\pi} PQ\,d\theta$ としてはいけません!!

高さ PQ に角度 θ を掛けても面積にならないように,高さ PQ を θ で積分しても面積は得られません.右図の斜線部分は展開すると,横が $r\theta$, 縦が h の長方形になるから,その面積は $hr\theta$ です.

2 【解答】では Xz 平面に展開して面積を求めましたが,次のように弧 AP の長さを利用して,求めてもよいです.

$X=2\theta\,(-\pi\leq\theta\leq\pi)$ より $dX=2d\theta$ であるから

$$U=4\int_{0}^{2\pi} PQ\,dX = 4\int_{0}^{\pi} PQ(2d\theta) = 8\int_{0}^{\pi} 4\cos\frac{\theta}{2}\,d\theta = \left[64\sin\frac{\theta}{2}\right]_{0}^{\pi} = 64.$$

3 また,次のように解釈することもできます.

$z\geq 0$ の部分を考える.θ の増分 $\theta\to\theta+\Delta\theta$ に対応する面積 U の増分を ΔU とすると ΔU は右図の図形 PQQ'P' の面積である.$\overparen{PP'}=2\Delta\theta$ より $\Delta\theta$ が十分小さいならば,ΔU は縦が PQ,横が $\overparen{PP'}=2\Delta\theta$ の長方形の面積で近似できるから

$$\Delta U \fallingdotseq PQ\cdot 2\Delta\theta$$

よって,$z\leq 0$ の部分も考えて

$$U = 2\int_{-\pi}^{\pi} PQ(2d\theta)$$
$$= 8\int_{0}^{\pi} PQ\,d\theta.$$

4 曲面積は類題 34 の京都府立医科大や日本医科大に出題されています.

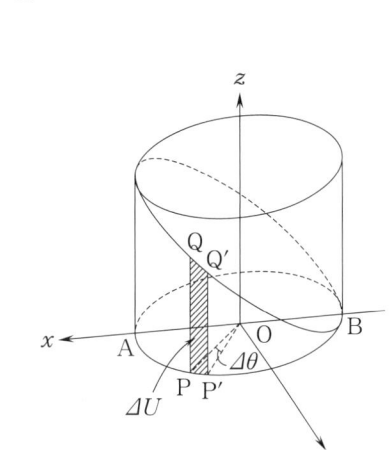

類題 **34**

xyz 空間において,1 辺の長さ a の正方形 ABCD が xy 平面(平面 $z=0$)上にある.半径 b の球体の中心が正方形 ABCD の周上を一周するとき,球体が通過する部分からなる立体図形を K とする.ただし,$a>2b$ とする.

(1) K の体積を求めよ.

(2) K の表面積を求めよ.

(京都府立医科大 改)

問題 35 曲線の長さ　対数螺線

極座標 (r, θ) で表されている極方程式 $r = e^{-\theta}$ について
(1) 極方程式 $r = e^{-\theta}$ $(0 \leq \theta \leq 2\pi)$ の表す xy 平面上の曲線の概形を描け.
(2) 曲線 $r = e^{-\theta}$ 上の点を $P(x, y)$ とするとき, x, y を θ の関数で表せ.
(3) 曲線 $r = e^{-\theta}$ $(0 \leq \theta \leq 2\pi)$ の長さを求めよ.

(広島大)

[考え方]

[曲線の長さ]
$\begin{cases} x = f(t), \\ y = g(t) \end{cases}$ $(\alpha \leq t \leq \beta)$ で表される曲線の長さ L は,
$$L = \int_\alpha^\beta \sqrt{\left(\frac{dx}{dt}\right)^2 + \left(\frac{dy}{dt}\right)^2} \, dt$$
である.

【解答】

(1) $\quad r = e^{-\theta}$ $(0 \leq \theta \leq 2\pi)$

r は θ の減少関数であるから, この曲線の概形は右図のようになる.

(2) $\begin{cases} \boldsymbol{x = r\cos\theta = e^{-\theta}\cos\theta}, \\ \boldsymbol{y = r\sin\theta = e^{-\theta}\sin\theta}. \end{cases}$

(3) $\dfrac{dx}{d\theta} = -e^{-\theta}(\cos\theta + \sin\theta),$

$\dfrac{dy}{d\theta} = -e^{-\theta}(\sin\theta - \cos\theta).$

$\left(\dfrac{dx}{d\theta}\right)^2 + \left(\dfrac{dy}{d\theta}\right)^2 = 2e^{-2\theta}$ より, 求める長さ L は

$$L = \int_0^{2\pi} \sqrt{\left(\frac{dx}{d\theta}\right)^2 + \left(\frac{dy}{d\theta}\right)^2}\, d\theta$$
$$= \int_0^{2\pi} \sqrt{2}\, e^{-\theta}\, d\theta$$
$$= \left[-\sqrt{2}\, e^{-\theta}\right]_0^{2\pi} = \sqrt{2}\,(1 - e^{-2\pi}).$$

〈参考〉

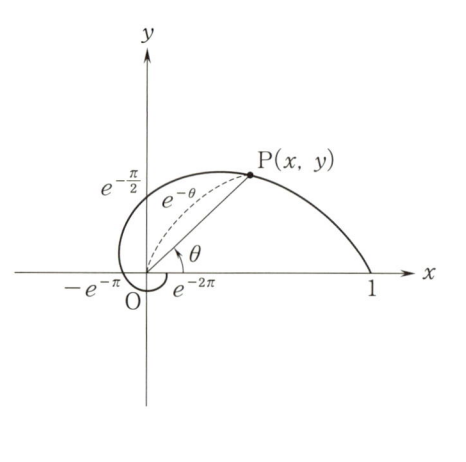

1 $x = r\cos\theta$, $y = r\sin\theta$ のとき,

$\dfrac{dx}{d\theta} = \dfrac{dr}{d\theta}\cos\theta - r\sin\theta$, $\dfrac{dy}{d\theta} = \dfrac{dr}{d\theta}\sin\theta + r\cos\theta$ より,

$\left(\dfrac{dx}{d\theta}\right)^2 + \left(\dfrac{dy}{d\theta}\right)^2 = \left(\dfrac{dr}{d\theta}\cos\theta - r\sin\theta\right)^2 + \left(\dfrac{dr}{d\theta}\sin\theta + r\cos\theta\right)^2$
$= \left(\dfrac{dr}{d\theta}\right)^2 + r^2.$

よって,

$$L = \int_0^{2\pi} \sqrt{\left(\frac{dr}{d\theta}\right)^2 + r^2}\, d\theta = \int_0^{2\pi} \sqrt{(-e^{-\theta})^2 + (e^{-\theta})^2}\, d\theta = \int_0^{2\pi} \sqrt{2}\, e^{-\theta}\, d\theta$$

となります.

2 $r=e^{-\theta}$ は対数螺線といわれる曲線です．$\vec{v}=\left(\dfrac{dx}{d\theta},\dfrac{dy}{d\theta}\right)$ とおくと

(3)より

$$\dfrac{dx}{d\theta}=\sqrt{2}\,e^{-\theta}\cos\left(\theta+\dfrac{3\pi}{4}\right),\ \dfrac{dy}{d\theta}=\sqrt{2}\,e^{-\theta}\sin\left(\theta+\dfrac{3\pi}{4}\right)$$

となります．よって，

速度ベクトル $\vec{v}=\sqrt{2}\,e^{-\theta}\begin{pmatrix}\cos\left(\theta+\dfrac{3\pi}{4}\right)\\ \sin\left(\theta+\dfrac{3\pi}{4}\right)\end{pmatrix}$ と $\overrightarrow{\mathrm{OP}}=e^{-\theta}\begin{pmatrix}\cos\theta\\ \sin\theta\end{pmatrix}$

のなす角はつねに $\dfrac{3\pi}{4}$ で一定です．

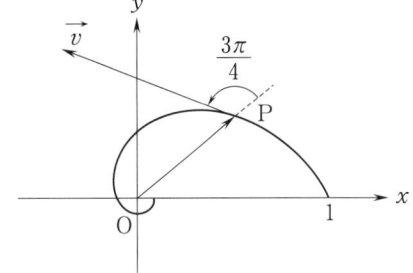

類題 35 [円の垂足曲線]

Oを原点とする座標平面において，点Aの座標を $(2,0)$ とする．線分OAを直径とする円周上の点Tにおける接線にOから下ろした垂線をOPとする．Tが円周上を動くとき，Pが描く曲線の長さを求めよ．

（岡山大［医］）

100 第4章 微分・積分総合

> **問題 36 絶対値記号を含む定積分**
>
> $0 \leq a \leq e$ に対して, $S = \int_1^e \left| \log x - \dfrac{a}{x} \right| dx$ とする. ただし, e は自然対数の底である.
>
> (1) 方程式 $\log x = \dfrac{a}{x}$ は $1 \leq x \leq e$ の範囲で, ただ1つの解をもつことを示せ.
>
> (2) S の最小値と, それを与える a の値を求めよ.
>
> (金沢大 [医])

[考え方]

絶対値を含む定積分の計算は次の2つのステップを踏むとよいです.

> **[絶対値を含む定積分]**
> (i) 絶対値を含む関数のグラフをかき, その図をみて絶対値をはずす.
> (ii) 不定積分を1つ求め (それを $G(x)$ などとおき), 定積分の数値代入は最後に行う.

【解答】

(1) $f(x) = \log x - \dfrac{a}{x}$ $(1 \leq x \leq e)$ とおく.

$$f'(x) = \dfrac{1}{x} + \dfrac{a}{x^2} > 0.$$

よって, $f(x)$ は単調増加で, しかも

$$f(1) = -a \leq 0, \quad f(e) = 1 - \dfrac{a}{e} \geq 0 \quad (0 \leq a \leq e \text{ より})$$

⇐ 問題2の[考え方]を参照

であるから, $f(x) = 0$ つまり, $\log x = \dfrac{a}{x}$ は $1 \leq x \leq e$ にただ1つの解をもつ.

(2) (1)の解を t とおく.

$$\log t = \dfrac{a}{t} \quad (1 \leq t \leq e). \qquad \cdots\cdots ①$$

$$S = \int_1^e \left| \log x - \dfrac{a}{x} \right| dx$$

$$= \int_1^t \left(\dfrac{a}{x} - \log x \right) dx + \int_t^e \left(\log x - \dfrac{a}{x} \right) dx.$$

ここで,

$$\int \left(\dfrac{a}{x} - \log x \right) dx = a \log x - (x \log x - x) + C \text{ であるから,}$$

$G(x) = (a - x) \log x + x$ とおくと,

$$S = \Big[G(x) \Big]_1^t + \Big[-G(x) \Big]_t^e$$

$$= 2G(t) - G(1) - G(e). \qquad \cdots\cdots ②$$

$$G(t) = (a - t) \log t + t$$

$$= (t \log t - t) \log t + t \quad (① より)$$

$$= t(\log t)^2 - t \log t + t,$$

$G(1) = 1$, $G(e) = a = t \log t$. (① より)

よって, ② より

$$S = 2\{ t(\log t)^2 - t \log t + t \} - 1 - t \log t$$

$$= 2t(\log t)^2 - 3t \log t + 2t - 1.$$

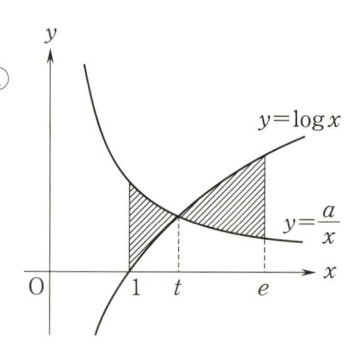

よって，$\dfrac{dS}{dt}=2\{(\log t)^2+2\log t\}-3(\log t+1)+2$
$=2(\log t)^2+\log t-1$
$=(\log t+1)(2\log t-1)$.

ゆえに，増減表は右のようになる．

したがって，$t=\sqrt{e}$ すなわち $a=\dfrac{1}{2}\sqrt{e}$ のとき，S は最小となり，

$a=\dfrac{1}{2}\sqrt{e}$ のとき，$(S \text{の最小値})=\sqrt{e}-1$.

t	1		$\sqrt{e}$		e
$\dfrac{dS}{dt}$		$-$	0	$+$	
S		↘	最小	↗	

(解説)

1 $S=\displaystyle\int_1^t\left(\dfrac{a}{x}-\log x\right)dx-\int_t^e\left(\dfrac{a}{x}-\log x\right)dx$ を計算するのに，直接定積分を計算するより両者とも同じ関数の積分であるから，【解答】のようにまず不定積分 $G(x)$ を求めておいて，②のように整理しておいてから，$G(t)$，$G(1)$，$G(e)$ を求めて代入するほうが計算が楽になります．

2 ① より $a=t\log t$ ($1\leqq t\leqq e$) であるから

$$S=\int_1^e|x\log x-a|\dfrac{1}{x}dx=\int_1^e|x\log x-t\log t|\dfrac{1}{x}dx$$

となりますが，S は $\displaystyle\int_1^t\dfrac{1}{x}dx=\int_t^e\dfrac{1}{x}dx$ を満たす t，つまり $\log t=1-\log t$ より $t=\sqrt{e}$ で最小になります．これは一般化できて次のようになります．

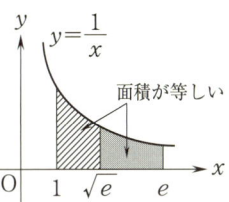

[絶対値を含む定積分の最小値]

$f(x)$ は区間 $a\leqq x\leqq b$ を含む開区分で微分可能であり，$f'(x)>0$ を満たし，$g(x)$ は区間 $a\leqq x\leqq b$ において連続な関数であり $g(x)>0$ を満たすものとする．このとき，

$$I(t)=\int_a^b|f(x)-f(t)|g(x)dx \quad (a\leqq t\leqq b)$$

を最小にする t の値は

$$\int_a^c g(x)dx=\int_c^b g(x)dx$$

を満たす c に等しい．とくに，

$$I(t)=\int_a^b|f(x)-f(t)|dx \quad (a\leqq t\leqq b)$$

は，$t=\dfrac{a+b}{2}$ で最小となる．

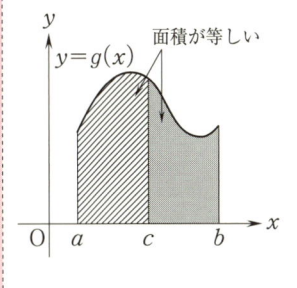

注 証明は類題36と同じようにしてできます．なお証明なしに上の定理を用いることは許されません．

類題 36

$f(x)$ を $0\leqq x\leqq 1$ において連続かつ，$0<x<1$ において微分可能で $f'(x)>0$ を満たす関数とする．$0<t<1$ に対し

$$I(t)=\int_0^1|f(t)-f(x)|x\,dx$$

とおく．

(1) 導関数 $I'(t)$ を求めよ．
(2) $I(t)$ が最小となる t の値を求めよ．

(筑波大 [医])

102 第4章 微分・積分総合

問題 37 積分方程式

(1) 次の条件を満たす関数 $f(x)$ を求めよ．
$$f(x) = 1 + 2\int_{-\frac{\pi}{2}}^{\frac{\pi}{2}} f(t)\sin(x-t)\,dt.$$

(千葉大［医］改)

(2) すべての実数 x で微分可能な2つの関数 $f(x)$, $g(x)$ が，次の ①，② を満たしているとする．
$$f(x) = 2g(x) + 2e^{-x}\sin x + 1 + \int_0^x f(t)\,dt, \quad \cdots\cdots ①$$
$$g(x) = \frac{1}{2}f(x) - 2e^{-x}\sin x - \frac{1}{2} - 2\int_0^x g(t)\,dt. \quad \cdots\cdots ②$$
このとき，次の各問に答えよ．
 (i) $f(x) - 2g(x) = e^{2x}$ が成立することを証明せよ．
 (ii) $f(x)$, $g(x)$ を求めよ．

(神戸大［医］)

[考え方]

積分方程式は2つのタイプがあります．

[積分方程式]

a, b は定数とし，x, t は変数とする．

(I) 定数型 $\int_a^b f(t)\,dt$ を含むとき

$\int_a^b f(t)\,dt$ は定数だから $C = \int_a^b f(t)\,dt$ とおく．

(II) 変数型 $\int_a^x f(t)\,dt$ を含むとき

$F(x) = \int_a^x f(t)\,dt \iff F'(x) = f(x)$ かつ $F(a) = 0$

を用いる．

【解答】

(1) $f(x) = 1 + 2\int_{-\frac{\pi}{2}}^{\frac{\pi}{2}} f(t)\sin(x-t)\,dt \quad \cdots\cdots ①$

$= 1 + 2\int_{-\frac{\pi}{2}}^{\frac{\pi}{2}} f(t)(\sin x \cos t - \cos x \sin t)\,dt$

$= 1 + 2\sin x \int_{-\frac{\pi}{2}}^{\frac{\pi}{2}} f(t)\cos t\,dt - 2\cos x \int_{-\frac{\pi}{2}}^{\frac{\pi}{2}} f(t)\sin t\,dt.$

$\cdots\cdots ①'$

ここで，$\int_{-\frac{\pi}{2}}^{\frac{\pi}{2}} f(t)\cos t\,dt$, $\int_{-\frac{\pi}{2}}^{\frac{\pi}{2}} f(t)\sin t\,dt$ は定数であるから，

$a = \int_{-\frac{\pi}{2}}^{\frac{\pi}{2}} f(t)\cos t\,dt, \quad \cdots\cdots ②$

$b = \int_{-\frac{\pi}{2}}^{\frac{\pi}{2}} f(t)\sin t\,dt \quad \cdots\cdots ③$

とおくと ①' より
$$f(x) = 1 + 2a\sin x - 2b\cos x. \quad \cdots\cdots ④$$

② と ④ より
$$a = \int_{-\frac{\pi}{2}}^{\frac{\pi}{2}} (1 + 2a\sin t - 2b\cos t)\cos t\,dt$$
$$= 2\int_0^{\frac{\pi}{2}} (\cos t - 2b\cos^2 t)\,dt$$
$$= 2\int_0^{\frac{\pi}{2}} \{\cos t - b(1 + \cos 2t)\}\,dt$$
$$= 2\left[\sin t - b\left(t + \frac{1}{2}\sin 2t\right)\right]_0^{\frac{\pi}{2}}$$
$$= 2 - \pi b. \quad \cdots\cdots ⑤$$

> $\sin t \cos t$ は奇関数であるから
> $\int_{-\frac{\pi}{2}}^{\frac{\pi}{2}} \sin t \cos t\,dt = 0.$

③ と ④ より
$$b = \int_{-\frac{\pi}{2}}^{\frac{\pi}{2}} (1 + 2a\sin t - 2b\cos t)\sin t\,dt$$
$$= 4a\int_0^{\frac{\pi}{2}} \sin^2 t\,dt$$
$$= 2a\int_0^{\frac{\pi}{2}} (1 - \cos 2t)\,dt$$
$$= 2a\left[t - \frac{1}{2}\sin 2t\right]_0^{\frac{\pi}{2}} = \pi a. \quad \cdots\cdots ⑥$$

⑤ と ⑥ より
$$a = \frac{2}{\pi^2 + 1}, \quad b = \frac{2\pi}{\pi^2 + 1}.$$

よって, ④ より
$$f(x) = 1 + \frac{4\sin x}{\pi^2 + 1} - \frac{4\pi\cos x}{\pi^2 + 1}.$$

(2) (i) $h(x) = f(x) - 2g(x)$ とおく. ① + ② より
$$\frac{1}{2}f(x) - g(x) = \int_0^x \{f(t) - 2g(t)\}\,dt + \frac{1}{2}.$$
$$\therefore \quad f(x) - 2g(x) = 2\int_0^x \{f(t) - 2g(t)\}\,dt + 1.$$

よって, $h(x) = 2\int_0^x h(t)\,dt + 1. \quad \cdots\cdots ③$

両辺を x で微分して $h'(x) = 2h(x).$
$\therefore \quad h(x) = Ce^{2x}. \quad$ (C は定数)

③ より $h(0) = 1$ であるから, $C = 1.$
$\therefore \quad h(x) = e^{2x}.$
$\therefore \quad f(x) - 2g(x) = e^{2x}. \quad \cdots\cdots ④$

(ii) ① と ④ より $e^{2x} = 2e^{-x}\sin x + 1 + \int_0^x f(t)\,dt.$
$$\therefore \quad \int_0^x f(t)\,dt = e^{2x} - 2e^{-x}\sin x - 1.$$

x で微分して $f(x) = 2e^{2x} + 2e^{-x}\sin x - 2e^{-x}\cos x.$

④ より $g(x) = \frac{1}{2}e^{2x} + e^{-x}\sin x - e^{-x}\cos x.$

(解説)

1 $h(x)$ が $h'(x)=kh(x)$ を満たすとすると,

$$\int \frac{h'(x)}{h(x)}dx = \int k\,dx$$

$$\log|h(x)| = kx + C_1$$

$$\therefore\ h(x) = Ce^{kx} \quad (C = \pm e^{C_1})$$

すなわち, $\boxed{h'(x)=kh(x) \Longleftrightarrow h(x)=Ce^{kx}}$

厳密にはこれは微分方程式ですが,これは覚えておくとよいでしょう.

2 $f(x)$ を連続, $u(x)$, $v(x)$ を微分可能とする.このとき次が成り立ちます.

$$\frac{d}{dx}\int_{u(x)}^{v(x)} f(t)\,dt = v'(x)f(v(x)) - u'(x)f(u(x)).$$

とくに $v(x)=x$, $u(x)=a$ のとき,

$$\frac{d}{dx}\int_a^x f(t)\,dt = f(x). \quad \text{(微分積分学の基本定理)}$$

[証明]

$\int f(x)\,dx = F(x)+C$, つまり $F'(x)=f(x)$ とおくと,

$$\int_{u(x)}^{v(x)} f(t)\,dt = \Big[F(x)\Big]_{u(x)}^{v(x)} = F(v(x)) - F(u(x)).$$

両辺を x で微分して,

$$\frac{d}{dx}\int_{u(x)}^{v(x)} f(t)\,dt = \frac{d}{dx}\{F(v(x))-F(u(x))\}$$

$$= F'(v(x))v'(x) - F'(u(x))u'(x)$$

$$= f(v(x))v'(x) - f(u(x))u'(x).$$

類題 37

関数 $f(x)$ が等式
$$f(x)=e^x+\int_0^x f(x-t)\sin t\,dt$$
を満たしているとき，次の問に答えよ．

(1) $\int_0^x f(x-t)\sin t\,dt=\int_0^x f(t)\sin(x-t)\,dt$ を証明せよ．

(2) $f''(x)$ を求めよ．

(3) $f(x)$ を求めよ．

(富山大［医］)

問題 38 チェビシェフの多項式

正の整数 n に対し，関数 $f_n(x)$ を次のように定義する．
$$f_1(x)=1, \quad f_2(x)=2x, \quad f_{n+1}(x)=2xf_n(x)-f_{n-1}(x) \quad (n=2,\ 3,\ 4,\ \cdots)$$
このとき，以下の問に答えよ．

(1) 正の整数 n に対して，$f_n(\cos\theta)=\dfrac{\sin n\theta}{\sin\theta}$ となることを示せ．

ただし，θ は $0<\theta<\pi$ を満たす実数とする．

(2) 方程式 $f_{12}(x)=0$ のすべての正の解の和を求めよ．

(3) $n\geqq3$ とする．x の方程式 $f_n(x)=0$ の解を $\alpha_1,\ \alpha_2,\ \cdots,\ \alpha_{n-1}\ (\alpha_1>\alpha_2>\cdots>\alpha_{n-1})$ とする．区間 $\alpha_{k+1}\leqq x\leqq\alpha_k$ で，曲線 $y=f_n(x)$ と x 軸で囲まれる部分の面積を求めよ．ただし，$k=1,\ 2,\ \cdots,\ n-2$ とする．

(福井大［医］)

【解答】

(1)
$$\begin{cases} f_1(x)=1,\ f_2(x)=2x, \\ f_{n+1}(x)=2xf_n(x)-f_{n-1}(x). \end{cases} \quad\cdots\cdots\text{①}$$

$$f_n(\cos\theta)=\frac{\sin n\theta}{\sin\theta}. \quad\cdots\cdots\text{②}$$

② が成り立つことを数学的帰納法で示す．

(I) $n=1$ のとき

$f_1(x)=1$ より，$f_1(\cos\theta)=1=\dfrac{\sin\theta}{\sin\theta}$ となり，② は成り立つ．

$n=2$ のとき

$f_2(x)=2x$ より，$f_2(\cos\theta)=2\cos\theta=\dfrac{\sin2\theta}{\sin\theta}$ となり成り立つ．

(II) $n=k-1,\ n=k$ のとき ② が成り立つとする．すなわち，
$$f_{k-1}(\cos\theta)=\frac{\sin(k-1)\theta}{\sin\theta},\quad f_k(\cos\theta)=\frac{\sin k\theta}{\sin\theta}.$$

① より
$$\begin{aligned}
f_{k+1}(\cos\theta)&=2\cos\theta f_k(\cos\theta)-f_{k-1}(\cos\theta) \\
&=\frac{2\cos\theta\sin k\theta}{\sin\theta}-\frac{\sin(k-1)\theta}{\sin\theta} \\
&=\frac{\sin(k+1)\theta+\sin(k-1)\theta}{\sin\theta}-\frac{\sin(k-1)\theta}{\sin\theta} \\
&=\frac{\sin(k+1)\theta}{\sin\theta}.
\end{aligned}$$

$\Leftarrow\ \sin\alpha\cos\beta=\dfrac{1}{2}\{\sin(\alpha+\beta)+\sin(\alpha-\beta)\}$

よって，$n=k+1$ のときも ② は成り立つ．

(I)，(II) より ② はすべての正の整数 n に対して成り立つ．

(2) まず，「$f_n(x)$ が $n-1$ 次の多項式である．」 $\quad\cdots\cdots\text{③}$

ことを数学的帰納法で示しておく．

(I) $n=1,\ 2$ のとき

$f_1(x)=1,\ f_2(x)=2x$ より ③ は成り立つ．

(II) $n=k-1,\ k$ のとき，③ が成り立つとする．① より

$$f_{k+1}(x)=2xf_k(x)-f_{k-1}(x)$$

$$= (k\text{ 次式}) - (k-2\text{ 次式})$$
$$= (k\text{ 次式}).$$

よって，$n=k+1$ のときも ③ は成り立つ．

(I), (II) より ③ は成り立つ．

(3)も考慮して，$f_n(x)=0$ の解 $\alpha_1,\ \alpha_2,\ \cdots,\ \alpha_{n-1}$ を求める．
$x=\cos\theta\ (0<\theta<\pi)$ とおくと，② より，

$$f_n(x)=0 \iff f_n(\cos\theta)=\frac{\sin n\theta}{\sin\theta}=0$$
$$\iff \sin n\theta=0\ \cdots\cdots ④\quad \text{かつ}\quad \sin\theta\ne 0.\ \cdots\cdots ⑤$$

$0<n\theta<n\pi$ であるから，④ より $n\theta=\pi,\ 2\pi,\ \cdots,\ (n-1)\pi$.

$\therefore\ \theta=\dfrac{\pi}{n},\ \dfrac{2\pi}{n},\ \cdots,\ \dfrac{(n-1)\pi}{n}$．（これらは ⑤ も満たす．）

よって，$x=\cos\dfrac{\pi}{n},\ \cos\dfrac{2\pi}{n},\ \cdots,\ \cos\dfrac{(n-1)\pi}{n}$．

$0<\dfrac{\pi}{n}<\dfrac{2\pi}{n}<\cdots<\dfrac{(n-1)\pi}{n}<\pi$ より

$$1>\cos\dfrac{\pi}{n}>\cos\dfrac{2\pi}{n}>\cdots>\cos\dfrac{(n-1)\pi}{n}>-1$$

となり，これらはすべて異なるから，これらが $n-1$ 次方程式 $f_n(x)=0$ のすべての解である．ゆえに，

$$\alpha_1=\cos\dfrac{\pi}{n},\ \alpha_2=\cos\dfrac{2\pi}{n},\ \cdots,\ \alpha_{n-1}=\cos\dfrac{(n-1)\pi}{n}.\ \cdots\cdots ⑥$$

よって，$n=12$ のとき $f_{12}(x)=0$ の正の解は

$$\alpha_1=\cos\dfrac{\pi}{12},\ \alpha_2=\cos\dfrac{2\pi}{12},\ \alpha_3=\cos\dfrac{3\pi}{12},\ \alpha_4=\cos\dfrac{4\pi}{12},\ \alpha_5=\cos\dfrac{5\pi}{12}$$

の5つである．したがって，これらの和は

$$\alpha_1+\alpha_2+\alpha_3+\alpha_4+\alpha_5=\cos\dfrac{\pi}{12}+\cos\dfrac{\pi}{6}+\cos\dfrac{\pi}{4}+\cos\dfrac{\pi}{3}+\cos\dfrac{5\pi}{12}$$
$$=\left(\cos\dfrac{\pi}{12}+\cos\dfrac{5\pi}{12}\right)+\dfrac{\sqrt{3}}{2}+\dfrac{\sqrt{2}}{2}+\dfrac{1}{2}$$
$$=2\cos\dfrac{\pi}{4}\cos\dfrac{\pi}{6}+\dfrac{\sqrt{3}+\sqrt{2}+1}{2}$$
$$=2\cdot\dfrac{\sqrt{2}}{2}\cdot\dfrac{\sqrt{3}}{2}+\dfrac{\sqrt{3}+\sqrt{2}+1}{2}$$
$$=\dfrac{1}{2}(\sqrt{6}+\sqrt{3}+\sqrt{2}+1).$$

⇐ $\cos A+\cos B = 2\cos\dfrac{A+B}{2}\cos\dfrac{A-B}{2}$

(3) 求める面積を S とおくと，(2)の ⑥ より

$$S=\int_{\alpha_{k+1}}^{\alpha_k}|f_n(x)|\,dx=\left|\int_{\alpha_{k+1}}^{\alpha_k}f_n(x)\,dx\right|$$

$x=\cos\theta$ とおくと，$dx=-\sin\theta\,d\theta$，

x	α_{k+1}	$\to$	α_k
θ	$\dfrac{(k+1)\pi}{n}$	$\to$	$\dfrac{k\pi}{n}$

より

$$S=\left|\int_{\frac{(k+1)\pi}{n}}^{\frac{k\pi}{n}} f_n(\cos\theta)(-\sin\theta)\,d\theta\right|$$

$$=\left|\int_{\frac{k\pi}{n}}^{\frac{(k+1)\pi}{n}} \sin n\theta\,d\theta\right| \quad \text{(② より)}$$

$$=\left|\left[-\frac{1}{n}\cos n\theta\right]_{\frac{k\pi}{n}}^{\frac{(k+1)\pi}{n}}\right|$$

$$=\frac{1}{n}|\cos k\pi-\cos(k+1)\pi|$$

$$=\frac{1}{n}\left|(-1)^k-(-1)^{k+1}\right|=\frac{2}{n}.$$

(解説)

面積 S は次のように計算してもよいです.

$y=|\sin n\theta|$ は周期が $\dfrac{\pi}{n}$ であるから

$$S=\left|\int_{\frac{k\pi}{n}}^{\frac{(k+1)\pi}{n}} \sin n\theta\,d\theta\right|$$

$$=\int_{\frac{k\pi}{n}}^{\frac{(k+1)\pi}{n}} |\sin n\theta|\,d\theta$$

$$=\int_0^{\frac{\pi}{n}} |\sin n\theta|\,d\theta$$

$$=\int_0^{\frac{\pi}{n}} \sin n\theta\,d\theta$$

$$=\left[-\frac{1}{n}\cos n\theta\right]_0^{\frac{\pi}{n}}=\frac{2}{n}$$

(p116 参照)

〈参考〉

$$\cos n\theta = T_n(\cos\theta),\quad \frac{\sin n\theta}{\sin\theta}=U_n(\cos\theta)$$

を満たす n 次の多項式 $T_n(x)$, $n-1$ 次の多項式 $U_n(x)$ が存在します. $T_n(x)$ を(第1種)チェビシェフ多項式, $U_n(x)$ を(第2種)チェビシェフ多項式といいます. これらは次の漸化式を満たします.

$$T_1(x)=x,\ T_2(x)=2x^2-1,\ T_{n+1}(x)=2xT_n(x)-T_{n-1}(x),$$
$$U_1(x)=1,\ U_2(x)=2x,\ U_{n+1}(x)=2xU_n(x)-U_{n-1}(x).$$

なお『医学部攻略の数学 I・A・II・B』の問題 31 も参照して下さい.

類題 38

多項式の列 $f_n(x)$, $n=0, 1, 2, \cdots$ が, $f_0(x)=2$, $f_1(x)=x$,
$$f_n(x)=xf_{n-1}(x)-f_{n-2}(x), \quad (n=2, 3, 4, \cdots\cdots)$$
を満たすとする.

(1) $f_n(2\cos\theta)=2\cos n\theta$, $(n=0, 1, 2, \cdots)$ であることを示せ.

(2) $n\geqq 2$ のとき, 方程式 $f_n(x)=0$ の $|x|\leqq 2$ における最大の実数解を x_n とおく. このとき, $\displaystyle\int_{x_n}^{2} f_n(x)\,dx$ の値を求めよ.

(3) $\displaystyle\lim_{n\to\infty} n^2 \int_{x_n}^{2} f_n(x)\,dx$ の値を求めよ.

(名古屋大 [医])

110　第4章　微分・積分総合

問題 39 体積の評価と極限

曲線 $y = \sin x$ $(0 \leqq x \leqq \pi)$ を x 軸のまわりに回転させてできる立体 K を考える．この K を x 軸に垂直な $2n-1$ 個の平面によって $2n$ 個の部分に分割し，分割されたおのおのの部分の体積が等しいようにする．これらの平面が x 軸と交わる点の x 座標のうち $\dfrac{\pi}{2}$ より小さく $\dfrac{\pi}{2}$ に最も近いものを a_n とする．

(1) K の体積を求めよ．

(2) $\displaystyle\lim_{n\to\infty} n\left(\dfrac{\pi}{2} - a_n\right)$ を求めよ．

（大阪大［医］，東京大（後），芝浦工業大）

【解答】

(1) K の体積を V とする．
$$V = \pi \int_0^\pi \sin^2 x\, dx = \pi \int_0^\pi \frac{1-\cos 2x}{2} dx$$
$$= \frac{\pi}{2}\left[x - \frac{1}{2}\sin 2x\right]_0^\pi = \frac{\pi^2}{2}.$$

(2) 【解答1】《評価》
$$\pi \int_{a_n}^{\frac{\pi}{2}} \sin^2 x\, dx = \frac{V}{2n} = \frac{\pi^2}{4n}. \quad \cdots\cdots ①$$

$0 < a_n < \dfrac{\pi}{2}$ であるから，$a_n \leqq x \leqq \dfrac{\pi}{2}$ において $y = \sin x$ は単調増加である．よって，
$$\sin a_n \leqq \sin x \leqq 1.$$
$$\therefore \int_{a_n}^{\frac{\pi}{2}} \pi \sin^2 a_n\, dx < \int_{a_n}^{\frac{\pi}{2}} \pi \sin^2 x\, dx < \int_{a_n}^{\frac{\pi}{2}} \pi \cdot 1^2\, dx.$$

これに ① を代入して
$$\pi\left(\frac{\pi}{2} - a_n\right)\sin^2 a_n < \frac{\pi^2}{4n} < \pi\left(\frac{\pi}{2} - a_n\right).$$
$$\therefore \left(\frac{\pi}{2} - a_n\right)\sin^2 a_n < \frac{\pi}{4n} < \frac{\pi}{2} - a_n.$$
$$\therefore \frac{\pi}{4} < n\left(\frac{\pi}{2} - a_n\right) < \frac{\pi}{4\sin^2 a_n}.$$

① より，$n \to \infty$ のとき $a_n \to \dfrac{\pi}{2}$ であるから，
$$\lim_{n\to\infty} \frac{\pi}{4\sin^2 a_n} = \frac{\pi}{4}.$$

よって，はさみうちの原理より，
$$\lim_{n\to\infty} n\left(\frac{\pi}{2} - a_n\right) = \frac{\pi}{4}.$$

体積 $\displaystyle\int_{a_n}^{\frac{\pi}{2}} \pi \sin^2 x\, dx$ を2つの円柱の体積で評価しました．

【解答2】《積分における平均値の定理》

積分における平均値の定理より，① の左辺において
$$\int_{a_n}^{\frac{\pi}{2}} \pi \sin^2 x\, dx = \left(\frac{\pi}{2} - a_n\right)\pi \sin^2 c_n \quad \left(a_n < c_n < \frac{\pi}{2}\right)$$
を満たす c_n が存在するから

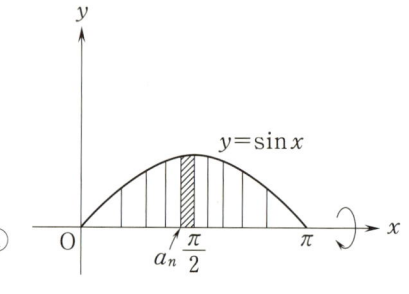

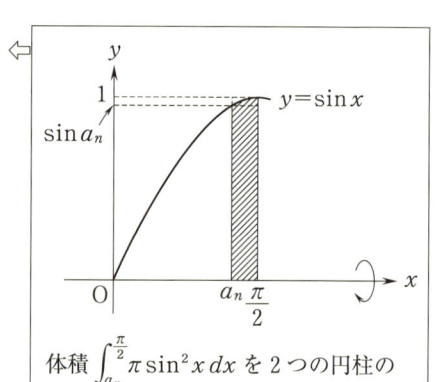

$$\left(\frac{\pi}{2}-a_n\right)\sin^2 c_n=\frac{\pi}{4n}, \quad \text{すなわち} \quad n\left(\frac{\pi}{2}-a_n\right)=\frac{\pi}{4\sin^2 c_n}.$$

① より，$n\to\infty$ のとき $a_n\to\dfrac{\pi}{2}$ であるから，$c_n\to\dfrac{\pi}{2}$.

よって， $\displaystyle\lim_{n\to\infty} n\left(\frac{\pi}{2}-a_n\right)=\frac{\pi}{4}$.

【解答3】《$\displaystyle\lim_{\theta\to 0}\frac{\sin\theta}{\theta}=1$ の利用》

① より
$$\frac{\pi}{2}\left[x-\frac{1}{2}\sin 2x\right]_{a_n}^{\frac{\pi}{2}}=\frac{\pi^2}{4n}$$
$$\iff \frac{\pi}{2}\left(\frac{\pi}{2}-a_n+\frac{1}{2}\sin 2a_n\right)=\frac{\pi^2}{4n}$$
$$\iff \frac{\pi}{2}-a_n+\frac{1}{2}\sin 2a_n=\frac{\pi}{2n}$$
$$\iff n\left(\frac{\pi}{2}-a_n\right)+\frac{n}{2}\sin 2a_n=\frac{\pi}{2}. \quad \cdots\cdots ②$$

ここで，〜〜 の部分を
$$\frac{n}{2}\sin 2a_n=\frac{n}{2}(\pi-2a_n)\cdot\frac{\sin(\pi-2a_n)}{\pi-2a_n}$$
$$=n\left(\frac{\pi}{2}-a_n\right)\cdot\frac{\sin(\pi-2a_n)}{\pi-2a_n}$$

と変形し，$\theta_n=\pi-2a_n$ とおくと，② より
$$n\left(\frac{\pi}{2}-a_n\right)+n\left(\frac{\pi}{2}-a_n\right)\frac{\sin\theta_n}{\theta_n}=\frac{\pi}{2}.$$
$$\therefore\quad n\left(\frac{\pi}{2}-a_n\right)=\frac{\pi}{2}\cdot\frac{1}{1+\dfrac{\sin\theta_n}{\theta_n}}. \quad \cdots\cdots ③$$

⇦ ① より $n\to\infty$ のとき $a_n\to\dfrac{\pi}{2}$ であるから② 式の 〜〜 の部分は $\infty\times 0$ の不定形です．
そこで $\dfrac{\sin\theta}{\theta}\,(\theta\to 0)$ の形を作るため 〜〜 の部分を変形します．

① より，$n\to\infty$ のとき $a_n\to\dfrac{\pi}{2}$ であるから，$\theta_n\to 0$ より，

$$\lim_{n\to\infty}\frac{\sin\theta_n}{\theta_n}=1.$$

したがって，③ より $\displaystyle\lim_{n\to\infty} n\left(\frac{\pi}{2}-a_n\right)=\frac{\pi}{4}$.

(解説)

1 具体的に求められない面積を長方形や台形の面積と比較したり（問題42，43），具体的に求められない体積を円柱や円錐の体積と比較することは重要な発想なので，しっかりと身につけましょう．

2 [積分における平均値の定理]

$a\leqq x\leqq b$ において $f(x)$ は連続とする．
$\displaystyle\int_a^b f(x)\,dx=(b-a)f(c),\ a\leqq c\leqq b$
を満たす c が存在する．

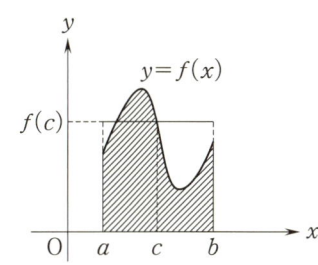

[証明]

$a \leqq x \leqq b$ における $f(x)$ の最大値を M,最小値を m とすると,
$m \leqq f(x) \leqq M$ より,

$$\int_a^b m\,dx \leqq \int_a^b f(x)\,dx \leqq \int_a^b M\,dx.$$

$$(b-a)m \leqq \int_a^b f(x)\,dx \leqq (b-a)M.$$

$$\therefore \quad m \leqq \frac{1}{b-a}\int_a^b f(x)\,dx \leqq M.$$

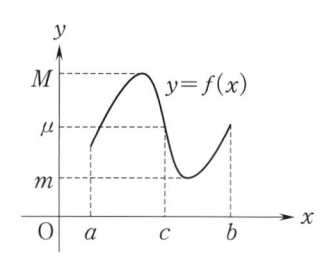

$\mu = \dfrac{1}{b-a}\displaystyle\int_a^b f(x)\,dx$ とおくと,$m \leqq \mu \leqq M$.

よって,中間値の定理より $\mu = f(c)$,$a \leqq c \leqq b$ となる c が存在するから

$$\frac{1}{b-a}\int_a^b f(x)\,dx = f(c).$$

> 類題 **39** [面積の評価と極限]
>
> 数列 $\{c_n\}\,(n=1,\ 2,\ \cdots)$ は
> $$1 \leqq c_n < 2,\quad \int_{c_n}^{2} \log x\,dx = \frac{1}{n}\int_{1}^{2} \log x\,dx$$
> を満たすものとする．このとき，$\displaystyle\lim_{n\to\infty} n(2-c_n)$ が存在するとして，その値を求めよ．
>
> (名古屋工業大)

問題 40 $\lim_{n\to\infty}\int_0^\pi f(x)|\sin nx|\,dx$

n は正の整数とし，曲線 $y=e^{-x}\sin nx\,(0\leqq x\leqq\pi)$ と x 軸によって囲まれる部分の面積を S_n とする．

(1) S_1 を求めよ．
(2) S_n を求めよ．
(3) $\lim_{n\to\infty}S_n$ を求めよ．

(昭和大［医］)

[考え方]

[$\int_0^\pi f(x)|\sin nx|\,dx$ のタイプの積分の計算手順]

$S_n=\int_0^\pi f(x)|\sin nx|\,dx$ とおき，$\theta=nx$ とおくと，

$$S_n=\frac{1}{n}\int_0^{n\pi}f\left(\frac{\theta}{n}\right)|\sin\theta|\,d\theta=\frac{1}{n}\sum_{k=0}^{n-1}\int_{k\pi}^{(k+1)\pi}f\left(\frac{\theta}{n}\right)|\sin\theta|\,d\theta.$$

$I_k=\int_{k\pi}^{(k+1)\pi}f\left(\frac{\theta}{n}\right)|\sin\theta|\,d\theta$ とおくと $S_n=\frac{1}{n}\sum_{k=0}^{n-1}I_k$．

I_k において積分区間を $0\leqq\theta\leqq\pi$ に平行移動するため $t=\theta-k\pi$ とおくと

$$I_k=\int_0^\pi f\left(\frac{t+k\pi}{n}\right)|\sin(t+k\pi)|\,dt=\int_0^\pi f\left(\frac{t+k\pi}{n}\right)|\sin t|\,dt=\int_0^\pi f\left(\frac{t+k\pi}{n}\right)\sin t\,dt.$$

【解答】

(1) $S_1=\int_0^\pi e^{-x}\sin x\,dx$．

ここで

$$I=\int e^{-x}\sin x\,dx,\quad J=\int e^{-x}\cos x\,dx$$

とおくと，部分積分法により

$$\begin{cases}I=-e^{-x}\sin x+J,\\ J=-e^{-x}\cos x-I.\end{cases}\quad\therefore\quad\begin{cases}I-J=-e^{-x}\sin x,\\ I+J=-e^{-x}\cos x.\end{cases}$$

$$\therefore\quad I=-\frac{e^{-x}}{2}(\cos x+\sin x)+C.$$

よって，

$$S_1=\left[-\frac{e^{-x}}{2}(\cos x+\sin x)\right]_0^\pi=\frac{e^{-\pi}+1}{2}.$$

$y=e^{-x}\sin x$ は減衰曲線

(2) $S_n=\int_0^\pi e^{-x}|\sin nx|\,dx$．

$\theta=nx$ とおくと，$d\theta=n\,dx$　$\begin{array}{c|ccc}x & 0 & \to & \pi \\ \hline \theta & 0 & \to & n\pi\end{array}$　より，

$$S_n=\frac{1}{n}\int_0^{n\pi}e^{-\frac{\theta}{n}}|\sin\theta|\,d\theta=\frac{1}{n}\sum_{k=0}^{n-1}\int_{k\pi}^{(k+1)\pi}e^{-\frac{\theta}{n}}|\sin\theta|\,d\theta.$$

$I_k=\int_{k\pi}^{(k+1)\pi}e^{-\frac{\theta}{n}}|\sin\theta|\,d\theta$ とおくと，

$$S_n=\frac{1}{n}\sum_{k=0}^{n-1}I_k.\qquad\cdots\cdots\text{①}$$

さらに，I_k において $t=\theta-k\pi$ とおくと，

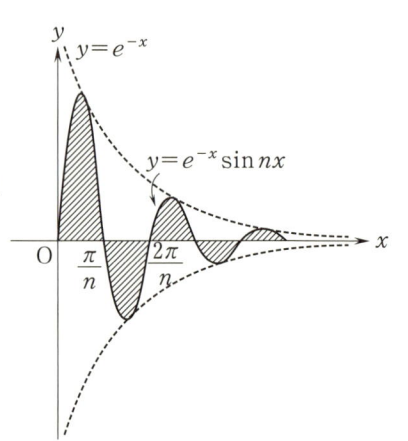

$$I_k = \int_0^\pi e^{-\frac{t+k\pi}{n}} |\sin(t+k\pi)|\,dt$$
$$= e^{-\frac{k\pi}{n}} \int_0^\pi e^{-\frac{t}{n}} |\sin t|\,dt = e^{-\frac{k\pi}{n}} I_0. \qquad \cdots\cdots ②$$

よって，$I_k = I_0 (e^{-\frac{\pi}{n}})^k$ となるから数列 $\{I_k\}$ は初項が I_0，公比 $e^{-\frac{\pi}{n}}$ の等比数列である．

ゆえに，$I_0 = \int_0^\pi e^{-\frac{t}{n}} |\sin t|\,dt = \int_0^\pi e^{-\frac{t}{n}} \sin t\,dt$ の値を求めればよい．

$A = \int_0^\pi e^{-\frac{t}{n}} \sin t\,dt$, $B = \int_0^\pi e^{-\frac{t}{n}} \cos t\,dt$ とおくと，部分積分法により

$$A = \left[-n e^{-\frac{t}{n}} \sin t \right]_0^\pi + n \int_0^\pi e^{-\frac{t}{n}} \cos t\,dt$$
$$= nB. \qquad \cdots\cdots ③$$
$$B = \left[-n e^{-\frac{t}{n}} \cos t \right]_0^\pi - n \int_0^\pi e^{-\frac{t}{n}} \sin t\,dt$$
$$= n(e^{-\frac{\pi}{n}}+1) - nA. \qquad \cdots\cdots ④$$

③と④より B を消去して
$$A = n^2(e^{-\frac{\pi}{n}}+1) - n^2 A.$$

よって，
$$I_0 = A = \frac{n^2}{n^2+1}(e^{-\frac{\pi}{n}}+1). \qquad \cdots\cdots ⑤$$

ゆえに，①，②，⑤より
$$S_n = \frac{1}{n} \sum_{k=0}^{n-1} I_0 (e^{-\frac{\pi}{n}})^k = \frac{I_0}{n} \cdot \frac{1-(e^{-\frac{\pi}{n}})^n}{1-e^{-\frac{\pi}{n}}} = \frac{I_0}{n} \cdot \frac{1-e^{-\pi}}{1-e^{-\frac{\pi}{n}}}$$
$$= \frac{n}{n^2+1}(e^{-\frac{\pi}{n}}+1) \cdot \frac{1-e^{-\pi}}{1-e^{-\frac{\pi}{n}}} = \frac{n}{n^2+1} \cdot \frac{e^{\frac{\pi}{n}}+1}{e^{\frac{\pi}{n}}-1}(1-e^{-\pi}).$$

(3) $h = \dfrac{\pi}{n}$ とおくと，$n \to \infty$ のとき $h \to 0$ であるから，

$$\lim_{n\to\infty} S_n = \lim_{h\to 0} \frac{\frac{\pi}{h}}{\frac{\pi^2}{h^2}+1} \cdot \frac{e^h+1}{e^h-1}(1-e^{-\pi})$$
$$= \lim_{h\to 0} \frac{\pi h}{\pi^2+h^2} \cdot \frac{e^h+1}{e^h-1}(1-e^{-\pi})$$
$$= \lim_{h\to 0} \frac{\pi}{\pi^2+h^2} \cdot \frac{e^h+1}{\frac{e^h-1}{h}}(1-e^{-\pi})$$
$$= \frac{2(1-e^{-\pi})}{\pi}.$$

$\Leftarrow$ $\displaystyle\lim_{h\to 0} \frac{e^h-1}{h} = 1$
問題5を参照

(解説)

1 積分 $I = \int e^{ax} \sin bx$ を求めるときは【解答】の中のように $I = \int e^{ax} \sin bx\,dx$ と $J = \int e^{ax} \cos bx\,dx$ をペアと考えるとよいです．なお，積の微分法を用いると次のようになります．

$$\begin{cases} (e^{ax} \sin bx)' = a e^{ax} \sin bx + b e^{ax} \cos bx, & \cdots\cdots ① \\ (e^{ax} \cos bx)' = a e^{ax} \cos bx - b e^{ax} \sin bx. & \cdots\cdots ② \end{cases}$$

①×aーー②×b より,
$$a(e^{ax}\sin bx)' - b(e^{ax}\cos bx)' = (a^2+b^2)e^{ax}\sin bx.$$
$$\left\{\frac{1}{a^2+b^2}(ae^{ax}\sin bx - be^{ax}\cos bx)\right\}' = e^{ax}\sin bx.$$
∴ $\displaystyle\int e^{ax}\sin bx\,dx = \frac{1}{a^2+b^2}e^{ax}(a\sin bx - b\cos bx) + C.$ (ただし $a^2+b^2 \neq 0$)

2 (2)より,
$$I_k = \int_{k\pi}^{(k+1)\pi} e^{-\frac{\theta}{n}}|\sin\theta|\,d\theta\ (k=0,\ 1,\ 2,\ \cdots,\ n-1)$$
は等比数列をなします.

(発展)
(3)は次のように区分求積法を用いてもできます.
$f(x) = e^{-x}$ とおくと, $S_n = \displaystyle\int_0^\pi f(x)|\sin nx|\,dx$
$\sin nx = 0$ とすると, $0 \leq x \leq \pi$ より $0 \leq nx \leq n\pi$ であるから
$nx = 0,\ \pi,\ 2\pi,\ \cdots,\ n\pi$ ∴ $x = 0,\ \dfrac{\pi}{n},\ \dfrac{2\pi}{n},\ \cdots,\ \dfrac{n\pi}{n}$
よって,
$$S_n = \sum_{k=1}^n \int_{\frac{k-1}{n}\pi}^{\frac{k}{n}\pi} f(x)|\sin nx|\,dx.$$
$I_k = \displaystyle\int_{\frac{k-1}{n}\pi}^{\frac{k}{n}\pi} f(x)|\sin nx|\,dx$ とおくと $S_n = \displaystyle\sum_{k=1}^n I_k.$ ……①

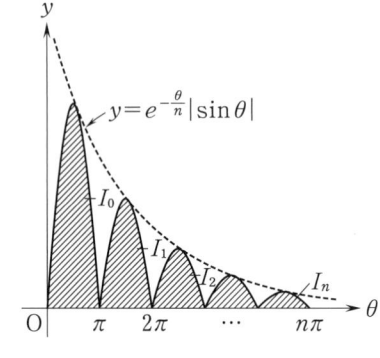

I_k を評価する.
$f(x)$ は単調減少であるから $\dfrac{k-1}{n}\pi \leq x \leq \dfrac{k}{n}\pi$ において
$$f\left(\frac{k}{n}\pi\right) \leq f(x) \leq f\left(\frac{k-1}{n}\pi\right).$$
∴ $f\left(\dfrac{k}{n}\pi\right)|\sin nx| \leq f(x)|\sin nx| \leq f\left(\dfrac{k-1}{n}\pi\right)|\sin nx|.$

$\dfrac{k-1}{n}\pi \leq x \leq \dfrac{k}{n}\pi$ で辺々を積分すると,
$$f\left(\frac{k}{n}\pi\right)\int_{\frac{k-1}{n}\pi}^{\frac{k}{n}\pi}|\sin nx|\,dx \leq I_k \leq f\left(\frac{k-1}{n}\pi\right)\int_{\frac{k-1}{n}\pi}^{\frac{k}{n}\pi}|\sin nx|\,dx. \quad \cdots\cdots②$$

$y = |\sin nx|$ は周期 $\dfrac{\pi}{n}$ の関数であるから,
$$\int_{\frac{k-1}{n}\pi}^{\frac{k}{n}\pi}|\sin nx|\,dx = \int_0^{\frac{\pi}{n}}|\sin nx|\,dx$$
$$= \int_0^{\frac{\pi}{n}}\sin nx\,dx$$
$$= \left[-\frac{1}{n}\cos nx\right]_0^{\frac{\pi}{n}} = \frac{2}{n}.$$

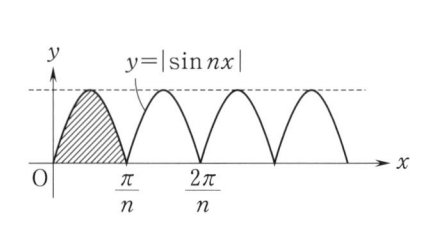

よって, ②より $\dfrac{2}{n}f\left(\dfrac{k}{n}\pi\right) \leq I_k \leq \dfrac{2}{n}f\left(\dfrac{k-1}{n}\pi\right).$

したがって, ①より $\dfrac{2}{n}\displaystyle\sum_{k=1}^n f\left(\dfrac{k}{n}\pi\right) \leq S_n \leq \dfrac{2}{n}\displaystyle\sum_{k=1}^n f\left(\dfrac{k-1}{n}\pi\right).$

$\displaystyle\lim_{n\to\infty}\frac{2}{n}\sum_{k=1}^n f\left(\frac{k}{n}\pi\right) = \lim_{n\to\infty}\frac{2}{\pi}\sum_{k=1}^n \frac{\pi}{n}f\left(\frac{k}{n}\pi\right)$

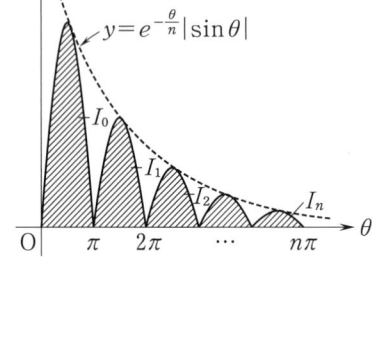

⇐ 区分求積法
$0 < x \leq \pi$ を n 等分している.

$$= \frac{2}{\pi}\int_0^\pi f(x)\,dx.$$

同様に,
$$\lim_{n\to\infty}\frac{2}{n}\sum_{k=1}^{n}f\left(\frac{k-1}{n}\pi\right)=\lim_{n\to\infty}\frac{2}{\pi}\sum_{k'=0}^{n-1}\frac{\pi}{n}f\left(\frac{k'}{n}\pi\right) \quad (k'=k-1 \text{ とおいた})$$
$$=\frac{2}{\pi}\int_0^\pi f(x)\,dx.$$

よって,はさみうちの原理より
$$\lim_{n\to\infty}S_n=\lim_{n\to\infty}\int_0^\pi f(x)|\sin nx|\,dx=\frac{2}{\pi}\int_0^\pi f(x)\,dx. \qquad \cdots\cdots \text{☆}$$

$f(x)=e^{-x}$ より
$$\lim_{n\to\infty}S_n=\frac{2}{\pi}\int_0^\pi e^{-x}\,dx=\frac{2}{\pi}\Big[-e^{-x}\Big]_0^\pi=\frac{2}{\pi}(1-e^{-\pi}).$$

上の☆と同じようにして次の定理が得られます.

> $f(x)$ が $[0,\ \pi]$ で連続ならば,
> $$\lim_{n\to\infty}\int_0^\pi f(x)|\sin nx|\,dx=\frac{2}{\pi}\int_0^\pi f(x)\,dx.$$

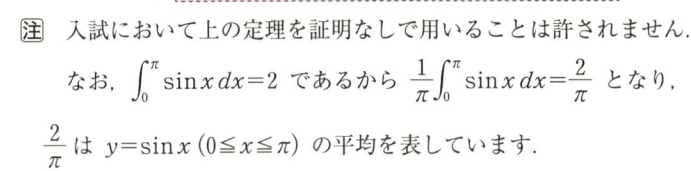

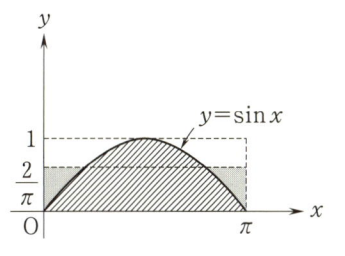

注 入試において上の定理を証明なしで用いることは許されません.

なお, $\int_0^\pi \sin x\,dx=2$ であるから $\frac{1}{\pi}\int_0^\pi \sin x\,dx=\frac{2}{\pi}$ となり,
$\frac{2}{\pi}$ は $y=\sin x\,(0\leqq x\leqq \pi)$ の平均を表しています.

[区分求積法]

区間 $0\leqq x\leqq 1$ を n 等分して, $0<\frac{1}{n}<\frac{2}{n}<\cdots<\frac{n}{n}=1$ とおくと,
$$\lim_{n\to\infty}\sum_{k=1}^{n}\frac{1}{n}f\left(\frac{k}{n}\right)=\lim_{n\to\infty}\sum_{k=0}^{n-1}\frac{1}{n}f\left(\frac{k}{n}\right)=\int_0^1 f(x)\,dx.$$

区間 $0\leqq x\leqq a$ を n 等分して, $0<\frac{a}{n}<\frac{2a}{n}<\cdots<\frac{na}{n}=a$ とおくと,
$$\lim_{n\to\infty}\sum_{k=1}^{n}\frac{a}{n}f\left(\frac{ka}{n}\right)=\lim_{n\to\infty}\sum_{k=0}^{n-1}\frac{a}{n}f\left(\frac{ka}{n}\right)=\int_0^a f(x)\,dx.$$

類題 40

n を自然数とする.
$$\lim_{n\to\infty}\int_0^\pi x^2|\sin nx|\,dx$$
を求めよ.

(東京工業大)

問題 41 格子点の個数の評価

自然数 n に対して，集合
$$D=\{(x, y) | x, y は整数で y \geq x^2 かつ y \leq n\}$$
の要素の個数を S_n とする．このとき，$\displaystyle\lim_{n\to\infty}\frac{S_n}{n^{\frac{3}{2}}}$ を求めよ．

(信州大 [医] 改)

[考え方]

1 [格子点の個数の求め方]

xy 平面の領域 D に含まれる格子点の個数を求めるには，次の手順を踏めばよいです．

(i) まず直線 $x=k$ または $y=k$ 上の格子点の個数を数える．それを a_k 個とする．

(ii) $1 \leq k \leq n$ ならば （全体の個数）$=\displaystyle\sum_{k=1}^{n} a_k$．

2 ガウス記号

x を超えない最大整数を $[x]$ で表し，ガウス記号といいます．
ガウス記号 $[x]$ に対して，次の重要な不等式が成り立ちます．

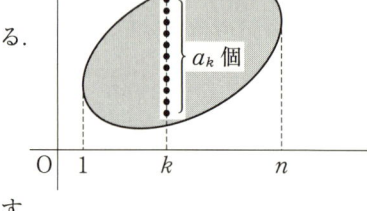

$$x-1 < [x] \leq x$$

【解答1】《$y=$ 一定》

$D=\{(x, y) | x^2 \leq y \leq n, \ x, \ y は整数\}$．

D に属する y の値は，

$y=0, \ 1, \ 2, \ \cdots, \ n$．

$y=k \ (k=0, \ 1, \ 2, \ \cdots, \ n)$ のとき，x のとり得る値の範囲は，

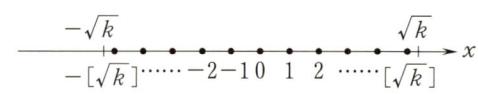

$-\sqrt{k} \leq x \leq \sqrt{k}$．

これを満たす整数 x の個数は，$2[\sqrt{k}]+1$ 個．

よって，$S_n = \displaystyle\sum_{k=0}^{n}\{2[\sqrt{k}]+1\}$．

ここで，$\sqrt{k}-1 < [\sqrt{k}] \leq \sqrt{k}$ であるから，

$$\sum_{k=0}^{n}(2\sqrt{k}-1) < S_n \leq \sum_{k=0}^{n}(2\sqrt{k}+1).$$

$\therefore \ 2\displaystyle\sum_{k=1}^{n}\sqrt{k}-n-1 < S_n \leq 2\sum_{k=1}^{n}\sqrt{k}+n+1$．

辺々を $n^{\frac{3}{2}}$ で割って

$$2\cdot\frac{1}{n}\sum_{k=1}^{n}\sqrt{\frac{k}{n}}-\frac{1}{\sqrt{n}}-\frac{1}{n^{\frac{3}{2}}} < \frac{S_n}{n^{\frac{3}{2}}} \leq 2\cdot\frac{1}{n}\sum_{k=1}^{n}\sqrt{\frac{k}{n}}+\frac{1}{\sqrt{n}}+\frac{1}{n^{\frac{3}{2}}}.$$

$\displaystyle\lim_{n\to\infty}\frac{1}{n}\sum_{k=1}^{n}\sqrt{\frac{k}{n}} = \int_0^1 \sqrt{x}\, dx = \left[\frac{2}{3}x^{\frac{3}{2}}\right]_0^1 = \frac{2}{3}$

であるから，はさみうちの原理より，

$$\lim_{n\to\infty}\frac{S_n}{n^{\frac{3}{2}}} = \frac{4}{3}.$$

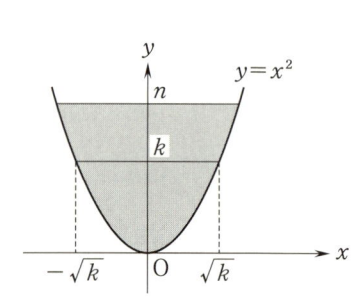

【解答 2】《$x=$ 一定》

$N=[\sqrt{n}]$ とおく．直線 $x=k\,(-N\leqq k\leqq N)$ 上の格子点の個数は，$k^2\leqq y\leqq n$ より $n-k^2+1$ 個であるから

$$S_n=\sum_{k=-N}^{N}(n-k^2+1)$$

$$=(n+1)+2\sum_{k=1}^{N}\{(n+1)-k^2\} \quad \Leftarrow \text{y 軸に関する対称性より}$$

$$=(n+1)+2(n+1)N-\frac{1}{3}N(N+1)(2N+1)$$

$$=(n+1)(2N+1)-\frac{1}{3}N(N+1)(2N+1).$$

よって

$$\frac{S_n}{n^{\frac{3}{2}}}=\left(1+\frac{1}{n}\right)\left(2\frac{N}{\sqrt{n}}+\frac{1}{\sqrt{n}}\right)-\frac{1}{3}\frac{N}{\sqrt{n}}\left(\frac{N}{\sqrt{n}}+\frac{1}{\sqrt{n}}\right)\left(2\frac{N}{\sqrt{n}}+\frac{1}{\sqrt{n}}\right). \quad \cdots\cdots ①$$

ガウス記号 $[x]$ に対して $x-1<[x]\leqq x$ が成り立つから

$$\sqrt{n}-1<N\leqq\sqrt{n},$$

$$1-\frac{1}{\sqrt{n}}<\frac{N}{\sqrt{n}}\leqq 1.$$

よって，

$$\lim_{n\to\infty}\frac{N}{\sqrt{n}}=1. \quad \cdots\cdots ②$$

①，② より

$$\lim_{n\to\infty}\frac{S_n}{n^{\frac{3}{2}}}=2-\frac{2}{3}=\frac{4}{3}.$$

〈参考〉

D の面積を T_n とすると，

$$T_n=\int_{-\sqrt{n}}^{\sqrt{n}}(n-x^2)\,dx=\frac{1}{6}\{\sqrt{n}-(-\sqrt{n})\}^3=\frac{4}{3}n^{\frac{3}{2}}$$

よって，$\lim_{n\to\infty}\dfrac{S_n}{T_n}=1$ となります．

類題 41

n を自然数とする．xy 平面内の，原点を中心とする半径 n の円の内部と周をあわせたものを C_n で表す．次の条件（*）を満たす 1 辺の長さが 1 の正方形の数を $N(n)$ とする．

（*） 正方形の 4 頂点はすべて C_n に含まれ，4 頂点の x および y 座標はすべて整数である．

このとき，

$$\lim_{n\to\infty}\frac{N(n)}{n^2}=\pi$$

を証明せよ．

(京都大 [医] 後)

問題 42 面積(長方形)比較による不等式とその応用

M を 2 以上の自然数とする．$\mathbf{N}$ を自然数全体の集合とし，$n \in \mathbf{N}$ について，集合
$$A_n = \left\{ m \mid m \in \mathbf{N},\ m \leq \frac{M}{n} \right\}$$
の要素の個数を a_n とする．$S(M) = a_1 + a_2 + \cdots + a_M$ とおくとき，次の問に答えよ．

(1) 不等式 $\displaystyle\sum_{n=2}^{M} \frac{M}{n} < S(M) \leq \sum_{n=1}^{M} \frac{M}{n}$ が成り立つことを示せ．

(2) 関数 $f(x) = \dfrac{1}{x}$ の定積分を用いて，$\displaystyle\lim_{M \to \infty} \frac{S(M)}{M \log M} = 1$ であることを示せ．

(大阪市立大 [医])

[考え方]

(1) $\left[\dfrac{M}{n}\right]$ を $\dfrac{M}{n}$ を超えない最大整数とすると，$A_n = \left\{1,\ 2,\ 3,\ \cdots,\ \left[\dfrac{M}{n}\right]\right\}$ となり，この要素の個数は $a_n = \left[\dfrac{M}{n}\right]$ です．

(2) $\displaystyle\sum_{k=1}^{n} \frac{1}{k},\ \sum_{k=1}^{n} \frac{1}{\sqrt{k}},\ \sum_{k=1}^{n} \log k$ などは和の公式がないので，$y = \dfrac{1}{x}\ (x > 0)$，$y = \dfrac{1}{\sqrt{x}}$，$y = \log x$ を境界にもつ領域の面積と比較します．

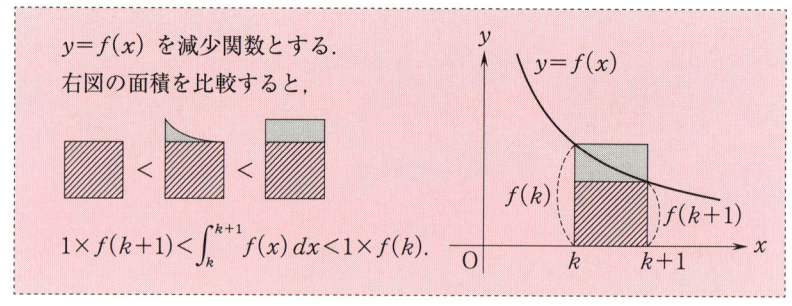

$y = f(x)$ を減少関数とする．
右図の面積を比較すると，
$$1 \times f(k+1) < \int_{k}^{k+1} f(x)\,dx < 1 \times f(k).$$

【解答】

(1) $A_n = \left\{ m \mid m \in \mathbf{N},\ m \leq \dfrac{M}{n} \right\}$．

$\left[\dfrac{M}{n}\right]$ を $\dfrac{M}{n}$ を超えない最大整数とすると

$A_n = \left\{1,\ 2,\ 3,\ \cdots,\ \left[\dfrac{M}{n}\right]\right\}$ となり，$a_n = \left[\dfrac{M}{n}\right]$ である．

$\dfrac{M}{n} - 1 < \left[\dfrac{M}{n}\right] \leq \dfrac{M}{n}$ より，$\dfrac{M}{n} - 1 < a_n \leq \dfrac{M}{n}$．

よって，$\displaystyle\sum_{n=1}^{M} \left(\dfrac{M}{n} - 1\right) < \sum_{n=1}^{M} a_n \leq \sum_{n=1}^{M} \dfrac{M}{n}$．

$\therefore\ \displaystyle\sum_{n=1}^{M} \frac{M}{n} - M < S(M) \leq \sum_{n=1}^{M} \frac{M}{n}$．

$\therefore\ \displaystyle\sum_{n=2}^{M} \frac{M}{n} < S(M) \leq \sum_{n=1}^{M} \frac{M}{n}$． ……①

(2) ① より，$M \displaystyle\sum_{n=2}^{M} \frac{1}{n} < S(M) \leq M \sum_{n=1}^{M} \frac{1}{n}$．

$M \geq 2$ より $M \log M > 0$ であるから，

$\dfrac{1}{\log M} \displaystyle\sum_{n=2}^{M} \frac{1}{n} < \frac{S(M)}{M \log M} \leq \frac{1}{\log M} \sum_{n=1}^{M} \frac{1}{n}$． ……②

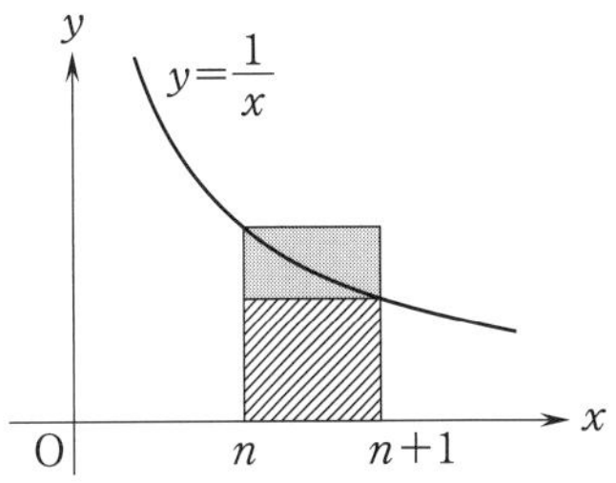

$f(x)=\dfrac{1}{x}\ (x>0)$ は減少関数であるから，面積を比較して，

$$\dfrac{1}{n+1}<\int_n^{n+1}\dfrac{1}{x}dx<\dfrac{1}{n}.$$

$$\sum_{n=1}^{M-1}\dfrac{1}{n+1}<\sum_{n=1}^{M-1}\int_n^{n+1}\dfrac{1}{x}dx<\sum_{n=1}^{M-1}\dfrac{1}{n}. \quad \cdots\cdots ③$$

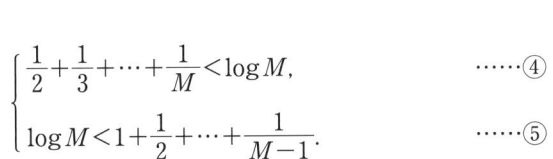

$\displaystyle\sum_{n=1}^{M-1}\int_n^{n+1}\dfrac{1}{x}dx=\int_1^M\dfrac{1}{x}dx=\Bigl[\log x\Bigr]_1^M=\log M$ であるから，

③ より

$$\begin{cases}\dfrac{1}{2}+\dfrac{1}{3}+\cdots+\dfrac{1}{M}<\log M, & \cdots\cdots ④\\ \log M<1+\dfrac{1}{2}+\cdots+\dfrac{1}{M-1}. & \cdots\cdots ⑤\end{cases}$$

④ より，$1+\dfrac{1}{2}+\dfrac{1}{3}+\cdots+\dfrac{1}{M}<1+\log M.$

$$\therefore\quad \sum_{n=1}^M\dfrac{1}{n}<1+\log M. \quad \cdots\cdots ④'$$

⑤ より，$-1+\dfrac{1}{M}+\log M<\dfrac{1}{2}+\dfrac{1}{3}+\cdots+\dfrac{1}{M}.$

$$\therefore\quad -1+\dfrac{1}{M}+\log M<\sum_{n=2}^M\dfrac{1}{n}. \quad \cdots\cdots ⑤'$$

②，④′，⑤′ より，

$$-\dfrac{1}{\log M}+\dfrac{1}{M\log M}+1<\dfrac{S(M)}{M\log M}<\dfrac{1}{\log M}+1.$$

よって，はさみうちの原理より，$\displaystyle\lim_{M\to\infty}\dfrac{S(M)}{M\log M}=1.$

(解説)

領域 $D(M)=\left\{(x,\ y)\ \middle|\ 1\leq y\leq\dfrac{M}{x},\ 1\leq x\leq M\right\}$ に含まれる格子点の個数を $A(M)$ とする.

直線 $x=n\ (1\leq n\leq M)$ 上の格子点の個数は $\left[\dfrac{M}{n}\right]$ であるから,

$$A(M)=\sum_{n=1}^M\left[\dfrac{M}{n}\right].$$

よって, $A(M)=S(M)$ となり, $S(M)$ は領域 $D(M)$ の格子点の個数に等しいことがわかります.

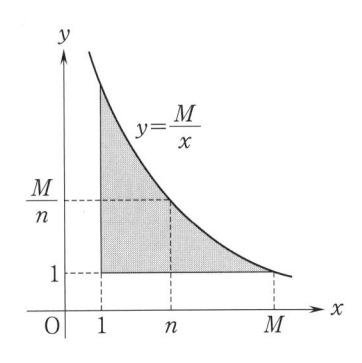

類題 42

n を 1 より大きい自然数とし，対数はすべて自然対数とする．

(1) $\displaystyle\int_{\frac{1}{n}}^1(-\log x)\,dx$ を求めよ．

(2) $\displaystyle 0<n-1+\sum_{k=1}^n\log\dfrac{k}{n}<\log n$ を示せ．

(3) $\displaystyle\lim_{n\to\infty}\dfrac{\log(n!)}{(n+1)\log(n+1)}$ を求めよ．

(高知大 [医])

122 第4章 微分・積分総合

問題 43 面積(台形)比較による不等式とその応用

次の不等式を証明せよ．ただし，n は自然数で，対数は自然対数とする．

(1) $\dfrac{1}{n+1} < \displaystyle\int_n^{n+1} \dfrac{1}{x}dx < \dfrac{1}{2}\left(\dfrac{1}{n}+\dfrac{1}{n+1}\right)$.

(2) $c_n = 1 + \dfrac{1}{2} + \cdots + \dfrac{1}{n} - \log n$ とおくとき，

　(ⅰ) $c_n > c_{n+1}$.

　(ⅱ) $c_n > \dfrac{1}{2}$.

(東北大[医])

[考え方]

長方形の面積で評価するよりもさらに厳しく評価するために，台形の面積で評価することがあります．

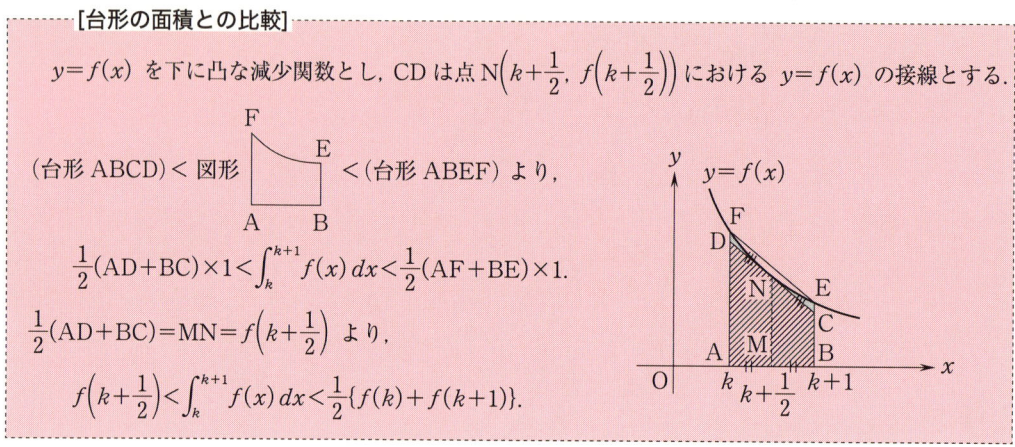

[台形の面積との比較]

$y=f(x)$ を下に凸な減少関数とし，CD は点 $N\left(k+\dfrac{1}{2},\ f\left(k+\dfrac{1}{2}\right)\right)$ における $y=f(x)$ の接線とする．

(台形 ABCD) < 図形 < (台形 ABEF) より，

$\dfrac{1}{2}(AD+BC)\times 1 < \displaystyle\int_k^{k+1} f(x)dx < \dfrac{1}{2}(AF+BE)\times 1$.

$\dfrac{1}{2}(AD+BC) = MN = f\left(k+\dfrac{1}{2}\right)$ より，

$f\left(k+\dfrac{1}{2}\right) < \displaystyle\int_k^{k+1} f(x)dx < \dfrac{1}{2}\{f(k)+f(k+1)\}$.

【解答】

(1) $y=\dfrac{1}{x}\ (x>0)$ は単調減少で，下に凸だから，右図で面積を比較すると，次のようになる．

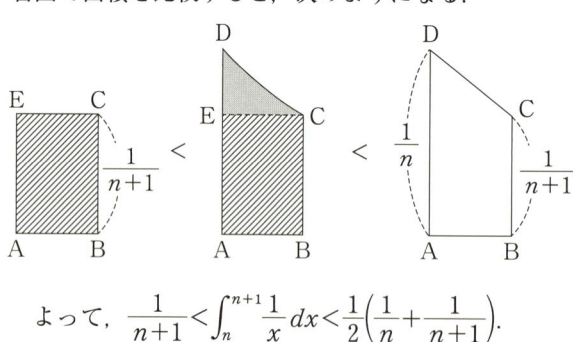

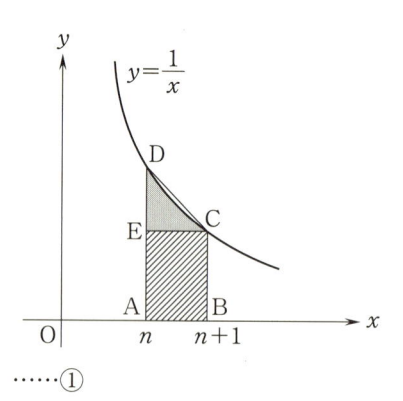

よって，$\dfrac{1}{n+1} < \displaystyle\int_n^{n+1} \dfrac{1}{x}dx < \dfrac{1}{2}\left(\dfrac{1}{n}+\dfrac{1}{n+1}\right)$.　……①

(2)

(ⅰ) $\displaystyle\int_n^{n+1} \dfrac{1}{x}dx = \Big[\log x\Big]_n^{n+1} = \log(n+1) - \log n$ であるから，① より

$\dfrac{1}{n+1} < \log(n+1) - \log n < \dfrac{1}{2}\left(\dfrac{1}{n}+\dfrac{1}{n+1}\right)$.　……②

$c_n = 1 + \dfrac{1}{2} + \cdots + \dfrac{1}{n} - \log n$ より，

$$c_n - c_{n+1} = \left(1 + \frac{1}{2} + \cdots + \frac{1}{n} - \log n\right) - \left(1 + \frac{1}{2} + \cdots + \frac{1}{n} + \frac{1}{n+1} - \log(n+1)\right)$$
$$= \{\log(n+1) - \log n\} - \frac{1}{n+1} > 0. \quad (\text{②の左側の不等式より})$$

よって，$c_n > c_{n+1}$.

(ii) ②の右側の不等式より，
$$\log(k+1) - \log k < \frac{1}{2}\left(\frac{1}{k} + \frac{1}{k+1}\right).$$
$n \geqq 2$ のとき $k = 1, 2, \cdots, n-1$ として辺々加えると，
$$\sum_{k=1}^{n-1}\{\log(k+1) - \log k\} < \sum_{k=1}^{n-1}\frac{1}{2}\left(\frac{1}{k} + \frac{1}{k+1}\right).$$
$$\therefore \quad \log n < \frac{1}{2} + \left(\frac{1}{2} + \frac{1}{3} + \cdots + \frac{1}{n-1}\right) + \frac{1}{2n}.$$
両辺に $\frac{1}{2} + \frac{1}{2n}$ を加えて，
$$\frac{1}{2} + \frac{1}{2n} + \log n < 1 + \frac{1}{2} + \frac{1}{3} + \cdots + \frac{1}{n-1} + \frac{1}{n}.$$
$$\therefore \quad \frac{1}{2} + \frac{1}{2n} < 1 + \frac{1}{2} + \frac{1}{3} + \cdots + \frac{1}{n} - \log n.$$
したがって，$\frac{1}{2} + \frac{1}{2n} < c_n$ であり，$c_n > \frac{1}{2}$（$c_1 = 1$ であるから，これは $n=1$ のときも成り立つ）．

〈参考〉

1 (ii) の不等式は次のように図形的に解釈できます.

$\int_1^n \frac{1}{x}dx = \log n$ であり，右図の $1 \leqq x \leqq n$ における長方形の面積の和は $\frac{1}{2} + \frac{1}{3} + \cdots + \frac{1}{n}$ です.

よって，$\log n - \left(\frac{1}{2} + \frac{1}{3} + \cdots + \frac{1}{n}\right)$ は $1 \leqq x \leqq n$ における斜線部分の面積 E_n に等しく，この E_n を $0 \leqq x \leqq 1$ の部分に移すと図の $0 \leqq x \leqq 1$ における斜線部分の面積に等しい．

また，$c_n = 1 - \left\{\log n - \left(\frac{1}{2} + \frac{1}{3} + \cdots + \frac{1}{n}\right)\right\} = 1 - E_n$

と表すことができるから，c_n は正方形 OABC の面積と E_n との差です.

$y = \frac{1}{x} \ (x > 0)$ が下に凸であることから，E_n は正方形 OABC の面積の $\frac{1}{2}$ より明らかに小さい. よって
$$c_n = 1 - E_n > \frac{1}{2}$$
となります.

2 (2)の(i), (ii)より $c_1 > c_2 > \cdots > c_n > \cdots > \frac{1}{2}$ となるから，$\{c_n\}$ は "単調で有界な数列" です.

よって，$\{c_n\}$ は収束することがわかります（厳密には大学レベルの定理です）．

いま，$\displaystyle\lim_{n \to \infty} c_n = \lim_{n \to \infty}\left(1 + \frac{1}{2} + \frac{1}{3} + \cdots + \frac{1}{n} - \log n\right) = c$ とおくと $c = 0.5772156\cdots$ となるが，c の数論的な性質はわかっていません. たとえば c が無理数かどうかも知られていません. c をオイラー定数といいます.

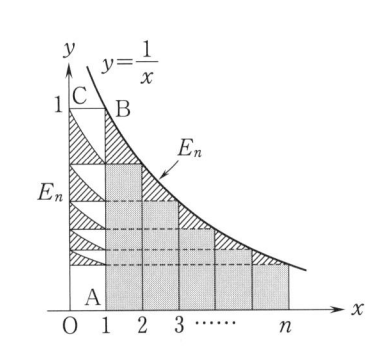

類題 43

次の条件 (i), (ii), (iii) を満たす関数 $f(x)$ $(x>0)$ を考える.
 (i) $f(1)=0$.
 (ii) 導関数 $f'(x)$ が存在し，$f'(x)>0$ $(x>0)$.
 (iii) 第 2 次導関数 $f''(x)$ が存在し，$f''(x)<0$ $(x>0)$.
このとき以下の各問に答えよ.

(1) $a \geqq \dfrac{3}{2}$ のとき次の 3 数の大小を比較せよ.
$$f(a), \quad \frac{1}{2}\left\{f\left(a-\frac{1}{2}\right)+f\left(a+\frac{1}{2}\right)\right\}, \quad \int_{a-\frac{1}{2}}^{a+\frac{1}{2}} f(x)\,dx$$

(2) 整数 n $(n \geqq 2)$ に対して次の不等式が成立することを示せ.
$$\int_{\frac{3}{2}}^{n} f(x)\,dx < \sum_{k=1}^{n-1} f(k) + \frac{1}{2} f(n) < \int_{1}^{n} f(x)\,dx$$

(3) 次の極限値を求めよ．ただし log は自然対数を表す.
$$\lim_{n\to\infty} \frac{n + \log n! - \log n^n}{\log n}$$

(東京医科歯科大)

Note

問題 44 変位・速度・加速度

点Pが曲線 $y=\dfrac{1}{2}(e^x+e^{-x})$ 上を毎秒1の速さで運動している．ただし，速度ベクトルの x 成分はつねに正とする．

(1) Pが点 $(0, 1)$ を通過してから t 秒後のPの x 座標を t で表せ．

(2) Pにおけるこの曲線の接線と x 軸との交点をQとする．Pが点 $(0, 1)$ を通過してから2秒後のQの速さを求めよ．

(北海道大［医］)

［考え方］

平面上を運動する動点の位置と速度の関係は次のようになります．

(i) 時刻 t での動点Pの座標が $(x, y)=(x(t), y(t))$ のとき，速度ベクトルを $\vec{v}=(v_x, v_y)$ とすると，
$$\vec{v}=(v_x, v_y)=\left(\dfrac{dx}{dt}, \dfrac{dy}{dt}\right).$$

(ii) 時刻 $t=a$ から時刻 $t=b$ における動点Pの道のりを l とすると，
$$l=\int_a^b |\vec{v}|\,dt=\int_a^b \sqrt{\left(\dfrac{dx}{dt}\right)^2+\left(\dfrac{dy}{dt}\right)^2}\,dt.$$

(iii) 時刻 t における速度ベクトルが $\vec{v}=(v_x, v_y)$ で $t=0$ における動点Pの位置が (x_0, y_0) のとき，時刻 t における動点Pの位置を (x, y) とすると，
$$x=x_0+\int_0^t v_x\,dt, \quad y=y_0+\int_0^t v_y\,dt.$$

【解答】

(1) $f(x)=\dfrac{1}{2}(e^x+e^{-x})$ とおき，$A(0, 1)$ とおく．

t 秒後のPの位置を $P(x, y)=(x(t), y(t))$ とおき，速度ベクトルを $\vec{v}$ とおくと，
$$\vec{v}=\left(\dfrac{dx}{dt}, \dfrac{dy}{dt}\right).$$

点Pは曲線 $y=f(x)$ 上を動くから，
$$\dfrac{dy}{dt}=\dfrac{dy}{dx}\dfrac{dx}{dt}=f'(x)\dfrac{dx}{dt}. \qquad \cdots\cdots ①$$

$|\vec{v}|=1$ より，$|\vec{v}|^2=\left(\dfrac{dx}{dt}\right)^2+\left(\dfrac{dy}{dt}\right)^2=1. \qquad \cdots\cdots ②$

① を ② に代入して，
$$\left(\dfrac{dx}{dt}\right)^2+\{f'(x)\}^2\left(\dfrac{dx}{dt}\right)^2=1.$$

$$\therefore \quad \{1+\{f'(x)\}^2\}\left(\dfrac{dx}{dt}\right)^2=1. \qquad \cdots\cdots ③$$

ここで，
$$1+\{f'(x)\}^2=1+\left(\dfrac{e^x-e^{-x}}{2}\right)^2=\left(\dfrac{e^x+e^{-x}}{2}\right)^2$$
$$=\{f(x)\}^2. \qquad \cdots\cdots ④$$

⇐ 問題23 参照

③ と ④ から，

$$\{f(x)\}^2\left(\frac{dx}{dt}\right)^2=1.$$

$\dfrac{dx}{dt}>0$, $f(x)>0$ より, $\dfrac{dx}{dt}=\dfrac{1}{f(x)}$. ……⑤

$t=0$ のとき, P は点 A(0, 1) を出発するから, t 秒後の P の x 座標を X とおくと,

t	0	$\to$	t
x	0	$\to$	X

よって, ⑤ より,

$$\int_0^X f(x)\,dx=\int_0^t dt.$$

$$\int_0^X \frac{e^x+e^{-x}}{2}\,dx=\int_0^t dt.$$

$$\left[\frac{e^x-e^{-x}}{2}\right]_0^X=\bigl[t\bigr]_0^t.$$

$\therefore\ \dfrac{e^X-e^{-X}}{2}=t.$ ……⑥

$$e^{2X}-2te^X-1=0.$$

$e^X>0$ より, $e^X=t+\sqrt{t^2+1}$.

したがって, $X=\log(t+\sqrt{t^2+1})$. ……⑦

(別解)

P は $y=f(x)=\dfrac{1}{2}(e^x+e^{-x})$ 上を毎秒1の速さで動くから,

$A(0, 1)$ を出発してから t 秒間に進んだ道のりは $1\times t=t$ である.

よって,

$$t=\int_0^X\sqrt{1+\{f'(x)\}^2}\,dx=\int_0^X\sqrt{\{f(x)\}^2}\,dx$$

$$=\int_0^X f(x)\,dx=\int_0^X\frac{e^x+e^{-x}}{2}\,dx=\left[\frac{e^x-e^{-x}}{2}\right]_0^X$$

$$=\frac{e^X-e^{-X}}{2}.$$

以下, 【解答】と同様にして $X=\log(t+\sqrt{t^2+1})$.

(2) $P(X, f(X))$, $Q(q, 0)$ とおく. 接線 PQ の傾きが $f'(X)$ だから,

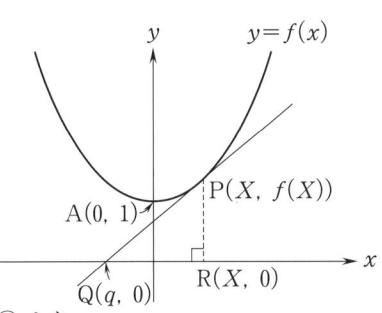

右図において, $\dfrac{\mathrm{PR}}{\mathrm{QR}}=f'(X)$.

$\therefore\ \dfrac{f(X)}{X-q}=f'(X).$

$\therefore\ q=X-\dfrac{f(X)}{f'(X)}.$ ……⑧

ここで, ⑥ より $f'(X)=\dfrac{e^X-e^{-X}}{2}=t$ であり, また, ④ より

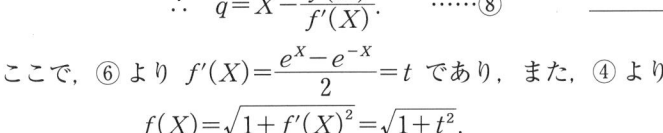

$$f(X)=\sqrt{1+f'(X)^2}=\sqrt{1+t^2}.$$

これらと ⑦ を ⑧ に代入して,

$$q=\log(t+\sqrt{t^2+1})-\frac{\sqrt{1+t^2}}{t}.$$

よって, $\dfrac{dq}{dt}=\dfrac{1}{\sqrt{t^2+1}}+\dfrac{1}{t^2\sqrt{t^2+1}}=\dfrac{\sqrt{t^2+1}}{t^2}.$

したがって，2秒後のQの速さは $\dfrac{dq}{dt}\bigg|_{t=2} = \dfrac{\sqrt{5}}{4}$.

(解説)

⑧ はもちろん点 $P(X, f(X))$ における接線の方程式を利用してもよいです．

$P(X, f(X))$ における接線の方程式は
$$y - f(X) = f'(X)(x - X).$$

これは x 軸と点 $Q(q, 0)$ で交わるから
$$-f(X) = f'(X)(q - X).$$

$X > 0$ より $f'(X) \neq 0$ であるから
$$q = X - \dfrac{f(X)}{f'(X)}.$$

〈参考〉

⑤ は変数分離型の微分方程式といいます．

$\dfrac{dx}{dt} = \dfrac{g(t)}{f(x)}$ において，

t	0	$\to$	T
x	0	$\to$	X

ならば

$$\int_0^X f(x)\,dx = \int_0^T g(t)\,dt$$

となります．

類題 44

座標平面上を運動する点Ｐと点Ｑがある．点Ｐは点 $(0, 1)$ を出発して，曲線 $y=\dfrac{e^x+e^{-x}}{2}$ $(x\geqq 0)$ 上を毎秒1の速さで動いている．点Ｐの t 秒後の座標を $(f(t), g(t))$ で表す．一方，点Ｑは点Ｐと同時刻に点 $(0, 3)$ を出発して，x 軸に平行な直線 $y=3$ 上を動いている．点Ｑの t 秒後の座標は $(t+\log(t+\sqrt{t^2+1}), 3)$ である．

(1) $f(t)$, $g(t)$ を求めよ．
(2) 点Ｐと点Ｑが最も近づくのは何秒後であるか．また，そのときの点Ｐと点Ｑの距離を求めよ．

(新潟大［医］)

問題 45 水の問題

曲線 $y=x^2$ ($0\leq x\leq 1$) を y 軸のまわりに回転してできる形の容器に水を満たす．この容器の底に排水口がある．時刻 $t=0$ に排水口を開けて排水を開始する．時刻 t において容器に残っている水の深さを h，体積を V とする．V の変化率 $\dfrac{dV}{dt}$ は

$\dfrac{dV}{dt}=-\sqrt{h}$ で与えられる．

(1) 水深 h の変化率 $\dfrac{dh}{dt}$ を h を用いて表せ．

(2) 容器内の水を完全に排水するのにかかる時間 T を求めよ．

(北海道大［医］)

[考え方]

物理的な問題を解くにあたっては

> 微分とは単位時間における変化の割合である

と捉えておくとよいです．

たとえば，時速 50 km で走る…$\dfrac{dx}{dt}=50$ km/h,

　　　　毎秒 $10l$ の割合で水を注ぐ…$\dfrac{dV}{dt}=10l/\text{sec}$,

　　　　毎秒 $3l$ の割合で水を流出させる…$\dfrac{dV}{dt}=-3l/\text{sec}$

となります．

【解答】

(1) 　　　　$y=x^2$ ($0\leq x\leq 1$),　　　……①

　　　　$\dfrac{dV}{dt}=-\sqrt{h}$.　　　……②

V は $y=x^2$ ($0\leq y\leq h$) を y 軸のまわりに回転した体積に等しいから，

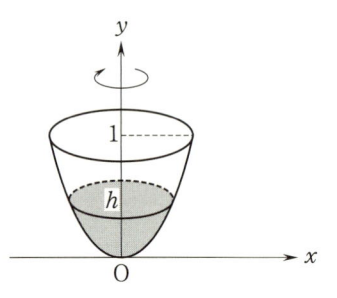

$$V=\pi\int_0^h x^2\,dy=\pi\int_0^h y\,dy.$$

よって，　　$\dfrac{dV}{dh}=\pi h$.　　　……③

$\dfrac{dV}{dt}=\dfrac{dV}{dh}\dfrac{dh}{dt}$ に ②, ③ を代入して，

$-\sqrt{h}=\pi h\dfrac{dh}{dt}$. 　∴ 　$\dfrac{dh}{dt}=-\dfrac{1}{\pi\sqrt{h}}$.　　　……④

(2) $\begin{array}{c|ccc} t & 0 & \to & T \\ \hline h & 1 & \to & 0 \end{array}$ であるから，④ より，

$$\int_0^T dt=\int_1^0 -\pi\sqrt{h}\,dh.$$

よって，　　$\Big[t\Big]_0^T=\pi\int_0^1\sqrt{h}\,dt$.

∴ 　$T=\pi\left[\dfrac{2}{3}h^{\frac{3}{2}}\right]_0^1=\dfrac{2\pi}{3}$.

（解説）

1　水の問題では次のように考えるとよいです．

> **［水の問題］**
> 　水の体積 V は時間 t と，深さ h の関数であるから，このような"水の問題"では，$\dfrac{dV}{dh}$ と $\dfrac{dV}{dt}$ を求めて，合成関数の微分法 $\dfrac{dV}{dt}=\dfrac{dV}{dh}\dfrac{dh}{dt}$ に代入すればよい．

2　④ は問題 44 の〈参考〉で述べた変数分離型の微分方程式です．

類題 45

　図のような容器を考える．空の状態から始めて，単位時間あたり一定の割合で水を注入し，底から測った水面の高さ h が 10 になるまで続ける．水面の上昇する速さ v は，水面の高さ h の関数として
$$v=\frac{\sqrt{2+h}}{\log(2+h)} \quad (0\leq h\leq 10)$$
で与えられるものとする．水面の上昇が始まってから水面の面積が最大となるまでの時間を求めよ．

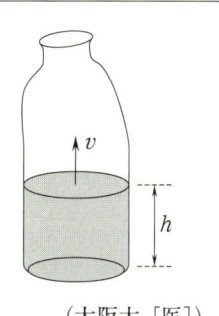

（大阪大［医］）

問題 46 確率と区分求積法

袋の中に 1 から n までの番号のついた n 個の玉が入っている．この袋から玉を 1 個取り出し，番号を調べてもとに戻すことを r 回行うとき，取り出された玉の番号の最大値を X とする．以下の問に答えよ．

(1) $k=1, 2, \cdots, n$ に対して，X がちょうど k となる確率 $P(X=k)$ を求めよ．

(2) $E_n = \sum_{k=1}^{n} kP(X=k)$ とおくとき，極限値 $\lim_{n\to\infty} \dfrac{E_n}{n}$ を求めよ．

（早稲田大［理工］）

[考え方]

最大値・最小値の確率では次のように余事象的な考えをするとよいです．

「最大値が k」＝「すべてが k 以下で，かつ少なくとも 1 回は k が取り出される」
　　　　　＝「すべてが k 以下」−「すべてが $k-1$ 以下」

したがって　$\boxed{P(X=k) = P(X \leq k) - P(X \leq k-1)}$

となります．

【解答】

(1) $k=1$ のとき

$X=1$ となるのは r 回とも 1 を取り出すときであるから，

$$P(X=1) = \left(\dfrac{1}{n}\right)^r.$$

$2 \leq k \leq n$ のとき

$$P(X=k) = P(X \leq k) - P(X \leq k-1)$$
$$= \left(\dfrac{k}{n}\right)^r - \left(\dfrac{k-1}{n}\right)^r.$$

これは $k=1$ のときでも成り立つから，

$$P(X=k) = \left(\dfrac{k}{n}\right)^r - \left(\dfrac{k-1}{n}\right)^r. \quad (1 \leq k \leq n)$$

(2)
$$E_n = \sum_{k=1}^{n} kP(X=k)$$
$$= \sum_{k=1}^{n} k\{P(X \leq k) - P(X \leq k-1)\}$$
$$= 1 \cdot \{P(X \leq 1) - P(X \leq 0)\} + 2 \cdot \{P(X \leq 2) - P(X \leq 1)\}$$
$$\quad + 3 \cdot \{P(X \leq 3) - P(X \leq 2)\} + \cdots + n \cdot \{P(X \leq n) - P(X \leq n-1)\}$$
$$= nP(X \leq n) - \{P(X \leq 0) + P(x \leq 1) + \cdots + P(X \leq n-1)\}$$
$$= n\left(\dfrac{n}{n}\right)^r - \sum_{k=0}^{n-1} \left(\dfrac{k}{n}\right)^r$$
$$= n - \sum_{k=0}^{n-1} \left(\dfrac{k}{n}\right)^r.$$

⇐ E_n は確率変数 X の期待値といいます．

よって，$\lim_{n\to\infty} \dfrac{E_n}{n} = \lim_{n\to\infty}\left\{1 - \dfrac{1}{n}\sum_{k=0}^{n-1}\left(\dfrac{k}{n}\right)^r\right\}$
$$= 1 - \int_0^1 x^r \, dx$$
$$= 1 - \dfrac{1}{r+1}$$

$$= \frac{r}{r+1}.$$

(解説)

1 $P(X=k)=P(X\leq k)-P(X\leq k-1)$ の考え方は重要なので
しっかりマスターしておきましょう.

事象 F_k を $F_k=\{X\leq k\}$ とおくと,$X=k$ となる事象は
$F_k\cap\overline{F}_{k-1}$ です.いまこれを $F_k\backslash F_{k-1}$ と表すと $\{X=k\}=F_k\backslash F_{k-1}$
となります.これを差事象といいます.

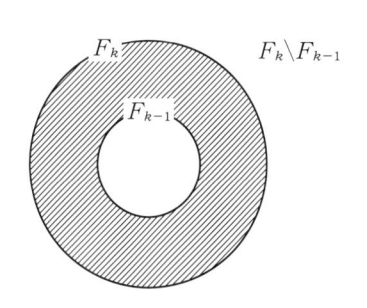

なお最小値の確率についても同様です.つまり,最小値を Y
とすると
$$P(Y=k)=P(Y\geq k)-P(Y\geq k+1)$$
となります.

2 E_n は次のように計算してもよいです.

$$E_n=\sum_{k=1}^{n}k\{P(X\leq k)-P(X\leq k-1)\}$$
$$=\sum_{k=1}^{n}[\{kP(X\leq k)-(k-1)P(X\leq k-1)\}-P(X\leq k-1)]$$
$$=nP(X\leq n)-\sum_{k=1}^{n}P(X\leq k-1).$$

⇐ ～～は階差型の和

[注] 『医学部攻略の数学Ⅰ・A・Ⅱ・B』問題63を参照.

類題 46

n 個の袋があり,k 番目の袋には赤球が k 個と白球が $(n-k)$ 個入っている.まず,袋の1つを無作為に選び,そして,その選ばれた袋で球を1個取り出してはもとに戻すということを r 回繰り返す.

このとき,ちょうど赤球が m $(0\leq m\leq r)$ 回取り出される確率を $P_n(m)$ とし,$\lim_{n\to\infty}P_n(m)=Q(m)$ とする.

(1) $Q(m)=Q(m+1)$ $(0\leq m\leq r-1)$ を示せ.
(2) $Q(m)$ を求めよ.

(九州大［医］改)

問題 47 楕円の準円

(1) 楕円 $\dfrac{x^2}{a^2}+\dfrac{y^2}{b^2}=1\,(a>0,\ b>0)$ に接する傾き m の2つの接線の方程式は
$$y=mx\pm\sqrt{a^2m^2+b^2}$$
で与えられることを証明せよ．

(2) 楕円 $\dfrac{x^2}{a^2}+\dfrac{y^2}{b^2}=1\ (a>0,\ b>0)$ に対して楕円外の点 P から直交する2接線が引けるとき，点 P の軌跡を求めよ．

(岡山大［医］改)

【解答】

(1) 　　　　$\dfrac{x^2}{a^2}+\dfrac{y^2}{b^2}=1.$ 　　　　……①

傾き m の接線を $y=mx+n$ 　　　　……②

とおく．① と ② より y を消去して，
$$\dfrac{x^2}{a^2}+\dfrac{(mx+n)^2}{b^2}=1.$$
$$(a^2m^2+b^2)x^2+2a^2mnx+a^2(n^2-b^2)=0.\quad \cdots\cdots ③$$

① と ② が接するためには，③ が重解をもつことが必要十分であるから，③ の判別式を D とすると，
$$\dfrac{D}{4}=a^4m^2n^2-a^2(a^2m^2+b^2)(n^2-b^2)=0$$
$$\iff a^2b^2(a^2m^2-n^2+b^2)=0$$
$$\iff n^2=a^2m^2+b^2 \qquad (a>0,\ b>0)$$
$$\iff n=\pm\sqrt{a^2m^2+b^2}.$$

これを ② に代入して，
$$y=mx\pm\sqrt{a^2m^2+b^2}.$$

(2) P$(X,\ Y)$ とおく．

(i) $X=\pm a$ のとき，$Y=\pm b$．

(ii) $X\neq\pm a$ のとき，

(1)より傾き m の接線は $y=mx\pm\sqrt{a^2m^2+b^2}$ であるから，これが点 P$(X,\ Y)$ を通るための条件は，
$$Y=mX\pm\sqrt{a^2m^2+b^2}$$
$$\iff (Y-mX)^2=a^2m^2+b^2$$
$$\iff (X^2-a^2)m^2-2XYm+Y^2-b^2=0. \quad \cdots\cdots ④$$

この2解を $m_1,\ m_2$ とするとき，P$(X,\ Y)$ を通る2本の接線が直交するための条件は
$$m_1m_2=-1. \quad \cdots\cdots ⑤$$

ところで，解と係数の関係より $m_1m_2=\dfrac{Y^2-b^2}{X^2-a^2}$ であるから，⑤ より，
$$\dfrac{Y^2-b^2}{X^2-a^2}=-1 \quad \text{すなわち} \quad X^2+Y^2=a^2+b^2.\ (X\neq\pm a)$$

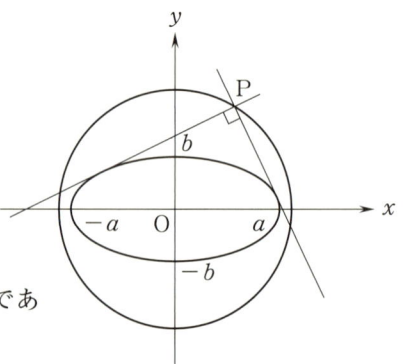

以上(i)(ii)より，Pの軌跡は，
$$円 \quad x^2+y^2=a^2+b^2.$$

(解説)

1 円 $x^2+y^2=a^2+b^2$ を楕円①の準円といいます．

2
> 傾き m の楕円①の接線は
> $$y=mx\pm\sqrt{a^2m^2+b^2}$$
> です．

なお，楕円①上の点 $(x_0,\ y_0)$ における接線の方程式は
$$\frac{x_0 x}{a^2}+\frac{y_0 y}{b^2}=1$$
ですが，本問では使いにくく，点 $\mathrm{P}(X,\ Y)$ を通る傾き m の直線が楕円①に接するとして(1)を用いるほうが簡明です．

類題 47 [楕円に外接する長方形]

楕円 $\dfrac{x^2}{a^2}+\dfrac{y^2}{b^2}=1\ (a>b>0)$ に外接する長方形の面積の最大値と最小値を求めよ．

(長崎大[医]改)

問題 48 楕円の極方程式

楕円 $\dfrac{x^2}{a^2}+\dfrac{y^2}{b^2}=1\ (a>b>0)$ について次の問に答えよ.

(1) 焦点の1つを $F(c, 0)$（ただし，$c=\sqrt{a^2-b^2}$）とする．楕円上の点 $P(x, y)$ に対して，FP の長さを a, c, x を用いて表せ．

(2) F を極，x 軸の正の方向を始線とする極座標において，この楕円の極方程式を求めよ．

(3) F を通る 2 つの弦 PQ, RS が直交するとき

$$\dfrac{1}{\text{PF}\cdot\text{QF}}+\dfrac{1}{\text{RF}\cdot\text{SF}}$$

は一定であることを示し，その値を求めよ．

（東京工業大　改）

【解答】

(1) $\quad\dfrac{x^2}{a^2}+\dfrac{y^2}{b^2}=1\ (a>b>0).\quad\cdots\cdots$①

① より $\quad y^2=b^2\left(1-\dfrac{x^2}{a^2}\right).\quad\cdots\cdots$①′

また，$a^2-b^2=c^2.\quad\cdots\cdots$②

よって，

$$\text{FP}^2=(x-c)^2+y^2=(x-c)^2+b^2\left(1-\dfrac{x^2}{a^2}\right)\ （①′ より）$$

$$=\dfrac{a^2-b^2}{a^2}x^2-2cx+b^2+c^2$$

$$=\dfrac{c^2}{a^2}x^2-2cx+a^2\ （② より）$$

$$=\left(\dfrac{c}{a}x-a\right)^2.$$

$-a\leqq x\leqq a,\ c<a$ より，$0<\dfrac{c}{a}<1$ であるから $a>\dfrac{cx}{a}$.

よって，$\mathbf{FP}=\left|\dfrac{c}{a}x-a\right|=\boldsymbol{a-\dfrac{c}{a}x}.\quad\cdots\cdots$③

(2) $\text{FP}=r,\ \overrightarrow{\text{FP}}$ と x 軸の正方向とのなす角を θ とする．

$$\overrightarrow{\text{OP}}=\overrightarrow{\text{OF}}+\overrightarrow{\text{FP}}=\begin{pmatrix}c\\0\end{pmatrix}+\begin{pmatrix}r\cos\theta\\r\sin\theta\end{pmatrix}.$$

$\therefore\quad x=c+r\cos\theta.$

これを ③ に代入して，$r=a-\dfrac{c}{a}(c+r\cos\theta).$

$(a+c\cos\theta)r=a^2-c^2=b^2.$

$\therefore\quad \boldsymbol{r=\dfrac{b^2}{a+c\cos\theta}}.\quad\cdots\cdots$④

(3) $\text{PF}=\dfrac{b^2}{a+c\cos\theta}$ とおくと，

$$\text{RF}=\dfrac{b^2}{a+c\cos\left(\theta+\dfrac{\pi}{2}\right)}=\dfrac{b^2}{a-c\sin\theta}.$$

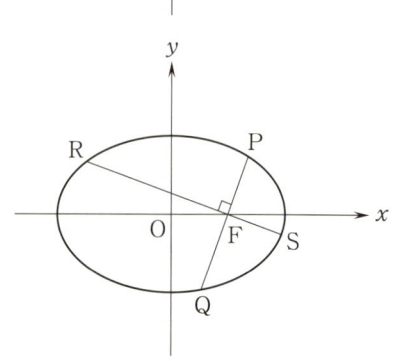

$$\mathrm{QF}=\frac{b^2}{a-c\sin\left(\theta+\frac{\pi}{2}\right)}=\frac{b^2}{a-c\cos\theta}$$

$$\mathrm{SF}=\frac{b^2}{a-c\cos\left(\theta+\frac{\pi}{2}\right)}=\frac{b^2}{a+c\sin\theta}$$

よって $\dfrac{1}{\mathrm{PF}\cdot\mathrm{QF}}+\dfrac{1}{\mathrm{RF}\cdot\mathrm{SF}}=\dfrac{a^2-c^2\cos^2\theta}{b^4}+\dfrac{a^2-c^2\sin^2\theta}{b^4}$

$$=\frac{2a^2-c^2}{b^4}=\boldsymbol{\frac{a^2+b^2}{b^4}}\quad(\text{一定}).$$

(解説)

(1)は楕円①上の点 P を $\mathrm{P}(a\cos\varphi,\ b\sin\varphi)$ とパラメータ表示してもよいです．

$$\begin{aligned}\mathrm{PF}^2&=(c-a\cos\varphi)^2+b^2\sin^2\varphi\\&=c^2-2ac\cos\varphi+a^2\cos^2\varphi+b^2(1-\cos^2\varphi)\\&=(a^2-b^2)\cos^2\varphi-2ac\cos\varphi+c^2+b^2\\&=c^2\cos^2\varphi-2ac\cos\varphi+a^2\\&=(c\cos\varphi-a)^2.\end{aligned}$$

よって，$\mathrm{PF}=|c\cos\varphi-a|=a-c\cos\varphi=a-\dfrac{c}{a}x$.

また，楕円の性質「2焦点からの距離の和が一定」を用いてもよいです．

$\mathrm{F}'(-c,\ 0)$ とする．$\mathrm{PF}+\mathrm{PF}'=2a.$ ……①

よって，
$$\sqrt{(x-c)^2+y^2}+\sqrt{(x+c)^2+y^2}=2a.$$

上式から
$$\frac{-4cx}{\sqrt{(x-c)^2+y^2}-\sqrt{(x+c)^2+y^2}}=2a,$$
$$\sqrt{(x-c)^2+y^2}-\sqrt{(x+c)^2+y^2}=-\frac{2cx}{a}.$$

よって，$\mathrm{PF}-\mathrm{PF}'=-\dfrac{2cx}{a}$ ……②

① + ② より
$$\mathrm{PF}=a-\frac{c}{a}x$$

〈参考〉

点 P を楕円 $\dfrac{x^2}{a^2}+\dfrac{y^2}{b^2}=1\ (a>b>0)$ 上の点とし，$\mathrm{F}(c,\ 0)$，$\mathrm{F}'(-c,\ 0)$ を焦点とすると，

$$\mathrm{PF}=a-\frac{c}{a}x,\quad \mathrm{PF}'=a+\frac{c}{a}x$$

となります．これを焦点距離といいます．

以下，2次曲線の焦点距離と極方程式をまとめておきます．

	楕円 $\dfrac{x^2}{a^2}+\dfrac{y^2}{b^2}=1$ $(a>b>0)$	双曲線 $\dfrac{x^2}{a^2}-\dfrac{y^2}{b^2}=1$ $(a>0,\ b>0)$	放物線 $y^2=4px$ $(p>0)$
焦点距離	焦点 $F(c,\ 0)$, $F'(-c,\ 0)$ $PF=a-\dfrac{c}{a}x$, $PF'=a+\dfrac{c}{a}x$ ただし, $c=\sqrt{a^2-b^2}$	焦点 $F(c,\ 0)$, $F'(-c,\ 0)$ $PF=\left\|a-\dfrac{c}{a}x\right\|$, $PF'=\left\|a+\dfrac{c}{a}x\right\|$ ただし, $c=\sqrt{a^2+b^2}$	焦点 $F(p,\ 0)$ $PF=x+p$
極方程式	$r=\dfrac{b^2}{a+c\cos\theta}$	$r=\dfrac{b^2}{a-c\cos\theta}$ または $r=\dfrac{-b^2}{a+c\cos\theta}$	$r=\dfrac{2p}{1-\cos\theta}$

注　双曲線の極方程式は $ar=b^2+cr\cos\theta$ または $-ar=b^2+cr\cos\theta$ の2式ですが, 両辺を平方すると同じ方程式になります.

類題 48

$$f(x, y)=(x-y)^2-4\sqrt{2}\,(x+y)-8=0$$

の表す曲線を C とし，C を原点のまわりに $-45°$ 回転した曲線を C' とする．次の問に答えよ．

(1) 曲線 C' の方程式 $F(X, Y)=0$ を求め，そのグラフをかけ．
(2) 原点 O を極とし，半直線 OX を始線として，曲線 C' の極方程式を求めよ．
(3) 曲線 C' と直線 OX との交点を A とし，点 O を通る任意の直線が C' と交わる点を P，Q とするとき

$$\frac{1}{\text{OP}}+\frac{1}{\text{OQ}}=\frac{1}{\text{OA}}$$

となることを証明せよ．

(長崎大 [医])

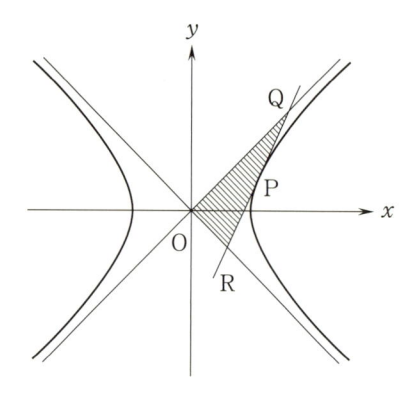

問題 49 双曲線の性質

Oを原点とする座標平面において，双曲線 $\dfrac{x^2}{a^2}-\dfrac{y^2}{b^2}=1$ $(a>0, b>0)$ 上の点Pにおける接線と，この双曲線の漸近線との交点を Q, R とする．
(1) P は線分 QR の中点であることを示せ．
(2) 三角形 OQR の面積は P の位置によらず一定であることを示せ．

(名古屋市立大 [医])

【解答】

(1) $$\dfrac{x^2}{a^2}-\dfrac{y^2}{b^2}=1 \quad (a>0, b>0) \quad \cdots\cdots ①$$

P(x_0, y_0) とおくと，P は ① 上の点であるから

$$\dfrac{x_0{}^2}{a^2}-\dfrac{y_0{}^2}{b^2}=1. \quad \cdots\cdots ②$$

P における ① の接線は

$$\dfrac{x_0 x}{a^2}-\dfrac{y_0 y}{b^2}=1. \quad \cdots\cdots ③$$

また，① の漸近線は

$$y=\pm\dfrac{b}{a}x. \quad \cdots\cdots ④$$

③ と ④ より

$$\dfrac{x_0 x}{a^2}\mp\dfrac{y_0 x}{ab}=1.$$

よって

$$x=\dfrac{1}{\dfrac{x_0}{a^2}\mp\dfrac{y_0}{ab}}=\dfrac{a}{\dfrac{x_0}{a}\mp\dfrac{y_0}{b}} \quad （複号同順） \quad \cdots\cdots ⑤$$

よって，④ と ⑤ より

$$Q\left(\dfrac{a}{\dfrac{x_0}{a}-\dfrac{y_0}{b}},\ \dfrac{b}{\dfrac{x_0}{a}-\dfrac{y_0}{b}}\right),\ R\left(\dfrac{a}{\dfrac{x_0}{a}+\dfrac{y_0}{b}},\ -\dfrac{b}{\dfrac{x_0}{a}+\dfrac{y_0}{b}}\right).$$

QR の中点を M(X, Y) とおくと，

$$X=\dfrac{1}{2}\left(\dfrac{a}{\dfrac{x_0}{a}-\dfrac{y_0}{b}}+\dfrac{a}{\dfrac{x_0}{a}+\dfrac{y_0}{b}}\right)=\dfrac{2x_0}{2\left(\dfrac{x_0{}^2}{a^2}-\dfrac{y_0{}^2}{b^2}\right)}=x_0.\ （② より）$$

よって，P は QR 上の点であるから P=M である．

(2) 三角形 OQR の面積を S とする．

$$S=\dfrac{1}{2}\left|\dfrac{a}{\dfrac{x_0}{a}-\dfrac{y_0}{b}}\cdot\left(-\dfrac{b}{\dfrac{x_0}{a}+\dfrac{y_0}{b}}\right)-\dfrac{b}{\dfrac{x_0}{a}-\dfrac{y_0}{b}}\cdot\dfrac{a}{\dfrac{x_0}{a}+\dfrac{y_0}{b}}\right|$$

$$=\dfrac{1}{2}\left|-\dfrac{ab}{\dfrac{x_0{}^2}{a^2}-\dfrac{y_0{}^2}{b^2}}-\dfrac{ab}{\dfrac{x_0{}^2}{a^2}-\dfrac{y_0{}^2}{b^2}}\right|$$

⇐ O$(0, 0)$, A(a_1, a_2), B(b_1, b_2) のとき 三角形 OAB の面積 S は
$S=\dfrac{1}{2}|a_1 b_2-a_2 b_1|$

$= ab.$（一定）　　（②より）

Pを$P(ax_0, by_0)$とおくと計算が若干楽になります．

【別解】

(1)
$$\frac{x^2}{a^2} - \frac{y^2}{b^2} = 1. \quad \cdots\cdots ①$$

$P(ax_0, by_0)$とおくとPは①上の点であるから
$$x_0^2 - y_0^2 = 1. \quad \cdots\cdots ②$$

①の漸近線は
$$\begin{cases} y = \dfrac{b}{a}x, & \cdots\cdots ③ \\ y = -\dfrac{b}{a}x. & \cdots\cdots ④ \end{cases}$$

また，Pにおける①の接線は
$$\frac{x_0 x}{a} - \frac{y_0 y}{b} = 1. \quad \cdots\cdots ⑤$$

③と⑤の交点をQ，④と⑤の交点をRとする．

③と⑤より
$$\frac{x_0 - y_0}{a} x = 1.$$

②より$x_0 - y_0 \neq 0$であるから$x = \dfrac{a}{x_0 - y_0}$．

③に代入して
$$y = \frac{b}{x_0 - y_0}.$$

よって，$\mathrm{Q}\left(\dfrac{a}{x_0 - y_0},\ \dfrac{b}{x_0 - y_0}\right)$．

④と⑤より同様にして，$\mathrm{R}\left(\dfrac{a}{x_0 + y_0},\ -\dfrac{b}{x_0 + y_0}\right)$．

QRの中点を$\mathrm{M}(X, Y)$とすると②より
$$X = \frac{1}{2}\left(\frac{a}{x_0 - y_0} + \frac{a}{x_0 + y_0}\right) = \frac{2ax_0}{2(x_0^2 - y_0^2)} = ax_0,$$
$$Y = \frac{1}{2}\left(\frac{b}{x_0 - y_0} - \frac{b}{x_0 + y_0}\right) = \frac{2by_0}{2(x_0^2 - y_0^2)} = by_0.$$

よって，$\mathrm{M}(ax_0, by_0)$であるからPはQRの中点である．

(2) 三角形OQRの面積をSとすると
$$S = \frac{1}{2}\left| \frac{a}{x_0 - y_0} \cdot \left(-\frac{b}{x_0 + y_0}\right) - \frac{b}{x_0 - y_0} \cdot \frac{a}{x_0 + y_0} \right|$$
$$= \frac{1}{2}\left| -\frac{ab}{x_0^2 - y_0^2} - \frac{ab}{x_0^2 - y_0^2} \right|$$
$$= ab.\ （一定）\ （②より）$$

類題 49 [双曲線の性質]

双曲線 $\dfrac{x^2}{a^2} - \dfrac{y^2}{b^2} = 1$ ……① と直線 $y = mx + k$ ……② が異なる2点P，P′で交わっている．この直線が，この双曲線の漸近線と交わる点をQ，Q′とする．ただしa, b, m, kは実数で，$a > 0$, $b > 0$, $k \neq 0$とする．このとき，PQ＝P′Q′であることを証明せよ．

(弘前大［医］改)

142　第6章　複素数平面

問題 50 代数方程式の共役解と複素数平面上での解の配置

複素数 α に対して，その共役複素数を $\overline{\alpha}$ で表すことにする．このとき，次の設問に答えよ．ただし，n は 2 以上の自然数とする．

(1) α, β を複素数とするとき，$\overline{\alpha\beta}=\overline{\alpha}\,\overline{\beta}$ および $\overline{\alpha+\beta}=\overline{\alpha}+\overline{\beta}$ が成立することを示せ．

(2) $f(x)=a_n x^n + a_{n-1}x^{n-1}+\cdots+a_1 x + a_0$ ただし，$a_0, a_1, \cdots, a_n$ は実数とする．このとき，方程式 $f(x)=0$ の解 α に対して，$\overline{\alpha}$ もこの方程式の解であることを示せ．

(3) $g(x)=b_n x^n + b_{n-1}x^{n-1}+\cdots+b_1 x + b_0$ ただし，$b_0, b_1, \cdots, b_n$ は複素数とする．さらに，方程式 $g(x)=0$ が次の 2 条件を満たすとする．

　(a) n 個の異なる解をもつ．
　(b) α がこの方程式の解であれば，$\overline{\alpha}$ もこの方程式の解である．

　このとき，$b_0, b_1, \cdots, b_n$ は複素数平面上で原点を通る一直線上にあることを示せ．

(順天堂大［医］)

[考え方]

(1) は共役複素数の定義に従います．

(2) は(1)を用います．

(3) は次の事実を用います．

「異なる 3 点 O, A(α), B(β) が同一直線上にある」
$\iff \overrightarrow{OA}=t\overrightarrow{OB}$ （t は実数）
$\iff \alpha=t\beta$ （t は実数）
$\iff \dfrac{\alpha}{\beta}=t$ （実数）
$\iff \dfrac{\alpha}{\beta}=\overline{\left(\dfrac{\alpha}{\beta}\right)}$

⇐ 複素数 z に対して「z が実数」$\iff z=\overline{z}$

【解答】

(1) $\alpha=a+bi$, $\beta=c+di$ （a, b, c, d は実数）とおくと
$$\overline{\alpha}=a-bi,\quad \overline{\beta}=c-di.$$
$$\alpha\beta=(a+bi)(c+di)$$
$$=(ac-bd)+(ad+bc)i.$$

よって，
$$\overline{\alpha\beta}=(ac-bd)-(ad+bc)i.$$

また，
$$\overline{\alpha}\,\overline{\beta}=(a-bi)(c-di)$$
$$=(ac-bd)-(ad+bc)i.$$

したがって，
$$\overline{\alpha\beta}=\overline{\alpha}\,\overline{\beta}. \quad\quad \cdots\cdots①$$

$\alpha+\beta=(a+c)+(b+d)i$ より
$$\overline{\alpha+\beta}=(a+c)-(b+d)i.$$

また，$\overline{\alpha}+\overline{\beta}=(a+c)-(b+d)i$ であるから
$$\overline{\alpha+\beta}=\overline{\alpha}+\overline{\beta}. \quad\quad \cdots\cdots②$$

(2) まず，すべての自然数 m に対して，
$$\overline{\alpha^m}=(\overline{\alpha})^m \qquad \cdots\cdots ③$$
が成り立つことを数学的帰納法で示す．

$m=1$ のときは明らか．

$m=k$ のとき，$\overline{\alpha^k}=(\overline{\alpha})^k$ が成り立つと仮定すると，
$$\begin{aligned}\overline{\alpha^{k+1}}=\overline{\alpha^k\cdot\alpha}&=\overline{\alpha^k}\cdot\overline{\alpha} \qquad (①より)\\&=(\overline{\alpha})^k\cdot\overline{\alpha}\\&=(\overline{\alpha})^{k+1}.\end{aligned}$$

よって，$m=k+1$ のときも成り立つから ③ はすべての自然数 m に対して成り立つ．

次に，α は $f(x)=a_n x^n+a_{n-1}x^{n-1}+\cdots+a_1 x+a_0=0$ の解であるから，
$$f(\alpha)=a_n\alpha^n+a_{n-1}\alpha^{n-1}+\cdots+a_1\alpha+a_0=0.$$

両辺の共役をとって，
$$\begin{aligned}&\overline{a_n\alpha^n+a_{n-1}\alpha^{n-1}+\cdots+a_1\alpha+a_0}=\overline{0}\\\iff&\overline{a_n}\,\overline{\alpha^n}+\overline{a_{n-1}}\,\overline{\alpha^{n-1}}+\cdots+\overline{a_1}\,\overline{\alpha}+\overline{a_0}=0 \qquad (①，② より)\\\iff&a_n(\overline{\alpha})^n+a_{n-1}(\overline{\alpha})^{n-1}+\cdots+a_1\overline{\alpha}+a_0=0\\\iff&f(\overline{\alpha})=0.\end{aligned}$$

⇐ $a_0,\ a_1,\ \cdots,\ a_n$ は実数と ③ より

ゆえに，$a_0,\ a_1,\ \cdots,\ a_n$ が実数のとき α が $f(x)=0$ の解ならば，$\overline{\alpha}$ も解である．

(3) $g(x)=b_n x^n+b_{n-1}x^{n-1}+\cdots+b_1 x+b_0.$

$g(x)=0$ は n 個の解をもつから $b_n\neq 0$ である．そこで，$c_k=\dfrac{b_k}{b_n}\ (k=0,\ 1,\ 2,\ \cdots,\ n-1)$ とし
$$\begin{aligned}F(x)&=x^n+c_{n-1}x^{n-1}+\cdots+c_1 x+c_0,\\G(x)&=x^n+\overline{c_{n-1}}x^{n-1}+\cdots+\overline{c_1}x+\overline{c_0}\end{aligned}$$
とおく．

$g(x)=0$ の n 個の解を $\alpha_1,\ \alpha_2,\ \cdots,\ \alpha_n$ とおくと，$\alpha_1,\ \alpha_2,\ \cdots,\ \alpha_n$ は $F(x)=0$ の解でもあるから，
$$F(\alpha_j)=(\alpha_j)^n+c_{n-1}(\alpha_j)^{n-1}+\cdots+c_1\alpha_j+c_0=0.$$
$$(j=1,\ 2,\ \cdots,\ n)$$

両辺の共役をとって
$$\overline{(\alpha_j)^n+c_{n-1}(\alpha_j)^{n-1}+\cdots+c_1\alpha_j+c_0}=\overline{0}.$$
$$(j=1,\ 2,\ \cdots,\ n)$$

①，②，③ より
$$(\overline{\alpha_j})^n+\overline{c_{n-1}}(\overline{\alpha_j})^{n-1}+\cdots+\overline{c_1}\,\overline{\alpha_j}+\overline{c_0}=0.$$
$$(j=1,\ 2,\ \cdots,\ n)$$

これより，
$$G(\overline{\alpha_j})=0. \quad (j=1,\ 2,\ \cdots,\ n)$$

よって，

「$\overline{\alpha_1},\ \overline{\alpha_2},\ \cdots,\ \overline{\alpha_n}$ は n 次方程式 $G(x)=0$ の解である．」 $\cdots\cdots ④$

また，条件 (b) より $\overline{\alpha_j}\ (j=1,\ 2,\ \cdots,\ n)$ も $g(x)=0$ の解であるから

「$\overline{\alpha_1},\ \overline{\alpha_2},\ \cdots,\ \overline{\alpha_n}$ は n 次方程式 $F(x)=0$ の解である．」 $\cdots\cdots ⑤$

④,⑤より $G(x)=0$ と $F(x)=0$ は n 個の共通解 $\overline{\alpha_1}, \overline{\alpha_2},$ …, $\overline{\alpha_n}$ をもち,しかも,ともに n 次で最高次の係数は 1 であるから,恒等的に

$$F(x)=G(x)$$

である.

$\Leftarrow \begin{array}{l} F(x)=G(x) \\ \quad =(x-\overline{\alpha_1})(x-\overline{\alpha_2})\cdots(x-\overline{\alpha_n}) \\ \text{より} \end{array}$

ゆえに,両辺の係数を比較して,
$\quad c_k=\overline{c_k} \quad (k=0, 1, 2, \cdots, n-1)$
$\iff$ 「$c_k \ (k=0, 1, 2, \cdots, n-1)$ はすべて実数.」
$\iff$ 「$\dfrac{b_k}{b_n} \ (k=0, 1, 2, \cdots, n-1)$ はすべて実数.」
$\iff$ 「$b_k=t_k b_n \ (t_k は実数) \ (k=0, 1, 2, \cdots, n-1)$」
$\iff$ 「3 点 O, b_k, $b_n \ (k=0, 1, 2, \cdots, n-1)$ はすべて同一直線上にある.」
$\iff$ 「$b_0, b_1, b_2, \cdots, b_n$ は原点 O を通る一直線上にある.」

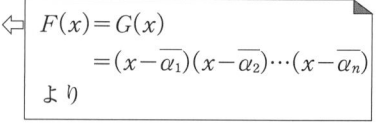

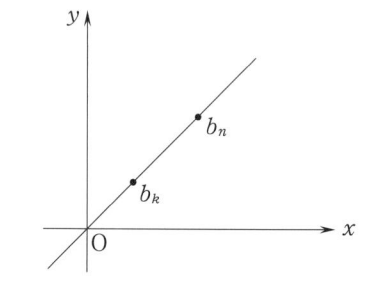

〈参考〉

(2)において $a_0, a_1, \cdots, a_n$ は実数であるから,$a_0, a_1, \cdots, a_n$ は原点を通る一直線上(実軸上)にあります.

よって,(2)は(3)の特殊な場合,つまり(3)は(2)の一般化です.

類題 50 [複素数平面上での解の配置(ファン・デン・ベルグの定理)]

a, b を $a>b>0$ なる定数とし，$f(x)=x^3-3b^2x+2a(4a^2-3b^2)$ とおく．また，$f'(x)$ を $f(x)$ の導関数とする．

いま，複素数 $p+qi$ (p, q は実数) に対して，点 (p, q) を複素数 $p+qi$ に対応する点と呼ぶことにし，3次方程式 $f(x)=0$ の実数解 α，虚部が正の解 β に対応する点をそれぞれ A，B とする．また 2 次方程式 $f'(x)=0$ の解に対応する点を F，F' とする．

(1) A，B の座標を求めよ．

(2) 線分 AB の中点を M とすると，FM+F'M は a のみに関係する定数となることを示し，その値を求めよ．

(3) 2 点 F，F' を焦点とし，(2)の点 M を通る楕円は直線 AB に点 M で接することを示せ．

(東京慈恵会医科大 [医])

問題 51 1の5乗根

以下の各問に答えよ．ただし π は円周率を表す．

(1) 複素数 z を $z = \cos\dfrac{2\pi}{5} + i\sin\dfrac{2\pi}{5}$ とする．このとき，$(1-z)(1-z^2)(1-z^3)(1-z^4)$ の値を求めよ．

(2) 絶対値 1，偏角 2θ $(0 \leqq \theta < \pi)$ の複素数 w に対して $r = |1-w|$ とおくとき，$\sin\theta$ を r を用いて表せ．

(3) $\sin\dfrac{\pi}{5}\sin\dfrac{2\pi}{5}\sin\dfrac{3\pi}{5}\sin\dfrac{4\pi}{5}$ の値を求めよ．

(東京医科歯科大［医］改)

［考え方］

(1) $z = \cos\dfrac{2\pi}{5} + i\sin\dfrac{2\pi}{5}$ より，z, z^2, z^3, z^4 は方程式 $x^5 = 1$ の 1 以外の 4 つの異なる解であることを用います．

(3) $A_0(1), A_1(z), A_2(z^2), A_3(z^3), A_4(z^4)$ とおくと $A_0 A_k = |1 - z^k|$ $(k=1, 2, 3, 4)$ であることと (1), (2) を用います．

【解答】

(1) $z = \cos\dfrac{2\pi}{5} + i\sin\dfrac{2\pi}{5}$，ド・モアブルの定理より
$$(z^k)^5 = z^{5k}$$
$$= \cos(2k\pi) + i\sin(2k\pi)$$
$$= 1. \quad (k = 1, 2, 3, 4)$$

であるから z, z^2, z^3, z^4 は方程式
$$x^5 = 1$$
の 1 以外の異なる 4 つの解である．
$$x^5 - 1 = (x-1)(x^4 + x^3 + x^2 + x + 1)$$
であり，$z \neq 1$ であるから，z, z^2, z^3, z^4 は 4 次方程式
$$x^4 + x^3 + x^2 + x + 1 = 0$$
の異なる 4 つの解である．
よって，次のように因数分解できる．
$$x^4 + x^3 + x^2 + x + 1 = (x-z)(x-z^2)(x-z^3)(x-z^4). \quad \cdots\cdots ①$$
① で $x = 1$ として
$$(1-z)(1-z^2)(1-z^3)(1-z^4) = 5. \quad \cdots\cdots ②$$

(2) $w = \cos 2\theta + i\sin 2\theta$ より
$$1 - w = 1 - \cos 2\theta - i\sin 2\theta$$
$$= 2\sin^2\theta - 2i\sin\theta\cos\theta$$
$$= 2\sin\theta(\sin\theta - i\cos\theta).$$

⇐ 半角，2倍角の公式を用いました．

よって，
$$r = |1-w| = 2\sin\theta \quad \cdots\cdots ③$$
であるから，
$$\sin\theta = \dfrac{r}{2}.$$

(3) 複素数平面上で $A_0(1)$, $A_1(z)$, $A_2(z^2)$, $A_3(z^3)$, $A_4(z^4)$ とおく．A_0, A_1, A_2, A_3, A_4 は単位円に内接する正五角形の頂点である． 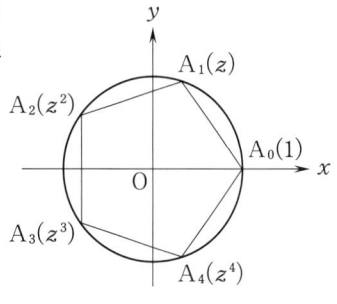
$$A_0A_k=|1-z^k| \quad (k=1, 2, 3, 4)$$
であるから ② より
$$\begin{aligned}
A_0A_1 \cdot A_0A_2 \cdot A_0A_3 \cdot A_0A_4 \\
=|1-z||1-z^2||1-z^3||1-z^4| \\
=|(1-z)(1-z^2)(1-z^3)(1-z^4)| \\
=5. \quad\quad \cdots\cdots ④
\end{aligned}$$

ド・モアブルの定理より
$$z^k=\cos\frac{2k\pi}{5}+i\sin\frac{2k\pi}{5}. \quad (k=1, 2, 3, 4)$$
であるから，③ より
$$A_0A_k=|1-z^k|=2\sin\frac{k\pi}{5}. \quad (k=1, 2, 3, 4)$$
よって，④ より
$$\begin{aligned}
A_0A_1 \cdot A_0A_2 \cdot A_0A_3 \cdot A_0A_4 \\
=\left(2\sin\frac{\pi}{5}\right)\left(2\sin\frac{2\pi}{5}\right)\left(2\sin\frac{3\pi}{5}\right)\left(2\sin\frac{4\pi}{5}\right) \\
=5.
\end{aligned}$$
したがって，
$$\sin\frac{\pi}{5}\sin\frac{2\pi}{5}\sin\frac{3\pi}{5}\sin\frac{4\pi}{5}=\frac{5}{16}.$$

(解説)

1 ③ は図形的にも求められます．

$A(1)$, $P(w)$ とおく．

$0 \leq \theta \leq \frac{\pi}{2}$ のとき，右の図より
$$r=AP=|1-w|=2\sin\theta.$$
$\frac{\pi}{2}<\theta<\pi$ のときも同様にして求められます．

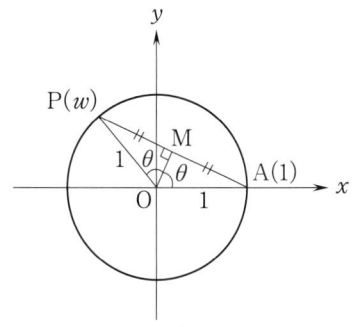

M を AP の中点とすると
$AM=\sin\theta$

2 1のn乗根についてまとめると次のようになります．これはとても基本的でかつ重要です．しっかりマスターしましょう．

[**1のn乗根と正n角形**]

nを自然数とするとき，n次方程式
$$z^n = 1 \quad \cdots\cdots ①$$
は複素数の範囲においてn個の解をもち，それらは
$$z_k = \cos\frac{2k\pi}{n} + i\sin\frac{2k\pi}{n} \quad (k=0,\ 1,\ 2,\ \cdots,\ n-1) \quad \cdots\cdots ②$$
である．よって，
$$\alpha = \cos\frac{2\pi}{n} + i\sin\frac{2\pi}{n}$$
とおくと，ド・モアブルの定理より，①のn個の解②は
$$z_k = \alpha^k \quad (k=0,\ 1,\ 2,\ \cdots,\ n-1)$$
と表される．

そして，①のn個の解$1,\ \alpha,\ \alpha^2,\ \cdots,\ \alpha^{n-1}$は複素数平面上において，原点中心の半径1の円に内接する正n角形（$n \geqq 3$）の頂点で表される．

また，
$$z^n - 1 = (z-1)(z^{n-1} + z^{n-2} + \cdots + z + 1) = 0$$
のn個の解が$1,\ \alpha,\ \alpha^2,\ \cdots,\ \alpha^{n-1}$であるから$z^n-1$，$z^{n-1} + z^{n-2} + \cdots + z + 1$は複素数の範囲において次のように因数分解される．

(i) $z^n - 1 = (z-1)(z-\alpha)(z-\alpha^2)\cdots(z-\alpha^{n-1})$．
(ii) $z^{n-1} + z^{n-2} + \cdots + z + 1 = (z-\alpha)(z-\alpha^2)\cdots(z-\alpha^{n-1})$．

（$n=6$のとき）

上の(ii)で$z=1$を代入すると，
$$(1-\alpha)(1-\alpha^2)\cdots(1-\alpha^{n-1}) = n$$
となります．これは頻出です．（類題51）

類題 51 [1の n 乗根]

n を 3 以上の自然数とし，
$$\alpha = \cos\frac{2\pi}{n} + i\sin\frac{2\pi}{n}$$
とおく．ただし，i は虚数単位である．このとき，次を示せ．

(1) 複素数平面上において，$A_0(1)$, $A_1(\alpha)$, $A_2(\alpha^2)$, $\cdots$, $A_{n-1}(\alpha^{n-1})$ とおくとき，
$$A_0 A_k = 2\sin\frac{k\pi}{n} \quad (k=1, 2, \cdots, n-1).$$

(2) $(1-\alpha)(1-\alpha^2)\cdots(1-\alpha^{n-1}) = n.$

(3) $\sin\dfrac{\pi}{n}\sin\dfrac{2\pi}{n}\cdots\sin\dfrac{(n-1)\pi}{n} = \dfrac{n}{2^{n-1}}.$

(北海道大 [医] 改)

問題 52　1の7乗根

$z = \cos\dfrac{2\pi}{7} + i\sin\dfrac{2\pi}{7}$ とする．次の各問に答えよ．

(1) z^7 の値を求めよ．

(2) $\alpha = z + z^6$, $\beta = z^2 + z^5$, $\gamma = z^3 + z^4$ とするとき，$\alpha + \beta + \gamma$, $\alpha\beta\gamma$ の値をそれぞれ求めよ．

(3) $\cos\dfrac{2\pi}{7} + \cos\dfrac{4\pi}{7} + \cos\dfrac{6\pi}{7}$ および $\left(\cos\dfrac{2\pi}{7}\right)\left(\cos\dfrac{4\pi}{7}\right)\left(\cos\dfrac{6\pi}{7}\right)$ の値を求めよ．

(4) $\dfrac{1}{1-z} + \dfrac{1}{1-z^2} + \dfrac{1}{1-z^3} + \dfrac{1}{1-z^4} + \dfrac{1}{1-z^5} + \dfrac{1}{1-z^6}$ の値を求めよ．

(明治薬科大　改)

[考え方]

(3) (2)を用います．$\overline{z^6}$, $\overline{z^5}$, $\overline{z^4}$ を考えます．

(4) (1)を用います．

【解答】

(1) ド・モアブルの定理より，
$$z^7 = \left(\cos\dfrac{2\pi}{7} + i\sin\dfrac{2\pi}{7}\right)^7$$
$$= \cos 2\pi + i\sin 2\pi$$
$$= 1. \qquad \cdots\cdots ①$$

(2) ① より
$$z^7 - 1 = (z-1)(z^6 + z^5 + z^4 + z^3 + z^2 + z + 1) = 0.$$
$z \neq 1$ であるから，
$$z^6 + z^5 + z^4 + z^3 + z^2 + z + 1 = 0. \qquad \cdots\cdots ②$$
$$\alpha + \beta + \gamma = (z + z^6) + (z^2 + z^5) + (z^3 + z^4)$$
$$= z + z^2 + z^3 + z^4 + z^5 + z^6$$
$$= -1. \quad (② より) \qquad \cdots\cdots ③$$
$$\alpha\beta\gamma = (z + z^6)(z^2 + z^5)(z^3 + z^4)$$
$$= (z + z^6)(z^5 + z^6 + z + z^2) \quad (① より)$$
$$= z^6 + 1 + z^2 + z^3 + z^4 + z^5 + 1 + z \quad (① より)$$
$$= 2 + (z + z^2 + z^3 + z^4 + z^5 + z^6)$$
$$= 2 + (-1) \quad (② より)$$
$$= 1. \qquad \cdots\cdots ④$$

(3) $|z| = 1$ であるから
$$|z|^2 = z\overline{z} = 1. \qquad \cdots\cdots ⑤$$
よって，①の両辺に $\overline{z}$ をかけて
$$\overline{z}z^7 = \overline{z} \quad より \quad (\overline{z}z)z^6 = \overline{z}.$$
よって，⑤ より
$$z^6 = \overline{z}.$$
同様にして，
$$z^5 = \overline{z^2}, \quad z^4 = \overline{z^3}.$$
ゆえに，

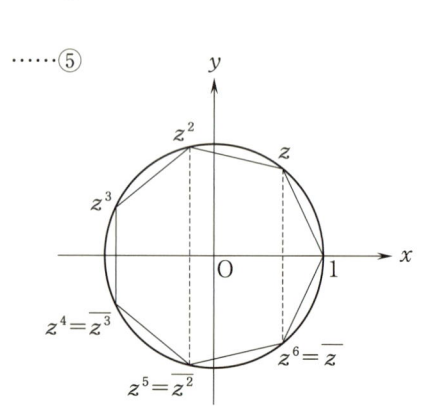

$$\begin{cases} \alpha = z+z^6 = z+\overline{z} = 2\cos\dfrac{2\pi}{7}, \\ \beta = z^2+z^5 = z^2+\overline{z^2} = 2\cos\dfrac{4\pi}{7}, \quad \cdots\cdots ⑥ \\ \gamma = z^3+z^4 = z^3+\overline{z^3} = 2\cos\dfrac{6\pi}{7}. \end{cases}$$

⇐ $z+\overline{z}$
$= \left(\cos\dfrac{2\pi}{7}+i\sin\dfrac{2\pi}{7}\right)+\left(\cos\dfrac{2\pi}{7}-i\sin\dfrac{2\pi}{7}\right)$
$= 2\cos\dfrac{2\pi}{7}$

よって，③，④，⑥ より

$$\begin{cases} \alpha+\beta+\gamma = 2\cos\dfrac{2\pi}{7}+2\cos\dfrac{4\pi}{7}+2\cos\dfrac{6\pi}{7} = -1, \\ \alpha\beta\gamma = \left(2\cos\dfrac{2\pi}{7}\right)\left(2\cos\dfrac{4\pi}{7}\right)\left(2\cos\dfrac{6\pi}{7}\right) = 1. \end{cases}$$

したがって，

$$\begin{cases} \cos\dfrac{2\pi}{7}+\cos\dfrac{4\pi}{7}+\cos\dfrac{6\pi}{7} = -\dfrac{1}{2}, \\ \left(\cos\dfrac{2\pi}{7}\right)\left(\cos\dfrac{4\pi}{7}\right)\left(\cos\dfrac{6\pi}{7}\right) = \dfrac{1}{8}. \end{cases}$$

(4) $\dfrac{1}{1-z}+\dfrac{1}{1-z^2}+\dfrac{1}{1-z^3}+\dfrac{1}{1-z^4}+\dfrac{1}{1-z^5}+\dfrac{1}{1-z^6}$

$= \dfrac{1}{1-z}+\dfrac{1}{1-z^2}+\dfrac{1}{1-z^3}+\dfrac{z^3}{z^3-1}+\dfrac{z^2}{z^2-1}+\dfrac{z}{z-1}$ （① より）

$= \dfrac{1-z}{1-z}+\dfrac{1-z^2}{1-z^2}+\dfrac{1-z^3}{1-z^3}$

$= 3$

⇐ $\dfrac{1}{1-z^4} = \dfrac{z^3}{z^3-z^7}$
$= \dfrac{z^3}{z^3-1}$ （① より）

〈参考〉

以下の解説は複素数の範囲での微分ですのであくまでも形式的に読んで下さい．

$$f(x) = x^6+x^5+x^4+x^3+x^2+x+1$$

とおく．方程式 $f(x)=0$ の解が $z, z^2, \cdots, z^6$ であるから

$$f(x) = (x-z)(x-z^2)\cdots(x-z^6)$$

と因数分解できます．

$$f'(x) = 6x^5+5x^4+4x^3+3x^2+2x+1$$

であるから $f'(1) = 21$ です．

また，$\log|f(x)| = \log|x-z|+\log|x-z^2|+\cdots+\log|x-z^6|$

であるから x で微分して

$$\dfrac{f'(x)}{f(x)} = \dfrac{1}{x-z}+\dfrac{1}{x-z^2}+\cdots+\dfrac{1}{x-z^6} \quad \cdots\cdots (☆)$$

となります．$f(1)=7$ ですから (☆) で $x=1$ とすると，

$$\dfrac{1}{1-z}+\dfrac{1}{1-z^2}+\cdots+\dfrac{1}{1-z^6} = \dfrac{f'(1)}{f(1)} = \dfrac{21}{7} = 3$$

となります．

類題 52 ［1の7乗根］

$\theta = \dfrac{2\pi}{7}$, $\alpha = \cos\theta + i\sin\theta$ とする．ただし，$i^2 = -1$ である．以下の設問(1)～(3)に答えよ．

(1) α^7 および $\displaystyle\sum_{k=0}^{6} \alpha^k$ の値を求めよ．また，$\overline{\alpha} = \alpha^m$ となる m $(1 \leqq m \leqq 6)$ を定めよ．ここに，$\overline{\alpha}$ は共役複素数を表す．

(2) $\beta = \alpha^3 + \alpha^5 + \alpha^6$ とする．このとき，$\beta + \overline{\beta}$, $\beta\overline{\beta}$ はともに整数値である．これらの値を求めよ．

(3) β を求めよ．

(東京慈恵会医科大［医］)

Note

154 第6章 複素数平面

問題 53 $\sum_{k=0}^{n} \cos k\theta, \ \sum_{k=0}^{n} \sin k\theta$

(1) 1でない複素数 z に対し

$$1 + z + z^2 + \cdots + z^n = \frac{1-z^{n+1}}{1-z} \quad (n \text{ は自然数})$$

が成り立つことを示せ.

(2) 次の等式が成り立つことを示せ. ただし, $\sin\frac{\theta}{2} \neq 0$ とする.

$$\begin{cases} 1 + \cos\theta + \cos 2\theta + \cdots + \cos n\theta = \dfrac{\cos\dfrac{n\theta}{2} \sin\dfrac{(n+1)\theta}{2}}{\sin\dfrac{\theta}{2}}, \\ \sin\theta + \sin 2\theta + \cdots + \sin n\theta = \dfrac{\sin\dfrac{n\theta}{2} \sin\dfrac{(n+1)\theta}{2}}{\sin\dfrac{\theta}{2}}. \end{cases}$$

(奈良県立医科大 [医], 新潟大 [医])

【解答】

(1) $$S_n = 1 + z + z^2 + \cdots + z^n \quad \cdots\cdots ①$$

とおく.

① の両辺に z を掛けて

$$zS_n = z + z^2 + \cdots + z^n + z^{n+1}. \quad \cdots\cdots ②$$

① − ② より

$$(1-z)S_n = 1 - z^{n+1}.$$

$z \neq 1$ より

$$S_n = \frac{1-z^{n+1}}{1-z}.$$

よって,

$$1 + z + z^2 + \cdots + z^n = \frac{1-z^{n+1}}{1-z}. \quad \cdots\cdots ③$$

(2) ③ で

$$z = \cos\theta + i\sin\theta$$

とおくと

$$\sum_{k=0}^{n}(\cos\theta + i\sin\theta)^k$$

$$= \frac{1-(\cos\theta + i\sin\theta)^{n+1}}{1-(\cos\theta + i\sin\theta)}$$

$$= \frac{1-\cos(n+1)\theta - i\sin(n+1)\theta}{1-\cos\theta - i\sin\theta} \quad (\text{ド・モアブルの定理より})$$

$$= \frac{2\sin^2\dfrac{(n+1)\theta}{2} - i2\sin\dfrac{(n+1)\theta}{2}\cos\dfrac{(n+1)\theta}{2}}{2\sin^2\dfrac{\theta}{2} - i2\sin\dfrac{\theta}{2}\cos\dfrac{\theta}{2}}$$

⇐ 分母・分子に倍角, 半角の公式を用いた.

$$= \frac{\sin\dfrac{(n+1)\theta}{2}\left\{\sin\dfrac{(n+1)\theta}{2} - i\cos\dfrac{(n+1)\theta}{2}\right\}}{\sin\dfrac{\theta}{2}\left(\sin\dfrac{\theta}{2} - i\cos\dfrac{\theta}{2}\right)}$$

$$
\begin{aligned}
&= \frac{\sin\frac{(n+1)\theta}{2}\left\{\sin\frac{(n+1)\theta}{2}-i\cos\frac{(n+1)\theta}{2}\right\}}{\sin\frac{\theta}{2}} \times \left(\sin\frac{\theta}{2}+i\cos\frac{\theta}{2}\right) \\
&= \frac{\sin\frac{(n+1)\theta}{2}\left[\sin\frac{(n+1)\theta}{2}\sin\frac{\theta}{2}+\cos\frac{(n+1)\theta}{2}\cos\frac{\theta}{2}+i\left\{\sin\frac{(n+1)\theta}{2}\cos\frac{\theta}{2}-\cos\frac{(n+1)\theta}{2}\sin\frac{\theta}{2}\right\}\right]}{\sin\frac{\theta}{2}} \\
&= \frac{\sin\frac{(n+1)\theta}{2}\left\{\cos\left(\frac{(n+1)\theta}{2}-\frac{\theta}{2}\right)+i\sin\left(\frac{(n+1)\theta}{2}-\frac{\theta}{2}\right)\right\}}{\sin\frac{\theta}{2}} \\
&= \frac{\sin\frac{(n+1)\theta}{2}\left(\cos\frac{n\theta}{2}+i\sin\frac{n\theta}{2}\right)}{\sin\frac{\theta}{2}}.
\end{aligned}
$$

⇐ 分母の実数化
$\left(\sin\frac{\theta}{2}-i\cos\frac{\theta}{2}\right)\left(\sin\frac{\theta}{2}+i\cos\frac{\theta}{2}\right)$
$=\sin^2\frac{\theta}{2}+\cos^2\frac{\theta}{2}$
$=1$

よって，左辺と右辺の実部と虚部をそれぞれ比較して，
$$\sum_{k=0}^{n}\cos k\theta = \frac{\cos\frac{n\theta}{2}\sin\frac{(n+1)\theta}{2}}{\sin\frac{\theta}{2}}.$$
$$\sum_{k=1}^{n}\sin k\theta = \frac{\sin\frac{n\theta}{2}\sin\frac{(n+1)\theta}{2}}{\sin\frac{\theta}{2}}.$$

(注) 問題4(1)を参照．

類題 53

n を自然数，i を虚数単位とし，r は $0<r<1$ を満たす実数とする．実数 θ に対して，次の問に答えよ．

(1) $C_n = 1 + r\cos\theta + \cdots\cdots + r^n\cos n\theta$，
 $S_n = r\sin\theta + r^2\sin2\theta + \cdots\cdots + r^n\sin n\theta$ を計算せよ．

(2) $\lim_{n\to\infty}C_n$ および $\lim_{n\to\infty}S_n$ を求めよ．

(九州大［医］，京都府立医科大（類））

問題 54 複素数平面の図形への応用

四角形 ABCD の各辺を斜辺とする直角二等辺三角形 ABP, BCQ, CDR, DAS を四角形の外側につくるとき,次の問に答えよ.
(1) $\overrightarrow{PR}=\overrightarrow{QS}$, PR⊥QS であることを証明せよ.
(2) 四角形 PQRS が正方形となるための四角形 ABCD の形状を求めよ.

(札幌医科大,新潟大 [医])

[考え方]
$\overrightarrow{PR}=\overrightarrow{QS}$ かつ PR⊥QS を示すには $\overrightarrow{PR}$ を 90° または $-90°$ 回転したものが $\overrightarrow{QS}$ になることを示します.
複素数平面上において点 A, B を表す複素数がそれぞれ α, β のとき,ベクトル $\overrightarrow{AB}$ に対して複素数 $\beta-\alpha$ が対応するので,この参考書ではそれを $\overrightarrow{AB}(\beta-\alpha)$ と表すことにします.

【解答】
(1) 複素数平面上で考える.
A, B, C, D は反時計まわりとしてよい.
A, B, C, D, P, Q, R, S を表す複素数をそれぞれ α, β, γ, δ, p, q, r, s とする.
$\overrightarrow{PB}(\beta-p)$ は $\overrightarrow{PA}(\alpha-p)$ を点 P のまわりに $-90°$ 回転したものであるから
$$\beta-p=-i(\alpha-p).$$
よって,
$$p=\frac{\beta+i\alpha}{1+i}$$
$$=\frac{1}{2}(\beta+i\alpha)(1-i)$$
$$=\frac{1}{2}\{\alpha+\beta+i(\alpha-\beta)\}.$$

⇐ 分母の実数化

同様にして,
$$q=\frac{1}{2}\{\beta+\gamma+i(\beta-\gamma)\},$$
$$r=\frac{1}{2}\{\gamma+\delta+i(\gamma-\delta)\},$$
$$s=\frac{1}{2}\{\delta+\alpha+i(\delta-\alpha)\}.$$
よって,$\overrightarrow{PR}(r-p)$, $\overrightarrow{QS}(s-q)$ は次のようになる.
$$\begin{cases} r-p=\frac{1}{2}\{-\alpha-\beta+\gamma+\delta+i(-\alpha+\beta+\gamma-\delta)\}, \\ s-q=\frac{1}{2}\{\alpha-\beta-\gamma+\delta+i(-\alpha-\beta+\gamma+\delta)\}. \end{cases}$$
これらより,
$$s-q=i(r-p)$$
となるから,$\overrightarrow{PR}$ を 90° 回転したものが $\overrightarrow{QS}$ である.
ゆえに,
$$\overrightarrow{PR}=\overrightarrow{QS} \text{ かつ } PR⊥QS$$
である.

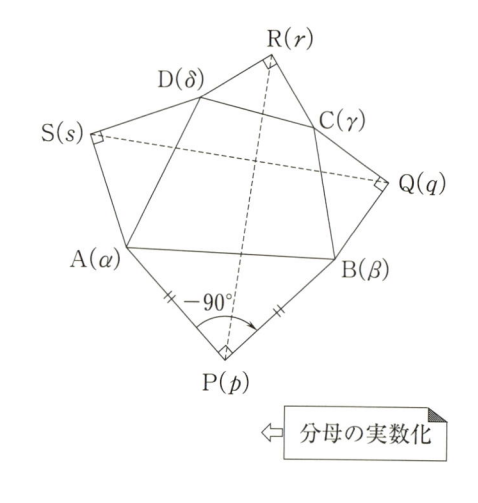

(2) $\overrightarrow{PR}=\overrightarrow{QS}$ かつ PR⊥QS より
「四角形 PQRS が正方形」
$\iff$「対角線 PR と QS が中点で交わる」
$\iff \dfrac{p+r}{2}=\dfrac{q+s}{2}$
$\iff \dfrac{1}{2}\{\alpha+\beta+\gamma+\delta+i(\alpha-\beta+\gamma-\delta)\}$
$\qquad =\dfrac{1}{2}\{\alpha+\beta+\gamma+\delta+i(-\alpha+\beta-\gamma+\delta)\}$
$\iff \alpha-\beta+\gamma-\delta=-\alpha+\beta-\gamma+\delta$
$\iff \alpha-\beta=\delta-\gamma$
$\iff \overrightarrow{BA}=\overrightarrow{CD}$
$\iff$「四角形 ABCD は平行四辺形」
よって,求める条件は
四角形 **ABCD は平行四辺形**.

⇐ $\overrightarrow{PR}=\overrightarrow{QS}$ かつ PR⊥QS のとき,対角線 PR と QS が互いの中点 O で交わるならば 4 つの △OPQ, △OQR, △ORS, △OSP は合同な直角二等辺三角形だから,四角形 PQRS は正方形です.

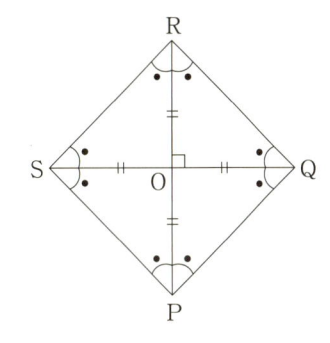

(解説)

[回転]
複素数 z に複素数 $\alpha=\cos\theta+i\sin\theta$ を掛けて得られる複素数 αz は,z を原点 O のまわりに θ 回転した点を表す.とくに,iz は z を原点のまわりに 90° 回転した点を表す.

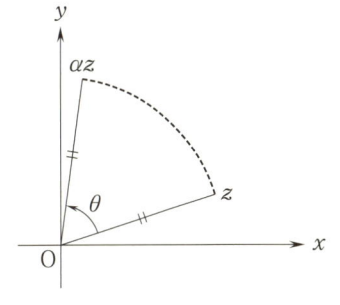

類題 54

下図のように,複素数平面上に四角形 ABCD があり,4 点 A,B,C,D を表す複素数をそれぞれ z_1, z_2, z_3, z_4 とする.各辺を 1 辺とする 4 つの正方形 BAPQ,CBRS,DCTU,ADVW を四角形 ABCD の外側に作り,正方形 BAPQ,CBRS,DCTU,ADVW の中心をそれぞれ K,L,M,N とおく.
(1) 点 K を表す複素数 w_1 を z_1 と z_2 で表せ.
(2) KM=LN,KM⊥LN を証明せよ.
(3) 線分 KM と線分 LN の中点が一致するのは四角形 ABCD がどのような図形のときか.

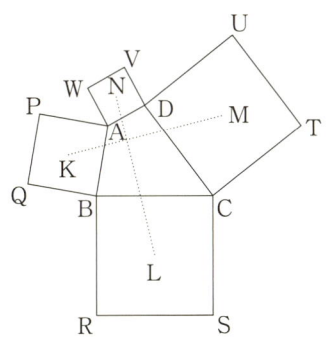

(信州大 [医],岡山大(類))

問題 55 平行・直交条件

z は複素数で，$|z|=1$，$0<\arg z<\pi$ とする．複素数平面上の四角形 K の四つの頂点の表す複素数がそれぞれ 1, z, z^2, z^3 になっているとき，次の問に答えよ．

(1) 四角形 K の四つの頂点のうち 1 と z^3 が隣り合わない頂点になることがあるか．
(2) 四角形 K は台形であることを示せ．
(3) 四角形 K の二つの対角線が直交するときの z をすべて求めよ．また，そのときの K の面積 S を求めよ．

(旭川医科大［医］（後））

[考え方]

[平行，直交条件]
$A(\alpha)$, $B(\beta)$, $C(\gamma)$, $D(\delta)$ は異なる 4 点とする．

(i) $\vec{AB} \mathbin{/\!/} \vec{CD}$

$\iff$ 「$\dfrac{\beta-\alpha}{\delta-\gamma}$ が実数」

$\iff \dfrac{\beta-\alpha}{\delta-\gamma} = \dfrac{\overline{\beta}-\overline{\alpha}}{\overline{\delta}-\overline{\gamma}}$

(ii) $\vec{AB} \perp \vec{CD}$

$\iff$ 「$\dfrac{\beta-\alpha}{\delta-\gamma}$ が純虚数」

$\iff \dfrac{\beta-\alpha}{\delta-\gamma} + \dfrac{\overline{\beta}-\overline{\alpha}}{\overline{\delta}-\overline{\gamma}} = 0$

【解答】

(1) $A(1)$, $B(z)$, $C(z^2)$, $D(z^3)$ とし，$\arg z = \theta$ $(0<\theta<\pi)$ とおく．

$\arg z^2 = 2\theta$, $\arg z^3 = 3\theta$ であり $0<\theta<\pi$ より $0<2\theta<2\pi$, $0<3\theta<3\pi$ であるから，頂点 $A(1)$ と $D(z^3)$ が隣り合わないとすると，D は A を含まない方の $\overparen{BC}$ 上にあるから，

$$3\theta > 2\pi + \theta$$

のときであるが，このとき $\theta > \pi$ となり $0<\theta<\pi$ に矛盾する．

よって，頂点 $A(1)$ と $D(z^3)$ は隣り合わないことはない．

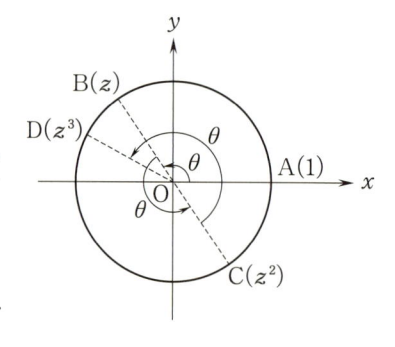

(2) $|z|=1$ より $|z|^2=z\bar{z}=1$. ……①

$$\frac{z^3-1}{z^2-z}=\frac{(z-1)(z^2+z+1)}{(z-1)z}$$
$$=\frac{z^2+z+1}{z} \quad (z\ne 1 \text{ より})$$
$$=z+1+\frac{1}{z}. \quad ……②$$

よって,
$$\overline{\left(\frac{z^3-1}{z^2-z}\right)}=\overline{z+1+\frac{1}{z}}$$
$$=\bar{z}+1+\frac{1}{\bar{z}}$$
$$=\frac{1}{z}+1+z \quad (\text{① より})$$
$$=\frac{z^3-1}{z^2-z}.$$

ゆえに, $\dfrac{z^3-1}{z^2-z}$ は実数であるから,

$\arg\dfrac{z^3-1}{z^2-z}=0$ または π となり $AD/\!/BC$ である.

よって, 四角形 K は台形である.

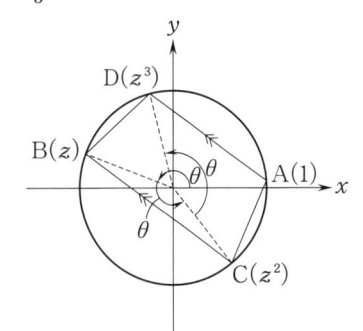

(3)(i) $0<\theta<\dfrac{2\pi}{3}$ のとき

対角線は AC と BD であるから
AC⊥BD

$\iff$ 「$\overrightarrow{AC}(z^2-1)$ と $\overrightarrow{BD}(z^3-z)$ のなす角が $\dfrac{\pi}{2}$」

$\iff \arg\dfrac{z^3-z}{z^2-1}=\arg z=\dfrac{\pi}{2}$ ($0<\arg z<\pi$ より)

よって, $z=i$

このとき, K は 1 辺の長さが $\sqrt{2}$ の正方形だから面積は
$$S=(\sqrt{2})^2=2.$$

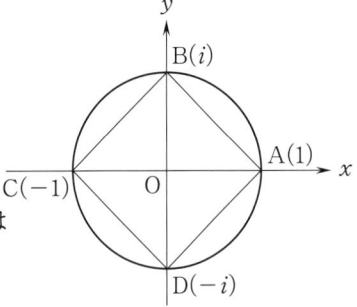

(ii) $\dfrac{2\pi}{3}<\theta<\pi$ のとき

対角線は AB と CD であるから
AB⊥CD

$\iff$ 「$\overrightarrow{AB}(z-1)$ と $\overrightarrow{CD}(z^3-z^2)$ のなす角が $\dfrac{\pi}{2}$」

$\iff \arg\dfrac{z^3-z^2}{z-1}=\arg z^2=\dfrac{3\pi}{2}$ $\left(\dfrac{4\pi}{3}<2\theta<2\pi \text{ より}\right)$

よって, $\arg z=\dfrac{3\pi}{4}$ であるから,
$$z=\cos\dfrac{3\pi}{4}+i\sin\dfrac{3\pi}{4}=-\dfrac{\sqrt{2}}{2}+\dfrac{\sqrt{2}}{2}i.$$

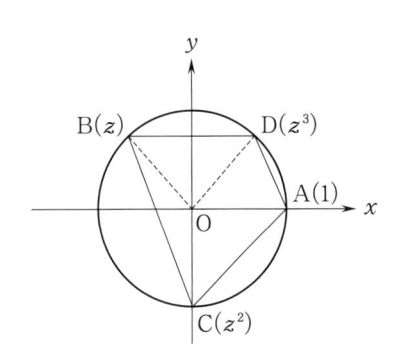

A(1), B(z), C(z^2), D(z^3) は四角形を作るから $z^3\ne 1$ より $3\theta\ne 2\pi$, つまり $\theta\ne\dfrac{2\pi}{3}$ である.

(i) $0<\theta<\dfrac{2\pi}{3}$ のとき

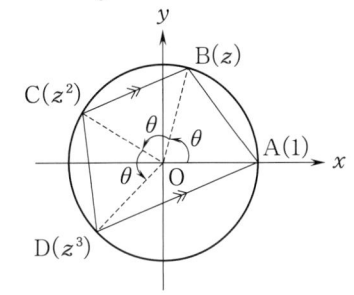

(ii) $\dfrac{2\pi}{3}<\theta<\pi$ のとき

このとき求める面積は,
$$S = \triangle\text{OAD} + \triangle\text{ODB} + \triangle\text{OBC} + \triangle\text{OCA}$$
$$= \frac{1}{2}\cdot 1^2\cdot\sin\frac{\pi}{4} + \frac{1}{2}\cdot 1^2 + \frac{1}{2}\cdot 1^2\cdot\sin\frac{3\pi}{4} + \frac{1}{2}\cdot 1^2$$
$$= 1 + \frac{\sqrt{2}}{2}.$$

(解説)

1 (2)は次のようにしてもよいです.

② より
$$\frac{z^3 - 1}{z^2 - z} = z + 1 + \frac{1}{z}$$
$$= z + 1 + \overline{z} \quad (\text{① より})$$
$$= 2\text{Re}\,z + 1.$$

よって, $\dfrac{z^3-1}{z^2-z}$ は実数であるから, AD∥BC である.

【解答】では以下の **3** に述べる平行条件を用いました.

2 2線分のなす角

3点 $\text{A}(\alpha)$, $\text{B}(\beta)$, $\text{C}(\gamma)$ に対して, $\overrightarrow{\text{AB}}$ から $\overrightarrow{\text{AC}}$ へ測った角を $\angle\beta\alpha\gamma$ と表すことにする.

点 α が原点 $\text{O}(\alpha')$ に移るような平行移動によって, 点 β が点 β' に, 点 γ が点 γ' に, それぞれ移るとすると
$$\beta' = \beta - \alpha, \quad \gamma' = \gamma - \alpha.$$
また
$$\angle\beta\alpha\gamma = \angle\beta'\alpha'\gamma'$$
$$= \arg\gamma' - \arg\beta'$$
$$= \arg\left(\frac{\gamma'}{\beta'}\right).$$

したがって, 次の等式が成り立つ.

$$\angle\beta\alpha\gamma = \arg\left(\frac{\gamma - \alpha}{\beta - \alpha}\right).$$

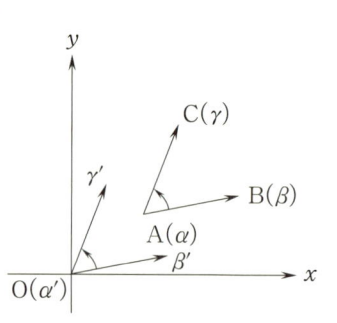

(注) $\angle\beta\alpha\gamma$ は向きつきの角である. $\overrightarrow{\text{AC}}$ から $\overrightarrow{\text{AB}}$ へ測った角は $\angle\gamma\alpha\beta$ であり
$$\angle\gamma\alpha\beta = -\angle\beta\alpha\gamma.$$

3

[平行, 直交条件]

複素数平面上の異なる4点 $A(\alpha)$, $B(\beta)$, $C(\gamma)$, $D(\delta)$ に対して,

(i) $AB \parallel CD$

$\iff$ 「$\overrightarrow{AB}(\beta-\alpha)$ と $\overrightarrow{CD}(\delta-\gamma)$ のなす角は 0 または π」

$\iff \arg\dfrac{\beta-\alpha}{\delta-\gamma}=0$ または π

$\iff$ 「$\dfrac{\beta-\alpha}{\delta-\gamma}$ は実数」

$\iff \dfrac{\beta-\alpha}{\delta-\gamma}=\dfrac{\overline{\beta}-\overline{\alpha}}{\overline{\delta}-\overline{\gamma}}.$

(ii) $AB \perp CD$

$\iff$ 「$\overrightarrow{AB}$ と $\overrightarrow{CD}$ のなす角は $\dfrac{\pi}{2}$」

$\iff \arg\dfrac{\beta-\alpha}{\delta-\gamma}=\pm\dfrac{\pi}{2}$

$\iff$ 「$\dfrac{\beta-\alpha}{\delta-\gamma}$ は純虚数」

$\iff \dfrac{\beta-\alpha}{\delta-\gamma}+\dfrac{\overline{\beta}-\overline{\alpha}}{\overline{\delta}-\overline{\gamma}}=0.$

4 3 の (i) より複素数平面上の直線の方程式が求められます.

2 点 $A(\alpha)$, $B(\beta)$ は異なるとする.

「3 点 $A(\alpha)$, $B(\beta)$, $P(z)$ が一直線上にある」

$\iff$ 「$\arg\dfrac{z-\alpha}{\beta-\alpha}=0$ または π」

$\iff$ 「$\dfrac{z-\alpha}{\beta-\alpha}$ は実数」

$\iff \dfrac{z-\alpha}{\beta-\alpha}=\dfrac{\overline{z}-\overline{\alpha}}{\overline{\beta}-\overline{\alpha}}$

$\iff (\overline{\beta}-\overline{\alpha})(z-\alpha)=(\beta-\alpha)(\overline{z}-\overline{\alpha})$

$\iff (\overline{\beta}-\overline{\alpha})z-(\beta-\alpha)\overline{z}-\alpha\overline{\beta}+\overline{\alpha}\beta=0.$

よって,

[直線の方程式]

異なる 2 点 $A(\alpha)$, $B(\beta)$ を通る直線の方程式は
$(\overline{\beta}-\overline{\alpha})z-(\beta-\alpha)\overline{z}-\alpha\overline{\beta}+\overline{\alpha}\beta=0.$

類題 55

(1) 複素数平面上の原点 O を中心とする半径 1 の円周上に 4 つの複素数 α, β, γ, δ がこの順にある. この 4 つの複素数によってできる四角形の対角線が直交する条件は
$$\alpha\gamma+\beta\delta=0$$
であることを証明せよ.

(2) n を 3 以上の奇数とする. このとき, 正 n 角形の対角線は直交することがあり得ないことを証明せよ.

(弘前大 [医])

162 第6章 複素数平面

問題 56 三角形の相似条件と正三角形

(1) Oを原点とする複素数平面上に，点 A(α), B(β), P(p), Q(q), R(r) がある．
三角形 OAB と三角形 PQR が，頂点の順もこめて同じ向きに相似である条件は，
$$\frac{\beta}{\alpha}=\frac{r-p}{q-p}$$
であることを示せ．

(2) 三角形 ABC の辺 BC, CA, AB を $m:n$ の比に内分する点をそれぞれ P, Q, R とするとき，三角形 ABC と三角形 PQR が，頂点の順もこめて同じ向きに相似であるならば，点 P, Q, R は各辺の中点であるか，三角形 ABC が正三角形であることを証明せよ．

(作問)

[考え方]
複素数平面で相似な三角形を扱うときは，相似条件として
「2辺の比とその挟む角がそれぞれ等しい」
を用います．

【解答】

(1) △OAB∽△PQR
$\iff$ OA：OB＝PQ：PR かつ ∠AOB＝∠QPR
$\iff$ $|\alpha|:|\beta|=|q-p|:|r-p|$ かつ $\arg\frac{\beta}{\alpha}=\arg\frac{r-p}{q-p}$
$\iff$ $\left|\frac{\beta}{\alpha}\right|=\left|\frac{r-p}{q-p}\right|$ かつ $\arg\frac{\beta}{\alpha}=\arg\frac{r-p}{q-p}$
$\iff$ $\frac{\beta}{\alpha}=\frac{r-p}{q-p}$.

(2) A を原点とする複素数平面で考え，B(α), C(β), P(p), Q(q), R(r) とおく．
条件より，
$$\begin{cases} p=\dfrac{n\alpha+m\beta}{m+n}, \\ q=\dfrac{n\beta}{m+n}, \\ r=\dfrac{m\alpha}{m+n}. \end{cases} \quad \cdots\cdots①$$

△ABC∽△PQR（同じ向き）であるから，(1) より
$$\frac{\beta}{\alpha}=\frac{r-p}{q-p}. \quad \cdots\cdots②$$

① より，
$$\begin{cases} q-p=\dfrac{-m\beta+n(\beta-\alpha)}{m+n}, \\ r-p=\dfrac{m(\alpha-\beta)-n\alpha}{m+n}. \end{cases}$$

これらを ② に代入して，

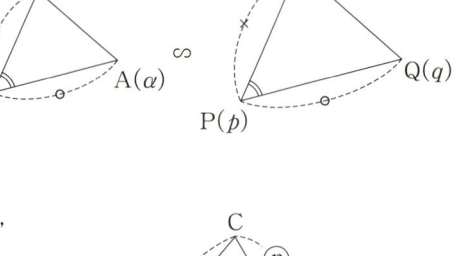

$$\frac{\beta}{\alpha} = \frac{m(\alpha-\beta)-n\alpha}{-m\beta+n(\beta-\alpha)}$$
$$\iff \alpha\{m(\alpha-\beta)-n\alpha\} = \beta\{-m\beta+n(\beta-\alpha)\}$$
$$\iff (m-n)(\alpha^2-\alpha\beta+\beta^2)=0.$$

よって,
$$m=n \quad \text{または} \quad \alpha^2-\alpha\beta+\beta^2=0.$$

(i) $m=n$ のとき
　P，Q，R は各辺の中点である．

(ii) $\alpha^2-\alpha\beta+\beta^2=0$ のとき
　α^2 で割って，
$$1-\frac{\beta}{\alpha}+\left(\frac{\beta}{\alpha}\right)^2=0.$$
　よって，
$$\frac{\beta}{\alpha} = \frac{1\pm\sqrt{3}\,i}{2}$$
$$= \cos\left(\pm\frac{\pi}{3}\right) + i\sin\left(\pm\frac{\pi}{3}\right).$$
　これより
$$\beta = \left\{\cos\left(\pm\frac{\pi}{3}\right) + i\sin\left(\pm\frac{\pi}{3}\right)\right\}\alpha.$$

したがって，$\overrightarrow{AB}(\alpha)$ を $\pm\frac{\pi}{3}$ 回転すると，$\overrightarrow{AC}(\beta)$ であるから三角形 ABC は正三角形である．

（解説）

1 複素数による三角形の相似条件

　三角形の相似条件は，中学生のとき学んだように3つありました.

(1) 3辺の比が等しい．

(2) 2辺の比とその挟む角がそれぞれ等しい．

(3) 2角が等しい．

　複素数を用いる場合は(2)の条件が用い易いです．

　三角形 ABC と三角形 A′B′C′ がこの順に相似であるとし，A，B，C，A′，B′，C′ を表す複素数をそれぞれ $\alpha, \beta, \gamma, \alpha', \beta', \gamma'$ とする．

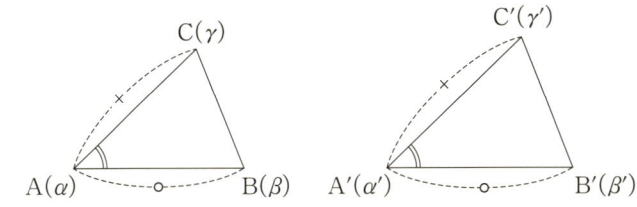

[三角形の相似条件]
$$\triangle ABC \infty \triangle A'B'C'$$
$$\iff AB:AC = A'B':A'C' \text{ かつ } \angle BAC = \angle B'A'C'$$
$$\iff |\beta-\alpha|:|\gamma-\alpha| = |\beta'-\alpha'|:|\gamma'-\alpha'| \text{ かつ } \arg\frac{\gamma-\alpha}{\beta-\alpha} = \arg\frac{\gamma'-\alpha'}{\beta'-\alpha'}$$
$$\iff \left|\frac{\gamma-\alpha}{\beta-\alpha}\right| = \left|\frac{\gamma'-\alpha'}{\beta'-\alpha'}\right| \text{ かつ } \arg\frac{\gamma-\alpha}{\beta-\alpha} = \arg\frac{\gamma'-\alpha'}{\beta'-\alpha'}$$
$$\iff \frac{\gamma-\alpha}{\beta-\alpha} = \frac{\gamma'-\alpha'}{\beta'-\alpha'}$$

2 複素数平面上の異なる3点 A(α), B(β), C(γ) に対して，三角形 ABC が正三角形になるための必要十分条件は

$$\alpha^2+\beta^2+\gamma^2-\alpha\beta-\beta\gamma-\gamma\alpha=0$$

です．

【証明】

「三角形 ABC が正三角形である」

$\iff$ 「$\overrightarrow{AC}$ は $\overrightarrow{AB}$ を $\pm\dfrac{\pi}{3}$ 回転したものである」

$\iff \gamma-\alpha=(\beta-\alpha)\left\{\cos\left(\pm\dfrac{\pi}{3}\right)+i\sin\left(\pm\dfrac{\pi}{3}\right)\right\}$ （複号同順）

$\iff \gamma-\dfrac{1}{2}(\alpha+\beta)=\pm\dfrac{\sqrt{3}}{2}i(\beta-\alpha)$

$\iff \left\{\gamma-\dfrac{1}{2}(\alpha+\beta)\right\}^2=-\dfrac{3}{4}(\beta-\alpha)^2$

$\iff \alpha^2+\beta^2+\gamma^2-\alpha\beta-\beta\gamma-\gamma\alpha=0.$

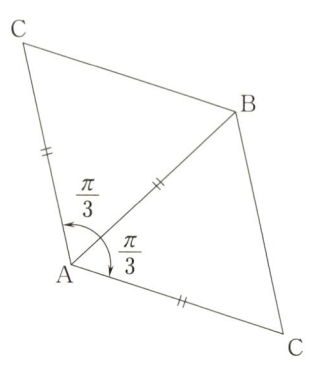

類題 56 [三角形の形状]

複素数平面上に三角形 ABC があり，その頂点 A, B, C を表す複素数をそれぞれ z_1, z_2, z_3 とする．複素数 w に対して，
$$z_1 = wz_3, \quad z_2 = wz_1, \quad z_3 = wz_2$$
が成り立つとき，次の各問に答えよ．

(1) $1 + w + w^2$ の値を求めよ．
(2) 三角形 ABC はどんな形の三角形か．
(3) $z = z_1 + 2z_2 + 3z_3$ の表す点を D とすると，三角形 OBD はどんな形の三角形か．ただし，O は原点である．

(千葉大 [医])

問題 57 共線・共円条件

2つの2次方程式
$$ax^2+2bx+c=0, \quad a'x^2+2b'x+c'=0 \quad (a\neq 0, a'\neq 0)$$
のそれぞれの2解を z_1, z_2 および z_3, z_4 とする．ただし，z_1, z_2, z_3, z_4 はすべて異なるものとする．いま，係数の間に，
$$ac'-2bb'+a'c=0$$
なる関係があるとき，

(1) z_1, z_2, z_3, z_4 の間に $\dfrac{z_1-z_3}{z_2-z_3}\cdot\dfrac{z_2-z_4}{z_1-z_4}=-1$ が成り立つことを証明せよ．

(2) 4点 z_1, z_2, z_3, z_4 は円または直線上にあることを示せ．

(帯広畜産大，芝浦工業大)

【解答】

(1) 解と係数の関係より
$$\begin{cases} z_1+z_2=-\dfrac{2b}{a}, \\ z_1 z_2=\dfrac{c}{a}. \end{cases} \quad \cdots\cdots ①$$

$$\begin{cases} z_3+z_4=-\dfrac{2b'}{a'}, \\ z_3 z_4=\dfrac{c'}{a'}. \end{cases} \quad \cdots\cdots ②$$

$$ac'-2bb'+a'c=0. \quad \cdots\cdots ③$$

③ を aa' で割って，
$$\dfrac{c'}{a'}-2\dfrac{b}{a}\cdot\dfrac{b'}{a'}+\dfrac{c}{a}=0.$$

①，② を代入して，
$$z_3 z_4 - \dfrac{1}{2}(z_1+z_2)(z_3+z_4)+z_1 z_2 = 0$$
$$\iff 2z_3 z_4 - (z_1 z_3 + z_1 z_4 + z_2 z_3 + z_2 z_4) + 2z_1 z_2 = 0$$
$$\iff z_3(z_4-z_1) + z_4(z_3-z_1) + z_2(z_1-z_3) + z_2(z_1-z_4) = 0$$
$$\iff (z_1-z_4)(z_2-z_3) + (z_1-z_3)(z_2-z_4) = 0$$
$$\iff (z_1-z_3)(z_2-z_4) = -(z_1-z_4)(z_2-z_3)$$

したがって
$$\dfrac{z_1-z_3}{z_2-z_3}\cdot\dfrac{z_2-z_4}{z_1-z_4} = -1. \quad \cdots\cdots ④$$

(2) ④ より
$$\arg\left(\dfrac{z_1-z_3}{z_2-z_3}\cdot\dfrac{z_2-z_4}{z_1-z_4}\right)=\pi$$
$$\iff \arg\dfrac{z_1-z_3}{z_2-z_3}+\arg\dfrac{z_2-z_4}{z_1-z_4}=\pi$$
$$\iff \angle z_2 z_3 z_1 + \angle z_1 z_4 z_2 = \pi \quad \cdots\cdots ⑤$$

4点 z_1, z_2, z_3, z_4 が同一直線上にあれば ⑤ は成り立つ．

もし，z_1, z_2, z_3, z_4 が一直線上にないならば，⑤ より右図のように z_1, z_2, z_3, z_4 を四頂点とする四角形の向い合う

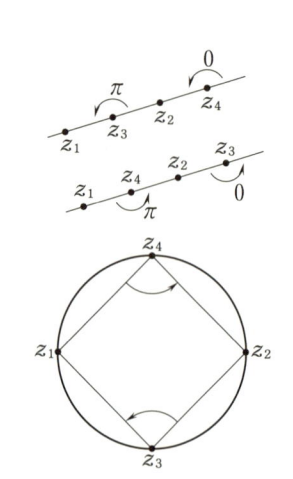

角の和が π だから，z_1, z_2, z_3, z_4 は同一円周上の点である．

ゆえに，4点 z_1, z_2, z_3, z_4 は同一円または同一直線上にある．

(解説)

1

> **[共円・共線条件]**
>
> 異なる4点 z_1, z_2, z_3, z_4 が同一円または同一直線上にあるための必要十分条件は $\dfrac{z_1-z_3}{z_2-z_3}\cdot\dfrac{z_2-z_4}{z_1-z_4}$ が 0, 1 以外の実数になることである．

(証明)

$\dfrac{z_1-z_3}{z_2-z_3}\cdot\dfrac{z_2-z_4}{z_1-z_4}=k$ とおく

$k=0$ または 1 のとき $z_1=z_3$ または $z_2=z_4$ または $z_1=z_2$ または $z_3=z_4$ となり異なる4点であることに反する．

$$\arg k = \arg\dfrac{z_1-z_3}{z_2-z_3}+\arg\dfrac{z_2-z_4}{z_1-z_4}$$
$$= \angle z_2 z_3 z_1 + \angle z_1 z_4 z_2$$
$$= \angle z_1 z_4 z_2 - \angle z_1 z_3 z_2.$$

異なる4点 z_1, z_2, z_3, z_4 が同一円または同一直線上にあるとする．

(i) 2点 z_1, z_2 が z_3, z_4 を分離しないとき，

$\angle z_1 z_4 z_2 = \angle z_1 z_3 z_2$ より

$\arg k = \angle z_1 z_4 z_2 - \angle z_1 z_3 z_2$
$\quad = 0.$

よって，k は正の実数である．

(ii) 2点 z_1, z_2 が z_3, z_4 を分離するとき，

$\arg k = \angle z_2 z_3 z_1 + \angle z_1 z_4 z_2$
$\quad = \pi.$

よって，k は負の実数である．

逆に，k が 0, 1 以外の実数のとき，上の考え方を逆にたどることにより，4点 z_1, z_2, z_3, z_4 は同一円または同一直線上にあることが示せる．

注 $\dfrac{z_1-z_3}{z_2-z_3}\cdot\dfrac{z_2-z_4}{z_1-z_4}$ を複比または非調和比といいます．

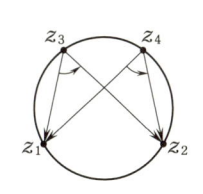

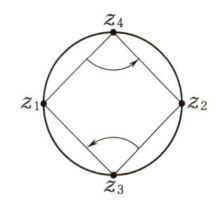

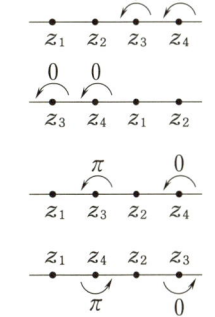

類題 57 [共円条件]

複素数平面上で相異なる複素数 z_1, z_2, z_3, z_4 が同一円周上にあるとき

$$\dfrac{(z_1-z_3)(z_2-z_4)}{(z_2-z_3)(z_1-z_4)}$$

は実数であることを証明せよ．

(名古屋大 [情報] 後)

問題 58 1次分数変換

複素数 z に対して複素数 w を $w = \dfrac{2iz}{z-\alpha}$ で定める．ただし，α は 0 でない複素数の定数とする．

(1) 点 z が α 以外のすべての複素数を動くとき，w のとり得る値の範囲を求めよ．

(2) 点 z が原点を中心とする半径 $|\alpha|$ の円周上を動くとき，点 w の描く図形を求めよ．

(3) 点 z がある円周 C 上を動くとき，点 w は原点 O を中心とする半径 1 の円周を描くものとする．このとき，円周 C の中心と半径を α を用いて表せ．また，円周 C の中心が i のとき，α の値を求めよ．

(4) α は(3)で求めた値とする．点 z が実軸上を動くとき，点 w の描く図形を求めよ．

(千葉大［医］改)

【解答】

(1)
$$w = \frac{2iz}{z-\alpha}. \quad \cdots\cdots ①$$

① より
$$(z-\alpha)w = 2iz$$
$$\iff (w-2i)z = \alpha w.$$

$\alpha \neq 0$ より $w \neq 2i$ であるから
$$z = \frac{\alpha w}{w-2i}. \quad \cdots\cdots ②$$

$z \neq \alpha$ であるから $\dfrac{\alpha w}{w-2i} \neq \alpha$.

よって，
$$\frac{w}{w-2i} \neq 1.$$

これは，$w \neq 2i$ を満たすすべての w に対して成り立つから，w のとり得る値の範囲は，
$$\boldsymbol{w \neq 2i}.$$

(2) 点 z は原点を中心とする半径 $|\alpha|$ の円周上を動くから，
$$|z| = |\alpha|. \quad \cdots\cdots ③$$

② を ③ に代入して，
$$\left| \frac{\alpha w}{w-2i} \right| = |\alpha|.$$

$\alpha \neq 0$ であるから
$$|w| = |w-2i|.$$

よって，点 w が描く図形は，
原点 O と点 $2i$ を結ぶ線分の垂直二等分線
である．

(3)
$$|w| = 1. \quad \cdots\cdots ④$$

① を ④ に代入して，
$$\left| \frac{2iz}{z-\alpha} \right| = 1.$$
$$\iff 2|z| = |z-\alpha|, \quad z \neq \alpha$$

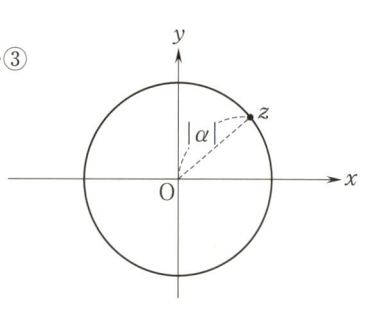

$$\iff 4|z|^2=|z-\alpha|^2, \ z\neq\alpha$$
$$\iff 4|z|^2=(z-\alpha)(\overline{z}-\overline{\alpha}), \ z\neq\alpha$$
$$\iff 4|z|^2=|z|^2-\overline{\alpha}z-\alpha\overline{z}+|\alpha|^2, \ z\neq\alpha$$
$$\iff |z|^2+\frac{\overline{\alpha}}{3}z+\frac{\alpha}{3}\overline{z}=\frac{1}{3}|\alpha|^2, \ z\neq\alpha$$
$$\iff \left(z+\frac{\alpha}{3}\right)\left(\overline{z}+\frac{\overline{\alpha}}{3}\right)=\frac{4}{9}|\alpha|^2, \ z\neq\alpha$$
$$\iff \left|z+\frac{\alpha}{3}\right|^2=\frac{4}{9}|\alpha|^2, \ z\neq\alpha$$

よって,
$$\left|z-\left(-\frac{\alpha}{3}\right)\right|=\frac{2}{3}|\alpha|.$$

したがって, 円 C の

中心は $-\dfrac{1}{3}\alpha$, 半径は $\dfrac{2}{3}|\alpha|$.

また, 円 C の中心が i のとき, $-\dfrac{\alpha}{3}=i$ より
$$\alpha=-3i.$$

(4) $\alpha=-3i$ であるから ② より
$$z=\frac{-3iw}{w-2i}. \qquad \cdots\cdots ②'$$

点 z は実軸上を動くから
$$z=\overline{z}. \qquad \cdots\cdots ⑤$$

②' を ⑤ に代入して
$$\frac{-3iw}{w-2i}=\overline{\left(\frac{-3iw}{w-2i}\right)}$$
$$\iff \frac{-3iw}{w-2i}=\frac{3i\overline{w}}{\overline{w}+2i}$$
$$\iff -w(\overline{w}+2i)=\overline{w}(w-2i), \ w\neq 2i$$
$$\iff |w|^2+iw-i\overline{w}=0, \ w\neq 2i$$
$$\iff (w-i)(\overline{w}+i)=1, \ w\neq 2i$$
$$\iff |w-i|=1, \ w\neq 2i$$

よって, 点 w の描く図形は

i を中心とする半径 1 の円から点 $2i$ を除いた図形

である.

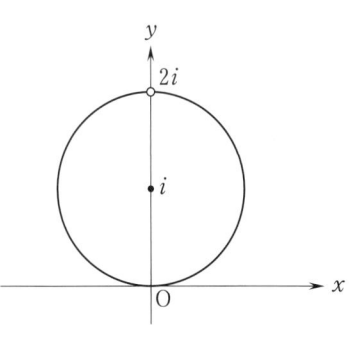

(解説)

1 $w=\dfrac{az+b}{cz+d}$ ($ad-bc\neq 0$) を **1 次分数変換** といいます. 1 次分数変換により直線は直線または円に, 円は円または直線に移されます.

2 (3)において
$$2|z|=|z-\alpha| \qquad \cdots\cdots ⑥$$
を変形すると
$$\left|z+\frac{\alpha}{3}\right|=\frac{2}{3}|\alpha| \qquad \cdots\cdots ⑦$$
になります.

A(α) とし，P(z) とすると OP=$|z|$, AP=$|z-\alpha|$
であるから ⑥ より

OP：AP＝1：2 であり，⑦ より P(z) は OA を 1：2 に内分する点 B$\left(\dfrac{\alpha}{3}\right)$
と，OA を 1：2 に外分する点 D($-\alpha$) を直径の両端とする円を描くことがわかります．これをアポロニウスの円といいます．

> [アポロニウスの円]
> 一般に，2 定点 A(α)，B(β) と正の実数 k に対して動点 P(z) が
> $$AP：BP＝1：k$$
> つまり
> $$k|z-\alpha|=|z-\beta|$$
> を満たすとする．
> (i) $k=1$ のとき，P(z) は線分 AB の垂直二等分線を描く．
> (ii) $k \neq 1$ のとき，P(z) は線分 AB を 1：k に内分する点 C と，線分 AB を 1：k に外分する点 D を直径の両端とするアポロニウスの円を描く．

類題 58 [反転]

原点をOとする複素数平面上で，0でない複素数 z, w の表す点をそれぞれP，Qとする．Pに対してQを，Oを始点とする半直線OP上に OP・OQ＝2 を満たすようにとる．

(1) $w = \dfrac{2}{\bar{z}}$ を示せ．

(2) A(2)，B(2i) とする．直線 AB 上の点 z が満たす方程式を求めよ．

(3) A(2)，B(2i)，C(−2)，D(−2i) の4点を頂点とする正方形の周上を点Pが動くとき，点Qの描く図形を求めて図示せよ．

(岡山大 [医] 改)

問題 59 複素数の点列の極限への応用

複素数平面上に点列 $P_0, P_1, P_2, P_3, \cdots$ がある.
P_n を表す複素数を z_n とすると, $z_0 = 0$, $z_1 = 1$ である.
点 P_n $(n \geqq 0)$ は図のように

$$P_{n+1}P_{n+2} = \frac{1}{2} P_n P_{n+1},$$

$$\angle P_n P_{n+1} P_{n+2} = \frac{\pi}{3}$$

で与えられている.
n を大きくしていくとき, P_n はどの点に近づくか.

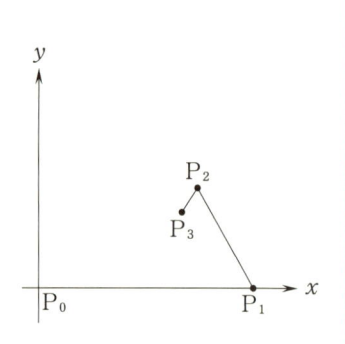

(三重大 [医])

【解答】

$P_n(z_n)$ $(n = 0, 1, 2, \cdots)$, ただし, $z_0 = 0$, $z_1 = 1$,
$\overrightarrow{P_{n+1}P_{n+2}}(z_{n+2} - z_{n+1})$ は $\overrightarrow{P_n P_{n+1}}(z_{n+1} - z_n)$ を $\frac{2\pi}{3}$ 回転して $\frac{1}{2}$ 倍したものであるから

$$\alpha = \frac{1}{2}\left(\cos\frac{2\pi}{3} + i\sin\frac{2\pi}{3}\right)$$
$$= -\frac{1}{4} + \frac{\sqrt{3}}{4}i$$

とおくと,

$$z_{n+2} - z_{n+1} = \alpha(z_{n+1} - z_n). \quad \cdots\cdots ①$$

$z_1 - z_0 = 1$ であるから数列 $\{z_{n+1} - z_n\}$ は初項が 1, 公比が α の等比数列である.
よって,

$$z_{n+1} - z_n = \alpha^n. \quad \cdots\cdots ②$$

また, ① より

$$z_{n+2} - \alpha z_{n+1} = z_{n+1} - \alpha z_n.$$

よって, 数列 $\{z_{n+1} - \alpha z_n\}$ は定数数列であるから

$$z_{n+1} - \alpha z_n = z_1 - \alpha z_0 = 1. \quad \cdots\cdots ③$$

③ $-$ ② より

$$(1 - \alpha)z_n = 1 - \alpha^n.$$

$\alpha \neq 1$ より

$$z_n = \frac{1 - \alpha^n}{1 - \alpha}. \quad \cdots\cdots ④$$

ここで,

$$\lim_{n \to \infty} |\alpha^n| = \lim_{n \to \infty} |\alpha|^n = \lim_{n \to \infty} \left(\frac{1}{2}\right)^n = 0$$

であるから

$$\lim_{n \to \infty} \alpha^n = 0. \quad \cdots\cdots ⑤$$

ゆえに, ④ より

$$\lim_{n \to \infty} z_n = \frac{1}{1 - \alpha}$$

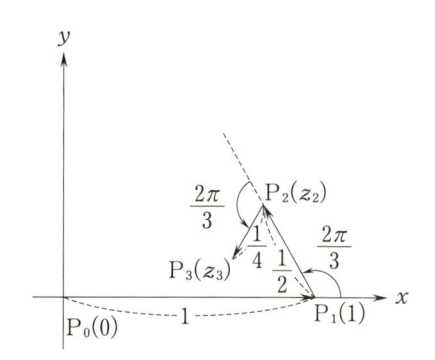

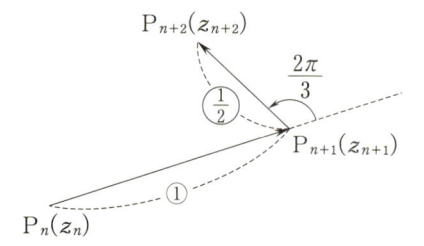

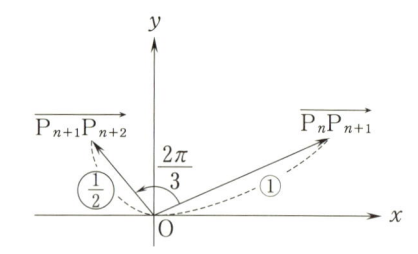

$$= \frac{4}{5-\sqrt{3}\,i}$$
$$= \frac{1}{7}(5+\sqrt{3}\,i).$$

よって，点 P_n は点
$$\frac{1}{7}(5+\sqrt{3}\,i)$$
に近づく．

(解説)

1 ④ は次のように② から直接導けます．

② より，$n \geqq 1$ のとき
$$z_n = z_0 + \sum_{k=0}^{n-1} \alpha^k$$
$$= \frac{1-\alpha^n}{1-\alpha}.$$

2 ⑤ は次のように示すこともできます．

ド・モアブルの定理より
$$\alpha^n = \left(\frac{1}{2}\right)^n \left(\cos\frac{2n\pi}{3} + i\sin\frac{2n\pi}{3}\right).$$

であり，
$$0 \leqq \left|\left(\frac{1}{2}\right)^n \cos\frac{2n\pi}{3}\right| \leqq \left(\frac{1}{2}\right)^n \to 0 \quad (n \to \infty).$$

よって，はさみうちの原理より $\displaystyle\lim_{n\to\infty}\left|\left(\frac{1}{2}\right)^n \cos\frac{2n\pi}{3}\right|=0$

であるから，$\displaystyle\lim_{n\to\infty}\left(\frac{1}{2}\right)^n \cos\frac{2n\pi}{3}=0.$

同様にして，$\displaystyle\lim_{n\to\infty}\left(\frac{1}{2}\right)^n \sin\frac{2n\pi}{3}=0.$

ゆえに，$\displaystyle\lim_{n\to\infty}\alpha^n = 0.$

一般に，複素数数列 $z_n = x_n + y_n i$（x_n, y_n は実数）において，$\displaystyle\lim_{n\to\infty}x_n=a$，$\displaystyle\lim_{n\to\infty}y_n=b$ がともに存在するとき，$\displaystyle\lim_{n\to\infty}z_n=a+bi$ と表します．

類題 59

複素数平面上の点列 P_n $(n \geqq 0)$ を次のように定める．

P_0 は 0 を表す点とし，P_1 は $1+i$ を表す点とする．

以下 $n \geqq 2$ に対しては，ベクトル $\overrightarrow{P_{n-2}P_{n-1}}$ を反時計まわりに $\dfrac{\pi}{3}$ 回転し，長さを $\dfrac{2}{3}$ 倍したベクトルが $\overrightarrow{P_{n-1}P_n}$ となるように P_n を定める．P_n の極限点 P が表す複素数を求めよ．

(東京工業大)

問題 60 $w=z^2$

複素数平面上において，複素数 z，w の間に $w=z^2$ なる関係があり，点 z は円 $C:|z-1|=1$ 上を動くものとする．

このとき，点 w の描く曲線 C' の概形を図示し，また曲線 C' の囲む面積を求めよ．

（有名問題）

【解答】

$$C:|z-1|=1, \quad \cdots\cdots ①$$
$$w=z^2. \quad \cdots\cdots ②$$

① より $z-1=\cos\theta+i\sin\theta\ (-\pi<\theta\leqq\pi)$ とおけるから

$$z=1+\cos\theta+i\sin\theta$$
$$=2\cos^2\frac{\theta}{2}+i2\sin\frac{\theta}{2}\cos\frac{\theta}{2}$$
$$=2\cos\frac{\theta}{2}\left(\cos\frac{\theta}{2}+i\sin\frac{\theta}{2}\right)$$

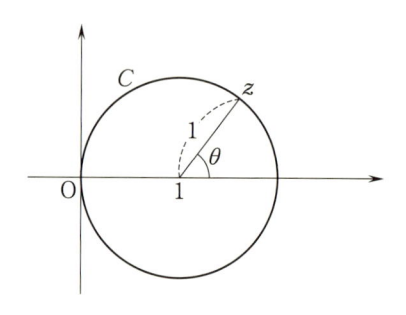

② に代入して

$$w=4\cos^2\frac{\theta}{2}\left(\cos\frac{\theta}{2}+i\sin\frac{\theta}{2}\right)^2$$
$$=2(1+\cos\theta)(\cos\theta+i\sin\theta). \quad \cdots\cdots ③$$

よって，$r=|w|$ とおくと

$$C':r=2(1+\cos\theta)\ (-\pi<\theta\leqq\pi). \quad \cdots\cdots ④$$

④ は原点 O を極，x 軸を始線とする C' の極方程式である．

④ において θ を $-\theta$ としても不変だから C' の $0\leqq\theta<\pi$ の部分と $0\geqq\theta>-\pi$ の部分は実軸に関して対称である．よって，$0\leqq\theta\leqq\pi$ で考えればよい．

$\dfrac{dr}{d\theta}=-2\sin\theta\leqq 0$ より r は単調減少であり，

θ	0	$\frac{\pi}{3}$	$\frac{\pi}{2}$	$\frac{2\pi}{3}$	π
r	4	3	2	1	0

よって，対称性より C' の概形は右図のようになる．

求める面積を S とすると，

$$S=2\int_0^\pi \frac{1}{2}r^2 d\theta$$
$$=4\int_0^\pi (1+\cos\theta)^2 d\theta$$
$$=4\int_0^\pi \left(1+2\cos\theta+\frac{1+\cos 2\theta}{2}\right)d\theta$$
$$=4\left[\frac{3}{2}\theta+2\sin\theta+\frac{1}{4}\sin 2\theta\right]_0^\pi = \mathbf{6\pi}.$$

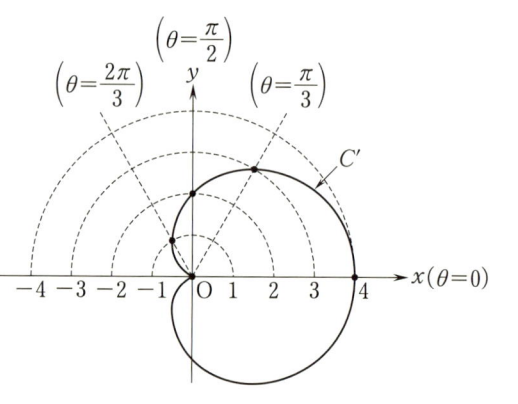

⇐ 半角の公式とド・モアブルの定理を用いました．

⇐ θ の増分 $\theta\to\theta+\varDelta\theta$ に対応する面積 S の増分を $\varDelta S$ とすると，$\varDelta\theta$ が十分小さいとき，
$$\varDelta S \fallingdotseq \frac{1}{2}r^2 \varDelta\theta$$
と近似できます．これより
$$\frac{S}{2}=\int_0^\pi \frac{1}{2}r^2 d\theta$$
となります．厳密な証明は問題 24(3) を参照して下さい．

【別解】

$w = x + yi$ とおくと ③ より

$$C' : \begin{cases} x = 2(1+\cos\theta)\cos\theta \\ y = 2(1+\cos\theta)\sin\theta \end{cases} \quad (-\pi < \theta \leq \pi)$$

θ を $-\theta$ に置き換えると,
$(x(-\theta), y(-\theta)) = (x(\theta), -y(\theta))$ より C' の $0 \leq \theta < \pi$ の部分と $0 \geq \theta > -\pi$ の部分は x 軸に関して対称であるから $0 \leq \theta \leq \pi$ の範囲で考えればよい.

$$\frac{dx}{d\theta} = -2\sin\theta\cos\theta - 2(1+\cos\theta)\sin\theta$$
$$= -2\sin\theta(2\cos\theta + 1),$$
$$\frac{dy}{d\theta} = -2\sin^2\theta + 2(1+\cos\theta)\cos\theta$$
$$= 2(\cos\theta + 1)(2\cos\theta - 1).$$

$\vec{v} = \left(\dfrac{dx}{d\theta}, \dfrac{dy}{d\theta}\right)$ とおく.

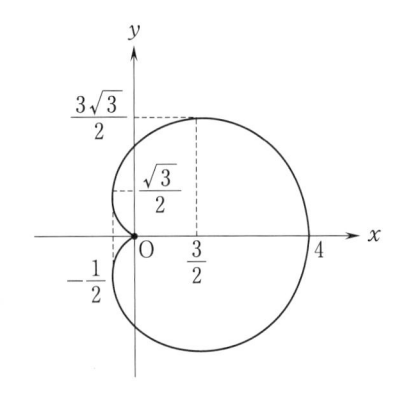

θ	0		$\dfrac{\pi}{3}$		$\dfrac{2\pi}{3}$		π
$\dfrac{dx}{d\theta}$	0	$-$	$-$	$-$	0	$+$	0
$\dfrac{dy}{d\theta}$	$+$	$+$	0	$-$	$-$	$-$	0
$\vec{v}$	$\uparrow$	$\nwarrow$	$\leftarrow$	$\swarrow$	$\downarrow$	$\searrow$	
(x, y)	$(4, 0)$	$\nwarrow$	$\left(\dfrac{3}{2}, \dfrac{3\sqrt{3}}{2}\right)$	$\swarrow$	$\left(-\dfrac{1}{2}, \dfrac{\sqrt{3}}{2}\right)$	$\searrow$	$(0, 0)$

よって, 対称性より C' の概形は右のようになる.
求める面積を S とすると対称性より

$$S = 2\left\{\int_{-\frac{1}{2}}^{4} y\,dx - \int_{-\frac{1}{2}}^{0} y\,dx\right\}$$
$$= 2\left\{\int_{\frac{2\pi}{3}}^{0} y\frac{dx}{d\theta}\,d\theta - \int_{\frac{2\pi}{3}}^{\pi} y\frac{dx}{d\theta}\,d\theta\right\}$$
$$= -2\int_{0}^{\pi} y\frac{dx}{d\theta}\,d\theta$$
$$= -2\int_{0}^{\pi} 2(1+\cos\theta)\sin\theta\{-2\sin\theta(2\cos\theta+1)\}\,d\theta$$
$$= 8\int_{0}^{\pi} (\cos\theta+1)(2\cos\theta+1)\sin^2\theta\,d\theta$$
$$= 8\int_{0}^{\pi} (2\cos^2\theta\sin^2\theta + 3\cos\theta\sin^2\theta + \sin^2\theta)\,d\theta$$
$$= 8\int_{0}^{\pi} \left(\frac{1}{2}\sin^2 2\theta + 3\sin^2\theta\cos\theta + \sin^2\theta\right)d\theta$$
$$= 8\int_{0}^{\pi} \left(\frac{1-\cos 4\theta}{4} + 3\sin^2\theta\cos\theta + \frac{1-\cos 2\theta}{2}\right)d\theta$$
$$= 8\left[\frac{3}{4}\theta - \frac{1}{16}\sin 4\theta + \sin^3\theta - \frac{1}{4}\sin 2\theta\right]_{0}^{\pi}$$
$$= 6\pi.$$

(**解説**)

　　$C : |z-1|=1$ 上の点 P(z) における C の接線 l に原点 O から下ろした垂線の足を H とすると，類題 35 より OH$=1+\cos\theta$ となります．④ より OQ$=2(1+\cos\theta)$ ですから，C' は類題 35 のカージオイドを原点 O を中心に 2 倍に相似拡大したカージオイドです．

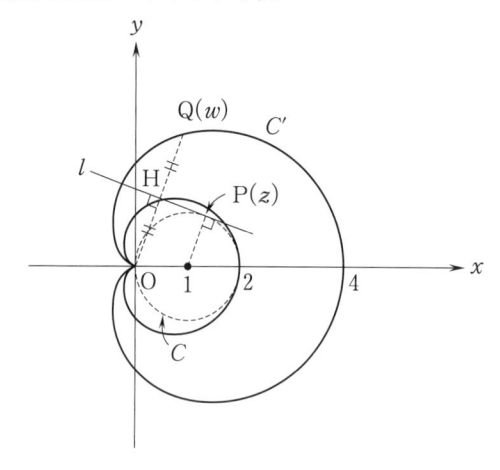

　　ちょうど，ハートが出てきたところで，この参考書を使っていただいている全受験生の皆さんに愛を込めてここでペンをおくことにします．

　　まえがきに書きましたように，この参考書を **7** 回繰り返してみて下さい．

　　そうすることにより数学の力が飛躍的に伸び，医学部合格が間近なものになるでしょう*!!*

類題 60

複素数 z が $|z|=1$ を満たしながら動くとき，次の式で定まる w について以下の問に答えよ．

$$w=\frac{(1+z)^2}{2}$$

(1) w の虚部のとる値の範囲を求めよ．
(2) w が複素数平面上に描く曲線の長さを求めよ．（複素数平面上の長さは座標平面上の長さと同じとする．）

(早稲田大 [理工])

この本に登場する有名曲線

放物線の縮閉線

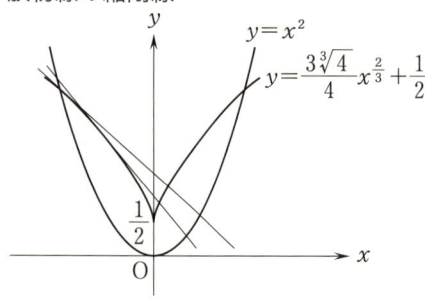

$y = x^2$
$y = \dfrac{3\sqrt[3]{4}}{4} x^{\frac{2}{3}} + \dfrac{1}{2}$

アステロイド

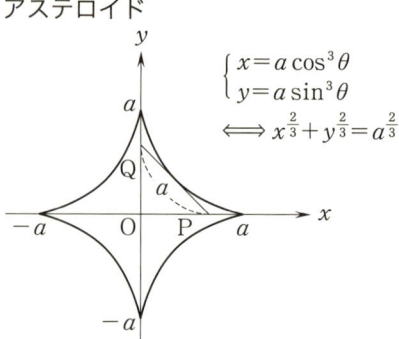

$\begin{cases} x = a\cos^3\theta \\ y = a\sin^3\theta \end{cases} \iff x^{\frac{2}{3}} + y^{\frac{2}{3}} = a^{\frac{2}{3}}$

リサジュー曲線

(i) $\begin{cases} x = a\sin t, \\ y = a\sin 2t \end{cases} (a>0)$

(ii) $\begin{cases} x = a\sin 2t, \\ y = a\sin 3t \end{cases} (a>0)$

(iii) $\begin{cases} x = a\cos 2t, \\ y = a\cos 3t \end{cases} (a>0)$

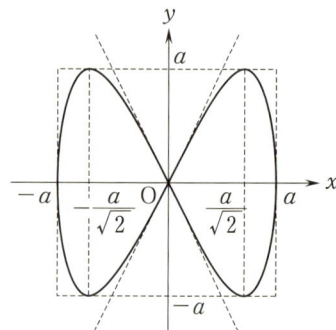

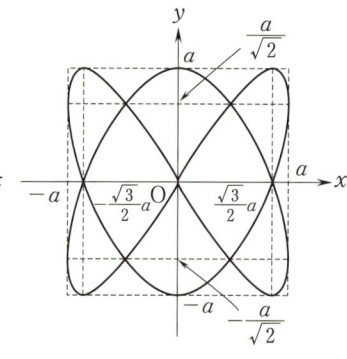

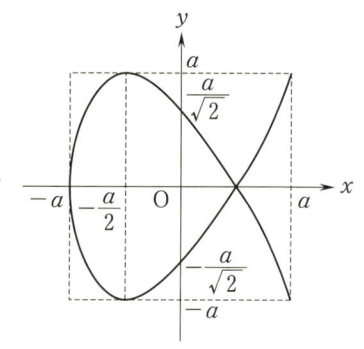

双曲線関数

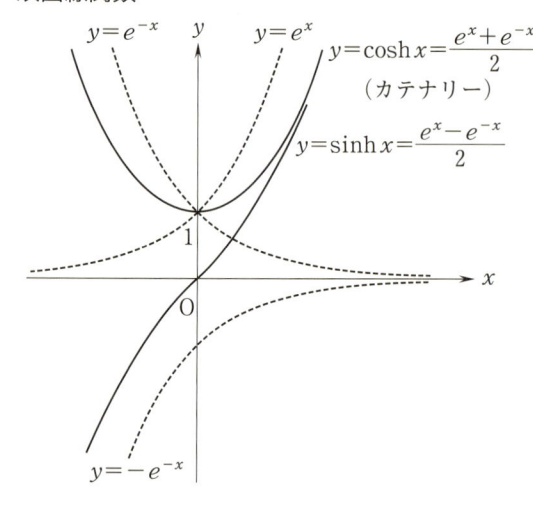

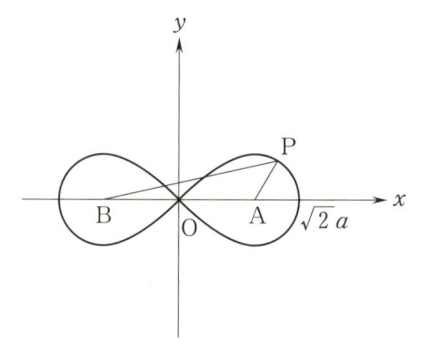

$y = e^{-x}$, $y = e^x$
$y = \cosh x = \dfrac{e^x + e^{-x}}{2}$ （カテナリー）
$y = \sinh x = \dfrac{e^x - e^{-x}}{2}$
$y = -e^{-x}$

レムニスケート

$AP \cdot BP = a^2$,
$(x^2 + y^2)^2 = 2a^2(x^2 - y^2)$,
$r = a\sqrt{2\cos 2\theta}$

この本に登場する有名曲線

デカルトの正葉曲線

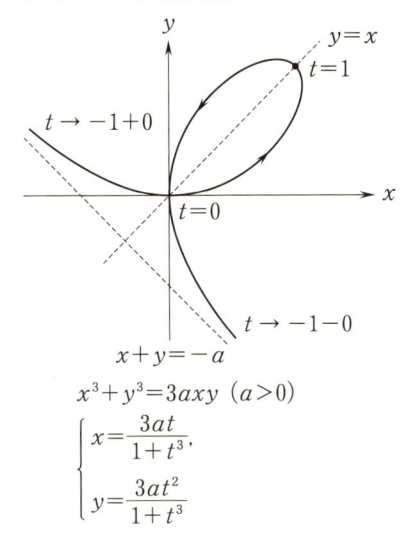

$x^3+y^3=3axy \ (a>0)$

$\begin{cases} x=\dfrac{3at}{1+t^3}, \\ y=\dfrac{3at^2}{1+t^3} \end{cases}$

カージオイド

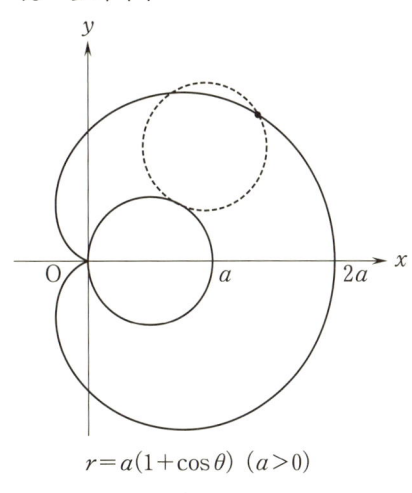

$r=a(1+\cos\theta) \ (a>0)$

リマソン

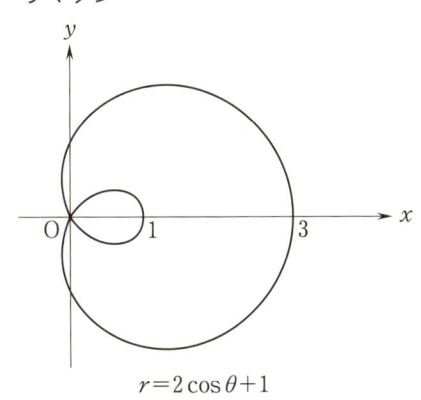

$r=2\cos\theta+1$

サイクロイド

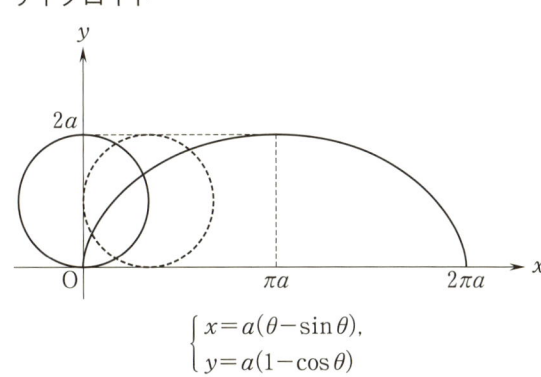

$\begin{cases} x=a(\theta-\sin\theta), \\ y=a(1-\cos\theta) \end{cases}$

対数(等角)螺線

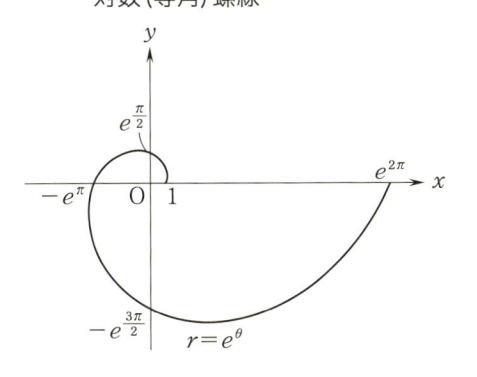

$r=e^\theta$

アルキメデスの螺線

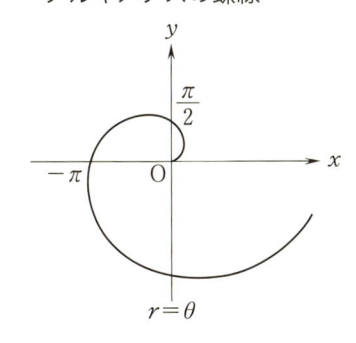

$r=\theta$

円 $x^2+y^2=a^2$ の伸開線

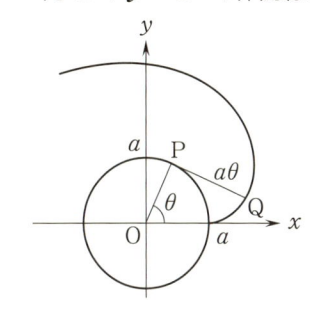

医学部攻略の数学 III

改訂版

河合塾講師 西山 清二 著　黒田 惠悟 編集協力

河合塾 SERIES

解答・解説編

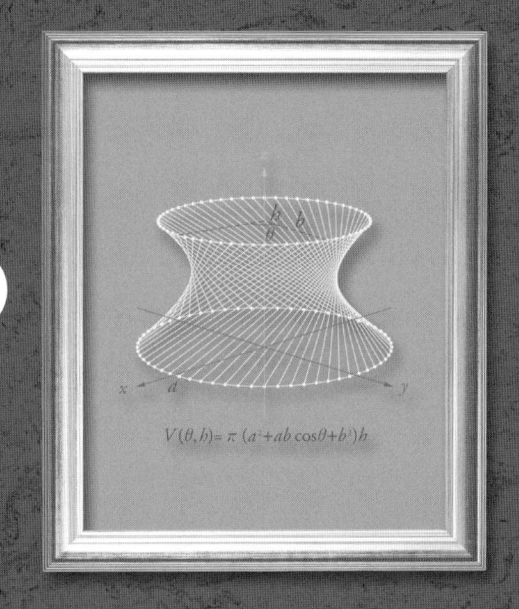

$V(\theta, h) = \pi\,(a^2 + ab\cos\theta + b^2)h$

河合出版

第1章 極 限

(類題1の解答)

(1) [解答1]《二項展開》
$$(1+x)^n = {}_nC_0 + {}_nC_1 x + {}_nC_2 x^2 + \cdots + {}_nC_n x^n$$
$$\geqq 1 + nx + \frac{n(n-1)}{2}x^2. \quad (x>0 \text{ より})$$

[解答2]《数学的帰納法》
$n \geqq 2$ のとき
$$(1+x)^n \geqq 1 + nx + \frac{n(n-1)}{2}x^2. \quad (x>0) \quad \cdots\cdots ①$$
① が成り立つことを数学的帰納法で証明する.
　(I) $n=2$ のとき $(1+x)^2 = 1 + 2x + x^2$ で成り立つ.
　(II) $n=k$ のとき $(1+x)^k \geqq 1 + kx + \frac{k(k-1)}{2}x^2$
　　が成り立つとする.
$$(1+x)^{k+1} \geqq \left(1 + kx + \frac{k(k-1)}{2}x^2\right)(1+x)$$
$$\geqq 1 + (k+1)x + \frac{k(k+1)}{2}x^2.$$
　　よって, $n=k+1$ のときも成り立つ.
　(I), (II) より, ① は 1 より大きいすべての自然数 n に対して成り立つ.

(2) $(1+n)^{\frac{1}{n}} = 1 + a_n$ より $a_n > 0$.
よって, (1) より,
$$1 + n = (1+a_n)^n \geqq 1 + na_n + \frac{n(n-1)}{2}a_n^2.$$
$$\therefore \quad n \geqq na_n + \frac{n(n-1)}{2}a_n^2.$$
両辺を n で割って,
$$1 \geqq a_n + \frac{n-1}{2}a_n^2.$$

(3) $a_n > 0$ より (2) から,
$$1 > \frac{n-1}{2}a_n^2.$$
$$\therefore \quad 0 < a_n < \sqrt{\frac{2}{n-1}}. \quad (n \geqq 2 \text{ より})$$
$\lim_{n \to \infty} \sqrt{\frac{2}{n-1}} = 0$ より, はさみうちの原理から
$$\lim_{n \to \infty} a_n = 0.$$
$$\therefore \quad \lim_{n \to \infty}(1+n)^{\frac{1}{n}} = \lim_{n \to \infty}(1 + a_n) = 1.$$

〈参考〉 $1 < \sqrt[n]{n} < (1+n)^{\frac{1}{n}}$ であるから, はさみうちの原理から
$$\lim_{n \to \infty} \sqrt[n]{n} = \lim_{n \to \infty} n^{\frac{1}{n}} = 1$$
となることがわかります.

(類題2の解答)

(1) $f(x) = \frac{1}{2}x\{1 + e^{-2(x-1)}\}$,
$$f'(x) = \frac{1}{2}\{1 + e^{-2(x-1)} - 2xe^{-2(x-1)}\},$$
$$f''(x) = \frac{1}{2}\{-2e^{-2(x-1)} - 2e^{-2(x-1)} + 4xe^{-2(x-1)}\}$$
$$= 2e^{-2(x-1)}(x-1).$$

x	$\left(\frac{1}{2}\right)$	$\cdots$	1	$\cdots$	$(+\infty)$
$f''(x)$		$-$	0	$+$	
$f'(x)$	$\left(\frac{1}{2}\right)$	↘	0	↗	$\left(\frac{1}{2}\right)$

$$\lim_{x \to \infty} f'(x) = \lim_{x \to \infty} \frac{1}{2}\left\{1 + \frac{1}{e^{2(x-1)}} - \frac{2x}{e^{2(x-1)}}\right\} = \frac{1}{2}.$$
よって, $x > \frac{1}{2}$ ならば, $0 \leqq f'(x) < \frac{1}{2}$. $\quad \cdots\cdots ①$

(2) $x_0 > \frac{1}{2}$, $x_{n+1} = f(x_n) \; (n=0, 1, 2, \cdots)$, $\quad \cdots\cdots ②$
$$f(1) = 1. \quad \cdots\cdots ③$$
まず, $x_n > \frac{1}{2} \; (n=0, 1, 2, \cdots) \quad \cdots\cdots ④$
が成り立つことを数学的帰納法で示す.
　(I) $n=0$ のとき, $x_0 > \frac{1}{2}$ より成り立つ.
　(II) $n=k$ のとき, $x_k > \frac{1}{2}$ と仮定する.
(1) より, $x > \frac{1}{2}$ のとき $0 \leqq f'(x) < \frac{1}{2}$ であるから, $f(x)$ は $x > \frac{1}{2}$ において単調増加である.
よって, $x > \frac{1}{2}$ のとき
$$f(x) > f\left(\frac{1}{2}\right) = \frac{1}{4}(1+e) > \frac{1+2}{4} > \frac{1}{2}.$$
よって, $x_{k+1} = f(x_k) > \frac{1}{2}$ であり,
④ は $n=k+1$ のときも成り立つ.
　(I), (II) より, ④ はつねに成り立つ.

次に a, b を $x > \frac{1}{2}$ を満たす数とする. $a \neq b$ のとき平均値の定理より,
$$\frac{f(b) - f(a)}{b - a} = f'(c)$$
を満たす c が a と b の間に存在する.
よって,
$$|f(b) - f(a)| = |f'(c)||b - a|$$
$$\leqq \frac{1}{2}|b - a|. \quad \cdots\cdots ⑤$$
$\left(c > \frac{1}{2} \text{ であるから (1) より } 0 \leqq f'(c) < \frac{1}{2}\right)$

⑤は $a=b$ のときも成り立つ.
⑤で $a=1$, $b=x_n$ とすると,
$$|f(x_n)-f(1)|\leq \frac{1}{2}|x_n-1|.$$
②, ③より
$$|x_{n+1}-1|\leq \frac{1}{2}|x_n-1|. \quad \cdots\cdots ⑥$$
⑥を繰り返し用いて
$$0\leq |x_n-1|\leq \left(\frac{1}{2}\right)^n |x_0-1|.$$
$\lim_{n\to\infty}\left(\frac{1}{2}\right)^n |x_0-1|=0$ であるから, はさみうちの原理より
$$\lim_{n\to\infty}|x_n-1|=0. \quad \therefore \lim_{n\to\infty}x_n=1.$$

(類題3の解答)

(1) $x_{n+1}=a+\dfrac{b}{x_n+a}$. $\quad\cdots\cdots ①$

$b=N-a^2$ と①から
$$\begin{aligned}x_{n+1}-\sqrt{N}&=a+\frac{N-a^2}{x_n+a}-\sqrt{N}\\&=a-\sqrt{N}-\frac{a^2-N}{x_n+a}\\&=\frac{a-\sqrt{N}}{x_n+a}(x_n+a-a-\sqrt{N})\\&=\frac{a-\sqrt{N}}{x_n+a}(x_n-\sqrt{N}). \quad\cdots\cdots ②\end{aligned}$$

(2) $a>0$, $b>0$ であるから, $x_0=a>0$ であり, ①から帰納的にすべての n ($n=0,1,2,\cdots$) に対して $x_n>0$.

また, $b=N-a^2>0$ より $\sqrt{N}>a$ だから $\dfrac{a-\sqrt{N}}{x_n+a}<0$.

よって, $x_n-\sqrt{N}$ と $x_{n+1}-\sqrt{N}$ はともに0であるか, 異符号である.

ゆえに, $x_0-\sqrt{N}=a-\sqrt{N}<0$ であり, ②より帰納的に,

n が奇数のとき $x_n-\sqrt{N}>0$,
n が偶数のとき $x_n-\sqrt{N}<0$.

よって, $x_{2k}<\sqrt{N}<x_{2k+1}$. ($k=0,1,2,\cdots$) $\cdots\cdots ③$

また, ①より,
$$\begin{aligned}x_{2k+3}-x_{2k+1}&=a+\frac{b}{x_{2k+2}+a}-\left(a+\frac{b}{x_{2k}+a}\right)\\&=\frac{b}{x_{2k+2}+a}-\frac{b}{x_{2k}+a}\\&=\frac{b}{(x_{2k+2}+a)(x_{2k}+a)}(x_{2k}-x_{2k+2}).\end{aligned}$$

よって, $x_{2k+2}-x_{2k}$ と $x_{2k+3}-x_{2k+1}$ は異符号である.
$\quad\cdots\cdots ④$

$x_2-x_0=a+\dfrac{b}{x_1+a}-a=\dfrac{b}{x_1+a}>0$ であるから,

④より, $x_3-x_1<0$. $\quad\cdots\cdots (*)$

ゆえに, ④より,
$$x_{2k+2}-x_{2k}>0, \quad x_{2k+3}-x_{2k+1}<0. \ (k=0,1,2,\cdots)$$
$$\cdots\cdots ⑤$$

したがって, ③と⑤より,
$$x_0<x_2<\cdots<x_{2k}<\sqrt{N}<x_{2k+1}<\cdots<x_3<x_1.$$

注 ④と(*)より $\{x_{2k}\}$ は増加列, $\{x_{2k-1}\}$ は減少列です.

(3) ②より $|x_{n+1}-\sqrt{N}|=\left|\dfrac{a-\sqrt{N}}{x_n+a}\right||x_n-\sqrt{N}|$.
$$\cdots\cdots ⑥$$

①より $x_n\geq a$ であり, $a\leq \sqrt{N}<a+1$ であるから,
$$\left|\frac{a-\sqrt{N}}{x_n+a}\right|=\frac{\sqrt{N}-a}{x_n+a}<\frac{(a+1)-a}{a+a}=\frac{1}{2a}\leq \frac{1}{2}.$$
(a は正の整数)

よって, ⑥より $|x_{n+1}-\sqrt{N}|<\dfrac{1}{2}|x_n-\sqrt{N}|$. $\cdots ⑦$

これを繰り返し用いて,
$$0\leq |x_n-\sqrt{N}|\leq \left(\frac{1}{2}\right)^n |x_0-\sqrt{N}|.$$
(等号は $n=0$ のとき成立)

$\lim_{n\to\infty}\left(\dfrac{1}{2}\right)^n |x_0-\sqrt{N}|=0$ であるから,

$\lim_{n\to\infty}|x_n-\sqrt{N}|=0$ であり,
$$\lim_{n\to\infty}x_n=\sqrt{N}.$$

〈参考1〉

⑦より x_{n+1} と $\sqrt{N}$ の差は x_n と $\sqrt{N}$ の差より小さいから, x_{n+1} は x_n より $\sqrt{N}$ に近い. つまり $|x_n-\sqrt{N}|$ は減少列です. よって③から
$$x_0<x_2<\cdots<x_{2k}<\sqrt{N}<x_{2k+1}<\cdots<x_3<x_1.$$

〈参考2〉

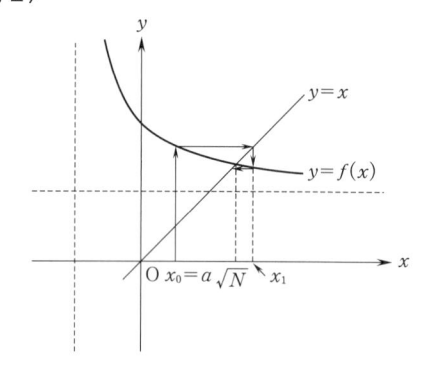

$f(x)=a+\dfrac{b}{x+a}$ とおくと①より,
$$x_{n+1}=f(x_n). \quad\cdots\cdots ①'$$

$\lim_{n\to\infty}x_n$ が α に収束すると仮定すると,

①'の両辺で $n\to\infty$ として,

$$\alpha = a + \frac{b}{\alpha+a}.$$
$$\alpha^2 - a^2 = N - a^2. \quad (b = N - a^2)$$
$$\therefore \quad \alpha^2 = N.$$
$\alpha > 0$ より, $\alpha = \sqrt{N}.$

(類題4の解答)

(1) 円 D_n の半径を r_n とし，周の長さを l_n とすると，
$$l_n = 2\pi r_n. \quad \cdots\cdots ①$$
また，円 D_n の面積は正 n 角形 P_n の面積 a_n に等しいから，
$$a_n = \pi r_n^2. \quad \cdots\cdots ②$$
正 n 角形 P_n の頂点を $A_1, A_2, \cdots, A_n$ とし，P_n の外接円の半径を r とすると，
$$A_1 A_2 = 2r \sin \frac{\pi}{n}.$$
よって，P_n の周の長さは，
$$2nr \sin \frac{\pi}{n}.$$
また，P_n の周の長さは，
円 D_{n-1} の周の長さ $l_{n-1} = 2\pi r_{n-1}$
に等しいから，
$$2nr \sin \frac{\pi}{n} = 2\pi r_{n-1}.$$
$$\therefore \quad r = \frac{\pi r_{n-1}}{n \sin \frac{\pi}{n}}.$$
よって，P_n の面積 a_n は，
$$a_n = n \triangle OA_1 A_2$$
$$= \frac{1}{2} nr^2 \sin \frac{2\pi}{n}$$
$$= \frac{1}{2} n \frac{\pi^2 r_{n-1}^2}{n^2 \sin^2 \frac{\pi}{n}} \cdot \sin \frac{2\pi}{n}$$
$$= \frac{\pi^2 r_{n-1}^2}{n \tan \frac{\pi}{n}} = \frac{\pi a_{n-1}}{n \tan \frac{\pi}{n}}.$$
$$(② より \ a_{n-1} = \pi r_{n-1}^2)$$
したがって $\dfrac{a_{n-1}}{a_n} = \dfrac{n}{\pi} \tan \dfrac{\pi}{n}.$

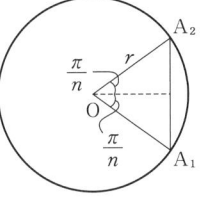

(2) $n^2 \left(\dfrac{a_{n-1}}{a_n} - \dfrac{n}{\pi} \sin \dfrac{\pi}{n} \right)$
$$= n^2 \left(\frac{n}{\pi} \tan \frac{\pi}{n} - \frac{n}{\pi} \sin \frac{\pi}{n} \right).$$
ここで $\theta = \dfrac{\pi}{n}$ とおくと，$n \to \infty$ のとき $\theta \to 0$ であるから，
$$\lim_{n \to \infty} n^2 \left(\frac{a_{n-1}}{a_n} - \frac{n}{\pi} \sin \frac{\pi}{n} \right)$$
$$= \lim_{\theta \to 0} \frac{\pi^2}{\theta^2} \left(\frac{1}{\theta} \tan \theta - \frac{1}{\theta} \sin \theta \right)$$
$$= \lim_{\theta \to 0} \frac{\pi^2}{\theta^2} \left(\frac{\sin \theta}{\theta} \cdot \frac{1 - \cos \theta}{\cos \theta} \right)$$
$$= \lim_{\theta \to 0} \pi^2 \frac{1}{\cos \theta} \cdot \frac{\sin \theta}{\theta} \cdot \frac{1 - \cos \theta}{\theta^2}$$
$$= \pi^2 \cdot 1 \cdot 1 \cdot \frac{1}{2}$$
$$= \frac{\pi^2}{2}.$$

注 問題4の解説でも述べたように
$$\lim_{\theta \to 0} \frac{1 - \cos \theta}{\theta^2} = \frac{1}{2}$$
は準公式として覚えておくとよいでしょう。

(類題5の解答)

(1)

三角形 $OP_{k-1}P_k$ において，正弦定理より，
$$\frac{OP_{k-1}}{\sin \frac{\pi}{4}} = \frac{OP_k}{\sin \left(\frac{3\pi}{4} - \theta \right)}.$$
$$\therefore \quad \frac{OP_k}{OP_{k-1}} = \frac{\sin \left(\frac{3\pi}{4} - \theta \right)}{\sin \frac{\pi}{4}} = \cos \theta + \sin \theta. \quad \cdots\cdots ①$$

(2) ① より，$OP_k = (\cos \theta + \sin \theta) OP_{k-1}$
よって，数列 $\{OP_k\}$ は公比が $\cos \theta + \sin \theta$，初項が $OP_0 = 1$ の等比数列であり，
$$OP_k = (\cos \theta + \sin \theta)^k.$$

(3) $\theta = \dfrac{1}{2n}$, $k = 2n$ より，
$$L_n = \left(\cos \frac{1}{2n} + \sin \frac{1}{2n} \right)^{2n}$$
$$= \left(1 + 2 \cos \frac{1}{2n} \sin \frac{1}{2n} \right)^n$$
$$= \left(1 + \sin \frac{1}{n} \right)^n.$$

(4) $h = \dfrac{1}{n}$ とおくと，$n \to \infty$ のとき $h \to 0$ であり
$$L_n = (1 + \sin h)^{\frac{1}{h}}. \quad \cdots\cdots (*)$$
さらに，$u = \sin h$ とおくと $h \to 0$ のとき $u \to 0$ であり，
$$L_n = (1 + u)^{\frac{1}{h}}$$
よって，
$$\lim_{n \to \infty} \log L_n = \lim_{h \to 0} \frac{1}{h} \log (1 + u)$$

$$= \lim_{h \to 0} \frac{u}{h}\left\{\frac{1}{u}\log(1+u)\right\}$$
$$= \lim_{h \to 0} \frac{\sin h}{h} \cdot \frac{\log(1+u)}{u}$$
$$= 1 \cdot 1 = 1.$$

ゆえに,$\lim_{n \to \infty} L_n = e.$

〈参考1〉 (*)より
$$\log L_n = \frac{\log(1+\sin h)}{h}.$$

$f(x) = \log(1+\sin x)$ とおくと, $f(0) = 0$ であり,
$$\lim_{n \to \infty} \log L_n = \lim_{h \to 0} \frac{f(h)}{h}$$
$$= \lim_{h \to 0} \frac{f(h) - f(0)}{h} \quad (f(0) = 0 \text{ より})$$
$$= f'(0).$$

ここで $f'(x) = \frac{\cos x}{1+\sin x}$ より, $f'(0) = 1$.

よって, $\lim_{n \to \infty} \log L_n = 1$.

$$\therefore \lim_{n \to \infty} L_n = e.$$

このように,極限値は微分係数として捉えることもできます.

〈参考2〉
(4)は形式的にかくと $n \to \infty$ のとき $L_n \to (1+0)^\infty$ となります.これは不定形の1つで
$(1+0)^\infty$ の不定形の極限は e に関連した値
となります.

(類題6の解答)

(1) $a_{n+1} = pa_n + (1-p)p^n$.
両辺を p^{n+1} で割ると,
$$\frac{a_{n+1}}{p^{n+1}} = \frac{a_n}{p^n} + \frac{1-p}{p}.$$

よって,
$$\frac{a_n}{p^n} = \frac{1-p}{p} + (n-1)\frac{1-p}{p} = \frac{n(1-p)}{p}.$$
$$\therefore a_n = (1-p)np^{n-1}.$$

(2) $S_N = \sum_{n=1}^{N} a_n = (1-p)\sum_{n=1}^{N} np^{n-1}.$ ……①

①$-$①$\times p$ より,
$$S_N = (1-p)\{1 + 2p + 3p^2 + \cdots + Np^{N-1}\}$$
$$-) \; pS_N = (1-p)\{p + 2p^2 + \cdots + (N-1)p^{N-1} + Np^N\}$$
$$(1-p)S_N = (1-p)\{1 + p + p^2 + \cdots + p^{N-1} - Np^N\}$$
$$= (1-p)\left\{\frac{1-p^N}{1-p} - Np^N\right\}.$$
$$\therefore S_N = \frac{1-p^N}{1-p} - Np^N. \quad \text{……②}$$

$0 < p < 1$ のとき

$$\lim_{N \to \infty} p^N = 0, \quad \lim_{N \to \infty} Np^N = 0$$

であるから②より,
$$\lim_{N \to \infty} S_N = \frac{1}{1-p}.$$

注 問題1で述べたように,$0 < p < 1$ のとき $\lim_{N \to \infty} Np^N = 0$ です.

第2章 微分法の応用

(類題7の解答)

(1) $f(x) - (x+a) = \sqrt[3]{x^3 - x^2} - (x+a)$
$$= \frac{x^3 - x^2 - (x+a)^3}{(x^3-x^2)^{\frac{2}{3}} + (x^3-x^2)^{\frac{1}{3}}(x+a) + (x+a)^2}$$
$$= \frac{-(3a+1)x^2 - 3a^2 x - a^3}{(x^3-x^2)^{\frac{2}{3}} + (x^3-x^2)^{\frac{1}{3}}(x+a) + (x+a)^2}$$
$$= \frac{-3a-1 - \frac{3a^2}{x} - \frac{a^3}{x^2}}{\left(1-\frac{1}{x}\right)^{\frac{2}{3}} + \left(1-\frac{1}{x}\right)^{\frac{1}{3}}\left(1+\frac{a}{x}\right) + \left(1+\frac{a}{x}\right)^2}. \quad \text{……①}$$

よって,$\lim_{x \to \infty}\{f(x) - (x+a)\} = \frac{-3a-1}{3} = 0$ となり,
$$a = -\frac{1}{3}.$$

また,$\sqrt[3]{x^3 - x^2} = x - \frac{1}{3}$ とおくと,
$$x^3 - x^2 = \left(x - \frac{1}{3}\right)^3.$$
$$x^3 - x^2 = x^3 - x^2 + \frac{1}{3}x - \frac{1}{27}.$$
$$\frac{1}{3}x - \frac{1}{27} = 0.$$
$$x = \frac{1}{9}.$$

よって,$y = f(x)$ と $y = x - \frac{1}{3}$ の交点は
$$\left(\frac{1}{9}, -\frac{2}{9}\right).$$

(2) $f(x) = (x^3 - x^2)^{\frac{1}{3}}$
$x \neq 0$, $x \neq 1$ のとき,
$$f'(x) = \frac{1}{3}(3x^2 - 2x)(x^3 - x^2)^{-\frac{2}{3}}$$
$$= \frac{3x^2 - 2x}{3(x^3-x^2)^{\frac{2}{3}}}$$
$$= \frac{3x-2}{3x^{\frac{1}{3}}(x-1)^{\frac{2}{3}}}.$$

よって,増減表は次のようになる.

x	$(-\infty)$		0		$\frac{2}{3}$		1		(∞)
$f'(x)$		$+$	/	$-$	0	$+$	/	$+$	
$f(x)$	$(-\infty)$	↗	0	↘	$-\frac{\sqrt[3]{4}}{3}$	↗	0	↗	(∞)

$a = -\dfrac{1}{3}$ のとき ① より, $\lim_{x \to \pm\infty}\left\{f(x) - \left(x - \dfrac{1}{3}\right)\right\} = 0$.

よって, $y = x - \dfrac{1}{3}$ は $y = f(x)$ の漸近線である.

以上より, $y = f(x)$ の概形は次のようになる.

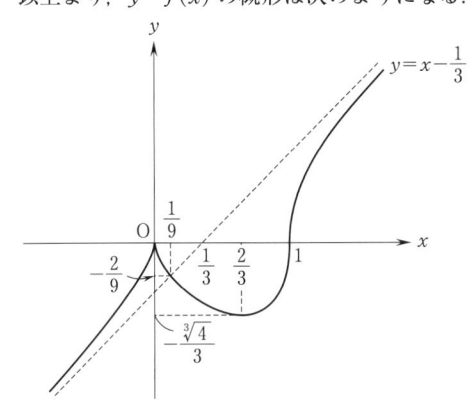

注 (1)より $y = f(x)$ と漸近線 $y = x - \dfrac{1}{3}$ は 1 点 $\left(\dfrac{1}{9}, -\dfrac{2}{9}\right)$ のみでしか交わらない. さらに, $\lim_{x \to 1} f'(x) = \infty$ であるから点 $(1, 0)$ で $y = f(x)$ は直線 $x = 1$ に接します. また, $\lim_{x \to \pm 0} f'(x) = \mp\infty$ となり, $y = f(x)$ は原点では y 軸に接します. 原点は問題 7 の解説で述べた尖点です.

〈参考〉 一般に $\lim_{x \to \infty}\{f(x) - (ax+b)\} = 0$ または $\lim_{x \to -\infty}\{f(x) - (ax+b)\} = 0$ が成り立てば $y = ax + b$ は $y = f(x)$ の漸近線です.

(類題 8 の解答)

$C : \begin{cases} x = \cos 2t, \\ y = \sin 5t. \end{cases} \left(-\dfrac{2\pi}{5} \leqq t \leqq \dfrac{2\pi}{5}\right)$

$(x(-t), y(-t)) = (x(t), -y(t))$ であるから, 曲線 C の $0 \leqq t \leqq \dfrac{2\pi}{5}$ の部分と $-\dfrac{2\pi}{5} \leqq t \leqq 0$ の部分は x 軸に関して対称なので, $0 \leqq t \leqq \dfrac{2\pi}{5}$ で調べればよい.

$\dfrac{dx}{dt} = -2\sin 2t, \quad \dfrac{dy}{dt} = 5\cos 5t$.

$\dfrac{dx}{dt} = 0$ とすると, $0 \leqq 2t \leqq \dfrac{4\pi}{5}$ より, $t = 0$.

$\dfrac{dy}{dt} = 0$ とすると, $0 \leqq 5t \leqq 2\pi$ より,

$$t = \dfrac{\pi}{10}, \quad t = \dfrac{3\pi}{10}.$$

$\vec{v} = \left(\dfrac{dx}{dt}, \dfrac{dy}{dt}\right)$ とする.

t	0		$\dfrac{\pi}{10}$		$\dfrac{3\pi}{10}$		$\dfrac{2\pi}{5}$
$\dfrac{dx}{dt}$	0	$-$	$-$	$-$	$-$	$-$	$-$
$\dfrac{dy}{dt}$	$+$	$+$	0	$-$	0	$+$	$+$
$\vec{v}$	$\uparrow$	$\nwarrow$	$\leftarrow$	$\swarrow$	$\leftarrow$	$\nwarrow$	$\nwarrow$
(x, y)	$(1, 0)$	$\nearrow$	$\left(\cos\dfrac{\pi}{5}, 1\right)$	$\swarrow$	$\left(\cos\dfrac{3\pi}{5}, -1\right)$	$\nwarrow$	$\left(\cos\dfrac{4\pi}{5}, 0\right)$

さらに, $y = 0$ とすると $t = \dfrac{\pi}{5}$ であり, $t = \dfrac{\pi}{5}$ のとき x 軸と点 $\left(\cos\dfrac{\pi}{5}, 0\right)$ で交わる.

$x = 0$ とすると $t = \dfrac{\pi}{4}$ であり, y 軸と点 $\left(0, -\dfrac{\sqrt{2}}{2}\right)$ で交わる.

よって, 対称性も考慮して, グラフの概形は次のようになる.

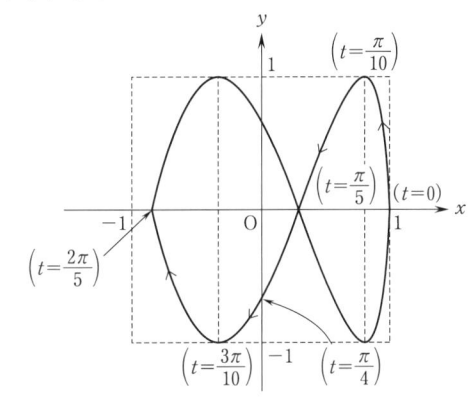

注 この曲線のように中には極値が具体的な数値で求められないこともあります.

(類題 9 の解答)

円弧の中心を O, 線分の両端を A, B とし半径を r, 中心角を θ とおく.

(i) $0 < \theta \leqq \pi$ のとき

$\dfrac{k}{2} = (扇形\text{OAB}) - \triangle\text{OAB}$

より,

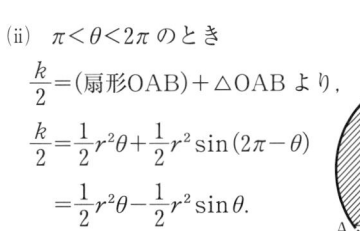

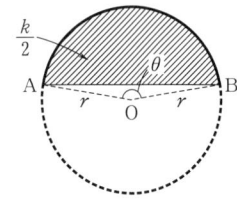

$\dfrac{k}{2} = \dfrac{1}{2}r^2\theta - \dfrac{1}{2}r^2\sin\theta$.

$k = r^2(\theta - \sin\theta)$.

(ii) $\pi < \theta < 2\pi$ のとき

$\dfrac{k}{2} = (扇形\text{OAB}) + \triangle\text{OAB}$ より,

$\dfrac{k}{2} = \dfrac{1}{2}r^2\theta + \dfrac{1}{2}r^2\sin(2\pi - \theta)$

$= \dfrac{1}{2}r^2\theta - \dfrac{1}{2}r^2\sin\theta$.

$k = r^2(\theta - \sin\theta)$.

(i), (ii)からいずれにしても
$$k = r^2(\theta - \sin\theta)$$
である．よって
$$r^2 = \frac{k}{\theta - \sin\theta}. \quad \cdots\cdots ①$$
$\overarc{AB} = l$ とおくと，$l = r\theta$ であり，
$$l^2 = r^2\theta^2 = k \cdot \frac{\theta^2}{\theta - \sin\theta}. \quad (①より)$$
$f(\theta) = \dfrac{\theta^2}{\theta - \sin\theta} \ (0 < \theta < 2\pi)$ とおく．
$f(\theta)$ の最小値を求めればよい．
$$f'(\theta) = \frac{2\theta(\theta - \sin\theta) - \theta^2(1 - \cos\theta)}{(\theta - \sin\theta)^2}$$
$$= \frac{\theta\{\theta(1 + \cos\theta) - 2\sin\theta\}}{(\theta - \sin\theta)^2}$$
$$= \frac{\theta\left(2\theta\cos^2\frac{\theta}{2} - 4\sin\frac{\theta}{2}\cos\frac{\theta}{2}\right)}{(\theta - \sin\theta)^2}$$
$$= \frac{2\theta\cos\frac{\theta}{2}\left(\theta\cos\frac{\theta}{2} - 2\sin\frac{\theta}{2}\right)}{(\theta - \sin\theta)^2}. \quad \cdots\cdots (*)$$

ここで，$g(\theta) = \theta\cos\dfrac{\theta}{2} - 2\sin\dfrac{\theta}{2}$ とおくと，
$$g'(\theta) = \cos\frac{\theta}{2} - \frac{\theta}{2}\sin\frac{\theta}{2} - \cos\frac{\theta}{2}$$
$$= -\frac{\theta}{2}\sin\frac{\theta}{2} < 0. \quad (0 < \theta < 2\pi)$$

よって，$0 < \theta < 2\pi$ で $g(\theta)$ は単調減少であり，$g(0) = 0$ であるから，$0 < \theta < 2\pi$ において
$$g(\theta) < 0 \ である．$$
よって，$f(\theta)$ の増減表は次のようになる．

θ	(0)		π		(2π)
$f'(\theta)$		$-$	0	$+$	
$f(\theta)$		↘	最小	↗	

ゆえに，$f(\theta)$ は $\theta = \pi$ のとき最小であり，$f(\pi) = \pi$ であるから，

l は $\theta = \pi$ のとき最小となり，最小値は $\sqrt{k\pi}$．

注1 倍角の公式
$$\cos^2\frac{\theta}{2} = \frac{1 + \cos\theta}{2}, \quad \sin\theta = 2\sin\frac{\theta}{2}\cos\frac{\theta}{2}$$
を用いて $f'(\theta)$ を $(*)$ の式に変形するのがポイントです．

なお，次のようにして $f'(\theta)$ の符号を判定してもよいです．

$f'(\theta)$ の分子を $h(\theta)$ とおくと $(*)$ より
$$h(\theta) = 2\theta\cos\frac{\theta}{2}\left(\theta\cos\frac{\theta}{2} - 2\sin\frac{\theta}{2}\right)$$

$\theta = \pi$ のとき $h(\pi) = 0$ より，$f'(\pi) = 0$.
$\theta \neq \pi$ のとき
$$h(\theta) = 4\theta\cos^2\frac{\theta}{2}\left(\frac{\theta}{2} - \tan\frac{\theta}{2}\right).$$
直線 $y = \dfrac{\theta}{2}$ は，曲線 $y = \tan\dfrac{\theta}{2}$ の原点における接線なのでグラフより，

$0 < \theta < \pi$ のとき $\dfrac{\theta}{2} < \tan\dfrac{\theta}{2}$ より
$h(\theta) < 0$ であるから $f'(\theta) < 0$.

$\pi < \theta < 2\pi$ のとき $\dfrac{\theta}{2} > \tan\dfrac{\theta}{2}$ より
$h(\theta) > 0$ であるから $f'(\theta) > 0$.

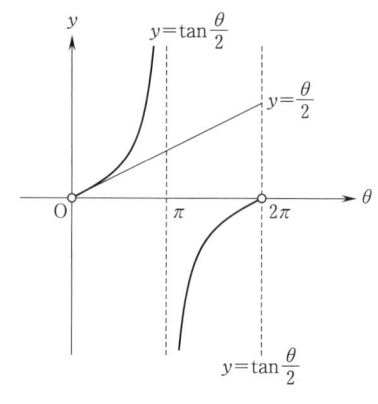

注2 この問題により断面積が一定のトンネルを作るとき，ちょうど半円の形にすれば円弧の部分の長さは最小になり，材料が少なくて済むことがわかります．

（類題10の解答）
(1)

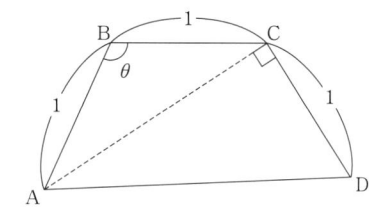

$\triangle ABC = \dfrac{1}{2} \cdot 1^2 \cdot \sin\theta$ （一定），

$AC = 2\sin\dfrac{\theta}{2}$ （一定）．

よって，「四角形 ABCD の面積が最大」
　$\iff$「$\triangle ACD$ の面積が最大」
　$\iff$「D から AC までの距離(高さ)が最大」
　$\iff \angle ACD = 90°$

このとき $\triangle ACD = \dfrac{1}{2} \cdot 2\sin\dfrac{\theta}{2} \cdot 1 = \sin\dfrac{\theta}{2}$.

よって，$S(\theta) = \dfrac{1}{2}\sin\theta + \sin\dfrac{\theta}{2}$.

(2) $S'(\theta) = \dfrac{1}{2}\cos\theta + \dfrac{1}{2}\cos\dfrac{\theta}{2}$

$= \dfrac{1}{2}\left(2\cos^2\dfrac{\theta}{2} + \cos\dfrac{\theta}{2} - 1\right)$

$= \dfrac{1}{2}\left(2\cos\dfrac{\theta}{2} - 1\right)\left(\cos\dfrac{\theta}{2} + 1\right).$

θ	(0)		$\dfrac{2\pi}{3}$		(π)
$S'(\theta)$		+	0	−	
$S(\theta)$		↗	最大	↘	

よって，$\theta = \dfrac{2\pi}{3}$ のとき，$S(\theta)$ は最大となり，

最大値は $S\left(\dfrac{2\pi}{3}\right) = \dfrac{3\sqrt{3}}{4}.$

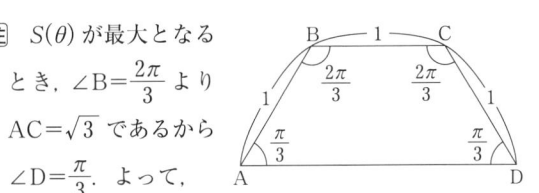

注 $S(\theta)$ が最大となるとき，$\angle B = \dfrac{2\pi}{3}$ より $AC = \sqrt{3}$ であるから $\angle D = \dfrac{\pi}{3}.$ よって，$\angle B + \angle D = \pi$ となり四角形 ABCD は円に内接します．さらにこのとき四角形 ABCD は等脚台形となります．（問題 11 参照）

(類題 11 の解答)

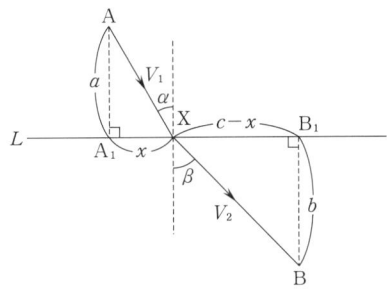

(1) $t = \dfrac{AX}{V_1} + \dfrac{XB}{V_2}$

$= \dfrac{\sqrt{x^2 + a^2}}{V_1} + \dfrac{\sqrt{(x-c)^2 + b^2}}{V_2}.$

(2) $\dfrac{dt}{dx} = \dfrac{x}{V_1\sqrt{x^2+a^2}} + \dfrac{x-c}{V_2\sqrt{(x-c)^2+b^2}}.$

さらに x で微分すると，

$\dfrac{d^2 t}{dx^2} = \dfrac{\sqrt{x^2+a^2} - x\cdot\dfrac{x}{\sqrt{x^2+a^2}}}{V_1(x^2+a^2)}$

$+ \dfrac{\sqrt{(x-c)^2+b^2} - (x-c)\dfrac{x-c}{\sqrt{(x-c)^2+b^2}}}{V_2\{(x-c)^2+b^2\}}$

$= \dfrac{a^2}{V_1(x^2+a^2)^{\frac{3}{2}}} + \dfrac{b^2}{V_2\{(x-c)^2+b^2\}^{\frac{3}{2}}} > 0.$

よって，$\dfrac{dt}{dx}$ は単調増加で，しかも

$\displaystyle\lim_{x\to+0}\dfrac{dt}{dx} = -\dfrac{c}{V_2\sqrt{c^2+b^2}} < 0,$

$\displaystyle\lim_{x\to c-0}\dfrac{dt}{dx} = \dfrac{c}{V_1\sqrt{c^2+a^2}} > 0$

であるから，$\dfrac{dt}{dx} = 0$ となる x が $0 < x < c$ にただ 1 つ存在する．この x の値を x_0 とおくと，

x	(0)		x_0		(c)
$\dfrac{dt}{dx}$		−	0	+	
t		↘	最小	↗	

よって，$x = x_0$ で t は最小となる．

ところで，

$\sin\alpha = \dfrac{x_0}{\sqrt{x_0{}^2+a^2}},\ \sin\beta = \dfrac{c-x_0}{\sqrt{(x_0-c)^2+b^2}}$

であり，$x = x_0$ のとき，

$\left.\dfrac{dt}{dx}\right|_{x=x_0} = \dfrac{x_0}{V_1\sqrt{x_0{}^2+a^2}} - \dfrac{c-x_0}{V_2\sqrt{(x_0-c)^2+b^2}} = 0$

であるから，

$\dfrac{\sin\alpha}{V_1} - \dfrac{\sin\beta}{V_2} = 0.$

よって，t が最小のとき，$\dfrac{\sin\alpha}{V_1} = \dfrac{\sin\beta}{V_2}$ より

$\dfrac{\sin\alpha}{\sin\beta} = \dfrac{V_1}{V_2}$

となる．

〈参考〉

いま，動点 P を光に見立て，L より上と下で媒質が異なるとすると，光は L 上の点 X で屈折します．「光は所要時間を最小にする経路を進む」（フェルマーの原理）から光は $x = x_0$ の点で屈折します．このとき

$\dfrac{\sin\beta}{\sin\alpha} = \dfrac{V_2}{V_1}$

が成り立ちます．これをスネルの法則（屈折の法則）といいます．

(類題 12 の解答)

$f(x) = xe^{-x^2}$ とおくと $f'(x) = (1-2x^2)e^{-x^2}.$

よって，傾き m の接線の接点を $(t, f(t))$ とおくと，

$f'(t) = m$ より $(1-2t^2)e^{-t^2} = m.$ ……①

「この曲線においては，接点が異なれば接線も異なる」ので①を満たす実数 t の個数を m の値で分類して求めればよい．

$g(t) = (1-2t^2)e^{-t^2}$ とおく．

$g(-t)=g(t)$ より，$y=g(t)$ は y 軸に関して対称である．よって，$t\geqq 0$ において増減を調べればよい．
$g'(t)=-4te^{-t^2}-2t(1-2t^2)e^{-t^2}$
$\quad\quad =2t(2t^2-3)e^{-t^2}$.

t	0		$\sqrt{\frac{3}{2}}$		(∞)
$g'(t)$	0	$-$	0	$+$	
$g(t)$	1	↘	$-2e^{-\frac{3}{2}}$	↗	(0)

また，$\lim_{t\to\infty}g(t)=\lim_{t\to\infty}\dfrac{1-2t^2}{e^{t^2}}=0$.

よって，対称性に注意して，$y=g(t)$ のグラフをかくとその概形は次のようになる．

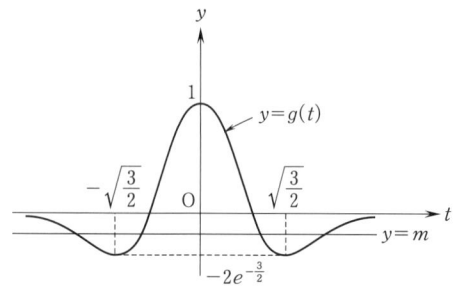

①の実数解の個数は，$y=g(t)$ と $y=m$ の共有点の個数に等しいから，①を満たす実数 t の個数は次のようになる．

$\begin{cases} m>1 & \cdots\cdots 0\text{個}, \\ m=1 & \cdots\cdots 1\text{個}, \\ 0\leqq m<1 & \cdots\cdots 2\text{個}, \\ -2e^{-\frac{3}{2}}<m<0 & \cdots\cdots 4\text{個}, \\ m=-2e^{-\frac{3}{2}} & \cdots\cdots 2\text{個}, \\ m<-2e^{-\frac{3}{2}} & \cdots\cdots 0\text{個}. \end{cases}$

よって，傾き m の接線の本数は次のようになる．

$\begin{cases} m>1,\ m<-2e^{-\frac{3}{2}} & \text{のとき } 0\text{本}, \\ m=1 & \text{のとき } 1\text{本}, \\ 0\leqq m<1,\ m=-2e^{-\frac{3}{2}} & \text{のとき } 2\text{本}, \\ -2e^{-\frac{3}{2}}<m<0 & \text{のとき } 4\text{本}. \end{cases}$

注1　$f(-x)=-f(x)$ より，$y=f(x)$ は原点に関して点対称です．
$f'(x)=(1-2x^2)e^{-x^2}$ より $f(x)$ の増減表は次のようになります．

x	0		$\dfrac{1}{\sqrt{2}}$		(∞)
$f'(x)$		$+$	0	$-$	
$f(x)$	0	↗	$\dfrac{1}{\sqrt{2}}e^{-\frac{1}{2}}$	↘	(0)

よって，対称性より，$y=f(x)$ のグラフの概形は次のようになります．
また変曲点の x 座標は $x=0,\ \pm\sqrt{\dfrac{3}{2}}$ です．

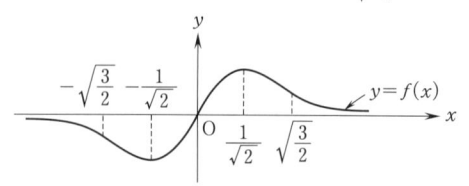

上の解答で「曲線 $y=f(x)$ においては，接点が異なれば接線も異なる」ことを用いていますが，これは，次のようにして証明できます．
　傾き m の直線が 2 点 $(a,f(a))$，$(b,f(b))$ $(a<b)$ で $y=f(x)$ に接しているとすると，
$$\dfrac{f(b)-f(a)}{b-a}=m.$$
平均値の定理より
$$\dfrac{f(b)-f(a)}{b-a}=f'(c)\quad(a<c<b)$$
となる c が存在する．よって
$$f'(a)=f'(b)=f'(c)=m$$
となり，この接線は $y=f(x)$ と $x=a$，b，c である 3 点で接するが，これは $y=f(x)$ の概形からあり得ない．

注2　問題 17 より，$\lim_{x\to\infty}\dfrac{x}{e^{x^2}}=0$，$\lim_{t\to\infty}\dfrac{t^2}{e^{t^2}}=0$．

(類題 13 の解答)

[解答 1]《t の方程式》

$\quad C_t : y=(x+t)e^t.\quad (t>0)\quad\cdots\cdots$①

「t が $t>0$ を動くとき①が点 (X,Y) を通る」
$\iff$「$Y=(X+t)e^t$ かつ $t>0$ を満たす t が存在する」
$\iff$「t の方程式 $(t+X)e^t-Y=0$
　　が $t>0$ の解をもつ」　　　　$\cdots\cdots$(*)
$f(t)=(t+X)e^t-Y$ とおく．
$\quad f'(t)=e^t+(t+X)e^t=(t+X+1)e^t$.
$f'(t)=0$ とすると $t=-X-1$.
$t>0$ だから $-X-1>0$，$-X-1\leqq 0$ で場合分けをする．

(i) $-X-1>0$ すなわち $X<-1$ のとき

t	(0)		$-X-1$		$(+\infty)$
$f'(t)$		$-$	0	$+$	
$f(t)$	$(X-Y)$	↘	$-e^{-X-1}-Y$	↗	$(+\infty)$

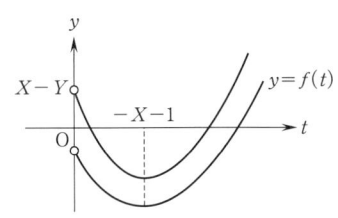

よって，(∗) $\iff -e^{-X-1}-Y \leqq 0$
$\iff Y \geqq -e^{-X-1}$.

(ii) $-X-1 \leqq 0$ すなわち $-1 \leqq X$ のとき
$t>0$ において，
$f'(t)=(t+X+1)e^t>0$ より，$f(t)$ は単調増加．

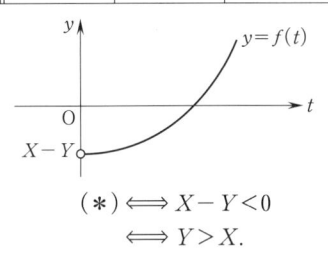

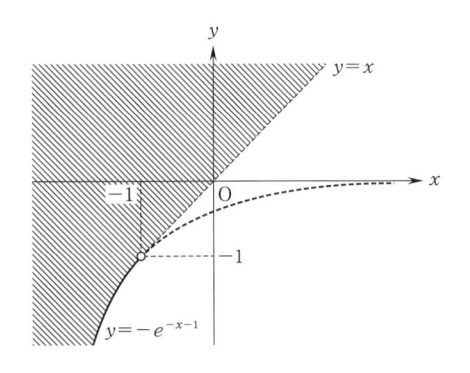

t	(0)		$(+\infty)$
$f(t)$	$(X-Y)$	↗	$(+\infty)$

(∗) $\iff X-Y<0$
$\iff Y>X$.

よって
$\begin{cases} x<-1 \text{ のとき } y \geqq -e^{-x-1}, \\ x \geqq -1 \text{ のとき } y>x. \end{cases}$

[解答2]《t の関数》
$C_t: y=(x+t)e^t. \quad (t>0) \quad \cdots\cdots ①$
① の右辺を t について整理すると，
$y=(t+x)e^t. \quad \cdots\cdots ②$
$x=X$ として固定して考えたとき，② の右辺は t の関数となる．そこで，
$f(t)=(t+X)e^t \quad (t>0)$
とおき，$y=f(t)$ のとり得る値の範囲を調べる．
$f'(t)=e^t+(t+X)e^t$
$=(t+X+1)e^t$.

$t>0$ であるから $-X-1>0$, $-X-1 \leqq 0$ で場合分けをする．

(i) $-X-1>0$ すなわち $X<-1$ のとき

t	(0)		$-X-1$		$(+\infty)$
$f'(t)$		$-$	0	$+$	
$f(t)$	(X)	↘	$-e^{-X-1}$	↗	(∞)

∴ $f(t) \geqq -e^{-X-1}$. $\quad \cdots\cdots ③$

(ii) $-X-1 \leqq 0$ すなわち $-1 \leqq X$ のとき
$f'(t)=(t+X+1)e^t \geqq 0$.

t	(0)		$(+\infty)$
$f'(t)$		$+$	
$f(t)$	(X)	↗	$(+\infty)$

∴ $f(t)>X$. $\quad \cdots\cdots ④$

よって，曲線 ① の x 座標が X である点 (X, y) の集合は，③，④ より
$\begin{cases} X<-1 \text{ のとき } y \geqq -e^{-X-1}, \\ X \geqq -1 \text{ のとき } y>X \end{cases}$
となる点 (X, y) の全体である．

よって，X を変化させて考えることにより ① は，
$\begin{cases} x<-1 \text{ のとき } y \geqq -e^{-x-1}, \\ x \geqq -1 \text{ のとき } y>x \end{cases}$
を満たす点 (x, y) 全体を通る．（図は略）．

(類題14の解答)

[解答1]《1文字固定》
p を固定して q のみを動かし，q を x と置き換えて x の関数
$$f(x)=\log(\log x)-\log(\log p)-\frac{x-p}{e}$$
$(x>p \geqq e)$
を考える．
$$f'(x)=\frac{1}{x \log x}-\frac{1}{e}.$$
$p \geqq e$ であるから $x>p$ において $x>e$ である．よって，
$$x \log x > e \log e = e$$
であり，
$$f'(x)=\frac{1}{x \log x}-\frac{1}{e}<0$$
となる．したがって，$x>p$ において $f(x)$ は単調減少で，しかも $f(p)=0$ であるから，$x>p$ において $f(x)<0$ である．したがって，
$$\log(\log x)-\log(\log p)<\frac{x-p}{e}.$$

x を q にもどして,
$$\log(\log q) - \log(\log p) < \frac{q-p}{e}.$$

[解答 2] 《平均値の定理》

$f(x) = \log(\log x)$ とおくと,
$$f'(x) = \frac{1}{x \log x}.$$

平均値の定理より,
$$\frac{f(q)-f(p)}{q-p} = f'(c) \quad \cdots\cdots \text{①}, \quad p < c < q \quad \cdots\cdots \text{②}$$

となる c が存在する. ① より,
$$\frac{\log(\log q) - \log(\log p)}{q-p} = \frac{1}{c \log c}. \quad \cdots\cdots \text{①}'$$

$p \geqq e$ と ② から, $c > e$ であり,
$$e = e \log e < c \log c.$$

よって,
$$\frac{1}{e} > \frac{1}{c \log c}. \quad \cdots\cdots \text{③}$$

①' と ③ より,
$$\frac{\log(\log q) - \log(\log p)}{q-p} < \frac{1}{e}.$$

$q - p > 0$ より,
$$\log(\log q) - \log(\log p) < \frac{q-p}{e}.$$

(類題 15 の解答)

(1) α を固定して β の関数
$$g(\beta) = \sin\frac{\alpha+\beta}{2} - \frac{1}{2}(\sin\alpha + \sin\beta) \quad (0 \leqq \beta \leqq \pi)$$

を考える.
$$g'(\beta) = \frac{1}{2}\left(\cos\frac{\alpha+\beta}{2} - \cos\beta\right).$$

$y = \cos x$ は $0 \leqq x \leqq \pi$ において単調減少であるから,
$$g'(\beta) \geqq 0 \iff \cos\frac{\alpha+\beta}{2} \geqq \cos\beta$$
$$\iff \frac{\alpha+\beta}{2} \leqq \beta$$
$$\iff \alpha \leqq \beta.$$

よって, 増減表は次のようになる.

β	0		α		π
$g'(\beta)$		$-$	0	$+$	
$g(\beta)$		↘	0	↗	

したがって, $g(\beta) \geqq 0$ であるから,
$$\sin\frac{\alpha+\beta}{2} \geqq \frac{\sin\alpha + \sin\beta}{2}.$$

等号は $\alpha = \beta$ のとき成り立つ.

(2) (1) より,
$$\begin{cases} \dfrac{\sin\alpha + \sin\beta}{2} \leqq \sin\dfrac{\alpha+\beta}{2}, & \cdots\cdots\text{①} \\ \dfrac{\sin\gamma + \sin\delta}{2} \leqq \sin\dfrac{\gamma+\delta}{2}. & \cdots\cdots\text{②} \end{cases}$$

(① + ②) × $\frac{1}{2}$ より,
$$\frac{\sin\alpha + \sin\beta + \sin\gamma + \sin\delta}{4}$$
$$\leqq \frac{1}{2}\left(\sin\frac{\alpha+\beta}{2} + \sin\frac{\gamma+\delta}{2}\right)$$
$$\leqq \sin\frac{\alpha+\beta+\gamma+\delta}{4}.$$
↑
((1) より)

等号は
$$\alpha = \beta \text{ かつ } \gamma = \delta \text{ かつ } \frac{\alpha+\beta}{2} = \frac{\gamma+\delta}{2} \text{ より}$$
$$\alpha = \beta = \gamma = \delta$$

のとき成り立つ.

(3) $\delta = \dfrac{\alpha+\beta+\gamma}{3}$ とおくと (2) より,
$$\frac{\sin\alpha + \sin\beta + \sin\gamma + \sin\dfrac{\alpha+\beta+\gamma}{3}}{4}$$
$$\leqq \sin\frac{\alpha+\beta+\gamma+\dfrac{\alpha+\beta+\gamma}{3}}{4}$$
$$\iff \sin\alpha + \sin\beta + \sin\gamma + \sin\frac{\alpha+\beta+\gamma}{3}$$
$$\leqq 4\sin\frac{\alpha+\beta+\gamma}{3}$$
$$\iff \frac{\sin\alpha + \sin\beta + \sin\gamma}{3} \leqq \sin\frac{\alpha+\beta+\gamma}{3}.$$

等号は
$$\alpha = \beta = \gamma = \frac{\alpha+\beta+\gamma}{3} \text{ より } \boldsymbol{\alpha = \beta = \gamma}$$

のとき成り立つ.

注 (1) は次のように三角関数の和→積の公式を用いても証明できます.
$$\sin\frac{\alpha+\beta}{2} - \frac{1}{2}(\sin\alpha + \sin\beta)$$
$$= \sin\frac{\alpha+\beta}{2} - \sin\frac{\alpha+\beta}{2}\cos\frac{\alpha-\beta}{2}$$
$$= \sin\frac{\alpha+\beta}{2}\left(1 - \cos\frac{\alpha-\beta}{2}\right) \geqq 0.$$

$0 \leqq \alpha \leqq \pi$, $0 \leqq \beta \leqq \pi$ より,
$$0 \leqq \frac{\alpha+\beta}{2} \leqq \pi, \quad -\frac{\pi}{2} \leqq \frac{\alpha-\beta}{2} \leqq \frac{\pi}{2}.$$

等号成立は次のときです.
$$\sin\frac{\alpha+\beta}{2} = 0 \quad \text{または} \quad \cos\frac{\alpha-\beta}{2} = 1.$$

$$\therefore \quad \frac{\alpha+\beta}{2}=0 \quad \text{または} \quad \frac{\alpha-\beta}{2}=0.$$
$$\therefore \quad \alpha=\beta.$$
よって，$\dfrac{\sin\alpha+\sin\beta}{2}\leqq\sin\dfrac{\alpha+\beta}{2}.$
(等号は $\alpha=\beta$ のとき成り立つ)

〈参考〉
$f(x)=\sin x$ は $0\leqq x\leqq\pi$ において上に凸であるから，(1),(3)の不等式は次のように幾何学的に解釈できます．

(1) $f(x)=\sin x\ (0\leqq x\leqq\pi)$ とおくと，$y=f(x)$ は上に凸であるから
$$\frac{f(\alpha)+f(\beta)}{2}\leqq f\left(\frac{\alpha+\beta}{2}\right).$$
$$\therefore \quad \frac{\sin\alpha+\sin\beta}{2}\leqq\sin\left(\frac{\alpha+\beta}{2}\right).$$

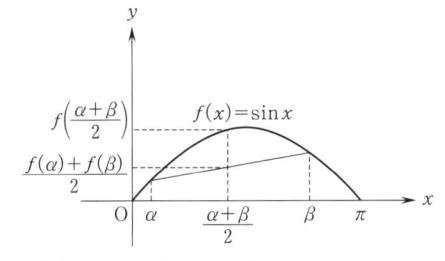

(3) $f(x)=\sin x\ (0\leqq x\leqq\pi)$
$A(\alpha, f(\alpha))$，$B(\beta, f(\beta))$，$C(\gamma, f(\gamma))$ とし，三角形 ABC の重心を G とおく．
$y=f(x)$ は上に凸であるから，G は $y=f(x)$ の下側にある．
$$\therefore \quad \frac{f(\alpha)+f(\beta)+f(\gamma)}{3}\leqq f\left(\frac{\alpha+\beta+\gamma}{3}\right).$$
$$\therefore \quad \frac{\sin\alpha+\sin\beta+\sin\gamma}{3}\leqq\sin\frac{\alpha+\beta+\gamma}{3}.$$

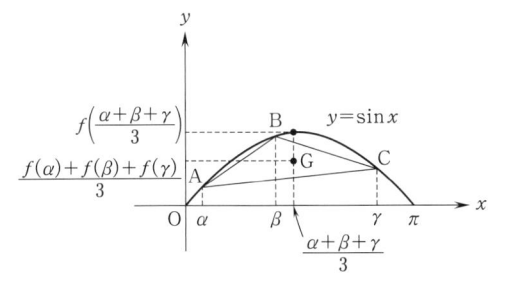

(類題 16 の解答)

(1) $f(x)=x-1-\log x\ (x>0)$ とおくと，
$$f'(x)=1-\frac{1}{x}=\frac{x-1}{x}.$$

x	(0)		1	
$f'(x)$		$-$	0	$+$
$f(x)$		$\searrow$	0	$\nearrow$

よって，$f(x)\geqq 0$ であるから，
$$\log x\leqq x-1. \qquad \cdots\cdots ①$$

注 $y=x-1$ は $y=\log x$ の $x=1$ における接線です．

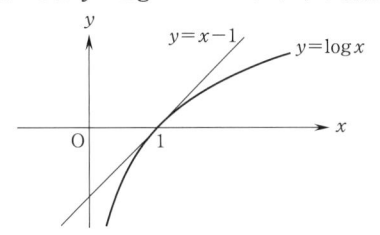

(2) $$\sum_{i=1}^{n}p_i=\sum_{i=1}^{n}q_i=1. \qquad \cdots\cdots ②$$

① より，
$$-\log x\geqq 1-x. \quad\therefore\quad \log\frac{1}{x}\geqq 1-x. \qquad \cdots\cdots ③$$

x に $\dfrac{q_i}{p_i}$ を代入すると，
$$\log\frac{p_i}{q_i}\geqq 1-\frac{q_i}{p_i}. \qquad \cdots\cdots(☆)$$

両辺に $p_i>0$ を掛けて
$$p_i\log\frac{p_i}{q_i}\geqq p_i-q_i.$$

$i=1, 2, \cdots, n$ として辺々和をとると，
$$\sum_{i=1}^{n}p_i\log\frac{p_i}{q_i}\geqq\sum_{i=1}^{n}(p_i-q_i)$$
$$=1-1=0.\ (② より)$$

よって $\displaystyle\sum_{i=1}^{n}p_i\log\frac{p_i}{q_i}\geqq 0.$

等号は ① で $x=1$ のときであるから
$$\frac{q_i}{p_i}=1\ (i=1, 2, \cdots, n)$$
つまり
$$\boldsymbol{p_i=q_i\ (i=1, 2, \cdots, n)}$$
のとき成り立つ．

[(☆)までの別解]

① で $x=\dfrac{q_i}{p_i}$ とすると
$$\log\frac{q_i}{p_i}\leqq\frac{q_i}{p_i}-1$$
$$\therefore\quad -\log\frac{q_i}{p_i}\geqq 1-\frac{q_i}{p_i}$$
$$\therefore\quad \log\frac{p_i}{q_i}\geqq 1-\frac{q_i}{p_i}$$

注 (2)は慣れないと難しいでしょう．

① に直接 $x=\dfrac{p_i}{q_i}$ を代入すると，
$$\log\dfrac{p_i}{q_i}\leqq\dfrac{p_i}{q_i}-1$$
となり，証明すべき不等式と不等号の向きが逆になります．そこで ① の両辺に -1 を掛けて不等号の向きを逆にしてから ③ の不等式に $x=\dfrac{q_i}{p_i}$ を代入したわけです．なお，次のように考えることもできます．

① で x に $\dfrac{1}{x}$ を代入すると，
$$\log\dfrac{1}{x}\leqq\dfrac{1}{x}-1. \quad\therefore\quad -\log x\leqq\dfrac{1}{x}-1.$$
$$\log x\geqq 1-\dfrac{1}{x}. \quad\therefore\quad x\log x\geqq x-1.$$

この不等式で $x=\dfrac{p_i}{q_i}$ とすると，
$$\dfrac{p_i}{q_i}\log\dfrac{p_i}{q_i}\geqq\dfrac{p_i}{q_i}-1. \quad\therefore\quad p_i\log\dfrac{p_i}{q_i}\geqq p_i-q_i.$$
よって，$\displaystyle\sum_{i=1}^{n}p_i\log\dfrac{p_i}{q_i}\geqq\sum_{i=1}^{n}(p_i-q_i)=0.$

〈参考〉

(2)の不等式は積分に拡張することができます．
$f(x),\ g(x)$ は区間 $a\leqq x\leqq b$ で正の値をとり，
$$\int_a^b f(x)\,dx=\int_a^b g(x)\,dx \qquad\cdots\cdots\text{②}'$$
を満たすとする．

③ で x に $\dfrac{g(x)}{f(x)}$ を代入すると，
$$\log\dfrac{f(x)}{g(x)}\geqq 1-\dfrac{g(x)}{f(x)}.$$
$$\therefore\quad f(x)\log\dfrac{f(x)}{g(x)}\geqq f(x)-g(x).$$
両辺を $a\leqq x\leqq b$ において積分すると，
$$\int_a^b f(x)\log\dfrac{f(x)}{g(x)}dx\geqq\int_a^b\{f(x)-g(x)\}dx$$
$$=0.\quad (\text{②}'\ \text{より})$$
よって，$\displaystyle\int_a^b f(x)\log\dfrac{f(x)}{g(x)}dx\geqq 0.$
これは
$$\int_a^b f(x)\log f(x)\,dx\geqq\int_a^b f(x)\log g(x)\,dx$$
の形で入試に出題されることがあります．

(類題 17 の解答)

(1) $0\leqq x\leqq a$ において，
$$0\leqq e^x-\sum_{k=0}^{n-1}\dfrac{x^k}{k!}\leqq e^a\dfrac{x^n}{n!}. \qquad\cdots\cdots(*)$$
まず，$0\leqq x\leqq a$ において，
$$0\leqq e^x-\sum_{k=0}^{n-1}\dfrac{x^k}{k!} \qquad\cdots\cdots\text{①}$$

が成り立つことを n に関する数学的帰納法で示す．
$$f_n(x)=e^x-\sum_{k=0}^{n-1}\dfrac{x^k}{k!}$$
とおく．

(I) $n=1$ のとき
$$f_1(x)=e^x-1.$$
$0\leqq x\leqq a$ において $e^x\geqq 1$ だから，
$$f_1(x)=e^x-1\geqq 0$$
は成り立つ．

(II) $n=m$ のとき ① は成り立つとすると，
$$f_m(x)=e^x-\sum_{k=0}^{m-1}\dfrac{x^k}{k!}\geqq 0.$$
$$f_{m+1}(x)=e^x-\sum_{k=0}^{m}\dfrac{x^k}{k!}$$
$$=e^x-\left(1+\dfrac{x}{1!}+\dfrac{x^2}{2!}+\dfrac{x^3}{3!}+\cdots+\dfrac{x^m}{m!}\right)$$
より，
$$f_{m+1}'(x)=e^x-\left(1+\dfrac{x}{1!}+\dfrac{x^2}{2!}+\cdots+\dfrac{x^{m-1}}{(m-1)!}\right)$$
$$=f_m(x)>0.$$
よって，$f_{m+1}(x)$ は単調増加で，しかも $f(0)=0$ であるから，$0\leqq x\leqq a$ において，$f_{m+1}(x)\geqq 0$ である．
よって，$n=m+1$ のときも ① は成り立つ．

(I)，(II) より，① はすべての自然数 n に対して成り立つ．

次に，$0\leqq x\leqq a$ において，
$$e^x-\sum_{k=0}^{n-1}\dfrac{x^k}{k!}\leqq e^a\dfrac{x^n}{n!} \qquad\cdots\cdots\text{②}$$
が成り立つことを数学的帰納法で示す．
$$g_n(x)=e^a\dfrac{x^n}{n!}-\left(e^x-\sum_{k=0}^{n-1}\dfrac{x^k}{k!}\right)$$
とおく．

(III) $n=1$ のとき
$g_1(x)=e^a x-(e^x-1)$ より，
$$g_1'(x)=e^a-e^x\geqq 0\ (0\leqq x\leqq a).$$
よって，$g_1(x)$ は単調増加で，$g(0)=0$ であるから，$0\leqq x\leqq a$ において $g_1(x)\geqq 0$ となり，$n=1$ のとき ② は成り立つ．

(IV) $n=m$ のとき ② は成り立つとすると，
$$g_m(x)=e^a\dfrac{x^m}{m!}-\left(e^x-\sum_{k=0}^{m-1}\dfrac{x^k}{k!}\right)\geqq 0.$$
$$g_{m+1}(x)=e^a\dfrac{x^{m+1}}{(m+1)!}-\left(e^x-\sum_{k=0}^{m}\dfrac{x^k}{k!}\right)$$
$$=e^a\dfrac{x^{m+1}}{(m+1)!}$$
$$\quad -\left(e^x-1-\dfrac{x}{1!}-\dfrac{x^2}{2!}-\dfrac{x^3}{3!}-\cdots-\dfrac{x^m}{m!}\right)$$
より

$g_{m+1}'(x) = e^a \dfrac{x^m}{m!}$
$\qquad - \left(e^x - 1 - \dfrac{x}{1!} - \dfrac{x^2}{2!} - \cdots - \dfrac{x^{m-1}}{(m-1)!}\right)$
$\qquad = g_m(x) \geqq 0.$

よって，$g_{m+1}(x)$ は $0 \leqq x \leqq a$ において単調増加で，しかも，$g_{m+1}(0) = 0$ であるから $g_{m+1}(x) \geqq 0$ である．

よって，$n = m+1$ のときも ② は成り立つ．

(Ⅲ)，(Ⅳ) より ② はすべての自然数 n に対して成り立つ．

したがって，①，② より (*) は成り立つ．

(2) (*) で $x = 1$, $a = 1$ とすると
$$0 \leqq e - \sum_{k=0}^{n-1} \dfrac{1}{k!} \leqq e \dfrac{1}{n!}. \qquad \cdots\cdots(**)$$

$\sum_{k=0}^{n-1} \dfrac{1}{k!}$ を $n = 1, 2, 3, \cdots$ として具体的に計算していくと，

$n = 1$ のとき $\sum_{k=0}^{0} \dfrac{1}{k!} = 1$,

$n = 2$ のとき $\sum_{k=0}^{1} \dfrac{1}{k!} = 1 + 1 = 2$,

$n = 3$ のとき $\sum_{k=0}^{2} \dfrac{1}{k!} = 1 + 1 + \dfrac{1}{2!} = \dfrac{5}{2} = 2.5$,

$n = 4$ のとき $\sum_{k=0}^{3} \dfrac{1}{k!} = 1 + 1 + \dfrac{1}{2!} + \dfrac{1}{3!} = \dfrac{8}{3} = 2.666\cdots$,

$n = 5$ のとき $\sum_{k=0}^{4} \dfrac{1}{k!}$
$\qquad = 1 + 1 + \dfrac{1}{2!} + \dfrac{1}{3!} + \dfrac{1}{4!} = \dfrac{65}{24} = 2.708\cdots$.

よって，(**) で $n = 5$ とすると，
$$0 \leqq e - \sum_{k=0}^{4} \dfrac{1}{k!} \leqq e \dfrac{1}{5!}. \qquad \cdots\cdots ③$$

さらに，$e < 3$ より $e \dfrac{1}{5!} < \dfrac{3}{5!}$ であるから，③ より，
$$0 \leqq e - \sum_{k=0}^{4} \dfrac{1}{k!} < \dfrac{3}{5!} = \dfrac{1}{40}.$$

$\therefore\ \sum_{k=0}^{4} \dfrac{1}{k!} \leqq e < \sum_{k=0}^{4} \dfrac{1}{k!} + \dfrac{1}{40}.$

$\therefore\ \dfrac{65}{24} \leqq e < \dfrac{65}{24} + \dfrac{1}{40}. \qquad \cdots\cdots ④$

$\dfrac{65}{24} + \dfrac{1}{40} = 2.733\cdots$ であるから，④ より，
$$2.708 < e < 2.734.$$

ゆえに，e の小数第1位までは 2.7 である．

第3章 積分法の応用

(類題 18 の解答)

(1) $f(\pi - x) = f(x)$. $\qquad \cdots\cdots ①$

$I = \int_0^\pi \left(x - \dfrac{\pi}{2}\right) f(x)\, dx$ とする．

$t = \pi - x$ とおくと，$dt = -dx$,

x	$0 \to \pi$
t	$\pi \to 0$

よって，
$I = \int_\pi^0 \left(\dfrac{\pi}{2} - t\right) f(\pi - t)(-dt)$
$\ = -\int_0^\pi \left(t - \dfrac{\pi}{2}\right) f(t)\, dt$ (① より $f(\pi - t) = f(t)$)
$\ = -I.$

したがって，$I = 0$.

(2) $\qquad J = \int_0^\pi \dfrac{x \sin^3 x}{4 - \cos^2 x}\, dx$

とおく．

$f(x)$ が ① を満たすとき (1) より，
$\int_0^\pi \left(x - \dfrac{\pi}{2}\right) f(x)\, dx = 0$ であるから，
$$\int_0^\pi x f(x)\, dx = \dfrac{\pi}{2} \int_0^\pi f(x)\, dx. \qquad \cdots\cdots ②$$

いま，$f(x) = \dfrac{\sin^3 x}{4 - \cos^2 x}$ とおくと，
$f(\pi - x) = \dfrac{\sin^3(\pi - x)}{4 - \cos^2(\pi - x)} = \dfrac{\sin^3 x}{4 - \cos^2 x} = f(x)$

となり ① を満たす．よって，② より
$J = \dfrac{\pi}{2} \int_0^\pi \dfrac{\sin^3 x}{4 - \cos^2 x}\, dx$
$\ = \dfrac{\pi}{2} \int_0^\pi \dfrac{1 - \cos^2 x}{4 - \cos^2 x} \sin x\, dx.$

$u = \cos x$ とおくと，$du = -\sin x\, dx$,

x	$0 \to \pi$
u	$1 \to -1$

よって，
$J = \dfrac{\pi}{2} \int_1^{-1} \dfrac{1 - u^2}{4 - u^2}(-du)$
$\ = \dfrac{\pi}{2} \int_{-1}^{1} \dfrac{1 - u^2}{4 - u^2}\, du$
$\ = \pi \int_0^1 \dfrac{1 - u^2}{4 - u^2}\, du \qquad \cdots\cdots (*)$
$\ = \pi \int_0^1 \left(1 - \dfrac{3}{4 - u^2}\right) du.$

ここで，
$\int_0^1 1\, du = 1$,

$\int_0^1 \dfrac{3}{4 - u^2}\, du = \int_0^1 \dfrac{3}{(2+u)(2-u)}\, du$
$\qquad = \dfrac{3}{4} \int_0^1 \left(\dfrac{1}{2+u} + \dfrac{1}{2-u}\right) du$

$$= \frac{3}{4}\Big[\log|2+u|-\log|2-u|\Big]_0^1$$
$$= \frac{3}{4}\Big[\log\Big|\frac{2+u}{2-u}\Big|\Big]_0^1$$
$$= \frac{3}{4}\log 3.$$

よって，
$$\int_0^\pi \frac{x\sin^3 x}{4-\cos^2 x}\,dx = \pi\Big(1-\frac{3}{4}\log 3\Big).$$

〈参考〉

J は結局，有理関数の積分($*$)に帰着されましたが，有理関数の積分は次の手順を踏むとよいです．

有理関数の積分法

(1) 分子の次数を分母の次数より下げる．

(2) 部分分数に展開する．

部分分数展開は次の形で用いられる(ただし，実際は $n=2$，$n=3$ の場合が多い)．

(ⅰ) $\dfrac{f(x)}{(x-a_1)(x-a_2)\cdots(x-a_n)}$
$$= \frac{A_1}{x-a_1}+\frac{A_2}{x-a_2}+\cdots+\frac{A_n}{x-a_n}.$$

(ⅱ) $\dfrac{f(x)}{(x-a)(x-b)^n}$
$$= \frac{A}{x-a}+\frac{B_1}{x-b}+\frac{B_2}{(x-b)^2}+\cdots+\frac{B_n}{(x-b)^n}.$$

(ⅲ) $\dfrac{f(x)}{(x^2+ax+b)(x-c_1)\cdots(x-c_n)}$
$$= \frac{Ax+B}{x^2+ax+b}+\frac{C_1}{x-c_1}+\cdots+\frac{C_n}{x-c_n}.$$

(ⅳ) $\dfrac{f(x)}{(x^2+ax+b)(x-c)^n}$
$$= \frac{Ax+B}{x^2+ax+b}+\frac{C_1}{x-c}+\frac{C_2}{(x-c)^2}+\cdots$$
$$+\frac{C_n}{(x-c)^n}.$$

(類題 19 の解答)

(1) $I_{n+2}=\displaystyle\int_0^{\frac{\pi}{2}}\sin^{n+2}x\,dx$
$$=\int_0^{\frac{\pi}{2}}(-\cos x)'\sin^{n+1}x\,dx$$
$$=\Big[-\cos x\sin^{n+1}x\Big]_0^{\frac{\pi}{2}}$$
$$\quad+(n+1)\int_0^{\frac{\pi}{2}}\cos^2 x\sin^n x\,dx$$
$$=(n+1)\int_0^{\frac{\pi}{2}}(1-\sin^2 x)\sin^n x\,dx$$
$$=(n+1)\int_0^{\frac{\pi}{2}}(\sin^n x-\sin^{n+2}x)\,dx$$
$$=(n+1)(I_n-I_{n+2}).$$

よって，$I_{n+2}=\dfrac{n+1}{n+2}I_n.$ ……①

(2) $I_0=\displaystyle\int_0^{\frac{\pi}{2}}dx=\frac{\pi}{2}$, $I_1=\displaystyle\int_0^{\frac{\pi}{2}}\sin x\,dx=\Big[-\cos x\Big]_0^{\frac{\pi}{2}}=1.$

① を繰り返し用いて，
$$I_{2n}=\frac{2n-1}{2n}I_{2n-2}$$
$$=\frac{2n-1}{2n}\cdot\frac{2n-3}{2n-2}I_{2n-4}$$
$$\cdots\cdots$$
$$=\frac{2n-1}{2n}\cdot\frac{2n-3}{2n-2}\cdots\frac{3}{4}\cdot\frac{1}{2}\cdot I_0$$
$$=\frac{2n-1}{2n}\cdot\frac{2n-3}{2n-2}\cdots\frac{3}{4}\cdot\frac{1}{2}\cdot\frac{\pi}{2}. \quad\cdots\cdots②$$

同様にして，
$$I_{2n+1}=\frac{2n}{2n+1}\cdot\frac{2n-2}{2n-1}\cdots\frac{4}{5}\cdot\frac{2}{3}\cdot I_1$$
$$=\frac{2n}{2n+1}\cdot\frac{2n-2}{2n-1}\cdots\frac{4}{5}\cdot\frac{2}{3}. \quad\cdots\cdots③$$

$a_n=\Big(\dfrac{2}{1}\cdot\dfrac{4}{3}\cdot\dfrac{6}{5}\cdots\dfrac{2n}{2n-1}\Big)\Big(\dfrac{2}{3}\cdot\dfrac{4}{5}\cdot\dfrac{6}{7}\cdots\dfrac{2n}{2n+1}\Big)$
$$=\frac{\frac{\pi}{2}}{I_{2n}}\cdot I_{2n+1} \quad(②,③ \text{より})$$
$$=\frac{\pi}{2}\cdot\frac{I_{2n+1}}{I_{2n}}.$$

(3) $0\leqq x\leqq\dfrac{\pi}{2}$ において $0\leqq\sin x\leqq 1$ であるから，
$$\sin^n x\geqq\sin^{n+1}x.$$
(等号は $x=0$, $\dfrac{\pi}{2}$ のときのみ成立)

辺々を $0\leqq x\leqq\dfrac{\pi}{2}$ で積分すると，
$$\int_0^{\frac{\pi}{2}}\sin^n x\,dx>\int_0^{\frac{\pi}{2}}\sin^{n+1}x\,dx.$$
よって，$I_n>I_{n+1}.$ ……④

(4) ④ より，
$$I_{2n}>I_{2n+1}>I_{2n+2}.$$
$$1>\frac{I_{2n+1}}{I_{2n}}>\frac{I_{2n+2}}{I_{2n}}.$$

① より $\dfrac{I_{2n+2}}{I_{2n}}=\dfrac{2n+1}{2n+2}$ であるから，
$$1>\frac{I_{2n+1}}{I_{2n}}>\frac{2n+1}{2n+2}.$$
$$\therefore\ \frac{\pi}{2}>a_n>\frac{\pi}{2}\cdot\frac{2n+1}{2n+2}.$$

ここで，
$$\lim_{n\to\infty}\frac{\pi}{2}\cdot\frac{2n+1}{2n+2}=\lim_{n\to\infty}\frac{\pi}{2}\cdot\frac{1+\frac{1}{2n}}{1+\frac{1}{n}}=\frac{\pi}{2}$$

であるから，はさみうちの原理より，
$$\lim_{n\to\infty} a_n = \frac{\pi}{2}.$$

〈参考〉

数列 $\{c_n\}$ において，$c_1, c_2, \cdots, c_n$ の積を
$$\prod_{k=1}^{n} c_k = c_1 c_2 \cdots c_n$$
と表す．さらに，$\lim_{n\to\infty}\prod_{k=1}^{n} c_k$ が収束するとき，その極限値を $\prod_{n=1}^{\infty} c_n$ で表す．

この記法を用いると，
$$a_n = \frac{2\cdot 2}{1\cdot 3}\cdot\frac{4\cdot 4}{3\cdot 5}\cdot\frac{6\cdot 6}{5\cdot 7}\cdot\cdots\cdot\frac{2n\cdot 2n}{(2n-1)(2n+1)}$$
は，$a_n = \prod_{k=1}^{n}\frac{2k\cdot 2k}{(2k-1)(2k+1)}$ と表される．

よって，
$$\lim_{n\to\infty} a_n = \prod_{n=1}^{\infty}\frac{2n\cdot 2n}{(2n-1)(2n+1)}$$
$$= \prod_{n=1}^{\infty}\frac{1}{1-\frac{1}{(2n)^2}}$$
$$= \frac{\pi}{2}.$$

これもウォリス(Wallis)の公式といわれます．

(類題 20 の解答)

(1) $I(m, n+1) = \int_0^1 x^m(1-x)^{n+1}dx$
$$= \left[\frac{1}{m+1}x^{m+1}(1-x)^{n+1}\right]_0^1 + \frac{n+1}{m+1}\int_0^1 x^{m+1}(1-x)^n dx$$
$$= \frac{n+1}{m+1}I(m+1, n). \quad \cdots\cdots ①$$

(2) ① より，
$$I(m, n) = \frac{n}{m+1}\cdot\frac{n-1}{m+2}\cdot\cdots\cdot\frac{1}{m+n}I(m+n, 0).$$
ここで，$I(m+n, 0) = \int_0^1 x^{m+n}dx = \frac{1}{m+n+1}$ より，
$$I(m, n) = \frac{n}{m+1}\cdot\frac{n-1}{m+2}\cdot\cdots\cdot\frac{1}{m+n}\cdot\frac{1}{m+n+1}.$$
よって，$I(m, n)$ の分母は m の $n+1$ 次式であるから，
$$m^p I(m, n)$$
$$= m^{p-(n+1)}\left(\frac{n}{1+\frac{1}{m}}\cdot\frac{n-1}{1+\frac{2}{m}}\cdot\cdots\cdot\frac{1}{1+\frac{n}{m}}\cdot\frac{1}{1+\frac{n+1}{m}}\right).$$
したがって，
(i) $p \geq n+2$ のとき，
$$\lim_{m\to\infty} m^p I(m, n) = \infty.$$
(ii) $p = n+1$ のとき，

$$\lim_{m\to\infty} m^p I(m, n)$$
$$= \lim_{m\to\infty}\left(\frac{n}{1+\frac{1}{m}}\cdot\frac{n-1}{1+\frac{2}{m}}\cdot\cdots\cdot\frac{1}{1+\frac{n}{m}}\cdot\frac{1}{1+\frac{n+1}{m}}\right)$$
$$= n(n-1)\cdots\cdot 1$$
$$= n!.$$
(iii) $0 \leq p \leq n$ のとき，
$$\lim_{m\to\infty} m^{p-(n+1)} = \lim_{m\to\infty}\frac{1}{m^{n+1-p}} = 0$$
より，
$$\lim_{m\to\infty} m^p I(m, n) = 0.$$
以上 (i)〜(iii) から，
$$\lim_{m\to\infty} m^p I(m, n) = \begin{cases} \infty & (p \geq n+2), \\ n! & (p = n+1), \\ 0 & (0 \leq p \leq n). \end{cases}$$

(3) $f(1-x) = \sum_{k=0}^{n} a_k(1-x)^k$ であるから，
$$\int_0^1 x^m f(1-x)dx = 0$$
$$\iff \sum_{k=0}^{n} a_k \int_0^1 x^m(1-x)^k dx = 0$$
$$\iff \sum_{k=0}^{n} a_k I(m, k) = 0. \quad \cdots\cdots ②$$
この両辺に m を掛けると，
$$a_0 mI(m, 0) + a_1 mI(m, 1) + a_2 mI(m, 2)$$
$$+ \cdots + a_n mI(m, n) = 0. \quad \cdots\cdots ③$$
m は任意であるから $m \to \infty$ とすると，(2)で $p=1$ として，
$$\lim_{m\to\infty} mI(m, 0) = 1, \quad \lim_{m\to\infty} mI(m, k) = 0 \ (k \geq 1)$$
であるから，③ より $a_0 = 0$．

次に，② の両辺に m^2 を掛けると，
$$a_1 m^2 I(m, 1) + a_2 m^2 I(m, 2) + a_3 m^2 I(m, 3)$$
$$+ \cdots + a_n m^2 I(m, n) = 0.$$
この両辺で $m \to \infty$ とすると，(2)で $p=2$ として，
$$a_1 = 0.$$
同様にして，② の両辺に $m^3, m^4, \cdots, m^{n+1}$ を掛けて $m \to \infty$ とすると次々に，
$$a_2 = 0, \ a_3 = 0, \ \cdots, \ a_n = 0$$
が得られる．したがって，$f(x)$ は恒等的に 0 である．

注 (3) では「② がすべての負でない整数 m に対して成り立つ」ことから，$m \to \infty$ にすることができるのですが，(2)より $\lim_{m\to\infty} m^{k+1}I(m, k) = k!$ に着目して，② の両辺に $m, m^2, \cdots, m^{n+1}$ を掛けて $m \to \infty$ とし，$a_0 = 0, a_1 = 0, \cdots, a_n = 0$ を次々に示していくことがポイントです．

数学Ⅲの知識と数学の論理がからみ，なかなかお

もしろい問題です.

(類題 21 の解答)

(1) $I(m, n) = \int_{-\pi}^{\pi} f_m(x) f_n(x)\, dx$
$= \dfrac{2}{\pi} \int_0^{\pi} \sin mx \sin nx\, dx$

とおく.

(i) $m \neq n$ のとき

$\sin mx \sin nx = \dfrac{1}{2}\{\cos(m-n)x - \cos(m+n)x\}$

より,

$I(m, n) = \dfrac{1}{\pi} \int_0^{\pi} \{\cos(m-n)x - \cos(m+n)x\}\, dx$

$= \dfrac{1}{\pi}\left[\dfrac{1}{m-n}\sin(m-n)x - \dfrac{1}{m+n}\sin(m+n)x\right]_0^{\pi}$

$= 0.$

(ii) $m = n$ のとき

$I(n, n) = \int_{-\pi}^{\pi} f_n(x)^2\, dx = \dfrac{2}{\pi}\int_0^{\pi}\sin^2 nx\, dx$

$= \dfrac{1}{\pi}\int_0^{\pi}(1 - \cos 2nx)\, dx$

$= \dfrac{1}{\pi}\left[x - \dfrac{1}{2n}\sin 2nx\right]_0^{\pi}$

$= 1.$

(i), (ii) より,

$$I(m, n) = \begin{cases} 0 & (m \neq n), \\ 1 & (m = n). \end{cases}$$

(2) $J = \int_{-\pi}^{\pi}\left\{x - \sum_{n=1}^{N} c_n f_n(x)\right\}^2 dx$

$= \int_{-\pi}^{\pi}\left\{x^2 - 2\sum_{n=1}^{N} c_n x f_n(x) + \left(\sum_{n=1}^{N} c_n f_n(x)\right)^2\right\} dx$

$= \int_{-\pi}^{\pi}\Big\{x^2 - 2\sum_{n=1}^{N} c_n x f_n(x) + \sum_{n=1}^{N} c_n^2 f_n(x)^2$
$\qquad\qquad + 2\sum_{1 \leq i < j \leq N} c_i c_j f_i(x) f_j(x)\Big\} dx$

$= \int_{-\pi}^{\pi} x^2\, dx - 2\sum_{n=1}^{N} c_n \int_{-\pi}^{\pi} x f_n(x)\, dx + \sum_{n=1}^{N} c_n^2 I(n, n)$
$\qquad\qquad + 2\sum_{1 \leq i < j \leq N} c_i c_j I(i, j)$

$= \dfrac{2\pi^3}{3} - 2\sum_{n=1}^{N} c_n \int_{-\pi}^{\pi} x f_n(x)\, dx + \sum_{n=1}^{N} c_n^2.$ ……(∗)

$\begin{pmatrix} (1) \text{より} \\ I(n, n)=1,\ I(i, j)=0\ (i \neq j). \end{pmatrix}$

ここで,

$\int_{-\pi}^{\pi} x f_n(x)\, dx$

$= \dfrac{2}{\sqrt{\pi}}\int_0^{\pi} x \sin nx\, dx$

$= \dfrac{2}{\sqrt{\pi}}\left[-\dfrac{1}{n}x\cos nx\right]_0^{\pi} + \dfrac{2}{\sqrt{\pi}}\int_0^{\pi}\cos nx\, dx$

$= \dfrac{2}{\sqrt{\pi}}\left(-\dfrac{1}{n}\right)\pi\cos n\pi + \dfrac{2}{\sqrt{\pi}}\left[\dfrac{1}{n}\sin nx\right]_0^{\pi}$

$= 2\sqrt{\pi}\left(-\dfrac{1}{n}\right)(-1)^n$

$= 2\sqrt{\pi}\,\dfrac{(-1)^{n+1}}{n}.$

よって, (∗) より J は c_n $(n=1, 2, \cdots, N)$ についての 2 次式であり, c_n $(n=1, 2, \cdots, N)$ について平方完成すると,

$J = \sum_{n=1}^{N} c_n^2 - 4\sqrt{\pi}\sum_{n=1}^{N}\dfrac{(-1)^{n+1}}{n}c_n + \dfrac{2\pi^3}{3}$

$= \sum_{n=1}^{N}\left\{c_n - 2\sqrt{\pi}\,\dfrac{(-1)^{n+1}}{n}\right\}^2 + \dfrac{2\pi^3}{3} - \sum_{n=1}^{N}\dfrac{4\pi}{n^2}.$

したがって, J が最小となる c_n $(n=1, 2, \cdots, N)$ の値は,

$$c_n = 2\sqrt{\pi}\,\dfrac{(-1)^{n+1}}{n}.\quad (n=1, 2, \cdots, N)$$

注1 $\left(\sum_{n=1}^{N} c_n f_n(x)\right)^2$
$= \{c_1 f_1(x) + c_2 f_2(x) + \cdots + c_n f_n(x)\}^2$

の展開は次のように考えるとよいです.

×	$c_1 f_1(x)$	$c_2 f_2(x)$	$\cdots$	$c_n f_n(x)$
$c_1 f_1(x)$	$c_1^2 f_1^2(x)$	$c_1 c_2 f_1(x) f_2(x)$	$\cdots$	$c_1 c_n f_1(x) f_n(x)$
$c_2 f_2(x)$	$c_1 c_2 f_1(x) f_2(x)$	$c_2^2 f_2^2(x)$	$\cdots$	$c_2 c_n f_2(x) f_n(x)$
$\vdots$	$\vdots$	$\vdots$	$\ddots$	$\vdots$
$c_n f_n(x)$	$c_1 c_n f_1(x) f_n(x)$	$c_2 c_n f_2(x) f_n(x)$	$\cdots$	$c_n^2 f_n^2(x)$

よって,

$\left(\sum_{n=1}^{N} c_n f_n(x)\right)^2 = c_1^2 f_1(x)^2 + c_2^2 f_2(x)^2 + \cdots + c_N^2 f_N(x)^2$
$\qquad + 2\{c_1 c_2 f_1(x) f_2(x) + c_1 c_3 f_1(x) f_3(x) + \cdots$
$\qquad\qquad + c_{n-1} c_n f_{n-1}(x) f_n(x)\}$

となります. なお,

$\sum_{1 \leq i < j \leq N} c_i c_j f_i(x) f_j(x)$ は,

$c_1 c_2 f_1(x) f_2(x) + c_1 c_3 f_1(x) f_3(x) + \cdots$
$\qquad + c_{n-1} c_n f_{n-1}(x) f_n(x)$

を表します.

注2 (∗) の式から c_n $(n=1, 2, \cdots, N)$ について平方完成すると,

$J = \sum_{n=1}^{N}\left(c_n - \int_{-\pi}^{\pi} x f_n(x)\, dx\right)^2 + (\text{定数})$

となるから, J は,

$c_n = \int_{-\pi}^{\pi} x f_n(x)\, dx = \dfrac{1}{\sqrt{\pi}}\int_{-\pi}^{\pi} x \sin nx\, dx$
$\qquad\qquad (n=1, 2, \cdots, N)$

のとき最小となります.

発展 $\dfrac{1}{2}a_0 + \sum_{n=1}^{\infty}(a_n \cos nx + b_n \sin nx)$ の形の級数をフーリエ (Fourier) 級数といいます. 区間 $[-\pi, \pi]$ において与えられた関数 $f(x)$ は, ある条件のもとで

$$f(x) = \frac{a_0}{2} + a_1 \cos x + b_1 \sin x + \cdots + a_n \cos nx$$
$$+ b_n \sin nx + \cdots$$

とフーリエ級数に展開されます．これを関数 $f(x)$ のフーリエ展開といいます．

本問の (2) は区間 $[-\pi, \pi]$ において，
$$\sum_{n=1}^{N} c_n f_n(x) = \frac{c_1}{\sqrt{\pi}} \sin x + \frac{c_2}{\sqrt{\pi}} \sin 2x + \cdots$$
$$+ \frac{c_N}{\sqrt{\pi}} \sin Nx$$

を，できるだけ 1 次関数 x に近づけるには $c_1, c_2, \cdots, c_N$ をどのように定めればよいか，という問題です．

(2) の (答) より $c_n = 2\sqrt{\pi} \dfrac{(-1)^{n+1}}{n}$ であるから，

$$2\left(\sin x - \frac{\sin 2x}{2} + \frac{\sin 3x}{3} - \frac{\sin 4x}{4} + \cdots \right.$$
$$\left. + (-1)^{N+1} \frac{\sin Nx}{N} \right) \quad \cdots\cdots (*)$$

が最も 1 次関数 x を精密に近似していることがわかります（これを最良近似といいます）．

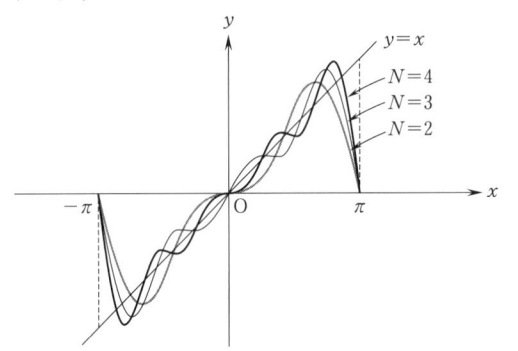

実は，$N \to \infty$ とすると $(*)$ は $-\pi < x < \pi$ において x に収束することが知られています．すなわち，$-\pi < x < \pi$ において，

$$x = 2\left(\sin x - \frac{\sin 2x}{2} + \frac{\sin 3x}{3} - \frac{\sin 4x}{4} + \cdots \right.$$
$$\left. + (-1)^{N+1} \frac{\sin Nx}{N} + \cdots \right). \quad \cdots\cdots(**)$$

$(**)$ において，$x = \dfrac{\pi}{2}$ とすると

$$\frac{\pi}{4} = 1 - \frac{1}{3} + \frac{1}{5} - \frac{1}{7} + \cdots + (-1)^{N-1} \frac{1}{2N-1} + \cdots$$

となります．

これは類題 22 の (2) で示すライプニッツ (Leibniz) 級数です．

(類題 22 の解答)

(1) $x \ne -1$ のとき
$$1 - x + x^2 - \cdots + (-x)^n = \frac{1 - (-x)^{n+1}}{1 - (-x)} = \frac{1 - (-x)^{n+1}}{1 + x}$$

よって，
$$R_n(x) = \frac{1}{1+x} - \frac{1 - (-x)^{n+1}}{1+x} = \frac{(-x)^{n+1}}{1+x}. \quad \cdots\cdots ①$$

(i) $\left| \int_0^1 R_n(x)\, dx \right| \leq \int_0^1 |R_n(x)|\, dx$
$$= \int_0^1 \frac{x^{n+1}}{1+x}\, dx \leq \int_0^1 x^{n+1}\, dx$$
$$= \left[\frac{1}{n+2} x^{n+2} \right]_0^1 = \frac{1}{n+2}.$$

$\lim_{n \to \infty} \dfrac{1}{n+2} = 0$ であるから，はさみうちの原理より，

$$\lim_{n \to \infty} \int_0^1 R_n(x)\, dx = 0.$$

(ii) ① で x を x^2 とすると，$R_n(x^2) = \dfrac{(-x^2)^{n+1}}{1+x^2}$.

$\therefore \left| \int_0^1 R_n(x^2)\, dx \right| \leq \int_0^1 |R_n(x^2)|\, dx$
$$= \int_0^1 \frac{x^{2n+2}}{1+x^2}\, dx$$
$$\leq \int_0^1 x^{2n+2}\, dx = \frac{1}{2n+3}.$$

$\lim_{n \to \infty} \dfrac{1}{2n+3} = 0$ であるから，

$$\lim_{n \to \infty} \int_0^1 R_n(x^2) = 0.$$

(2) (i) $R_n(x) = \dfrac{1}{1+x} - \{1 - x + x^2 - \cdots + (-1)^n x^n\}$.

両辺を $0 \leq x \leq 1$ で積分すると，

$$\int_0^1 R_n(x)\, dx$$
$$= \int_0^1 \left\{ \frac{1}{1+x} - (1 - x + x^2 - \cdots + (-1)^n x^n) \right\} dx$$
$$= \left[\log(1+x) - \left\{ x - \frac{1}{2}x^2 + \frac{1}{3}x^3 - \cdots \right. \right.$$
$$\left. \left. + \frac{(-1)^n}{n+1} x^{n+1} \right\} \right]_0^1$$
$$= \log 2 - \left\{ 1 - \frac{1}{2} + \frac{1}{3} - \cdots + (-1)^n \frac{1}{n+1} \right\}.$$

$n \to \infty$ とすると，$\lim_{n \to \infty} \int_0^1 R_n(x)\, dx = 0$ であるから，

$$\sum_{n=1}^{\infty} (-1)^{n-1} \frac{1}{n} = \log 2.$$

よって，
$$1 - \frac{1}{2} + \frac{1}{3} - \frac{1}{4} + \cdots + (-1)^{n-1} \frac{1}{n} + \cdots = \log 2.$$

(ii) $R_n(x^2) = \dfrac{1}{1+x^2} - \{1 - x^2 + x^4 - \cdots + (-1)^n x^{2n}\}$.

両辺を $0 \leq x \leq 1$ で積分すると，

$$\int_0^1 R_n(x^2)\, dx$$
$$= \int_0^1 \left\{ \frac{1}{1+x^2} - (1 - x^2 + x^4 - \cdots + (-1)^n x^{2n}) \right\} dx$$

$$= \frac{\pi}{4} - \left\{1 - \frac{1}{3} + \frac{1}{5} - \cdots + (-1)^n \frac{1}{2n+1}\right\}.$$

$n \to \infty$ とすると,$\displaystyle\lim_{n\to\infty}\int_0^1 R_n(x^2)\,dx = 0$ であるから,

$$\sum_{n=1}^{\infty}(-1)^{n-1}\frac{1}{2n-1} = \frac{\pi}{4}.$$

よって,

$$1 - \frac{1}{3} + \frac{1}{5} - \frac{1}{7} + \cdots + (-1)^{n-1}\frac{1}{2n-1} + \cdots = \frac{\pi}{4}.$$

注1 $x = \tan\theta$ とおくと

$$dx = \frac{1}{\cos^2\theta}\,d\theta, \quad \begin{array}{c|ccc} x & 0 & \to & 1 \\ \hline \theta & 0 & \to & \frac{\pi}{4} \end{array} \text{ より}$$

$$\int_0^1 \frac{dx}{1+x^2} = \int_0^{\frac{\pi}{4}} \frac{1}{1+\tan^2\theta}\cdot\frac{d\theta}{\cos^2\theta} = \int_0^{\frac{\pi}{4}} d\theta = \frac{\pi}{4}.$$

注2 $f(x)$ が $a \leqq x \leqq b$ において連続なとき,

$$\left|\int_a^b f(x)\,dx\right| \leqq \int_a^b |f(x)|\,dx$$

が成り立ちます.

〈参考1〉 実は,札幌医科大の入試においては,「$\left|\int_0^1 R_n(x)\,dx\right| \leqq \frac{1}{n+2}$ を示し」というヒントはありませんでした.しかし,受験生に解かせるとなかなかできないので,この本では付け加えました.

$0 \leqq x \leqq 1$ において $\dfrac{x^{n+1}}{1+x} \leqq x^{n+1}$ より,

$$\int_0^1 \frac{x^{n+1}}{1+x}\,dx \leqq \int_0^1 x^{n+1}\,dx \quad (\leftarrow 簡単に積分できる)$$

$$= \frac{1}{n+2}$$

と評価するところがポイントです.しっかりマスターしましょう.

〈参考2〉 (2)において(i)では,$1,\ \dfrac{1}{2},\ \dfrac{1}{3},\ \dfrac{1}{4},\ \cdots$ を無限個加えたり引いたりすると $\log 2$ になり,(ii)では $1,\ \dfrac{1}{3},\ \dfrac{1}{5},\ \dfrac{1}{7},\ \cdots$ を無限個加えたり引いたりすると $\dfrac{\pi}{4}$ になります.このように簡単な分数を無限個加えたり引いたりするだけでは無理数である $\log 2$ や $\dfrac{\pi}{4}$ が得られるのは,とても不思議です.まさしく,無限級数の錬金術です.

なお,

$$1 - \frac{1}{2} + \frac{1}{3} - \frac{1}{4} + \cdots + (-1)^{n-1}\frac{1}{n} + \cdots = \log 2$$

をメルカトル級数といい,

$$1 - \frac{1}{3} + \frac{1}{5} - \frac{1}{7} + \cdots + (-1)^{n-1}\frac{1}{2n-1} + \cdots = \frac{\pi}{4}$$

をライプニッツ級数といいます.これらは問題22で扱った

$$1 + \frac{1}{1!} + \frac{1}{2!} + \frac{1}{3!} + \cdots + \frac{1}{n!} + \cdots = e$$

とともに入試によく出題されます.

(類題23の解答)

(1) $x + \sqrt{x^2-1} = t$ ……①

$\sqrt{x^2-1} = t - x.$ ……①'

$x^2 - 1 = t^2 - 2tx + x^2.$

よって,$x = \dfrac{t^2+1}{2t} = \dfrac{1}{2}\left(t + \dfrac{1}{t}\right).$ ……②

①' と ② より,

$$\sqrt{x^2-1} = t - \frac{1}{2}\left(t + \frac{1}{t}\right)$$

$$= \frac{1}{2}\left(t - \frac{1}{t}\right). \quad \cdots\cdots ③$$

また,② より,

$$dx = \frac{1}{2}\left(1 - \frac{1}{t^2}\right)dt. \quad \cdots\cdots ④$$

よって,①,②,③,④ より,

$$\int \sqrt{x^2-1}\,dt = \int \frac{1}{2}\left(t - \frac{1}{t}\right)\cdot\frac{1}{2}\left(1 - \frac{1}{t^2}\right)dt$$

$$= \frac{1}{4}\int\left(t - \frac{2}{t} + \frac{1}{t^3}\right)dt$$

$$= \frac{1}{4}\left(\frac{1}{2}t^2 - 2\log|t| - \frac{1}{2t^2}\right) + C$$

$$= \frac{1}{8}\left(t^2 - \frac{1}{t^2}\right) - \frac{1}{2}\log|t| + C$$

$$= \frac{1}{2}\cdot\frac{1}{2}\left(t + \frac{1}{t}\right)\cdot\frac{1}{2}\left(t - \frac{1}{t}\right) - \frac{1}{2}\log|t| + C$$

$$= \frac{1}{2}\left\{x\sqrt{x^2-1} - \log\left|x + \sqrt{x^2-1}\right|\right\} + C.$$

(2) $y \geqq 0$ のとき,$x^2 - y^2 = 1$ より,

$$y = \sqrt{x^2-1}$$

点 $P(p, q)$ はこの曲線上の点であるから,

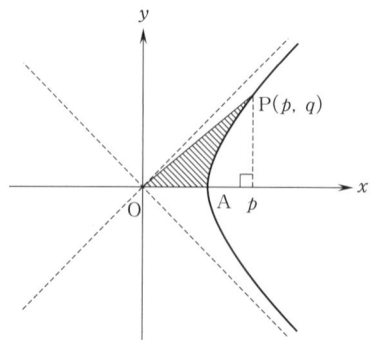

$$q = \sqrt{p^2-1}. \quad \cdots\cdots ⑤$$

$$S = \frac{1}{2}p\sqrt{p^2-1} - \int_1^p \sqrt{x^2-1}\,dx$$

$$= \frac{1}{2}p\sqrt{p^2-1} - \frac{1}{2}\Big[x\sqrt{x^2-1} - \log|x+\sqrt{x^2-1}|\Big]_1^p$$
$$= \frac{1}{2}p\sqrt{p^2-1} - \frac{1}{2}\{p\sqrt{p^2-1} - \log(p+\sqrt{p^2-1})\}$$
$$(p>1)$$
$$= \frac{1}{2}\log(p+\sqrt{p^2-1}).$$

(3) $S = \dfrac{\theta}{2}$ より，
$$\log(p+\sqrt{p^2-1}) = \theta.$$
$$p+\sqrt{p^2-1} = e^\theta.$$
これは①で x を p，t を e^θ としたものであるから，②と同様にして，
$$p = \frac{1}{2}\Big(e^\theta + \frac{1}{e^\theta}\Big) = \frac{e^\theta + e^{-\theta}}{2}.$$
⑤より，
$$q = \sqrt{\Big(\frac{e^\theta+e^{-\theta}}{2}\Big)^2 - 1} = \frac{e^\theta - e^{-\theta}}{2}.$$

注 (1) は次のように部分積分を用いてもよいです。
$$I = \int \sqrt{x^2-1}\, dx, \quad J = \int \frac{1}{\sqrt{x^2-1}}\, dx$$
とおく．

③と④より，
$$J = \int \frac{1}{\frac{1}{2}\big(t-\frac{1}{t}\big)} \cdot \frac{1}{2}\Big(1-\frac{1}{t^2}\Big) dt$$
$$= \int \frac{1}{t}\, dt$$
$$= \log|t| + C$$
$$= \log|x+\sqrt{x^2-1}| + C.$$
$$I = \int \sqrt{x^2-1}\, dx = \int (x)' \sqrt{x^2-1}\, dx$$
$$= x\sqrt{x^2-1} - \int \frac{x^2}{\sqrt{x^2-1}}\, dx$$
$$= x\sqrt{x^2-1} - \int \frac{(x^2-1)+1}{\sqrt{x^2-1}}\, dx$$
$$= x\sqrt{x^2-1} - \int \sqrt{x^2-1}\, dx - \int \frac{1}{\sqrt{x^2-1}}\, dx$$
$$= x\sqrt{x^2-1} - I - J.$$
よって，$I = \dfrac{1}{2}x\sqrt{x^2-1} - \dfrac{1}{2}J$
$$= \frac{1}{2}x\sqrt{x^2-1} - \frac{1}{2}\log|x+\sqrt{x^2-1}| + C.$$

(類題24の解答)

(1) $C : x^3 + y^3 - 3xy = 0. \quad (x \geqq 0, \; y \geqq 0),$ ……①
$$y = tx \quad (t > 0) \quad \cdots\cdots ②$$
を①に代入して，
$$x^3 + t^3 x^3 - 3tx^2 = 0.$$
$x \neq 0$ より $(1+t^3)x = 3t$ となるから

$$x = \frac{3t}{1+t^3}.$$
②に代入して
$$y = \frac{3t^2}{1+t^3}.$$
よって，①と②の $x>0$, $y>0$ における交点は
$$\Big(\frac{3t}{1+t^3},\; \frac{3t^2}{1+t^3}\Big).$$

(2) (1)より曲線 C は，
$$\begin{cases} x = \dfrac{3t}{1+t^3}, \\ y = \dfrac{3t^2}{1+t^3} \end{cases} \quad \cdots\cdots ③$$
とパラメータ表示される．
$x = \dfrac{3t}{1+t^3} \geqq 0$ かつ $y = \dfrac{3t^2}{1+t^3} \geqq 0$ より，
$$1+t^3 \geqq 0 \text{ かつ } t \geqq 0.$$
よって，$t \geqq 0$.
また，①で x と y を入れ換えても不変だから曲線 C は $y=x$ に関して対称である．
さらに，
$$y - x = \frac{3t(t-1)}{1+t^3} \text{ より，}$$
$$\begin{cases} 0 \leqq t \leqq 1 \text{ のとき } y \leqq x, \\ t \geqq 1 \quad \text{のとき } y \geqq x \end{cases}$$
であり，
$$\begin{cases} 0 \leqq t \leqq 1 \text{ のとき，曲線 } C \text{ は直線 } y=x \text{ より下側に} \\ t \geqq 1 \text{ のとき，曲線 } C \text{ は直線 } y=x \text{ より上側に} \end{cases}$$
ある．

よって，曲線 C の $0 \leqq t \leqq 1$ の部分と $y=x$ の囲む面積を2倍すればよい．

そこで，以下，$0 \leqq t \leqq 1$ において考える．
$$\frac{dx}{dt} = \frac{3(1+t^3-t\cdot 3t^2)}{(1+t^3)^2} = \frac{3(1-2t^3)}{(1+t^3)^2},$$
$$\frac{dy}{dt} = \frac{3\{2t(1+t^3)-t^2\cdot 3t^2\}}{(1+t^3)^2} = \frac{3t(2-t^3)}{(1+t^3)^2} > 0.$$
よって，y は t の増加関数であり，x の増減表は次のようになる．

t	0		$\dfrac{1}{\sqrt[3]{2}}$		1
$\dfrac{dx}{dt}$		$+$	0	$-$	
x	0	↗		↘	$\dfrac{3}{2}$

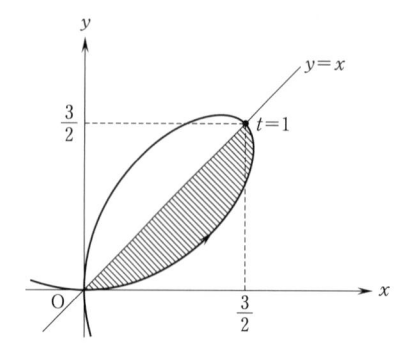

よって，求める面積を S とすると，

$$\frac{S}{2} = \left[\text{領域 } O\text{-}C\text{-}\left(\frac{3}{2},\frac{3}{2}\right)\right] - \left[\text{三角形}\right]$$

$$= \int_0^{\frac{3}{2}} x\,dy - \frac{1}{2}\left(\frac{3}{2}\right)^2$$

$$= \int_0^1 x\frac{dy}{dt}dt - \frac{9}{8}.$$

ここで，$I = \int_0^1 x\dfrac{dy}{dt}dt$ とおくと，

$$I = \int_0^1 \frac{3t}{1+t^3}\cdot\frac{3t(2-t^3)}{(1+t^3)^2}dt$$

$$= 3\int_0^1 \frac{(2-t^3)\cdot 3t^2}{(1+t^3)^3}dt.$$

$u = 1+t^3$ とおくと，

$$du = 3t^2\,dt, \quad \begin{array}{c|ccc} t & 0 & \to & 1 \\ \hline u & 1 & \to & 2 \end{array}$$

より，

$$I = 3\int_1^2 \frac{3-u}{u^3}du$$

$$= 3\int_1^2 \left(\frac{3}{u^3} - \frac{1}{u^2}\right)du$$

$$= 3\left[-\frac{3}{2}\frac{1}{u^2} + \frac{1}{u}\right]_1^2$$

$$= \frac{15}{8}.$$

よって，$\dfrac{S}{2} = \dfrac{15}{8} - \dfrac{9}{8} = \dfrac{3}{4}.$

ゆえに，求める面積は $\dfrac{3}{2}$．

注 x 軸方向に積分しようとすると，$\dfrac{1}{\sqrt[3]{2}} \leqq t \leqq 1$ において x は減少するから，その区間で曲線 C は内に巻き込んでおり（このような状態を overhang といいます），計算が少々煩わしくなります．

〈参考1〉 $t \to \pm\infty$ のとき $(x, y) \to (0, 0)$，
$t \to -1+0$ のとき $(x, y) \to (-\infty, \infty)$
$t \to -1-0$ のとき $(x, y) \to (\infty, -\infty)$
となるから，曲線 C の概形は次のようになります．

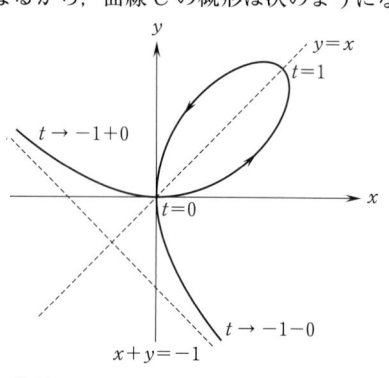

この曲線 C はデカルトの正葉線といわれる曲線です．

〈参考2〉
C 上の点 $P(x, y)$ を
$\begin{cases} x = r\cos\theta, \\ y = r\sin\theta \end{cases}$ $(r \geqq 0)$
とおくと，$0 \leqq t \leqq 1$ のとき $x \geqq 0$，$y \geqq 0$ であるから，$0 \leqq \theta < \dfrac{\pi}{2}$ としてよい．よって，

$$t = \frac{y}{x} = \tan\theta \quad (= OP\text{の傾き})$$

であるから，③ より

$$r\cos\theta = \frac{3\tan\theta}{1+\tan^3\theta} = \frac{3\cos^2\theta\sin\theta}{\cos^3\theta + \sin^3\theta}.$$

$\cos\theta \neq 0$ より，$r = \dfrac{3\cos\theta\sin\theta}{\cos^3\theta + \sin^3\theta}.$

これは，C の極方程式です．

$0 \leqq t = \tan\theta \leqq 1$ より，$0 \leqq \theta \leqq \dfrac{\pi}{4}$ であるから，

$$\frac{S}{2} = \int_0^{\frac{\pi}{4}} \frac{1}{2}r^2\,d\theta = \frac{9}{2}\int_0^{\frac{\pi}{4}}\left(\frac{\cos\theta\sin\theta}{\cos^3\theta+\sin^3\theta}\right)^2 d\theta.$$

$t = \tan\theta$ より，$dt = \dfrac{1}{\cos^2\theta}d\theta = (1+t^2)d\theta,$

$$\frac{\cos^2\theta\sin^2\theta}{(\cos^3\theta+\sin^3\theta)^2} = \frac{\tan^2\theta}{(1+\tan^3\theta)^2}\cdot\frac{1}{\cos^2\theta}$$

$$= \frac{t^2}{(1+t^3)^2}(1+t^2).$$

よって，

$$\frac{S}{2} = \frac{9}{2}\int_0^1 \frac{t^2(1+t^2)}{(1+t^3)^2}\cdot\frac{dt}{1+t^2} = \frac{3}{2}\int_0^1 \frac{3t^2}{(1+t^3)^2}dt$$

$$= \frac{3}{2}\left[-\frac{1}{1+t^3}\right]_0^1 = \frac{3}{4}$$

と計算することもできます.

(類題 25 の解答)

(1) $\overrightarrow{PQ} = \begin{pmatrix} \cos 2\theta \\ \sin 2\theta \end{pmatrix}$ より,

$$\overrightarrow{OQ} = \overrightarrow{OP} + \overrightarrow{PQ} = \begin{pmatrix} \cos \theta \\ \sin \theta \end{pmatrix} + \begin{pmatrix} \cos 2\theta \\ \sin 2\theta \end{pmatrix}.$$

よって, $Q(x, y)$ とおくと,
$$\begin{cases} x = \cos\theta + \cos 2\theta, \\ y = \sin\theta + \sin 2\theta. \end{cases} \quad (0 \leq \theta \leq 2\pi) \quad \cdots\cdots ① \\ \cdots\cdots ②$$

Q が x 軸上にあるとき,
$$y = \sin\theta + \sin 2\theta = 0$$
であるから,
$$\sin\theta(1 + 2\cos\theta) = 0.$$
∴ $\sin\theta = 0$ または $\cos\theta = -\dfrac{1}{2}$.

よって, $\theta = 0, \dfrac{2\pi}{3}, \pi, \dfrac{4\pi}{3}, 2\pi.$

また, θ を $2\pi - \theta$ とすると,
$$\begin{cases} x(2\pi - \theta) = \cos\theta + \cos 2\theta = x(\theta), \\ y(2\pi - \theta) = -\sin\theta - \sin 2\theta = -y(\theta). \end{cases}$$

したがって, Q が描く曲線を C とすると, C の $0 \leq \theta \leq \pi$ の部分と $\pi \leq \theta \leq 2\pi$ の部分は, x 軸に関して対称である.

(2) $x^2 + y^2 \leq 1$ に ①, ② を代入すると,
$$(\cos\theta + \cos 2\theta)^2 + (\sin\theta + \sin 2\theta)^2 \leq 1.$$
$$2 + 2(\cos 2\theta \cos\theta + \sin 2\theta \sin\theta) \leq 1.$$
$$\cos\theta \leq -\dfrac{1}{2}. \quad \cdots\cdots ③$$

よって, $\dfrac{2\pi}{3} \leq \theta \leq \dfrac{4\pi}{3}. \quad \cdots\cdots ④$

対称性により, $\dfrac{2\pi}{3} \leq x \leq \pi$ について調べればよい.
$$\dfrac{dx}{d\theta} = -\sin\theta - 2\sin 2\theta = -\sin\theta(4\cos\theta + 1) > 0.$$
(④ より)

よって, ④ において, x は θ の増加関数である.

θ	$\dfrac{2\pi}{3} \to \pi$
x	$-1 \to 0$

また, ④ において,
$$y = \sin\theta(1 + 2\cos\theta) \leq 0. \quad (③ より)$$

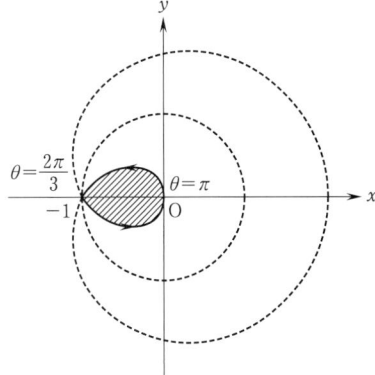

ゆえに, 求める面積を S とすると対称性により,

$$S = 2\int_{-1}^{0} (-y)\,dx$$
$$= 2\int_{\frac{2\pi}{3}}^{\pi} (-y)\dfrac{dx}{d\theta}\,d\theta$$
$$= 2\int_{\frac{2\pi}{3}}^{\pi} -(\sin\theta + \sin 2\theta)(-\sin\theta - 2\sin 2\theta)\,d\theta$$
$$= 2\int_{\frac{2\pi}{3}}^{\pi} (\sin^2\theta + 3\sin\theta\sin 2\theta + 2\sin^2 2\theta)\,d\theta$$
$$= 2\int_{\frac{2\pi}{3}}^{\pi} \left(\dfrac{1-\cos 2\theta}{2} + 6\cos\theta\sin^2\theta + 1 - \cos 4\theta\right)d\theta$$
$$= 2\left[\dfrac{3}{2}\theta - \dfrac{1}{4}\sin 2\theta + 2\sin^3\theta - \dfrac{1}{4}\sin 4\theta\right]_{\frac{2\pi}{3}}^{\pi}$$
$$= 2\left(\dfrac{\pi}{2} - \dfrac{3\sqrt{3}}{4}\right)$$
$$= \pi - \dfrac{3\sqrt{3}}{2}.$$

〈**参考 1**〉 Q の描く曲線の概形は, 次のようになります.

$$\dfrac{dx}{d\theta} = -\sin\theta(4\cos\theta + 1),$$
$$\dfrac{dy}{d\theta} = \cos\theta + 2\cos 2\theta = 4\cos^2\theta + \cos\theta - 2.$$

$\dfrac{dx}{d\theta} = 0$ とすると, $\sin\theta = 0, \cos\theta = -\dfrac{1}{4}$.

$\dfrac{dy}{d\theta} = 0$ とすると, $\cos\theta = \dfrac{-1 \pm \sqrt{33}}{8}$.

$5 < \sqrt{33} < 6$ より,
$$\dfrac{1}{2} < \dfrac{-1+\sqrt{33}}{8} < \dfrac{5}{8}, \quad -\dfrac{7}{8} < \dfrac{-1-\sqrt{33}}{8} < -\dfrac{3}{4}.$$

$\cos\alpha = -\dfrac{1}{4}, \cos\beta = \dfrac{-1+\sqrt{33}}{8}, \cos\gamma = \dfrac{-1-\sqrt{33}}{8}$
とおくと,
$$\dfrac{-1-\sqrt{33}}{8} < -\dfrac{1}{4} < 0 < \dfrac{-1+\sqrt{33}}{8} \text{ より},$$
$$0 < \beta < \dfrac{\pi}{2} < \alpha < \gamma < \pi$$

$\vec{v} = \left(\dfrac{dx}{d\theta}, \dfrac{dy}{d\theta}\right)$ とおく.

θ	0		β		α		γ		π
$\dfrac{dx}{d\theta}$	0	−	−	−	0	+	+	+	0
$\dfrac{dy}{d\theta}$	+	+	0	−	−	−	0	+	+
$\vec{v}$	↑	↖	←	↙	↓	↘	→	↗	↑
(x,y)	$(2,0)$	↖	yが極大	↙	xが極小	↘	yが極小	↗	$(0,0)$

対称性より曲線 C の概形は次のようになります.

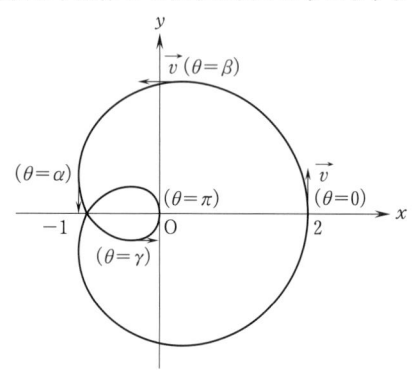

〈参考２〉 曲線 C の極方程式を求めてみます.

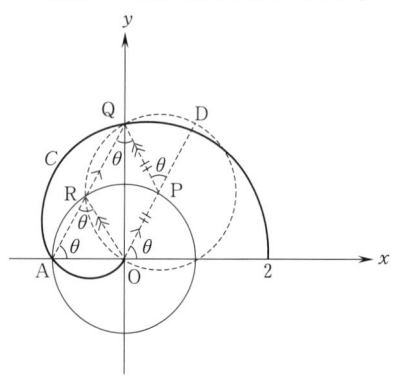

Q を通り OP と平行な直線と x 軸との交点を A とし, O を通り PQ に平行な直線と AQ との交点を R とする. 四角形 OPQR は平行四辺形であり, OP=PQ であるから, ひし形である.

また, $\angle \mathrm{OAR} = \angle \mathrm{ORA} = \theta$ より, △OAR は OA=OR の二等辺三角形である.

よって, OA=OR=1 となり, A(−1, 0) である.
$r = \mathrm{AQ}$ とおくと,
$\mathrm{AR} = 2\cos\theta$, $\mathrm{RQ} = 1$, $\mathrm{AQ} = \mathrm{AR} + \mathrm{RQ}$ より,
$$r = 2\cos\theta + 1. \quad \cdots\cdots(*)$$

これは $\pi \le \theta \le 2\pi$ のときも成り立ちます.

したがって, (*)が曲線 C の A(−1, 0) を極とする極方程式です.

さて, 極方程式 $r = a + b\cos\theta$ で表される曲線をリマソンといいます. したがって, 曲線 C はリマソンです. (リマソン(limaçon)はフランス語でかたつむりを表します.)

とくに $a = b$ のとき, 極方程式 $r = a(1+\cos\theta)$ で表される曲線が問題 25 のカージオイドです.

リマソンは, a, b の値によって, 次のようになります.

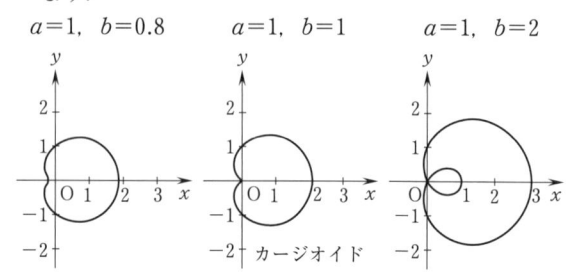

$a=1$, $b=0.8$ $a=1$, $b=1$ $a=1$, $b=2$

カージオイド

また, (*)を用いて面積 S を計算すると次のようになります.

$$\begin{aligned}
S &= 2\int_{\frac{2\pi}{3}}^{\pi} \frac{1}{2} r^2 \, d\theta \\
&= \int_{\frac{2\pi}{3}}^{\pi} (2\cos\theta + 1)^2 \, d\theta \\
&= \int_{\frac{2\pi}{3}}^{\pi} (4\cos^2\theta + 4\cos\theta + 1) \, d\theta \\
&= \int_{\frac{2\pi}{3}}^{\pi} \{2(1+\cos 2\theta) + 4\cos\theta + 1\} \, d\theta \\
&= \Big[3\theta + \sin 2\theta + 4\sin\theta\Big]_{\frac{2\pi}{3}}^{\pi} \\
&= \pi - \frac{3\sqrt{3}}{2}.
\end{aligned}$$

(類題 26 の解答)

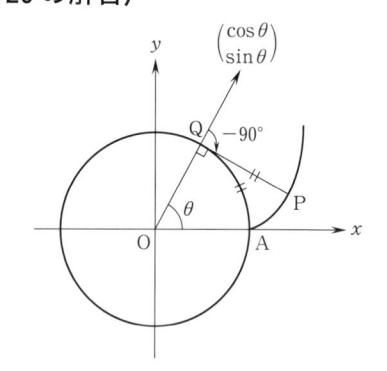

(1) $\vec{\mathrm{OQ}} = a\begin{pmatrix} \cos\theta \\ \sin\theta \end{pmatrix}$.

$\mathrm{QP} = \overset{\frown}{\mathrm{AQ}} = a\theta$ より, $\vec{\mathrm{QP}}$ はベクトル $\begin{pmatrix} \cos\theta \\ \sin\theta \end{pmatrix}$ を $-90°$ 回転して $a\theta$ 倍したものだから,
$$\vec{\mathrm{QP}} = a\theta \begin{pmatrix} \sin\theta \\ -\cos\theta \end{pmatrix}.$$

よって,
$$\vec{\mathrm{OP}} = \vec{\mathrm{OQ}} + \vec{\mathrm{QP}} = a\begin{pmatrix} \cos\theta + \theta\sin\theta \\ \sin\theta - \theta\cos\theta \end{pmatrix}.$$

∴ $P(a(\cos\theta+\theta\sin\theta),\ a(\sin\theta-\theta\cos\theta))$.

(2) $P(x,\ y)$ とおくと(1)より，
$$\begin{cases} x=a(\cos\theta+\theta\sin\theta), \\ y=a(\sin\theta-\theta\cos\theta). \end{cases}$$
$$\begin{cases} \dfrac{dx}{d\theta}=a(-\sin\theta+\sin\theta+\theta\cos\theta)=a\theta\cos\theta, \\ \dfrac{dy}{d\theta}=a(\cos\theta-\cos\theta+\theta\sin\theta)=a\theta\sin\theta. \end{cases}$$
よって，
$$\left(\dfrac{dx}{d\theta}\right)^2+\left(\dfrac{dy}{d\theta}\right)^2=a^2\theta^2.$$
したがって，Pの描く曲線の長さをLとすると，
$$L=\int_0^{\frac{\pi}{2}}\sqrt{\left(\dfrac{dx}{d\theta}\right)^2+\left(\dfrac{dy}{d\theta}\right)^2}\,d\theta$$
$$=\int_0^{\frac{\pi}{2}}a\theta\,d\theta$$
$$=\left[\dfrac{a}{2}\theta^2\right]_0^{\frac{\pi}{2}}=\dfrac{\pi^2 a}{8}.$$

(3)

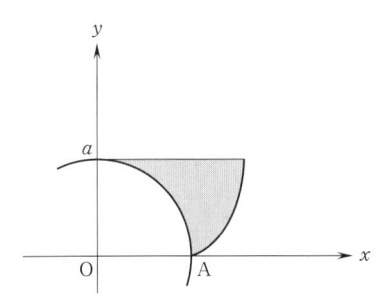

$$S=\int_0^a x\,dy-\dfrac{\pi}{4}a^2.$$
ここで，
$$\int_0^a x\,dy=\int_0^{\frac{\pi}{2}}x\dfrac{dy}{d\theta}\,d\theta$$
$$=a^2\int_0^{\frac{\pi}{2}}(\cos\theta+\theta\sin\theta)\theta\sin\theta\,d\theta$$
$$=a^2\int_0^{\frac{\pi}{2}}(\theta\cos\theta\sin\theta+\theta^2\sin^2\theta)\,d\theta$$
$$=a^2\int_0^{\frac{\pi}{2}}\left\{\dfrac{1}{2}\theta\sin 2\theta+\theta^2\dfrac{1-\cos 2\theta}{2}\right\}d\theta$$
$$=\dfrac{a^2}{2}\int_0^{\frac{\pi}{2}}(\theta\sin 2\theta+\theta^2-\theta^2\cos 2\theta)\,d\theta.$$
さらに，
$$\int_0^{\frac{\pi}{2}}\theta\sin 2\theta\,d\theta=\left[-\dfrac{1}{2}\theta\cos 2\theta\right]_0^{\frac{\pi}{2}}+\dfrac{1}{2}\int_0^{\frac{\pi}{2}}\cos 2\theta\,d\theta$$
$$=\dfrac{\pi}{4}+\dfrac{1}{4}\left[\sin 2\theta\right]_0^{\frac{\pi}{2}}=\dfrac{\pi}{4}.$$
$$\int_0^{\frac{\pi}{2}}\theta^2\,d\theta=\left[\dfrac{1}{3}\theta^3\right]_0^{\frac{\pi}{2}}=\dfrac{\pi^3}{24},$$
$$\int_0^{\frac{\pi}{2}}\theta^2\cos 2\theta\,d\theta=\left[\dfrac{1}{2}\theta^2\sin 2\theta\right]_0^{\frac{\pi}{2}}-\int_0^{\frac{\pi}{2}}\theta\sin 2\theta\,d\theta$$
$$=-\dfrac{\pi}{4}$$

であるから，
$$\int_0^a x\,dy=\dfrac{a^2}{2}\left\{\dfrac{\pi}{4}+\dfrac{\pi^3}{24}-\left(-\dfrac{\pi}{4}\right)\right\}$$
$$=\left(\dfrac{\pi^3}{48}+\dfrac{\pi}{4}\right)a^2.$$
したがって，
$$S=\left(\dfrac{\pi^3}{48}+\dfrac{\pi}{4}\right)a^2-\dfrac{\pi}{4}a^2=\dfrac{\pi^3}{48}a^2.$$

〈参考1〉 (3)は次のように"扇形分割"でもできます．

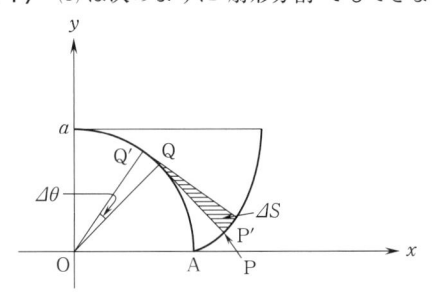

$\theta\to\theta+\varDelta\theta$ に対する面積Sの増分を$\varDelta S$とすると，
$$\varDelta S\fallingdotseq\dfrac{1}{2}PQ^2\cdot\varDelta\theta=\dfrac{1}{2}a^2\theta^2\varDelta\theta.$$
よって，
$$S=\int_0^{\frac{\pi}{2}}\dfrac{a^2}{2}\theta^2\,d\theta=\dfrac{a^2}{2}\left[\dfrac{1}{3}\theta^3\right]_0^{\frac{\pi}{2}}=\dfrac{\pi^3 a^2}{48}.$$

〈参考2〉 〈参考1〉はしばしば他の参考書等でも見られますが，きちんと評価していないことが多いので，ここで厳密に評価しておきます．

まず，AB=AC である二等辺三角形において，Cから直線ABに下ろした垂線の足Hは辺AB上にあることに注意しておく．

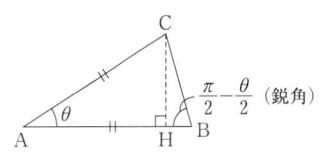

θ の増分 $\theta\to\theta+\varDelta\theta$ に対応する面積Sの増分を $\varDelta S$ とすると，$\varDelta S$ は次図の斜線部分の面積である．

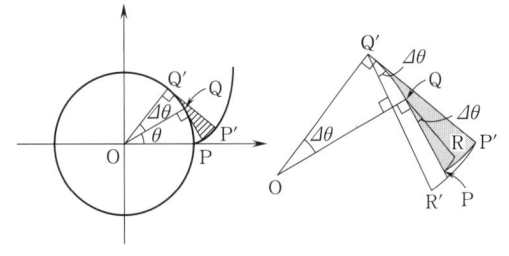

(扇形QPR)$<\varDelta S<$(扇形Q'P'R').

QP=$a\theta$, Q'P'=$a(\theta+\varDelta\theta)$, ∠PQR=∠P'Q'R'=$\varDelta\theta$ であるから，
$$\dfrac{1}{2}(a\theta)^2\varDelta\theta<\varDelta S<\dfrac{1}{2}a^2(\theta+\varDelta\theta)^2\varDelta\theta.$$

$$\frac{1}{2}a^2\theta^2 < \frac{\Delta S}{\Delta \theta} < \frac{1}{2}a^2(\theta+\Delta\theta)^2.$$

$\Delta\theta \to 0$ とすると，$\dfrac{dS}{d\theta}=\dfrac{1}{2}a^2\theta^2$.

$0 \leqq \theta \leqq \dfrac{\pi}{2}$ より，

$$S=\int_0^{\frac{\pi}{2}} \frac{1}{2}a^2\theta^2\,d\theta = \frac{1}{2}a^2\left[\frac{1}{3}\theta^3\right]_0^{\frac{\pi}{2}} = \frac{\pi^3 a^2}{48}.$$

〈参考3〉 極座標表示された曲線の囲む面積では，

$$\Delta S \fallingdotseq \frac{1}{2}r(\theta)^2 \Delta\theta$$

と考えてよいですが，曲線の長さにおいては

$$\Delta l \fallingdotseq r(\theta)\Delta\theta$$

とすることはできません‼ なぜならば，

区間 $[\theta,\ \theta+\Delta\theta]$ における $r(\theta)$ の最大値を M，最小値を m としたとき，

$$m\Delta\theta \leqq \Delta l \leqq M\Delta\theta$$

は必ずしも成り立たないからです（下図参照）．

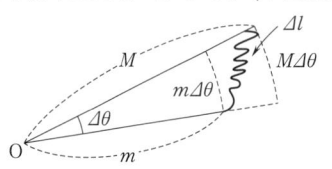

なお，曲線の長さに関しては問題35，類題35を参照して下さい．

(類題27の解答)

(1) P$(u,\ u,\ 0)$, Q$(u,\ 0,\ \sqrt{1-u^2})$ $(0\leqq u \leqq 1)$ より，

P は線分 $y=x$ $(0\leqq x \leqq 1)$ 上を動き，Q は4分の1円 $x^2+z^2=1,\ y=0,\ x\geqq 0,\ z\geqq 0$ 上を動く．

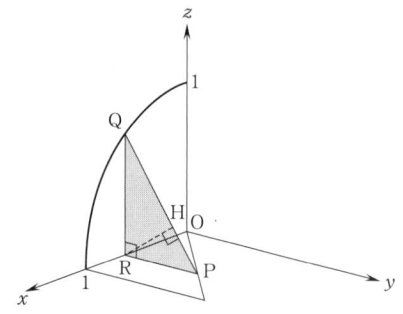

R$(u,\ 0,\ 0)$ とし，R から直線 PQ に下ろした垂線の足を H とすると，△PQR は ∠R = 90° の直角三角形だから，H は線分 PQ 上の点である．

PR $= u$, QR $= \sqrt{1-u^2}$, PQ $= \sqrt{u^2+(1-u^2)} = 1$.

△PQR の面積を2通りの方法で考えて，

$$\frac{1}{2}\text{RH}\cdot\text{PQ} = \frac{1}{2}\text{PR}\cdot\text{QR}.$$

∴ RH $= \boldsymbol{u\sqrt{1-u^2}}$.

(2)

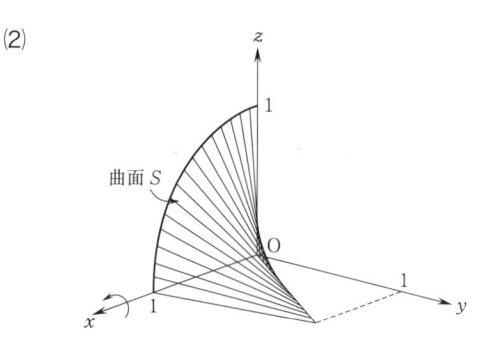

曲面 S を x 軸のまわりに回転して得られる立体を K とする．K の平面 $x=u$ $(0\leqq u \leqq 1)$ による断面は，線分 PQ を点 R のまわりに回転して得られる2つの同心円に囲まれた領域である．この断面積を $A(u)$ とおく．

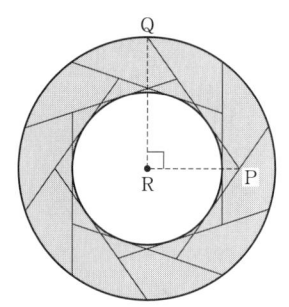

点 R から線分 PQ までの距離の最大値を M とし，最小値を m とすると，

$$A(u) = \pi(M^2 - m^2) \qquad \cdots\cdots ①$$

である．

(1)より，$m = \text{RH} = u\sqrt{1-u^2}$. $\cdots\cdots ②$

次に M を求める．

M は RP または RQ である．

$\sqrt{1-u^2} \geqq u$ とすると，$1-u^2 \geqq u^2$ より $0 \leqq u \leqq \dfrac{1}{\sqrt{2}}$.

よって，

$$M = \begin{cases} \text{RQ} = \sqrt{1-u^2} & \left(0\leqq u \leqq \dfrac{1}{\sqrt{2}}\right), \\ \text{RP} = u & \left(\dfrac{1}{\sqrt{2}} \leqq u \leqq 1\right). \end{cases} \quad\cdots\cdots ③$$

したがって，①, ②, ③ より

$$A(u) = \begin{cases} \pi\{1-u^2 - u^2(1-u^2)\} = \pi(1-u^2)^2 \\ \qquad\qquad\qquad \left(0\leqq u \leqq \dfrac{1}{\sqrt{2}}\right), \\ \pi\{u^2 - u^2(1-u^2)\} = \pi u^4 \quad \left(\dfrac{1}{\sqrt{2}} \leqq u \leqq 1\right). \end{cases}$$

ゆえに，K の体積を V とすると，

$$V=\int_0^1 A(u)du$$
$$=\pi\int_0^{\frac{1}{\sqrt{2}}}(1-u^2)^2 du+\pi\int_{\frac{1}{\sqrt{2}}}^1 u^4 du$$
$$=\pi\int_0^{\frac{1}{\sqrt{2}}}(1-2u^2)du+\pi\int_0^1 u^4 du$$
$$=\pi\left[u-\frac{2}{3}u^3\right]_0^{\frac{1}{\sqrt{2}}}+\pi\left[\frac{1}{5}u^5\right]_0^1$$
$$=\left(\frac{\sqrt{2}}{3}+\frac{1}{5}\right)\pi.$$

(類題28の解答)

$$\begin{cases} x^2+y^2+z^2\leq 4a^2, & \cdots\cdots① \\ (x-a)^2+y^2\leq a^2. & \cdots\cdots② \end{cases}$$

xy平面に関する対称性より,$z\geq 0$の部分の体積を2倍すればよい.平面$z=t$ $(0\leq t\leq 2a)$による切り口は,次の2つの円板の共通部分である.

$$\begin{cases} x^2+y^2\leq 4a^2-t^2 \text{ かつ } z=t, & \cdots\cdots③ \\ (x-a)^2+y^2\leq a^2 \text{ かつ } z=t. & \cdots\cdots④ \end{cases}$$

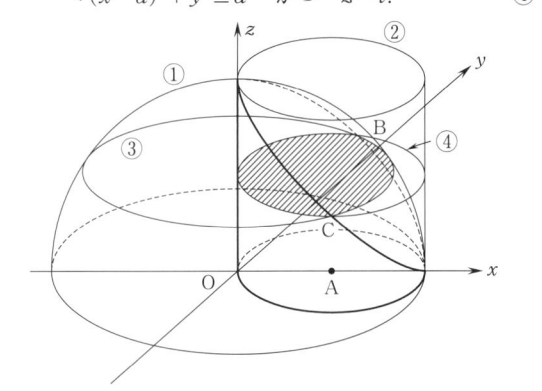

断面をxy平面に正射影して考える.
A$(a, 0)$とし,2つの円

$$\begin{cases} x^2+y^2=4a^2-t^2, & \cdots\cdots⑤ \\ (x-a)^2+y^2=a^2. & \cdots\cdots⑥ \end{cases}$$

の交点を図のようにB,Cとおく.
さらに,D$(\sqrt{4a^2-t^2}, 0)$とおく.

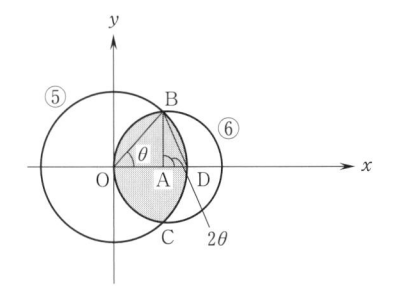

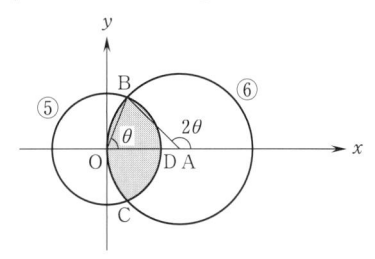

(i) $0\leq t\leq\sqrt{3}\,a$のとき

(ii) $\sqrt{3}\,a\leq t\leq 2a$のとき

断面積を$S(t)$とし,$\angle\text{AOB}=\theta$ $\left(0\leq\theta\leq\dfrac{\pi}{2}\right)$とおく.

$$\text{OB}=\sqrt{4a^2-t^2}=2a\cos\theta.$$
$$\therefore\ t=2a\sin\theta. \qquad\cdots\cdots⑦$$

上の図で(i)のときも(ii)のときも,
$$S(t)=2(\text{扇形OBD}+\text{扇形AOB}-\triangle\text{AOB})$$
$$=2\left\{\frac{1}{2}(2a\cos\theta)^2\cdot\theta+\frac{1}{2}a^2(\pi-2\theta)\right.$$
$$\left.-\frac{1}{2}a^2\sin(\pi-2\theta)\right\}$$
$$=a^2(4\theta\cos^2\theta-\sin 2\theta-2\theta+\pi).$$

よって,求める体積をVとすると,
$$\frac{V}{2}=\int_0^{2a}S(t)\,dt$$
$$=\int_0^{\frac{\pi}{2}}a^2(4\theta\cos^2\theta-\sin 2\theta-2\theta+\pi)2a\cos\theta\,d\theta$$
$$\qquad\qquad\qquad\qquad (⑦\text{ より})$$
$$=2a^3\int_0^{\frac{\pi}{2}}\{4\theta\cos^3\theta-\sin 2\theta\cos\theta+(\pi-2\theta)\cos\theta\}d\theta$$
$$=2a^3\int_0^{\frac{\pi}{2}}\{\underbrace{\theta(\cos 3\theta+3\cos\theta)}_{I_1}-\underbrace{2\sin\theta\cos^2\theta}_{I_2}+\underbrace{(\pi-2\theta)\cos\theta}_{I_3}\}d\theta.$$
I_1, I_2, I_3とおく.

$$I_1=\int_0^{\frac{\pi}{2}}\theta(\cos 3\theta+3\cos\theta)d\theta$$
$$=\left[\theta\left(\frac{1}{3}\sin 3\theta+3\sin\theta\right)\right]_0^{\frac{\pi}{2}}-\int_0^{\frac{\pi}{2}}\left(\frac{1}{3}\sin 3\theta+3\sin\theta\right)d\theta$$
$$=\frac{4\pi}{3}+\left[\frac{1}{9}\cos 3\theta+3\cos\theta\right]_0^{\frac{\pi}{2}}$$
$$=\frac{4\pi}{3}-\frac{28}{9}.$$

$$I_2=\int_0^{\frac{\pi}{2}}2\sin\theta\cos^2\theta\,d\theta=\left[-\frac{2}{3}\cos^3\theta\right]_0^{\frac{\pi}{2}}=\frac{2}{3}.$$

$$I_3=\int_0^{\frac{\pi}{2}}(\pi-2\theta)\cos\theta\,d\theta$$
$$=\left[(\pi-2\theta)\sin\theta\right]_0^{\frac{\pi}{2}}+2\int_0^{\frac{\pi}{2}}\sin\theta\,d\theta=2.$$

よって,
$$V=4a^3\left\{\left(\frac{4\pi}{3}-\frac{28}{9}\right)-\frac{2}{3}+2\right\}$$

$$= 16\left(\frac{\pi}{3} - \frac{4}{9}\right)a^3.$$

注 定積分の計算において，1つの式の中に部分積分や置換積分など複数の技法が混在しているときは，1つずつ取り出してそれぞれに計算するのがコツです．

(類題 29 の解答)

(1) $g(x) = x^a - \log x$ $(x>0)$ とおく．

$$g'(x) = ax^{a-1} - \frac{1}{x} = \frac{a\left(x^a - \frac{1}{a}\right)}{x}.$$

$g'(x) = 0$ とすると，$x = \left(\frac{1}{a}\right)^{\frac{1}{a}}$ であり，この値を α とおく．

x^a $(x>0)$ は x の増加関数であるから，$g(x)$ の増減表は次のようになる．

x	(0)		α	
$g'(x)$		$-$	0	$+$
$g(x)$		$\searrow$		$\nearrow$

よって，$g(x)$ は $x=\alpha$ で最小で，最小値 $g(\alpha)$ は，
$$g(\alpha) = \frac{1}{a}\left(1 - \log \frac{1}{a}\right) = \frac{1}{a}\log ae > 0 \quad \left(a > \frac{1}{e} \text{ より}\right)$$
となるから，$g(x) > 0$.

すなわち，$a > \frac{1}{e}$ のとき $x > 0$ において，
$$x^a > \log x \quad \cdots\cdots ①$$
が成り立つ．

(2) $u = \frac{1}{x}$ とおくと，$x \to +0$ のとき $u \to \infty$ であり，
$$x^a \log x = -\frac{\log u}{u^a}. \quad \cdots\cdots ②$$

よって，$\lim\limits_{u \to \infty} \frac{\log u}{u^a} = 0$ を示せばよい．

ここで，b を $a > b > \frac{1}{e}$ を満たす定数とすると，(1)で示した不等式により，
$$u^b > \log u. \quad (u > 0)$$
$u \to \infty$ であるから $u > 1$ で考えてよい．
$$u^b > \log u > 0.$$
$$\frac{u^b}{u^a} > \frac{\log u}{u^a} > 0.$$
$$\frac{1}{u^{a-b}} > \frac{\log u}{u^a} > 0.$$

$a - b > 0$ より，$\lim\limits_{u \to \infty} \frac{1}{u^{a-b}} = 0$ であるから，はさみうちの原理より
$$\lim_{u \to \infty} \frac{\log u}{u^a} = 0.$$

したがって，② より，
$$\lim_{x \to +0} x^a \log x = 0. \quad \cdots\cdots ③$$

(3) $f(x) = x \log x$ $(x > 0)$ とおく．
$f'(x) = \log x + 1$.

x	(0)		$\frac{1}{e}$		(∞)
$f'(x)$		$-$	0	$+$	
$f(x)$	(0)	$\searrow$	$-\frac{1}{e}$	$\nearrow$	(∞)

(2)で $a = 1$ $\left(> \frac{1}{e}\right)$ とおくと，
$$\lim_{x \to +0} f(x) = \lim_{x \to +0} x \log x = 0.$$
したがって，$y = f(x)$ の概形は次のようになる．

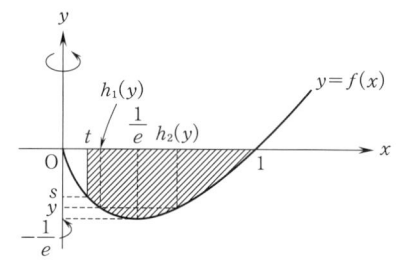

$y = x \log x$ の $0 < x \leq \frac{1}{e}$ における逆関数を $x = h_1(y)$ とし，$\frac{1}{e} \leq x$ における逆関数を $x = h_2(y)$ とおく．

また，$s = t \log t$ とおく．
$$V(t) = \pi \int_{-\frac{1}{e}}^{0} h_2(y)^2 \, dy - \pi \int_{-\frac{1}{e}}^{s} h_1(y)^2 \, dy - \pi t^2(-s).$$

ところで，

y	$-\frac{1}{e} \to 0$
$x = h_2(y)$	$\frac{1}{e} \to 1$

,

y	$-\frac{1}{e} \to s$
$x = h_1(y)$	$\frac{1}{e} \to t$

$dy = (\log x + 1)\, dx$ より，
$$V(t) = \pi \int_{\frac{1}{e}}^{1} x^2 (\log x + 1) \, dx$$
$$\qquad - \pi \int_{\frac{1}{e}}^{t} x^2(\log x + 1)\,dx + \pi t^3 \log t$$
$$= \pi \int_{t}^{1} x^2 (\log x + 1)\, dx + \pi t^3 \log t.$$

ここで，
$$\int x^2 (\log x + 1)\, dx = \frac{1}{3} x^3 (\log x + 1) - \frac{1}{3} \int x^3 \frac{1}{x}\, dx$$
$$= \frac{1}{3} x^3 (\log x + 1) - \frac{1}{9} x^3 + C$$
$$= \frac{1}{9} x^3 (3\log x + 2) + C.$$

(C は積分定数)

よって，

$$\int_t^1 x^2(\log x+1)\,dx = \left[\frac{1}{9}x^3(3\log x+2)\right]_t^1$$
$$= \frac{1}{9}\{2-t^3(3\log t+2)\}.$$

したがって，
$$V(t) = \frac{\pi}{9}(2-3t^3\log t-2t^3) + \pi t^3\log t$$
$$= \frac{2\pi}{9}(3t^3\log t-t^3+1).$$

③において $a=3\ \left(>\dfrac{1}{e}\right)$ とおくと，
$$\lim_{x\to+0} x^3\log x = 0$$
であるから，
$$\lim_{t\to+0} V(t) = \lim_{t\to+0}\frac{2\pi}{9}(3t^3\log t-t^3+1)$$
$$= \frac{2\pi}{9}.$$

〈参考1〉 (2)の極限はかなり難しい問題です．最初はできなくても悲観する必要はありません．
　(1)の不等式を用いて直接 $x^a\log x$ を有効な不等式ではさむことはできません．
　問題17の(2)やその〔解説〕の**1**で述べたことが考え方のヒントになります．

$\displaystyle\lim_{x\to+0} x\log x=0$ を示すために，$u=\dfrac{1}{x}$ とおいて，

$\displaystyle\lim_{u\to\infty} \dfrac{\log u}{u}=0$ に帰着させました．これと同じように，

$\displaystyle\lim_{x\to+0} x^a\log x=0$ を示すのに $u=\dfrac{1}{x}$ とおいて，

$\displaystyle\lim_{u\to\infty} \dfrac{\log u}{u^a}=0$ に帰着させるところがこの問題の第1のポイントです．

さらに，$\displaystyle\lim_{u\to\infty}\dfrac{\log u}{u^a}=0$ を示すために，$a>b>\dfrac{1}{e}$ を満たす b をとり $u^b>\log u$ を用いて，$\dfrac{1}{u^{a-b}}>\dfrac{\log u}{u^a}$ >0 を作るところが，第2のポイントです．これは問題17の(2)で $\displaystyle\lim_{x\to\infty}\dfrac{e^x}{x^n}=0$ を示すのに $e^x>\dfrac{x^{n+1}}{(n+1)!}$ を利用して $0<\dfrac{x^n}{e^x}<\dfrac{(n+1)!}{x}$ とはさんだのと同じアイデアです．

〈参考2〉 (3)の定積分 $\displaystyle\int_t^1 x^2(\log x+1)\,dx$ を計算するとき，
$$\int_t^1 x^2(\log x+1)\,dx = \left[\frac{1}{3}x^3(\log x+1)\right]_t^1 - \int_t^1 \frac{1}{3}x^3\cdot\frac{1}{x}\,dx$$
$$= \cdots\cdots$$
と計算していくのは，このように被積分関数が複雑な場合ではあまり得策ではありません．解答で示し

たように，不定積分 $\displaystyle\int x^2(\log x+1)\,dx$ を求めておいてから，
$$\int_t^1 x^2(\log x+1)\,dx = \left[\frac{1}{9}x^3(3\log x+2)\right]_t^1$$
と定積分の数値代入を1回にしたほうが計算の合理化が図れます．

〈参考3〉 $V(t)$ をバームクーヘン型分割を用いて求めると次のようになります．
　$t\leqq x\leqq 1$ において $f(x)\leqq 0$ より，
$$V(t) = 2\pi\int_t^1 x\{-f(x)\}\,dx$$
$$= -2\pi\int_t^1 x^2\log x\,dx.$$

ここで，$\displaystyle\int x^2\log x\,dx = \frac{1}{3}x^3\log x - \int\frac{1}{3}x^3\cdot\frac{1}{x}\,dx$
$$= \frac{1}{3}x^3\log x-\frac{1}{9}x^3+C.$$

よって
$$V(t) = -2\pi\left[\frac{1}{9}x^3(3\log x-1)\right]_t^1$$
$$= -2\pi\left\{-\frac{1}{9}-\frac{1}{9}t^3(3\log t-1)\right\}$$
$$= \frac{2\pi}{9}(3t^3\log t-t^3+1).$$

(類題30の解答)

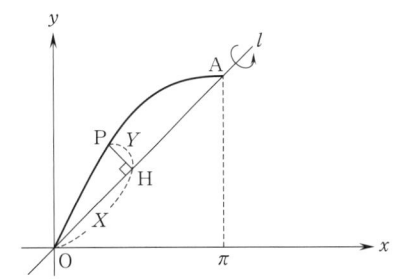

(1) $l : y=mx$,
　　$C : y=mx+\sin x$．$(0\leqq x\leqq\pi)$

(a) 点と直線の距離の公式より，
$$\text{PH} = \frac{|mt-(mt+\sin t)|}{\sqrt{m^2+1}} = \frac{\sin t}{\sqrt{m^2+1}}.$$

(b) OH は点 P と「原点 O を通り l に垂直な直線 $x+my=0$」との距離に等しいから，
$$\text{OH} = \frac{|t+m(mt+\sin t)|}{\sqrt{m^2+1}} = \frac{(m^2+1)t+m\sin t}{\sqrt{m^2+1}}.$$
$$(m\geqq 1,\ 0\leqq t\leqq\pi)$$

注　$\text{OH}=\sqrt{\text{OP}^2-\text{PH}^2}$ で求めてもよい．

(2) $\text{A}(\pi,\ m\pi)$ とし，$\text{OH}=X$，$\text{PH}=Y$ とおくと，$\text{OA}=\pi\sqrt{m^2+1}$ より，

$$V = \pi \int_0^{\pi\sqrt{m^2+1}} Y^2 dX.$$
$$X = \frac{(m^2+1)t + m\sin t}{\sqrt{m^2+1}}$$

より,

$$dX = \frac{m^2+1+m\cos t}{\sqrt{m^2+1}} dt, \quad \begin{array}{c|c} X & 0 \to \pi\sqrt{m^2+1} \\ \hline t & 0 \to \pi \end{array}$$

であるから,

$$\begin{aligned} V &= \pi \int_0^\pi Y^2 \frac{dX}{dt} dt \\ &= \frac{\pi}{\sqrt{m^2+1}} \int_0^\pi \left(\frac{\sin t}{\sqrt{m^2+1}}\right)^2 (m^2+1+m\cos t) \, dt \\ &= \frac{\pi}{(m^2+1)^{\frac{3}{2}}} \int_0^\pi \{(m^2+1)\sin^2 t + m\cos t \sin^2 t\} \, dt \\ &= \frac{\pi}{(m^2+1)^{\frac{3}{2}}} \int_0^\pi \Big\{(m^2+1)\frac{1-\cos 2t}{2} \\ &\qquad\qquad + \frac{m}{3}(\sin^3 t)'\Big\} dt \\ &= \frac{\pi}{(m^2+1)^{\frac{3}{2}}} \left[\frac{m^2+1}{2}\left(t - \frac{1}{2}\sin 2t\right) + \frac{m}{3}\sin^3 t\right]_0^\pi \\ &= \frac{\pi^2}{2\sqrt{m^2+1}}. \end{aligned}$$

〈参考〉 問題 30 の【解答 3】で述べた傘型分割を用いると次のように簡単に計算できます.

直線 $l: y = mx$ と x 軸の正方向とのなす角を θ とすると,

$$\cos\theta = \frac{1}{\sqrt{m^2+1}} \text{ だから}$$

$$\begin{aligned} V &= \cos\theta \int_0^\pi \pi\{(mx + \sin x) - mx\}^2 dx \\ &= \frac{\pi}{\sqrt{m^2+1}} \int_0^\pi \sin^2 x \, dx \\ &= \frac{\pi}{\sqrt{m^2+1}} \int_0^\pi \frac{1-\cos 2x}{2} dx \\ &= \frac{\pi}{\sqrt{m^2+1}} \left[\frac{1}{2}x - \frac{1}{4}\sin 2x\right]_0^\pi \\ &= \frac{\pi^2}{2\sqrt{m^2+1}}. \end{aligned}$$

(類題 31 の解答)

(1)

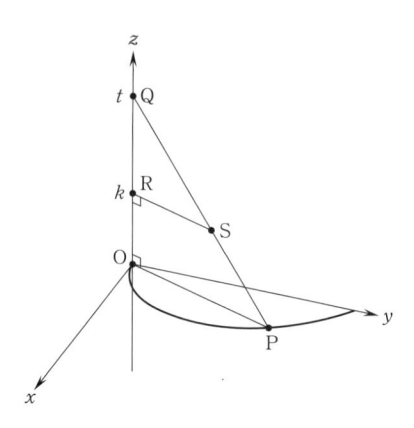

平面 $z = k$ と三角形 OPQ が交わるのは, $0 \leq k \leq t$ のときである. 平面 $z = k$ と三角形 OPQ の交わりの線分の端点を R(0, 0, k), S(x(k), y(k), k) とおく.

OR : RQ $= k : t-k$ より, PS : SQ $= k : t-k$ であるから,

$$\begin{aligned} \overrightarrow{OS} &= \frac{(t-k)\overrightarrow{OP} + k\overrightarrow{OQ}}{k + (t-k)} \\ &= \frac{t-k}{t}\begin{pmatrix} t\cos t \\ t\sin t \\ 0 \end{pmatrix} + \frac{k}{t}\begin{pmatrix} 0 \\ 0 \\ t \end{pmatrix} \\ &= \begin{pmatrix} (t-k)\cos t \\ (t-k)\sin t \\ k \end{pmatrix}. \end{aligned}$$

よって,
$$x(t) = (t-k)\cos t, \quad y(t) = (t-k)\sin t.$$

(2)

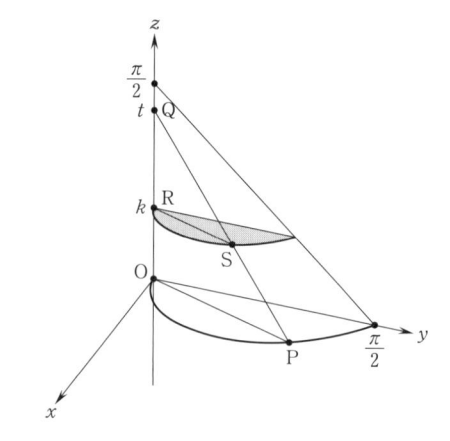

$k\left(0\leq k\leq\dfrac{\pi}{2}\right)$ を固定したとき,平面 $z=k$ と三角形 OPQ が共有点をもつのは,$k\leq t\leq\dfrac{\pi}{2}$ のときであるから,t が $k\leq t\leq\dfrac{\pi}{2}$ を動くときの線分 RS の通過範囲が立体 V の平面 $z=k$ による断面である.これを xy 平面に正射影すると,図のようになる.

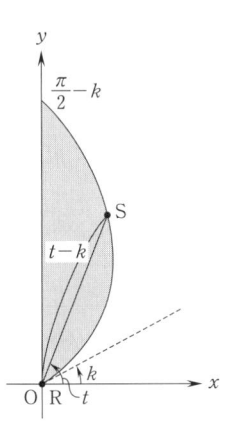

$r=\mathrm{OS}$ とおくと,
$$r=t-k \quad \left(k\leq t\leq\dfrac{\pi}{2}\right)$$
となる.

これは S が描く曲線の極方程式であるから,断面積を $A(k)$ とおくと,

$$A(k)=\int_k^{\frac{\pi}{2}}\dfrac{1}{2}r^2\,dt=\dfrac{1}{2}\int_k^{\frac{\pi}{2}}(t-k)^2\,dt$$
$$=\dfrac{1}{2}\left[\dfrac{1}{3}(t-k)^3\right]_k^{\frac{\pi}{2}}$$
$$=\dfrac{1}{6}\left(\dfrac{\pi}{2}-k\right)^3.$$

(3) $V=\int_0^{\frac{\pi}{2}}A(k)\,dk=\dfrac{1}{6}\int_0^{\frac{\pi}{2}}\left(\dfrac{\pi}{2}-k\right)^3 dk$
$=\dfrac{1}{6}\left[-\dfrac{1}{4}\left(\dfrac{\pi}{2}-k\right)^4\right]_0^{\frac{\pi}{2}}$
$=\dfrac{\pi^4}{384}.$

注 直交座標を用いて,断面積 $A(k)$ を求めると次のようになります.

$A(k)=\int_0^{\frac{\pi}{2}-k}x\,dy$
$=\int_k^{\frac{\pi}{2}}x\dfrac{dy}{dt}\,dt$
$=\int_k^{\frac{\pi}{2}}(t-k)\cos t\{\sin t+(t-k)\cos t\}\,dt$
$=\int_k^{\frac{\pi}{2}}\{(t-k)\cos t\sin t+(t-k)^2\cos^2 t\}\,dt$
$=\int_k^{\frac{\pi}{2}}\left\{\dfrac{1}{2}(t-k)\sin 2t+(t-k)^2\dfrac{1+\cos 2t}{2}\right\}dt$

ここで,
$\int_k^{\frac{\pi}{2}}(t-k)\sin 2t\,dt$
$=\left[-\dfrac{1}{2}(t-k)\cos 2t\right]_k^{\frac{\pi}{2}}+\dfrac{1}{2}\int_k^{\frac{\pi}{2}}\cos 2t\,dt$

$=\dfrac{1}{2}\left(\dfrac{\pi}{2}-k\right)+\dfrac{1}{2}\left[\dfrac{1}{2}\sin 2t\right]_k^{\frac{\pi}{2}}$
$=\dfrac{1}{2}\left(\dfrac{\pi}{2}-k\right)-\dfrac{1}{4}\sin 2k,$

$\int_k^{\frac{\pi}{2}}(t-k)^2\,dt=\left[\dfrac{1}{3}(t-k)^3\right]_k^{\frac{\pi}{2}}=\dfrac{1}{3}\left(\dfrac{\pi}{2}-k\right)^3,$

$\int_k^{\frac{\pi}{2}}(t-k)^2\cos 2t\,dt$
$=\left[\dfrac{1}{2}(t-k)^2\sin 2t\right]_k^{\frac{\pi}{2}}-\int_k^{\frac{\pi}{2}}(t-k)\sin 2t\,dt$
$=-\int_k^{\frac{\pi}{2}}(t-k)\sin 2t\,dt.$

よって,
$$A(k)=\dfrac{1}{6}\left(\dfrac{\pi}{2}-k\right)^3.$$

〈参考〉 xy 平面で点 $\mathrm{P}(t\cos t,\,t\sin t)$ が描く曲線はアルキメデスの螺線といわれます.その極方程式は
$$r=t$$
です.

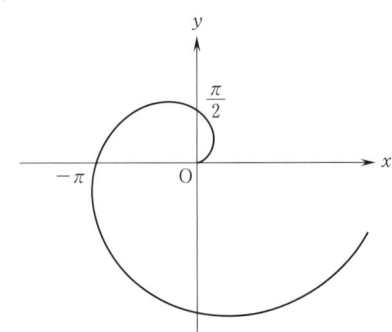

(類題 32 の解答)

(1) $\mathrm{H}(0,\,0,\,t)$ とし,平面 $z=t$ $(0\leq t\leq h)$ と線分 AB との交点を P とすると,
$$\mathrm{AP}:\mathrm{PB}=t:h-t$$
より,
$$\overrightarrow{\mathrm{OP}}=\dfrac{(h-t)\overrightarrow{\mathrm{OA}}+t\overrightarrow{\mathrm{OB}}}{t+(h-t)}$$

$$= \frac{h-t}{h}\begin{pmatrix}a\\0\\0\end{pmatrix}+\frac{t}{h}\begin{pmatrix}0\\b\\h\end{pmatrix}=\begin{pmatrix}\dfrac{a(h-t)}{h}\\ \dfrac{bt}{h}\\ t\end{pmatrix}.$$

この立体の平面 $z=t$ による切り口は，H を中心とする半径が $\mathrm{HP}=\sqrt{\dfrac{a^2(h-t)^2}{h^2}+\dfrac{b^2t^2}{h^2}}$ の円であるから，断面積 $S(t)$ は，

$$S(t)=\frac{\pi}{h^2}\{a^2(t-h)^2+b^2t^2\}.$$

よって，求める体積 $V(h)$ は，

$$\begin{aligned}V(h)&=\int_0^h S(t)\,dt\\ &=\frac{\pi}{h^2}\int_0^h\{a^2(t-h)^2+b^2t^2\}\,dt\\ &=\frac{\pi}{h^2}\left[\frac{a^2}{3}(t-h)^3+\frac{b^2}{3}t^3\right]_0^h\\ &=\frac{\pi}{3}(a^2+b^2)h.\end{aligned}$$

(2)

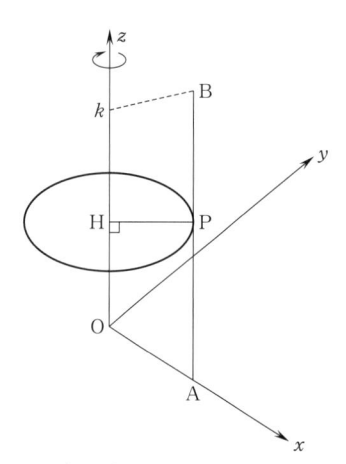

(1)と同じように点 H, P をとる．

$$\begin{aligned}\overrightarrow{\mathrm{OP}}&=\frac{h-t}{h}\begin{pmatrix}a\\0\\0\end{pmatrix}+\frac{t}{h}\begin{pmatrix}b\cos\theta\\b\sin\theta\\h\end{pmatrix}\\ &=\begin{pmatrix}\dfrac{a(h-t)}{h}+\dfrac{bt\cos\theta}{h}\\ \dfrac{bt\sin\theta}{h}\\ t\end{pmatrix}.\end{aligned}$$

よって，平面 $z=t$ $(0\leqq t\leqq h)$ による断面積 $S(t)$ は，

$$\begin{aligned}S(t)&=\pi\mathrm{HP}^2\\ &=\frac{\pi}{h^2}\{(a(h-t)+bt\cos\theta)^2+b^2t^2\sin^2\theta\}\\ &=\frac{\pi}{h^2}\{a^2(h-t)^2+2ab(h-t)t\cos\theta+b^2t^2\}.\end{aligned}$$

よって，求める体積 $V(\theta,\,h)$ は，

$$\begin{aligned}V(\theta,\,h)&=\frac{\pi}{h^2}\int_0^h\{a^2(t-h)^2+2ab(h-t)t\cos\theta\\ &\hspace{5em}+b^2t^2\}\,dt\\ &=\frac{\pi}{h^2}\left(\frac{1}{3}a^2h^3+\frac{2ab}{6}h^3\cos\theta+\frac{1}{3}b^2h^3\right)\\ &=\frac{\pi}{3}(a^2+ab\cos\theta+b^2)h.\end{aligned}$$

〈参考〉

$V(\theta,\,h)$ において $\theta=0$ とすると，底円の半径が a，上円の半径が b の円錐台の体積が得られます．

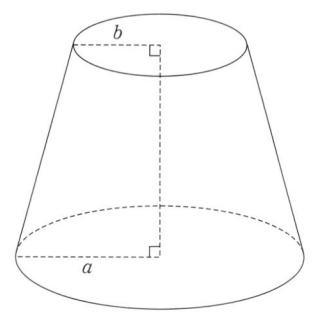

(類題 33 の解答)

[解答1] 《座標軸に垂直な断面》

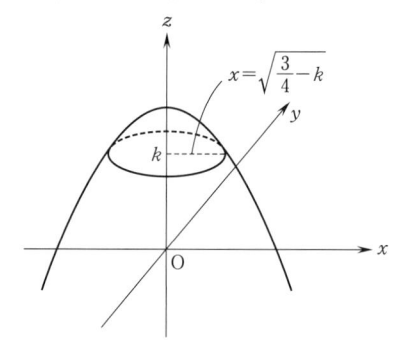

放物線 $z=\dfrac{3}{4}-x^2$, $y=0$ を，z 軸のまわりに回転して得られる曲面 K の平面 $z=k$ $\left(k\leqq\dfrac{3}{4}\right)$ による切り口は，

$$\text{円}:x^2+y^2=\frac{3}{4}-k,\ z=k$$

である．

これより k を消去して回転放物面 K の方程式は，

$$K:x^2+y^2=\frac{3}{4}-z.$$

$$\therefore\quad z=\frac{3}{4}-(x^2+y^2).$$

K は z 軸に関して対称であるから，平面 H は，

$$H:z=x$$

としてよい．このとき，K と H で囲まれる立体は，

$$x\leqq z\leqq\frac{3}{4}-(x^2+y^2)$$

と表される．この立体の平面 $x=t$ による切り口は，
$$t \leqq z \leqq \frac{3}{4}-t^2-y^2, \quad x=t \quad \cdots\cdots ①$$
である．① の境界の交点は，
$$z=t \text{ と } z=\frac{3}{4}-t^2-y^2$$
より z を消去して，
$$t=\frac{3}{4}-t^2-y^2. \quad \therefore \ y^2=\frac{3}{4}-t-t^2.$$
これを満たす実数 y が存在するための条件は，
$$\frac{3}{4}-t-t^2 \geqq 0.$$
$$\left(t+\frac{3}{2}\right)\left(t-\frac{1}{2}\right) \leqq 0.$$
$$\therefore \ -\frac{3}{2} \leqq t \leqq \frac{1}{2}.$$
このとき $y=\pm\sqrt{\frac{3}{4}-t-t^2}$．

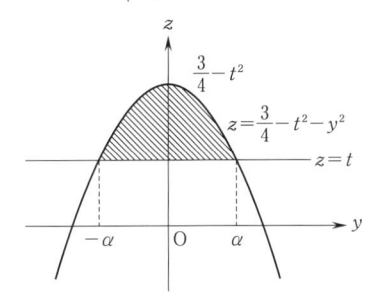

よって，$\alpha=\sqrt{\frac{3}{4}-t-t^2}$ とおくと，断面 ① の面積 $S(t)$ は，
$$S(t)=\int_{-\alpha}^{\alpha}\left(\frac{3}{4}-t^2-y^2-t\right)dy$$
$$=-\int_{-\alpha}^{\alpha}(y-\alpha)(y+\alpha)\,dy$$
$$=\frac{1}{6}\{\alpha-(-\alpha)\}^3$$
$$=\frac{4}{3}\alpha^3=\frac{4}{3}\left(\frac{3}{4}-t-t^2\right)^{\frac{3}{2}}.$$
よって，求める体積を V とすると，
$$V=\int_{-\frac{3}{2}}^{\frac{1}{2}}S(t)\,dt$$
$$=\frac{4}{3}\int_{-\frac{3}{2}}^{\frac{1}{2}}\left\{1-\left(t+\frac{1}{2}\right)^2\right\}^{\frac{3}{2}}dt.$$
$t+\frac{1}{2}=\sin\theta \ \left(-\frac{\pi}{2} \leqq \theta \leqq \frac{\pi}{2}\right)$ とおくと，
$dt=\cos\theta\,d\theta$,

t	$-\frac{3}{2}$	$\to$	$\frac{1}{2}$
θ	$-\frac{\pi}{2}$	$\to$	$\frac{\pi}{2}$

よって，
$$V=\frac{4}{3}\int_{-\frac{\pi}{2}}^{\frac{\pi}{2}}(1-\sin^2\theta)^{\frac{3}{2}}\cos\theta\,d\theta$$

$$=\frac{8}{3}\int_0^{\frac{\pi}{2}}\cos^4\theta\,d\theta$$
$$=\frac{8}{3}\cdot\frac{3}{4}\cdot\frac{1}{2}\cdot\frac{\pi}{2}$$
$$=\frac{\pi}{2}.$$
$$\left(I_n=\int_0^{\frac{\pi}{2}}\cos^n\theta\,d\theta \text{ とおくと, } I_n=\frac{n-1}{n}I_{n-2}.\right)$$

[解答 2]《カバリエリ (Cavalieri) の原理》
$$\begin{cases} K: z=\frac{3}{4}-x^2-y^2, & \cdots\cdots ① \\ H: z=x. & \cdots\cdots ② \end{cases}$$
① と ② で囲まれた部分の体積 V は
$$(① \text{ の右辺}) - (② \text{ の右辺})$$
を考えて，
$$\begin{cases} \text{曲面}: z=\frac{3}{4}-x^2-y^2-x & \cdots\cdots ③ \\ \text{と平面}: z=0 \end{cases}$$
の囲む立体の体積に等しい．

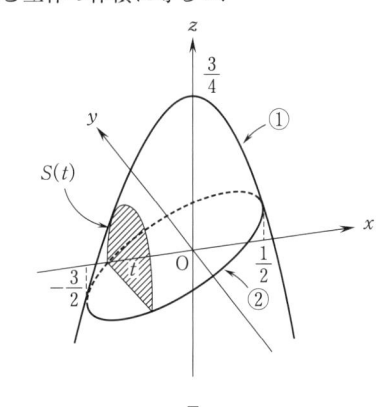

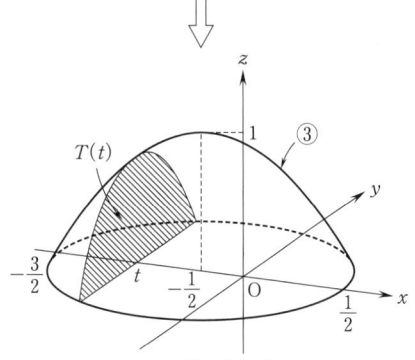

平面 $x=t$ による断面積 $S(t)=T(t)$ である．

③ より，
$$\left(x+\frac{1}{2}\right)^2+y^2=1-z.$$
よって，平面 $z=t \ (0 \leqq t \leqq 1)$ による切り口は，
$$\left(x+\frac{1}{2}\right)^2+y^2=1-t$$

となり，これは半径 $\sqrt{1-t}$ の円であるから，
$$V=\int_0^1 \pi(1-t)\,dt=\frac{\pi}{2}.$$

(類題 34 の解答)

(1) 平面 $z=t$ ($-b\leqq t\leqq b$) による断面積を $A(t)$ とおく．半径 b の球の平面 $z=t$ による切り口は，半径が $\sqrt{b^2-t^2}$ の円であるから，断面は(図2)のような図形である．$a>2b$ よりかならず中は抜ける．

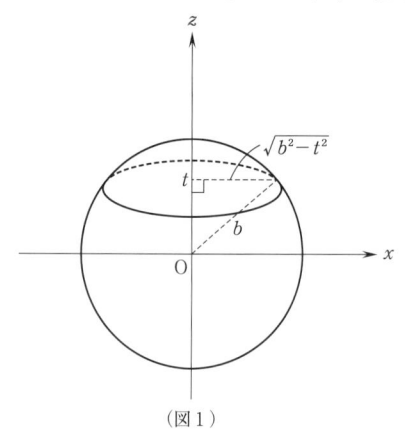

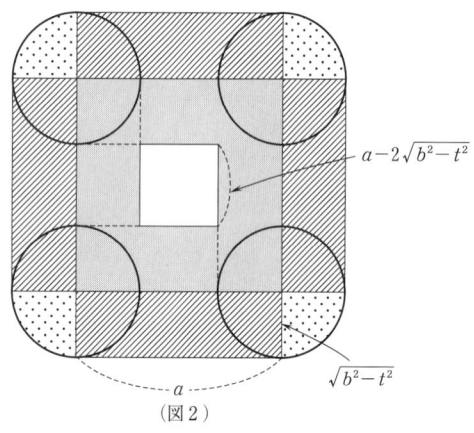

(図1)

(図2)

よって，
$$\begin{aligned}A(t)&=4\cdot a\sqrt{b^2-t^2}+\pi(b^2-t^2)\\&\quad+a^2-(a-2\sqrt{b^2-t^2})^2\\&=8a\sqrt{b^2-t^2}+(\pi-4)(b^2-t^2).\end{aligned}$$
ゆえに，求める体積 V は，
$$\begin{aligned}V&=\int_{-b}^{b}A(t)\,dt=2\int_0^b A(t)\,dt\\&=2\int_0^b\{8a\sqrt{b^2-t^2}+(\pi-4)(b^2-t^2)\}\,dt\\&=2\left\{8a\cdot\frac{\pi}{4}b^2+(\pi-4)\left[b^2 t-\frac{1}{3}t^3\right]_0^b\right\}\\&=4\pi ab^2-\frac{4}{3}(4-\pi)b^3.\end{aligned}$$

(2) 求める表面積を S とし，(図3)の網掛け部の面積を S_1 とすると，
$$S=4\pi b^2+4\cdot 2\pi b\cdot a-4\cdot 4S_1. \quad\cdots\cdots\text{①}$$
よって，S_1 を求めればよい．

(図3)

(図4)

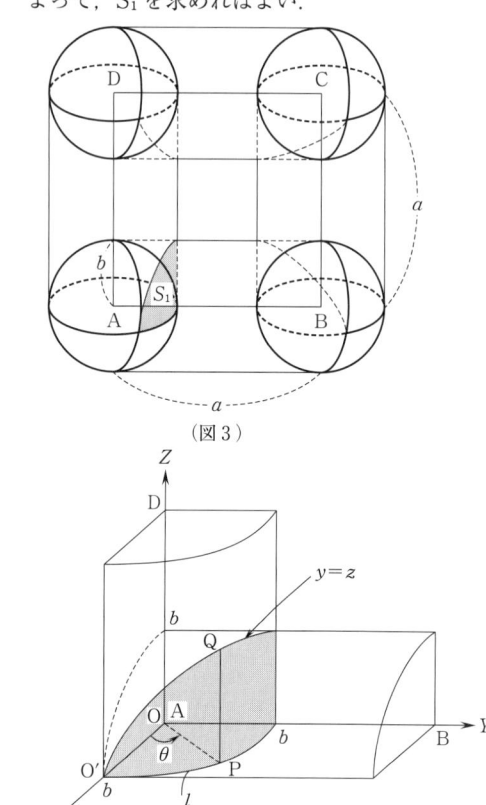

A において半径 b の2つの円柱が直交するので，A を原点とする XYZ 座標を新しく定め，これらの円柱を
$$\begin{cases}X^2+Z^2=b^2, & \cdots\cdots\text{②}\\ X^2+Y^2=b^2 & \cdots\cdots\text{③}\end{cases}$$
とおく．

②－③ より，$Z^2-Y^2=0$．

よって，$X\geqq 0$，$Y\geqq 0$，$Z\geqq 0$ において ② と ③ は平面
$$Z=Y \quad\cdots\cdots\text{④}$$
上で交わる．

いま，(図4)のように P, Q をとり，P($b\cos\theta$, $b\sin\theta$, 0) とおくと，Q は ④ 上の点であるから
$$Q(b\cos\theta,\ b\sin\theta,\ b\sin\theta)$$
となる．

よって，PQ $=b\sin\theta$．
また，O'(b, 0, 0) とおくと，$l=\overparen{O'P}=b\theta$ より，
$$S_1=\int_0^{\frac{\pi}{2}}PQ\,dl=\int_0^{\frac{\pi}{2}}b\sin\theta\cdot b\,d\theta$$

$$= b^2\Big[-\cos\theta\Big]_0^{\frac{\pi}{2}} = b^2.$$

したがって，① より，
$$S = 4\pi b^2 + 8\pi ab - 16b^2$$
$$= 8\pi ab - 4(4-\pi)b^2.$$

(類題 35 の解答)

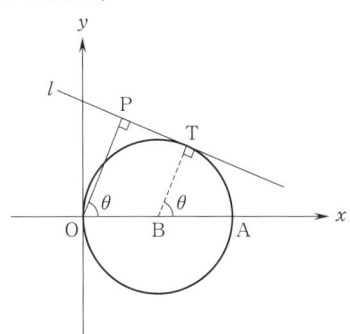

円の中心を B(1, 0) とし，T における接線を l とする．OP=r とし，$\overrightarrow{OP}$ と x 軸の正方向とのなす角を θ $(0 \leq \theta \leq 2\pi)$ とすると，$\overrightarrow{BT}$ と x 軸の正方向とのなす角が θ より，
$$T(1+\cos\theta, \sin\theta).$$
$\overrightarrow{OP} = r\begin{pmatrix} \cos\theta \\ \sin\theta \end{pmatrix}$ とおけるから，
$$\overrightarrow{TP} = \begin{pmatrix} (r-1)\cos\theta - 1 \\ (r-1)\sin\theta \end{pmatrix}.$$
$\overrightarrow{OP} \perp \overrightarrow{TP}$ より $\overrightarrow{OP} \cdot \overrightarrow{TP} = 0$ であるから，
$$\cos\theta((r-1)\cos\theta - 1) + (r-1)\sin^2\theta = 0.$$
よって，
$$r = 1 + \cos\theta \quad (0 \leq \theta \leq 2\pi). \quad \cdots\cdots ①$$
① は P が描く曲線の極方程式である．
したがって，求める曲線の長さを L とすると，
$$L = \int_0^{2\pi} \sqrt{r^2 + \left(\frac{dr}{d\theta}\right)^2}\, d\theta$$
$$= \int_0^{2\pi} \sqrt{(1+\cos\theta)^2 + (-\sin\theta)^2}\, d\theta$$
$$= \int_0^{2\pi} \sqrt{2(1+\cos\theta)}\, d\theta$$
$$= \int_0^{2\pi} \sqrt{4\cos^2\frac{\theta}{2}}\, d\theta$$
$$= 2\int_0^{\pi} \left|2\cos\frac{\theta}{2}\right| d\theta \quad \left(y = 2\left|\cos\frac{\theta}{2}\right| (0 \leq \theta \leq 2\pi)\right.$$
$$= 4\int_0^{\pi} \cos\frac{\theta}{2}\, d\theta \quad \left.\text{は } \theta = \pi \text{ に関して対称}\right)$$
$$= 8\Big[\sin\frac{\theta}{2}\Big]_0^{\pi}$$
$$= 8.$$

[別解] P(x, y) とおくと ① より，
$$\begin{cases} x = (\cos\theta + 1)\cos\theta, \\ y = (\cos\theta + 1)\sin\theta. \end{cases} \quad (0 \leq \theta \leq 2\pi)$$

$$\frac{dx}{d\theta} = -\sin\theta\cos\theta - (\cos\theta + 1)\sin\theta$$
$$= -\sin\theta - \sin 2\theta,$$
$$\frac{dy}{d\theta} = -\sin^2\theta + (\cos\theta + 1)\cos\theta$$
$$= \cos\theta + \cos 2\theta.$$
よって，
$$\left(\frac{dx}{d\theta}\right)^2 + \left(\frac{dy}{d\theta}\right)^2 = (-\sin\theta - \sin 2\theta)^2 + (\cos\theta + \cos 2\theta)^2$$
$$= 2 + 2(\sin\theta\sin 2\theta + \cos\theta\cos 2\theta)$$
$$= 2(1 + \cos\theta)$$
$$= 4\cos^2\frac{\theta}{2}.$$
したがって，
$$L = \int_0^{2\pi} \sqrt{\left(\frac{dx}{d\theta}\right)^2 + \left(\frac{dy}{d\theta}\right)^2}\, d\theta$$
$$= \int_0^{2\pi} \sqrt{4\cos^2\frac{\theta}{2}}\, d\theta$$
$$= 2\int_0^{\pi} \sqrt{4\cos^2\frac{\theta}{2}}\, d\theta$$
$$= 8.$$

〈参考〉

$\overrightarrow{OP}$ は $\overrightarrow{OT}$ の直線 OP への正射影ベクトルです．

よって，$\vec{e} = \begin{pmatrix} \cos\theta \\ \sin\theta \end{pmatrix}$ とおくと，
$$\overrightarrow{OP} = (\vec{e} \cdot \overrightarrow{OT})\vec{e}$$
$$= \{\cos\theta(1+\cos\theta) + \sin^2\theta\}\begin{pmatrix} \cos\theta \\ \sin\theta \end{pmatrix}$$
$$= (\cos\theta + 1)\begin{pmatrix} \cos\theta \\ \sin\theta \end{pmatrix}$$
となります．

なお，下の図で OH=$\cos\theta$ であるから OP=$\cos\theta + 1$ とやろうとすると，$0 < \theta < \frac{\pi}{2}$, $\frac{\pi}{2} < \theta < \pi$ などで場合分けが必要となります．

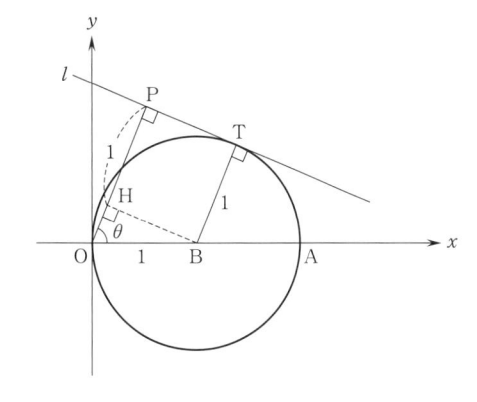

〈参考 3〉 P の描く曲線は ① よりカージオイドです.

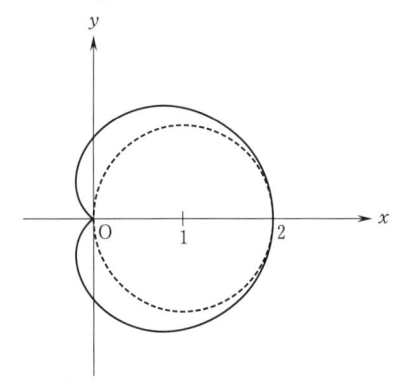

第 4 章　微分・積分総合

(類題 36 の解答)

(1) $0<x<1$ において $f'(x)>0$ より, $f(x)$ は単調増加である.

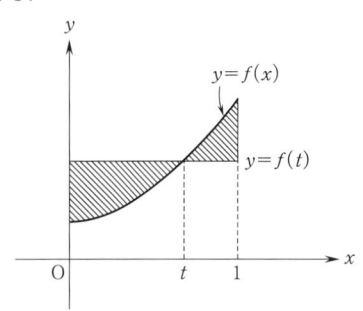

よって,
$$I(t)=\int_0^1 |f(t)-f(x)|x\,dx$$
$$=\int_0^t \{f(t)-f(x)\}x\,dx+\int_t^1 \{f(x)-f(t)\}x\,dx$$
$$=f(t)\left\{\int_0^t x\,dx-\int_t^1 x\,dx\right\}$$
$$\quad -\int_0^t xf(x)\,dx+\int_t^1 xf(x)\,dx$$
$$=f(t)\left\{\int_0^t x\,dx+\int_1^t x\,dx\right\}$$
$$\quad -\int_0^t xf(x)\,dx-\int_1^t xf(x)\,dx. \quad \cdots\cdots(*)$$

両辺を t で微分すると,
$$I'(t)=f'(t)\left\{\int_0^t x\,dx+\int_1^t x\,dx\right\}+f(t)\cdot 2t-2tf(t)$$
$$=f'(t)\left\{\int_0^t x\,dx+\int_1^t x\,dx\right\} \quad \cdots\cdots(**)$$
$$=f'(t)\left\{\left[\frac{1}{2}x^2\right]_0^t+\left[\frac{1}{2}x^2\right]_1^t\right\}$$
$$=f'(t)\left(\frac{1}{2}t^2+\frac{1}{2}t^2-\frac{1}{2}\right)$$
$$=\left(t^2-\frac{1}{2}\right)f'(t).$$

(2) $0<t<1$ において $f'(t)>0$ であるから, (1)より $I(t)$ の増減表は次のようになる.

t	(0)		$\dfrac{1}{\sqrt{2}}$		(1)
$I'(t)$		$-$	0	$+$	
$I(t)$		↘	最小	↗	

よって, $I(t)$ が最小となる t の値は,
$$t=\frac{1}{\sqrt{2}}.$$

注 $(*)$ において, $\int_0^t x\,dx, \int_1^t x\,dx$ の積分を実行してから,
$$I(t)=f(t)\left(t^2-\frac{1}{2}\right)-\int_0^t xf(x)\,dx-\int_1^t xf(x)\,dx$$
を t で微分してもよいです.

〈参考〉 $t=\dfrac{1}{\sqrt{2}}$ のとき $(**)$ より
$$\int_0^{\frac{1}{\sqrt{2}}} x\,dx=\int_{\frac{1}{\sqrt{2}}}^1 x\,dx$$
が成り立つから, $I(t)$ は $y=x$ と x 軸と直線 $x=1$ の囲む面積を 2 等分する点で最小となります.

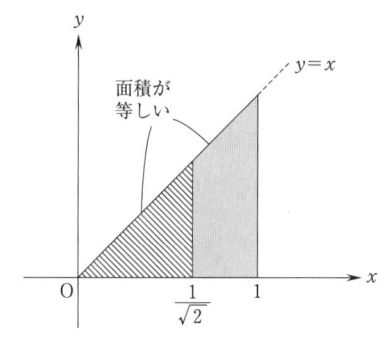

(類題 37 の解答)

(1) $\int_0^x f(x-t)\sin t\,dt$ において $u=x-t$ とおくと,
$t=x-u$ より $dt=-du$,

t	$0 \to x$
u	$x \to 0$

よって,
$$\int_0^x f(x-t)\sin t\,dt=\int_x^0 f(u)\sin(x-u)(-du)$$
$$=\int_0^x f(u)\sin(x-u)\,du.$$
さらに, 右辺において u を t に置き換えると,
$$\int_0^x f(x-t)\sin t\,dt=\int_0^x f(t)\sin(x-t)\,dt.$$
$$\cdots\cdots ①$$

(2) ① より,
$$f(x)=e^x+\int_0^x f(x-t)\sin t\,dt$$

$$\begin{aligned}&=e^x+\int_0^x f(t)\sin(x-t)\,dt\\&=e^x+\int_0^x f(t)(\sin x\cos t-\cos x\sin t)\,dt\\&=e^x+\sin x\int_0^x f(t)\cos t\,dt\\&\quad-\cos x\int_0^x f(t)\sin t\,dt. \quad\cdots\cdots ②\end{aligned}$$

両辺を x で微分すると,
$$\begin{aligned}f'(x)&=e^x+\cos x\int_0^x f(t)\cos t\,dt\\&\quad+\sin x\cdot f(x)\cos x+\sin x\int_0^x f(t)\sin t\,dt\\&\quad-\cos x\cdot f(x)\sin x\\&=e^x+\cos x\int_0^x f(t)\cos t\,dt+\sin x\int_0^x f(t)\sin t\,dt.\\&\quad\cdots\cdots ③\end{aligned}$$

さらに x で微分すると,
$$\begin{aligned}\boldsymbol{f''(x)}&=e^x-\sin x\int_0^x f(t)\cos t\,dt+\cos x\cdot f(x)\cos x\\&\quad+\cos x\int_0^x f(t)\sin t\,dt+\sin x\cdot f(x)\sin x\\&=e^x-\sin x\int_0^x f(t)\cos t\,dt\\&\quad+\cos x\int_0^x f(t)\sin t\,dt+f(x)\\&=\boldsymbol{2e^x}. \quad(②\text{より}) \quad\cdots\cdots ④\end{aligned}$$

(3) ④の両辺を積分すると,
$$f'(x)=2e^x+C_1.\ (C_1\text{ は積分定数}) \quad\cdots\cdots ⑤$$
③で $x=0$ とすると, $f'(0)=1$.
よって, ⑤より $f'(0)=2+C_1=1$ であるから.
$$C_1=-1.$$
したがって, $f'(x)=2e^x-1$.
さらに積分すると,
$$f(x)=2e^x-x+C_2.\ (C_2\text{ は積分定数}) \quad\cdots\cdots ⑥$$
②で $x=0$ とすると, $f(0)=1$.
よって, ⑥より $f(0)=2+C_2=1$ であるから,
$$C_2=-1.$$
ゆえに,
$$\boldsymbol{f(x)=2e^x-x-1}.$$

(類題 38 の解答)

(1) $f_0(x)=2,\ f_1(x)=x,$
$f_n(x)=xf_{n-1}(x)-f_{n-2}(x).\ (n=2,3,4,\cdots)\cdots\cdots ①$
数学的帰納法を用いて
$$f_n(2\cos\theta)=2\cos n\theta\ (n=0,1,2,\cdots) \quad\cdots\cdots ②$$
が成り立つことを示す.

(I) $n=0,\ 1$ のとき
$f_0(x)=2$ より, $f_0(2\cos\theta)=2=2\cos 0\cdot\theta$
となり成り立つ.
$f_1(x)=x$ より, $f_1(2\cos\theta)=2\cos\theta$

となり成り立つ.

(II) $n=k,\ k+1$ のとき ② は成り立つとすると,
$f_k(2\cos\theta)=2\cos k\theta,$
$f_{k+1}(2\cos\theta)=2\cos(k+1)\theta.$
① より,
$$\begin{aligned}f_{k+2}(2\cos\theta)&=2\cos\theta f_{k+1}(2\cos\theta)-f_n(2\cos\theta)\\&=2\cos\theta\cdot 2\cos(k+1)\theta-2\cos k\theta\\&=2\{\cos((k+1)\theta+\theta)\\&\quad+\cos((k+1)\theta-\theta)\}-2\cos k\theta\\&=2\cos(k+2)\theta.\end{aligned}$$
よって, $n=k+2$ のときも ② は成り立つ.
(I), (II) より ② は 0 以上のすべての整数 n に対して成り立つ.

(2) まず,
「$f_n(x)$ は, n 次 ($n=0,1,2,\cdots$) の多項式である」
$$\cdots\cdots ③$$
ことを示す.
$n=0,\ n=1$ のとき
$f_0(x)=2,\ f_1(x)=x$ より ③ は成り立つ.
$n=k,\ k+1$ のとき ③ は成り立つとすると,
$f_k(x)$ は k 次式, $f_{k+1}(x)$ は $k+1$ 次式である.
よって, ① より
$f_{k+2}(x)=xf_{k+1}(x)-f_k(x)$ は $k+2$ 次式である.
ゆえに, $n=k+2$ のときも ③ は成り立つので, 0 以上のすべての整数 n に対して ③ は成り立つ.
$|x|\leqq 2$ より $x=2\cos\theta\ (0\leqq\theta\leqq\pi)$ とおける.
このとき
$f_n(x)=0$ は $f_n(2\cos\theta)=2\cos n\theta=0\ (n\geqq 2)$
$$\cdots\cdots ④$$
と同値である.
$0\leqq\theta\leqq\pi$ より $0\leqq n\theta\leqq n\pi$ であるから, ④ より
$$n\theta=\frac{\pi}{2},\ \frac{3\pi}{2},\ \frac{5\pi}{2},\ \cdots,\ \frac{(2n-1)\pi}{2}.$$
よって, $\theta=\dfrac{\pi}{2n},\ \dfrac{3\pi}{2n},\ \dfrac{5\pi}{2n},\ \cdots,\ \dfrac{(2n-1)\pi}{2n}.$
したがって, $\alpha_k=2\cos\dfrac{(2k-1)\pi}{2n}\ (k=1,2,3,\cdots,n)$ とおくと, $\alpha_1,\alpha_2,\alpha_3,\cdots,\alpha_n$ は $f_n(x)=0$ の解である.
また, $x=2\cos\theta\ (0\leqq\theta\leqq\pi)$ は単調減少であるから,
$$2>\alpha_1>\alpha_2>\alpha_3>\cdots>\alpha_n>-2 \quad\cdots\cdots ⑤$$
であり, $\alpha_1,\alpha_2,\alpha_3,\cdots,\alpha_n$ はすべて異なるから, $\alpha_1,\alpha_2,\alpha_3,\cdots,\alpha_n$ は n 次方程式 $f_n(x)=0$ のすべての解である.
ゆえに, ⑤ より $f_n(x)=0$ の最大の解 x_n は
$$x_n=\alpha_1=2\cos\frac{\pi}{2n}$$

である．

したがって，$S_n = \int_{x_n}^{2} f_n(x)\,dx$ とおくと
$$S_n = \int_{2\cos\frac{\pi}{2n}}^{2} f_n(x)\,dx.$$

$x = 2\cos\theta$ より $dx = -2\sin\theta\,d\theta$，

x	$2\cos\frac{\pi}{2n} \to 2$
θ	$\frac{\pi}{2n} \to 0$

よって，
$$S_n = \int_{\frac{\pi}{2n}}^{0} f_n(2\cos\theta)(-2\sin\theta)\,d\theta$$
$$= \int_{0}^{\frac{\pi}{2n}} 4\cos n\theta \sin\theta\,d\theta$$
$$= 2\int_{0}^{\frac{\pi}{2n}} \{\sin(n+1)\theta - \sin(n-1)\theta\}\,d\theta$$
$$= 2\left[-\frac{1}{n+1}\cos(n+1)\theta + \frac{1}{n-1}\cos(n-1)\theta\right]_{0}^{\frac{\pi}{2n}}$$
$$= 2\left\{-\frac{1}{n+1}\cos\frac{(n+1)\pi}{2n}\right.$$
$$\left.+\frac{1}{n-1}\cos\frac{(n-1)\pi}{2n} + \frac{1}{n+1} - \frac{1}{n-1}\right\}$$
$$= 2\left\{-\frac{1}{n+1}\cos\left(\frac{\pi}{2}+\frac{\pi}{2n}\right) + \frac{1}{n-1}\cos\left(\frac{\pi}{2}-\frac{\pi}{2n}\right)\right.$$
$$\left.+\frac{1}{n+1}-\frac{1}{n-1}\right\}$$
$$= 2\left(\frac{1}{n+1}\sin\frac{\pi}{2n}+\frac{1}{n-1}\sin\frac{\pi}{2n}-\frac{2}{n^2-1}\right)$$
$$= \frac{4}{n^2-1}\left(n\sin\frac{\pi}{2n}-1\right).$$

よって，$\int_{x_n}^{2} f_n(x)\,dx = \dfrac{4}{n^2-1}\left(n\sin\dfrac{\pi}{2n}-1\right).$

(3) $\theta = \dfrac{\pi}{2n}$ とおくと，$n\to\infty$ のとき $\theta\to 0$ であり，
$$n^2 S_n = \frac{4n^2}{n^2-1}\left(n\sin\frac{\pi}{2n}-1\right)$$
$$= \frac{4}{1-\frac{1}{n^2}}\left(\frac{\pi}{2}\cdot\frac{\sin\theta}{\theta}-1\right)$$

となるから，
$$\lim_{n\to\infty} n^2\int_{x_n}^{2} f_n(x)\,dx = 4\left(\frac{\pi}{2}-1\right)$$
$$= 2\pi - 4.$$

(解説)

(2)では，「n 次方程式 $f(x)=0$ は高々 n 個の実数解をもつ」という定理が用いられています．

(類題 39 の解答)

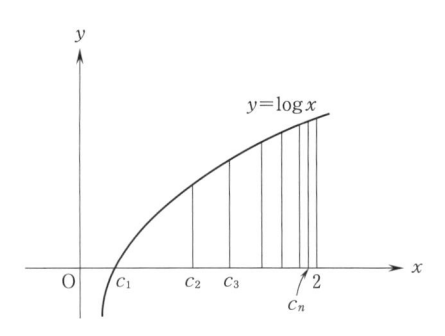

[解答 1] 《評価，はさみうち》
$$\int_{c_n}^{2}\log x\,dx = \frac{1}{n}\int_{1}^{2}\log x\,dx \qquad \cdots\cdots ①$$
$$= \frac{1}{n}\Big[x\log x - x\Big]_{1}^{2}$$
$$= \frac{1}{n}(2\log 2 - 1). \qquad \cdots\cdots ①'$$

$y = \log x$ は単調増加であるから，
$c_n < x < 2$ のとき，
$$\log c_n < \log x < \log 2.$$
$$\therefore\ \int_{c_n}^{2}\log c_n\,dx < \int_{c_n}^{2}\log x\,dx < \int_{c_n}^{2}\log 2\,dx.$$
$$\therefore\ (2-c_n)\log c_n < \int_{c_n}^{2}\log x\,dx < (2-c_n)\log 2.$$

①' を代入して，
$$(2-c_n)\log c_n < \frac{1}{n}(2\log 2 - 1) < (2-c_n)\log 2.$$
$$\therefore\ n(2-c_n)\log c_n < 2\log 2 - 1 < n(2-c_n)\log 2.$$
$$\therefore\ 2-\frac{1}{\log 2} < n(2-c_n) < \frac{2\log 2 - 1}{\log c_n}. \qquad \cdots\cdots ②$$

① と $1 \leq c_n < 2$ より $\lim_{n\to\infty} c_n = 2$ であるから，② より，
$$\lim_{n\to\infty} n(2-c_n) = 2 - \frac{1}{\log 2}.$$

[解答 2] 《積分における平均値の定理》
$$\int_{c_n}^{2}\log x\,dx = \frac{1}{n}\int_{1}^{2}\log x\,dx. \quad (1\leq c_n < 2) \qquad \cdots\cdots ①$$

① より，
$$\lim_{n\to\infty} c_n = 2. \qquad \cdots\cdots ②$$

ここで，
$$\frac{1}{n}\int_{1}^{2}\log x\,dx = \frac{1}{n}\Big[x\log x - x\Big]_{1}^{2}$$
$$= \frac{1}{n}(2\log 2 - 1). \qquad \cdots\cdots ①'$$

① の左辺に積分の平均値の定理を用いると，
$$\int_{c_n}^{2}\log x\,dx = (2-c_n)\log\alpha_n, \qquad \cdots\cdots ③$$
$$c_n < \alpha_n < 2 \qquad \cdots\cdots ④$$

第4章　微分・積分総合　37

を満たす α_n が存在する．
①′と③より，
$$(2-c_n)\log \alpha_n = \frac{1}{n}(2\log 2 - 1).$$
$$\therefore \ n(2-c_n) = \frac{2\log 2 - 1}{\log \alpha_n}. \quad \cdots\cdots ⑤$$
②と④より
$$\lim_{n\to\infty} \alpha_n = 2.$$
よって，⑤より
$$\lim_{n\to\infty} n(2-c_n) = \frac{2\log 2 - 1}{\log 2}$$
$$= 2 - \frac{1}{\log 2}.$$

[解答3]《微分係数にもち込む》
$$\int_{c_n}^{2} \log x \, dx = \frac{1}{n}\int_{1}^{2} \log x \, dx. \ (1 \leq c_n < 2) \quad \cdots\cdots ①$$
①より
$$\lim_{n\to\infty} c_n = 2. \quad \cdots\cdots ②$$
①より
$$\Big[x\log x - x\Big]_{c_n}^{2} = \frac{1}{n}\Big[x\log x - x\Big]_{1}^{2}$$
$$\iff 2\log 2 - 2 - (c_n \log c_n - c_n) = \frac{1}{n}(2\log 2 - 1)$$
$$\iff n(c_n - 2) - n(c_n \log c_n - 2\log 2) = 2\log 2 - 1$$
$$\iff n(c_n - 2)\left\{1 - \frac{c_n \log c_n - 2\log 2}{c_n - 2}\right\} = 2\log 2 - 1.$$
よって，
$$n(c_n - 2) = \frac{2\log 2 - 1}{1 - \dfrac{c_n \log c_n - 2\log 2}{c_n - 2}}. \quad \cdots\cdots ③$$
ここで，$f(x) = x\log x$ とおくと，
$$f'(x) = \log x + 1$$
であり②より，
$$\lim_{n\to\infty} \frac{c_n \log c_n - 2\log 2}{c_n - 2}$$
$$= \lim_{c_n\to 2} \frac{f(c_n) - f(2)}{c_n - 2}$$
$$= f'(2) = \log 2 + 1.$$
よって，③より
$$\lim_{n\to\infty} n(c_n - 2) = \frac{2\log 2 - 1}{1 - (\log 2 + 1)}$$
$$= -2 + \frac{1}{\log 2}.$$
$$\therefore \ \lim_{n\to\infty} n(2 - c_n) = 2 - \frac{1}{\log 2}.$$

(類題40の解答)
$S_n = \int_0^{\pi} x^2 |\sin nx| \, dx$ とおく．

$\theta = nx$ とおくと，$d\theta = n\,dx$，

x	0	$\to$	π
θ	0	$\to$	$n\pi$

より，
$$S_n = \int_0^{n\pi} \left(\frac{\theta}{n}\right)^2 |\sin\theta| \cdot \frac{1}{n} d\theta$$
$$= \frac{1}{n^3}\int_0^{n\pi} \theta^2 |\sin\theta| d\theta$$
$$= \frac{1}{n^3}\sum_{k=0}^{n-1}\int_{k\pi}^{(k+1)\pi} \theta^2 |\sin\theta| d\theta.$$
$I_k = \int_{k\pi}^{(k+1)\pi} \theta^2 |\sin\theta| d\theta$ とおくと，
$$S_n = \frac{1}{n^3}\sum_{k=0}^{n-1} I_k. \quad \cdots\cdots ①$$
I_k において，$t = \theta - k\pi$ とおくと，

$dt = d\theta$，

θ	$k\pi$	$\to$	$(k+1)\pi$
t	0	$\to$	π

より，
$$I_k = \int_0^{\pi} (t+k\pi)^2 |\sin(t+k\pi)| dt$$
$$= \int_0^{\pi} (t+k\pi)^2 |\sin t| dt$$
$$= \int_0^{\pi} (t+k\pi)^2 \sin t \, dt$$
$$= \int_0^{\pi} (t^2\sin t + 2k\pi t\sin t + k^2\pi^2 \sin t) dt.$$
$$a = \int_0^{\pi} t^2 \sin t \, dt, \quad b = \int_0^{\pi} t\sin t \, dt$$
とおく．
$$\int_0^{\pi} \sin t \, dt = \Big[-\cos t\Big]_0^{\pi} = 2$$
より，
$$I_k = a + 2\pi b k + 2\pi^2 k^2.$$
よって，①より
$$S_n = \frac{1}{n^3}\sum_{k=0}^{n-1}(a + 2\pi b k + 2\pi^2 k^2)$$
$$= \frac{1}{n^3}\left\{an + \pi b(n-1)n + \frac{\pi^2}{3}(n-1)n(2n-1)\right\}$$
$$= \frac{a}{n^2} + \frac{\pi b}{n}\left(1 - \frac{1}{n}\right) + \frac{\pi^2}{3}\left(1 - \frac{1}{n}\right)\left(2 - \frac{1}{n}\right).$$
したがって，
$$\lim_{n\to\infty}\int_0^{\pi} x^2|\sin nx| dx = \lim_{n\to\infty} S_n = \frac{2\pi^2}{3}.$$

注　$\displaystyle\lim_{n\to\infty}\frac{An^3 + Bn^2 + Cn + D}{n^3} = A$ なので a, b の値を具体的に求める必要はありません．ちなみに $a = \pi^2 - 4$，$b = \pi$ です．

〈参考〉
問題40の〈発展〉の定理を用いて検算すると次のようになります．
$$\lim_{n\to\infty}\int_0^{\pi} x^2|\sin nx| dx = \frac{2}{\pi}\int_0^{\pi} x^2 dx = \frac{2}{\pi}\left[\frac{1}{3}x^3\right]_0^{\pi}$$
$$= \frac{2\pi^2}{3}.$$

(類題41の解答)

[解答1]
$$C_n : x^2 + y^2 \leq n^2.$$
4頂点が格子点である1辺の長さ1の正方形を単位正方形とよぶことにする．対称性より，$N(n)$は4分の1の円
$$x^2 + y^2 \leq n^2, \quad x \geq 0, \quad y \geq 0 \quad \cdots\cdots ①$$
に含まれる単位正方形の個数の4倍に等しい．

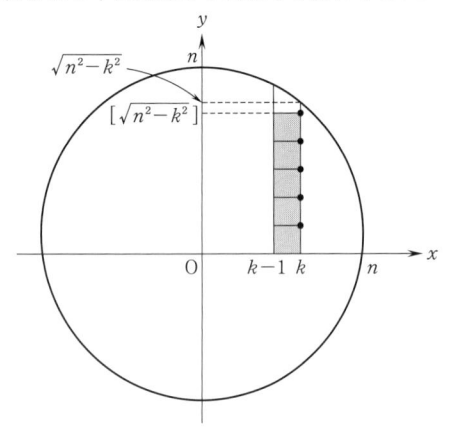

① に含まれる単位正方形の個数はその右上の頂点の個数に等しいから，$k-1 \leq x \leq k (k=1, 2, \cdots, n)$ の部分にある単位正方形の個数は，
$$[\sqrt{n^2-k^2}] \text{ 個}$$
である．ここで，$[x]$ は x を超えない最大の整数を表す．

したがって，
$$N(n) = 4\sum_{k=1}^{n} [\sqrt{n^2-k^2}]. \quad \cdots\cdots ②$$
一般に，実数 x に対して $x-1 < [x] \leq x$ が成り立つから，
$$\sqrt{n^2-k^2} - 1 < [\sqrt{n^2-k^2}] \leq \sqrt{n^2-k^2}.$$
よって，② より
$$4\sum_{k=1}^{n}(\sqrt{n^2-k^2}-1) < N(n) \leq 4\sum_{k=1}^{n}\sqrt{n^2-k^2}.$$
$$4\sum_{k=1}^{n}\sqrt{n^2-k^2} - 4n < N(n) \leq 4\sum_{k=1}^{n}\sqrt{n^2-k^2}.$$
n^2 で割って
$$4\sum_{k=1}^{n}\frac{1}{n}\sqrt{1-\left(\frac{k}{n}\right)^2} - \frac{4}{n} < \frac{N(n)}{n^2} \leq 4\sum_{k=1}^{n}\frac{1}{n}\sqrt{1-\left(\frac{k}{n}\right)^2}.$$
ゆえに，はさみうちの原理より，
$$\lim_{n\to\infty}\frac{N(n)}{n^2} = \lim_{n\to\infty} 4\sum_{k=1}^{n}\frac{1}{n}\sqrt{1-\left(\frac{k}{n}\right)^2}$$
$$= 4\int_0^1 \sqrt{1-x^2}\,dx$$
$$= 4 \cdot \frac{\pi}{4}$$
$$= \pi.$$

注 $\int_0^1 \sqrt{1-x^2}\,dx$
= (半径1の4分の1の円の面積)
$= \dfrac{\pi}{4}$.

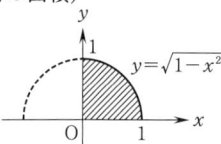

[解答2]《面積を考える》
領域 $D(n) : x^2 + y^2 \leq n^2, \; x \geq 0, \; y \geq 0$
に含まれる単位正方形の個数を A とする．$D(n)$ に含まれる単位正方形をすべて集めて得られる図形を F とし，図形 F の面積を $S(F)$ とすると
$$A = S(F) \quad \cdots\cdots ①$$
である．

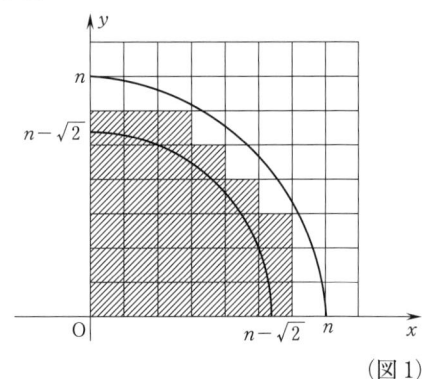

(図1)

F は領域 $D(n)$ に含まれ，半径 $n-\sqrt{2}$ の4分の1の円 $D(n-\sqrt{2})$ を含む．なぜならば，

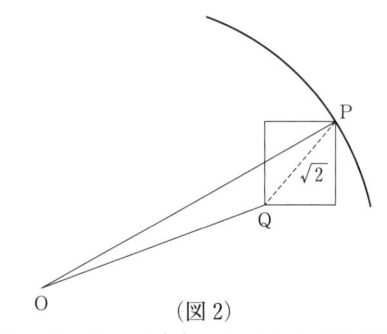

(図2)

(図2) で P, Q を $D(n)$ に含まれる単位正方形の右上，左下の頂点とすると，$OP - \sqrt{2} \leq OQ$ であるから，
$$D(n-\sqrt{2}) \subset F \subset D(n). \quad \cdots\cdots ②$$
よって，① と ② より
$$\frac{\pi}{4}(n-\sqrt{2})^2 < A < \frac{\pi}{4}n^2.$$
$N(n) = 4A$ より
$$\pi(n-\sqrt{2})^2 < N(n) < \pi n^2.$$
n^2 で割って
$$\pi\left(1-\frac{\sqrt{2}}{n}\right)^2 < \frac{N(n)}{n^2} < \pi.$$
したがって，はさみうちの原理より，

$$\lim_{n\to\infty}\frac{N(n)}{n^2}=\pi.$$

(類題 42 の解答)

(1) $\displaystyle\int_{\frac{1}{n}}^{1}(-\log x)\,dx=\Big[-x\log x+x\Big]_{\frac{1}{n}}^{1}$
$\qquad\qquad=1-\Big(-\dfrac{1}{n}\log\dfrac{1}{n}+\dfrac{1}{n}\Big)$
$\qquad\qquad=\dfrac{1}{n}(n-1-\log n).$

(2) $1\le k\le n-1$ のとき，$y=-\log x$ は減少関数であるから面積を比較して，

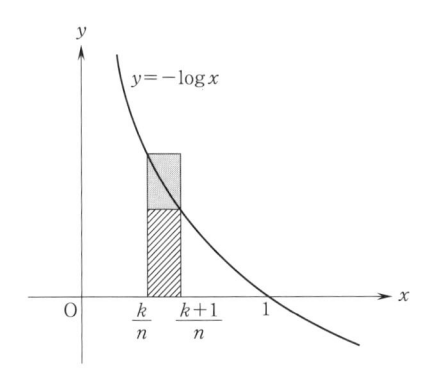

$-\dfrac{1}{n}\log\dfrac{k+1}{n}<\displaystyle\int_{\frac{k}{n}}^{\frac{k+1}{n}}(-\log x)\,dx<-\dfrac{1}{n}\log\dfrac{k}{n}.$

$k=1,\ 2,\ \cdots,\ n-1$ として辺々の和をとると，
$-\displaystyle\sum_{k=1}^{n-1}\dfrac{1}{n}\log\dfrac{k+1}{n}<\sum_{k=1}^{n-1}\int_{\frac{k}{n}}^{\frac{k+1}{n}}(-\log x)\,dx$
$\qquad\qquad\qquad\qquad<-\displaystyle\sum_{k=1}^{n-1}\dfrac{1}{n}\log\dfrac{k}{n}.$
$-\dfrac{1}{n}\displaystyle\sum_{k=1}^{n}\log\dfrac{k}{n}+\dfrac{1}{n}\log\dfrac{1}{n}<\int_{\frac{1}{n}}^{1}(-\log x)\,dx$
$\qquad\qquad\qquad\qquad<-\dfrac{1}{n}\displaystyle\sum_{k=1}^{n}\log\dfrac{k}{n}.$
$\quad\Big(\log\dfrac{n}{n}=\log 1=0\ \text{より}\Big)$

よって，(1)より
$-\dfrac{1}{n}\displaystyle\sum_{k=1}^{n}\log\dfrac{k}{n}+\dfrac{1}{n}\log\dfrac{1}{n}<\dfrac{1}{n}(n-1-\log n)$
$\qquad\qquad\qquad\qquad<-\dfrac{1}{n}\displaystyle\sum_{k=1}^{n}\log\dfrac{k}{n}.$
$-\displaystyle\sum_{k=1}^{n}\log\dfrac{k}{n}-\log n<n-1-\log n<-\sum_{k=1}^{n}\log\dfrac{k}{n}.$

したがって，
$\qquad 0<n-1+\displaystyle\sum_{k=1}^{n}\log\dfrac{k}{n}<\log n.\qquad\cdots\cdots\text{①}$

(3) $P_n=\dfrac{\log(n!)}{(n+1)\log(n+1)}$ とおく．

①より，
$0<n-1+\displaystyle\sum_{k=1}^{n}(\log k-\log n)<\log n.$
$0<n-1+\log(n!)-n\log n<\log n.$
$n\log n-n+1<\log(n!)<(n+1)\log n-n+1.$
辺々を $(n+1)\log(n+1)$（>0）で割ると，
$\dfrac{n\log n}{(n+1)\log(n+1)}-\dfrac{n-1}{(n+1)\log(n+1)}<P_n$
$\qquad\qquad<\dfrac{\log n}{\log(n+1)}-\dfrac{n-1}{(n+1)\log(n+1)}.$
ここで，
$\dfrac{\log n}{\log(n+1)}=\dfrac{\log n}{\log n\big(1+\frac{1}{n}\big)}=\dfrac{\log n}{\log n+\log\big(1+\frac{1}{n}\big)}$
$\qquad\qquad=\dfrac{1}{1+\frac{1}{\log n}\log\big(1+\frac{1}{n}\big)}\to 1.$
$\qquad\qquad\qquad\qquad(n\to\infty)$

よって，
$\dfrac{n\log n}{(n+1)\log(n+1)}=\dfrac{1}{1+\frac{1}{n}}\cdot\dfrac{\log n}{\log(n+1)}\to 1.$
$\qquad\qquad\qquad\qquad(n\to\infty)$
$\dfrac{n-1}{(n+1)\log(n+1)}=\dfrac{1-\frac{1}{n}}{\big(1+\frac{1}{n}\big)\log(n+1)}\to 0.$
$\qquad\qquad\qquad\qquad(n\to\infty)$

したがって，はさみうちの原理より
$$\lim_{n\to\infty}\frac{\log(n!)}{(n+1)\log(n+1)}=1.$$

(解説) この種の問題では，極限値 $\displaystyle\lim_{n\to\infty}\frac{\log(n+1)}{\log n}=1$ がしばしば必要になります．求め方は［解答］の中の変形と同じです．マスターしておきましょう．

(類題 43 の解答)

(1) 図のように A，B，C，D，E，F，M，N をとる．ただし，EF は点 $N(a,\ f(a))$ における $y=f(x)$ の接線である．

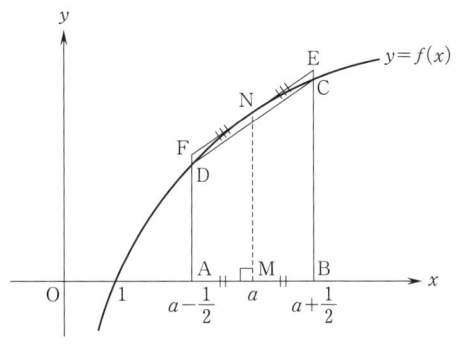

(ii) より $y=f(x)$ は $x>0$ において単調増加であり，(iii) より上に凸である．$f(1)=0$ より，$x\geqq 1$ において $f(x)\geqq 0$ である．よって，

$a\geqq\dfrac{3}{2}$ のとき $\mathrm{AD}=f\left(a-\dfrac{1}{2}\right)\geqq 0$．

$a>\dfrac{3}{2}$ のとき面積を比較して，

(台形 ABCD) $<$ ［図］ $<$ (台形 ABEF)．

(台形 ABCD) $=\dfrac{1}{2}\left\{f\left(a-\dfrac{1}{2}\right)+f\left(a+\dfrac{1}{2}\right)\right\}$．

［図］ $=\displaystyle\int_{a-\frac{1}{2}}^{a+\frac{1}{2}}f(x)\,dx$．

(台形 ABEF) $=\dfrac{1}{2}(\mathrm{AF}+\mathrm{BE})\cdot\mathrm{AB}=\mathrm{MN}=f(a)$．

したがって，

$$\dfrac{1}{2}\left\{f\left(a-\dfrac{1}{2}\right)+f\left(a+\dfrac{1}{2}\right)\right\}<\int_{a-\frac{1}{2}}^{a+\frac{1}{2}}f(x)\,dx<f(a).$$
……①

$a=\dfrac{3}{2}$ のとき，$f\left(a-\dfrac{1}{2}\right)=0$ であるから ① は $a=\dfrac{3}{2}$ のときも成り立つ．

(2) $a=k+\dfrac{1}{2}$ $(k=1,2,\cdots,n-1)$ とすると，① の左辺の不等式より，

$$\dfrac{1}{2}\{f(k)+f(k+1)\}<\int_k^{k+1}f(x)\,dx.$$

$k=1,2,\cdots,n-1$ として辺々加えると，

$$\sum_{k=1}^{n-1}\dfrac{1}{2}\{f(k)+f(k+1)\}<\sum_{k=1}^{n-1}\int_k^{k+1}f(x)\,dx.$$

$$\dfrac{1}{2}f(1)+\sum_{k=2}^{n-1}f(k)+\dfrac{1}{2}f(n)<\int_1^n f(x)\,dx.$$

$f(1)=0$ であるから，$\displaystyle\sum_{k=1}^{n-1}f(k)+\dfrac{1}{2}f(n)<\int_1^n f(x)\,dx.$
……②

① の右辺の不等式で，$a=2,3,\cdots,n$ として辺々加えると，

$$\sum_{a=2}^{n}\int_{a-\frac{1}{2}}^{a+\frac{1}{2}}f(x)\,dx<\sum_{a=2}^{n}f(a).$$

$$\int_{\frac{3}{2}}^{n+\frac{1}{2}}f(x)\,dx<\sum_{a=1}^{n}f(a). \quad (f(1)=0 \text{ より})$$

$$\int_{\frac{3}{2}}^{n}f(x)\,dx+\int_n^{n+\frac{1}{2}}f(x)\,dx<\sum_{a=1}^{n-1}f(a)+f(n).$$

$$\int_{\frac{3}{2}}^{n}f(x)\,dx<\sum_{a=1}^{n-1}f(a)+f(n)-\int_n^{n+\frac{1}{2}}f(x)\,dx.$$

ここで $f(x)$ は単調増加であるから $n\leqq x\leqq n+\dfrac{1}{2}$ において $f(n)\leqq f(x)$ である．

よって，

$$f(n)-\int_n^{n+\frac{1}{2}}f(x)\,dx\leqq f(n)-\int_n^{n+\frac{1}{2}}f(n)\,dx$$
$$=f(n)-\dfrac{1}{2}f(n)$$
$$=\dfrac{1}{2}f(n).$$

ゆえに，$\displaystyle\int_{\frac{3}{2}}^{n}f(x)\,dx<\sum_{k=1}^{n-1}f(k)+\dfrac{1}{2}f(n).$ ……③

②，③ より，

$$\int_{\frac{3}{2}}^{n}f(x)\,dx<\sum_{k=1}^{n-1}f(k)+\dfrac{1}{2}f(n)<\int_1^n f(x)\,dx.$$
……④

(3) $P_n=\dfrac{n+\log n!-\log n^n}{\log n}$ とおく．

$f(x)=\log x$ とおくと，$f(x)$ は条件 (i), (ii), (iii) を満たすから ④ が成り立つ．よって，

$$\int_{\frac{3}{2}}^{n}\log x\,dx<\sum_{k=1}^{n-1}\log k+\dfrac{1}{2}\log n<\int_1^n \log x\,dx.$$
……(∗)

$$\Big[x\log x-x\Big]_{\frac{3}{2}}^{n}<\sum_{k=1}^{n-1}\log k+\dfrac{1}{2}\log n<\Big[x\log x-x\Big]_1^n.$$

$$\underbrace{n\log n-n-\dfrac{3}{2}\log\dfrac{3}{2}+\dfrac{3}{2}}_{C\text{ とおく}}<\sum_{k=1}^{n-1}\log k+\dfrac{1}{2}\log n<n\log n-n+1.$$

$$-\dfrac{1}{2}\log n+C<n+\sum_{k=1}^{n-1}\log k-n\log n<-\dfrac{1}{2}\log n+1.$$

辺々に $\log n$ を加えて，

$$\dfrac{1}{2}\log n+C<n+\sum_{k=1}^{n}\log k-\log n^n<\dfrac{1}{2}\log n+1.$$

$$\dfrac{1}{2}\log n+C<n+\log n!-\log n^n<\dfrac{1}{2}\log n+1.$$

$\log n$ (>0) で割ると，

$$\dfrac{1}{2}+\dfrac{C}{\log n}<P_n<\dfrac{1}{2}+\dfrac{1}{\log n}.$$

C は定数だから，はさみうちの原理より，

$$\lim_{n\to\infty}\dfrac{n+\log n!-\log n^n}{\log n}=\dfrac{1}{2}.$$

〈参考〉

(1) で $f''(x)<0$，つまり $f(x)$ が上に凸ならば，

(I) 接線 EF は $y=f(x)$ の上側にある
(II) 弦 CD は $y=f(x)$ の下側にある

ことを既知として用いたが，これは次のようにして証明できます．

(I) の証明

$$g(x) = f'(a)(x-a) + f(a) - f(x)$$

とおく.

$$g'(x) = f'(a) - f'(x).$$

$g''(x) = -f''(x) > 0$ より $g'(x)$ は単調増加であるから，$g(x)$ の増減表は次のようになる.

x		a	
$g'(x)$	$-$	0	$+$
$g(x)$	↘	0	↗

よって，$g(x) \geqq 0$ であるから，

$$f'(a)(x-a) + f(a) \geqq f(x)$$

は成り立つ.

(II) の証明

$D(b, f(b))$, $C(c, f(c))$ とおきなおすと，弦 CD は

$$y = \frac{f(c) - f(b)}{c - b}(x - b) + f(b) \quad (b \leqq x \leqq c)$$

とかける.

$$h(x) = f(x) - \frac{f(c) - f(b)}{c - b}(x - b) - f(b)$$

とおくと，

$$h'(x) = f'(x) - \frac{f(c) - f(b)}{c - b},$$
$$h''(x) = f''(x) < 0.$$

よって，$h'(x)$ が単調減少であることに注意すると，平均値の定理より，

$$\frac{f(c) - f(b)}{c - b} = f'(\gamma), \quad b < \gamma < c$$

となる γ がただ1つ存在する. したがって，$h(x)$ の増減表は次のようになる.

x	b		γ		c
$h'(x)$		$+$	0	$-$	
$h(x)$	0	↗		↘	0

ゆえに，$b \leqq x \leqq c$ において $h(x) \geqq 0$ であるから，

$$f(x) \geqq \frac{f(c) - f(b)}{c - b}(x - b) + f(b).$$

注 $h''(x) < 0$ より $h(x)$ は上に凸で，$h(b) = h(c) = 0$ から $h(x) \geqq 0$ としてもよい.

(類題44の解答)

(1)

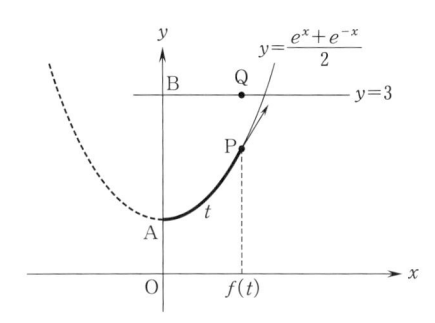

A$(0, 1)$, B$(0, 3)$ とし，曲線 C を

$$C: y = \frac{e^x + e^{-x}}{2} \quad (x \geqq 0)$$

とおく. 動点 P は，A から出発して毎秒速さ1で C 上を動くから，t 秒後の移動距離は $\overparen{AP} = t$ である. よって，

$$\overparen{AP} = \int_0^{f(t)} \sqrt{1 + \left(\frac{dy}{dx}\right)^2} \, dx$$
$$= \int_0^{f(t)} \sqrt{1 + \left(\frac{e^x - e^{-x}}{2}\right)^2} \, dx$$
$$= \int_0^{f(t)} \frac{e^x + e^{-x}}{2} \, dx$$
$$= \left[\frac{e^x - e^{-x}}{2}\right]_0^{f(t)}$$
$$= \frac{e^{f(t)} - e^{-f(t)}}{2} = t. \quad \cdots\cdots ①$$

したがって，

$$e^{2f(t)} - 2te^{f(t)} - 1 = 0.$$

$e^{f(t)} > 0$ より，

$$e^{f(t)} = t + \sqrt{t^2 + 1}.$$

よって，

$$f(t) = \log(t + \sqrt{t^2 + 1}).$$
$$g(t) = \frac{e^{f(t)} + e^{-f(t)}}{2}$$
$$= \sqrt{1 + \left(\frac{e^{f(t)} - e^{-f(t)}}{2}\right)^2}$$
$$= \sqrt{1 + t^2}. \quad (① より)$$

ゆえに，

$$\begin{cases} f(t) = \log(t + \sqrt{t^2 + 1}), \\ g(t) = \sqrt{t^2 + 1}. \end{cases}$$

(2) Q$(t + \log(t + \sqrt{t^2 + 1}), 3)$ より，

$$PQ^2 = t^2 + (\sqrt{t^2 + 1} - 3)^2$$
$$= 2t^2 - 6\sqrt{t^2 + 1} + 10 \ (= h(t) \ とおく).$$
$$h'(t) = 4t - \frac{6t}{\sqrt{t^2 + 1}}$$
$$= \frac{2t(2\sqrt{t^2 + 1} - 3)}{\sqrt{t^2 + 1}}$$

$$= \frac{2t(4t^2-5)}{\sqrt{t^2+1}\,(2\sqrt{t^2+1}+3)}.$$

$t \geq 0$ より, $h(t)$ の増減表は次のようになる.

t	0		$\frac{\sqrt{5}}{2}$	
$h'(t)$		$-$	0	$+$
$h(t)$		↘	$\frac{7}{2}$	↗

よって, P と Q の距離が最小となるのは $t=\dfrac{\sqrt{5}}{2}$ のときで, 最小値は $\dfrac{\sqrt{14}}{2}$.

注 $h(t) = 2(t^2+1) - 6\sqrt{t^2+1} + 8$
$= 2\left(\sqrt{t^2+1} - \dfrac{3}{2}\right)^2 + \dfrac{7}{2}.$

よって, $h(t)$ は $\sqrt{t^2+1}=\dfrac{3}{2}$ つまり $t=\dfrac{\sqrt{5}}{2}$

のとき最小値 $\dfrac{7}{2}$ をとります.

(解説) 問題 23 でも述べたように双曲線関数に関して
$$\left(\frac{e^x+e^{-x}}{2}\right)^2 - \left(\frac{e^x-e^{-x}}{2}\right)^2 = 1$$
は大切です.

(類題 45 の解答)

時刻 t における水の体積を V, 水面の面積を S とし, 単位時間あたり a の割合で水を注ぐとする.

$$\frac{dV}{dt} = a, \quad \cdots\cdots ①$$

$V = \displaystyle\int_0^h S\,dy$ より $\dfrac{dV}{dh} = S.$ ……②

また, 水面の上昇速度 v は $v=\dfrac{dh}{dt}$ であるから,

$$\frac{dh}{dt} = \frac{\sqrt{2+h}}{\log(2+h)}. \quad (0 \leq h \leq 10) \quad \cdots\cdots ③$$

①, ②, ③ を

$$\frac{dV}{dt} = \frac{dV}{dh}\cdot\frac{dh}{dt}$$

に代入すると,

$$a = S\frac{\sqrt{2+h}}{\log(2+h)}.$$

よって, $S = a\dfrac{\log(2+h)}{\sqrt{2+h}}.$

したがって,

$$\frac{dS}{dh} = a\frac{\dfrac{1}{2+h}\sqrt{2+h} - \dfrac{1}{2\sqrt{2+h}}\log(2+h)}{2+h}$$
$$= a\frac{2-\log(2+h)}{2(2+h)^{\frac{3}{2}}}.$$

$\dfrac{dS}{dh}=0$ とすると, $\log(2+h)=2$ より $h=e^2-2$.

よって, S の増減表は次のようになる.

h	0		e^2-2		10
$\frac{dS}{dh}$		$+$	0	$-$	
S		↗	最大	↘	

よって, $h=e^2-2$ のとき S は最大となる.

このときの時間を T とすると, $\begin{array}{c|c}t & 0 \to T \\ \hline h & 0 \to e^2-2\end{array}$

であり,

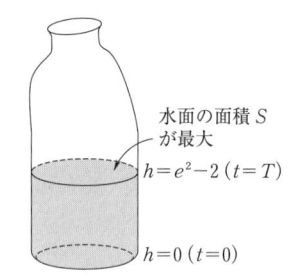

③ から

$$T = \int_0^T dt = \int_0^{e^2-2} \frac{\log(2+h)}{\sqrt{2+h}}\,dh.$$

$u=\sqrt{2+h}$ とおくと $u^2=2+h$ より,

$\dfrac{dh}{du}=2u.$ $\begin{array}{c|c}h & 0 \to e^2-2 \\ \hline u & \sqrt{2} \to e\end{array}$

よって,

$$T = \int_{\sqrt{2}}^e \frac{\log u^2}{u}\cdot 2u\,du = 4\int_{\sqrt{2}}^e \log u\,du$$
$$= 4\Big[u\log u - u\Big]_{\sqrt{2}}^e = 4(-\sqrt{2}\log\sqrt{2}+\sqrt{2})$$
$$= 4\sqrt{2}\left(1-\frac{1}{2}\log 2\right).$$

(類題 46 の解答)

(1)
$$\underbrace{\begin{pmatrix}\text{赤}1\\\text{白}n-1\end{pmatrix}}_{1}\underbrace{\begin{pmatrix}\text{赤}2\\\text{白}n-2\end{pmatrix}}_{2}\cdots\underbrace{\begin{pmatrix}\text{赤}k\\\text{白}n-k\end{pmatrix}}_{k}\cdots\underbrace{\begin{pmatrix}\text{赤}n\\\text{白}0\end{pmatrix}}_{n}$$

k 番目の袋を選び, その k 番目の袋で r 回球を取り出したとき赤球が m 回 $(0 \leq m \leq r)$ 取り出される確率を p_k $(k=1, 2, \cdots n)$ とすると,

$$p_k = \underbrace{\frac{1}{n}}_{①}\cdot \underbrace{{}_rC_m\left(\frac{k}{n}\right)^m\left(1-\frac{k}{n}\right)^{r-m}}_{②}. \quad (k=1, 2, \cdots, n)$$

$\left(\begin{array}{l}\text{この式で ① は「}k\text{ 番目の袋を取り出す確率」,}\\ \text{② は「}r\text{ 回中 }m\text{ 回が赤球である確率」である.}\end{array}\right)$

「1 番目の袋を取り出す」, 「2 番目の袋を取り出す」, …, 「n 番目の袋を取り出す」ということは, 互いに排反であるから,

$$P_n(m) = \sum_{k=1}^{n} p_k$$
$$= \sum_{k=1}^{n} \frac{1}{n} \cdot {}_rC_m \left(\frac{k}{n}\right)^m \left(1-\frac{k}{n}\right)^{r-m}.$$

よって,
$$Q(m) = \lim_{n \to \infty} P_n(m)$$
$$= {}_rC_m \cdot \lim_{n \to \infty} \sum_{k=1}^{n} \frac{1}{n} \left(\frac{k}{n}\right)^m \left(1-\frac{k}{n}\right)^{r-m}$$
$$= {}_rC_m \int_0^1 x^m (1-x)^{r-m} dx.$$

したがって,
$$Q(m) = {}_rC_m \int_0^1 x^m (1-x)^{r-m} dx$$
$$= {}_rC_m \left\{ \left[\frac{1}{m+1} x^{m+1} (1-x)^{r-m} \right]_0^1 \right.$$
$$\left. + \frac{r-m}{m+1} \int_0^1 x^{m+1} (1-x)^{r-m-1} dx \right\}$$
$$= {}_rC_m \frac{r-m}{m+1} \int_0^1 x^{m+1} (1-x)^{r-m-1} dx$$
$$= {}_rC_{m+1} \int_0^1 x^{m+1} (1-x)^{r-(m+1)} dx$$
$$= Q(m+1).$$

ゆえに,
$$Q(m) = Q(m+1). \quad (0 \le m \le r-1) \quad \cdots\cdots ①$$

(2) ① より,
$Q(r) = Q(r-1) = \cdots = Q(0)$ であるから,
$$Q(m) = Q(r) = \int_0^1 x^r dx = \frac{1}{r+1}. \quad (0 \le m \le r)$$

よって, $Q(m) = \dfrac{1}{r+1}. \quad (0 \le m \le r)$

(解説)

1 ${}_rC_m \dfrac{r-m}{m+1} = \dfrac{r!}{m!(r-m)!} \dfrac{r-m}{m+1}$
$$= \frac{r!}{(m+1)!(r-m-1)!}$$
$$= {}_rC_{m+1}$$

2 $\int_0^1 x^m (1-x)^{r-m} dx$ は問題20で扱ったベータ関数です.

3 (2) より,
$$Q(0) = Q(1) = Q(2) = \cdots = Q(r) = \frac{1}{r+1}$$
となり等確率であることがわかります.

第5章 2次曲線と極座標

(類題47の解答)

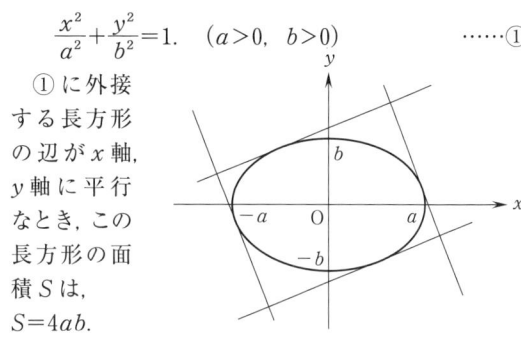

$$\frac{x^2}{a^2} + \frac{y^2}{b^2} = 1. \quad (a>0, \ b>0) \quad \cdots\cdots ①$$

①に外接する長方形の辺が x 軸, y 軸に平行なとき, この長方形の面積 S は,
$S = 4ab$.

辺が軸に平行でないとき, 1つの辺の傾きを $m \ (m \ne 0)$ とし, 直交する2辺を
$$\begin{cases} y = mx + n, & \cdots\cdots ② \\ y = -\dfrac{1}{m} x + n' & \cdots\cdots ③ \end{cases}$$
とおく.

①, ② より,
$$\frac{x^2}{a^2} + \frac{(mx+n)^2}{b^2} = 1.$$
$$\therefore \ (b^2 + a^2 m^2) x^2 + 2a^2 mnx + a^2(n^2 - b^2) = 0.$$

① と ② が接する条件は,
$$\frac{D}{4} = a^4 m^2 n^2 - (b^2 + a^2 m^2) \cdot a^2 (n^2 - b^2) = 0.$$
$$\therefore \ n^2 = a^2 m^2 + b^2. \quad \cdots\cdots ④$$

同様にして,
$$n'^2 = \frac{a^2}{m^2} + b^2. \quad \cdots\cdots ⑤$$

2辺の長さを L_1, L_2 とおくと, L_1, L_2 は原点から ②, ③ までの距離の2倍に等しいから,
$$L_1 = \frac{2|n|}{\sqrt{m^2+1}} = 2\sqrt{\frac{n^2}{m^2+1}} = 2\sqrt{\frac{a^2 m^2 + b^2}{m^2+1}}, \quad \cdots\cdots ⑥$$
$$\text{(④ より)}$$
$$L_2 = \frac{2|n'|}{\sqrt{\dfrac{1}{m^2}+1}} = 2\sqrt{\frac{n'^2}{\dfrac{1}{m^2}+1}} = 2\sqrt{\frac{\dfrac{a^2}{m^2}+b^2}{\dfrac{1}{m^2}+1}} \quad \text{(⑤ より)}$$
$$= 2\sqrt{\frac{b^2 m^2 + a^2}{m^2+1}}. \quad \cdots\cdots ⑦$$

ここで, $m = \tan \theta$ とおくと, ⑥, ⑦ は $m=0$ のときも成り立つから, $-\dfrac{\pi}{2} < \theta < \dfrac{\pi}{2}$ としてよい.

$$\left. \begin{aligned} L_1 &= 2\sqrt{\frac{a^2 \tan^2 \theta + b^2}{\tan^2 \theta + 1}} = 2\sqrt{a^2 \sin^2 \theta + b^2 \cos^2 \theta}, \\ L_2 &= 2\sqrt{a^2 \cos^2 \theta + b^2 \sin^2 \theta}. \end{aligned} \right\}$$
$$\cdots\cdots (*)$$

よって, この長方形の面積 S は,
$$S = 4\sqrt{a^2 \sin^2 \theta + b^2 \cos^2 \theta} \cdot \sqrt{a^2 \cos^2 \theta + b^2 \sin^2 \theta}$$

$$= 4\sqrt{\dfrac{a^2+b^2-(a^2-b^2)\cos 2\theta}{2}}\sqrt{\dfrac{a^2+b^2+(a^2-b^2)\cos 2\theta}{2}}$$
$$= 2\sqrt{(a^2+b^2)^2-(a^2-b^2)^2\cos^2 2\theta}.$$

$0 \leq \cos^2 2\theta \leq 1$ より， $4ab \leq S \leq 2(a^2+b^2)$.

よって，

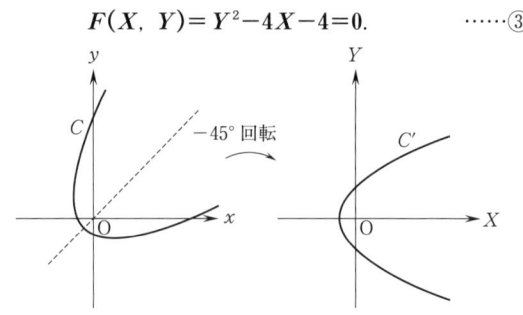

$$\begin{cases} \theta = \pm\dfrac{\pi}{4} \text{ のとき，} S \text{ の最大値は } 2(a^2+b^2), \\ \theta = 0 \text{ のとき，} S \text{ の最小値は } 4ab. \end{cases}$$

(解説)

1 $t = \cos^2\theta$ とおくと，
$$S = 4\sqrt{\{(b^2-a^2)t+a^2\}\{(a^2-b^2)t+b^2\}}$$
$$= 4\sqrt{-(a^2-b^2)^2 t^2 + (a^2-b^2)^2 t + a^2b^2}$$
$$= 4\sqrt{-(a^2-b^2)^2\left(t-\dfrac{1}{2}\right)^2 + \dfrac{(a^2+b^2)^2}{4}}.$$
$(0 < t \leq 1)$

よって， $4ab \leq S \leq 2(a^2+b^2)$.

2 接線を $(\sin\theta)x - (\cos\theta)y = p$ とおくと，上の (*) が得られます．また，楕円を回転して両軸に平行な辺をもつ長方形に内接させてもよいです．

3 最大のとき　　　　　最小のとき

(類題48の解答)

(1) $C: (x-y)^2 - 4\sqrt{2}(x+y) - 8 = 0.$ ……①

点 (x, y) を原点 O のまわりに $-45°$ 回転した点を (X, Y) とすると，複素数平面で考えて
$$X + iY = \{\cos(-45°) + i\sin(-45°)\}(x + iy)$$
より
$$x + iy = (\cos 45° + i\sin 45°)(X + iY)$$
$$= \left(\dfrac{1}{\sqrt{2}} + \dfrac{1}{\sqrt{2}}i\right)(X + iY)$$
$$= \dfrac{1}{\sqrt{2}}\{X - Y + i(X + Y)\}.$$

よって
$$\begin{cases} x = \dfrac{1}{\sqrt{2}}(X - Y), \\ y = \dfrac{1}{\sqrt{2}}(X + Y). \end{cases} \quad \cdots\cdots ②$$

点 (x, y) は曲線 C 上の点であるから，② を ① に代入して，
$$(-\sqrt{2}Y)^2 - 4\sqrt{2}\cdot\sqrt{2}X - 8 = 0.$$

$$2Y^2 - 8X - 8 = 0.$$
よって，
$$F(X, Y) = Y^2 - 4X - 4 = 0. \quad \cdots\cdots ③$$

(2) $C': y^2 = 4(x+1).$

C' の焦点は $(0, 0)$ で，準線は $x = -2$ である．C' 上の点 $P(x, y)$ から焦点までの距離と準線までの距離は等しいから
$$OP = x + 2.$$
よって，
$$r = x + 2. \quad \cdots\cdots ④$$
一方， $\overrightarrow{OP} = \begin{pmatrix} x \\ y \end{pmatrix} = r\begin{pmatrix} \cos\theta \\ \sin\theta \end{pmatrix}$ であるから
$$x = r\cos\theta. \quad \cdots\cdots ⑤$$

④，⑤ より
$$r = r\cos\theta + 2.$$
$$r = \dfrac{2}{1 - \cos\theta}.$$

[別解]

$X = r\cos\theta$, $Y = r\sin\theta$ $(r > 0, 0 \leq \theta < 2\pi)$ とおき，これらを ③ に代入すると
$$r^2\sin^2\theta - 4r\cos\theta - 4 = 0.$$
$$r^2(1 - \cos^2\theta) - 4r\cos\theta - 4 = 0.$$
$$r^2 = r^2\cos^2\theta + 4r\cos\theta + 4$$
$$= (r\cos\theta + 2)^2.$$
$$r = \pm(r\cos\theta + 2).$$
$$r(1 \mp \cos\theta) = \pm 2 \text{（複号同順）}.$$
$r > 0$ であるから
$$r = \dfrac{2}{1 - \cos\theta}.$$

(3)

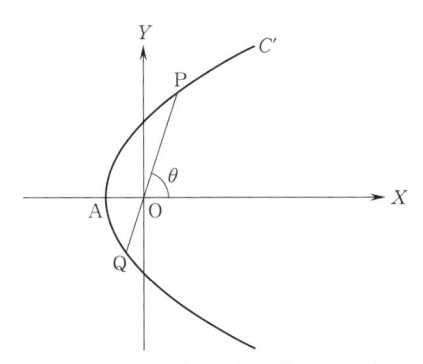

P, Q の極座標を $P(r_1, \theta)$, $Q(r_2, \theta+\pi)$ とおくと
$$OP = r_1 = \frac{2}{1-\cos\theta},$$
$$OQ = r_2 = \frac{2}{1-\cos(\theta+\pi)} = \frac{2}{1+\cos\theta}.$$
したがって,
$$\frac{1}{OP} + \frac{1}{OQ} = \frac{1-\cos\theta}{2} + \frac{1+\cos\theta}{2} = 1.$$
$OA = 1$ より
$$\frac{1}{OP} + \frac{1}{OQ} = \frac{1}{OA}.$$

〈参考〉

③ より $C' : Y^2 = 4(X+1)$ となるから,これは放物線 $Y^2 = 4X$ を X 軸方向に -1 だけ平行移動したものであり,C' の焦点は $(1-1, 0)$ より原点 $O(0,0)$ で,また $A(-1, 0)$ は C' の頂点です.一般に放物線 $C : y^2 = 4px$ の焦点 $F(p, 0)$ を通る任意の直線と C との交点を P, Q とすると
$$\frac{1}{PF} + \frac{1}{QF} = \frac{1}{OF}$$
が成り立ちます.

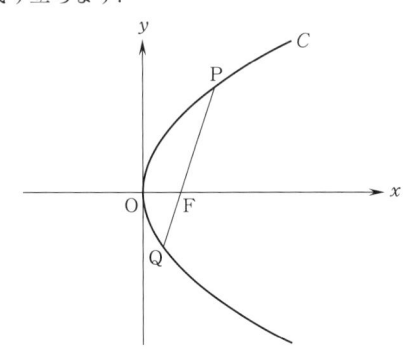

(類題 49 の解答)

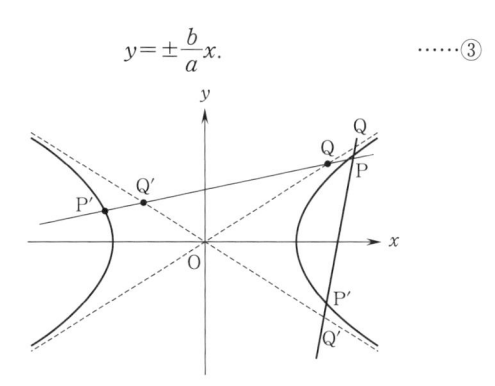

$$\begin{cases} \dfrac{x^2}{a^2} - \dfrac{y^2}{b^2} = 1 \ (a>0, b>0), & \cdots\cdots① \\ y = mx + k \ (k \neq 0). & \cdots\cdots② \end{cases}$$
また,① の漸近線は,
$$y = \pm\frac{b}{a}x. \cdots\cdots③$$

① と ② より y を消去して,
$$\frac{x^2}{a^2} - \frac{(mx+k)^2}{b^2} = 1.$$
$$(b^2 - a^2m^2)x^2 - 2a^2mkx - a^2(k^2+b^2) = 0. \cdots\cdots④$$
2 点 P, P' の x 座標をそれぞれ α, α' とすると α, α' は ④ の解であるから,解と係数の関係より,
$$\alpha + \alpha' = \frac{2a^2mk}{b^2-a^2m^2}. \cdots\cdots⑤$$
また,② と ③ より y を消去して,
$$mx + k = \pm\frac{b}{a}x.$$
$$x = \frac{ak}{\pm b - am}.$$
これらが Q, Q' の x 座標であるから Q, Q' の x 座標をそれぞれ β, β' とすると
$$\beta + \beta' = \frac{ak}{b-am} - \frac{ak}{b+am}$$
$$= \frac{2a^2mk}{b^2-a^2m^2}. \cdots\cdots⑥$$
上の図より「$\alpha > \beta$ かつ $\alpha' < \beta'$」または「$\alpha < \beta$ かつ $\alpha' > \beta'$」のいずれかである.

(i) $\alpha > \beta$ かつ $\alpha' < \beta'$ のとき

⑤ と ⑥ より
$$\alpha - \beta - (\beta' - \alpha') = \alpha + \alpha' - (\beta + \beta') = 0.$$
よって,
$$\alpha - \beta = \beta' - \alpha'.$$

(ii) $\alpha < \beta$ かつ $\alpha' > \beta'$ のとき

⑤ と ⑥ より
$$\beta - \alpha - (\alpha' - \beta') = \beta + \beta' - (\alpha + \alpha') = 0.$$
よって,
$$\beta - \alpha = \alpha' - \beta'.$$
いずれのときも
$$|P と Q の x 座標の差| = |P' と Q' の x 座標の差|$$
$$\cdots\cdots⑦$$
である.

4 点 P, Q, P', Q' は同一直線 ② 上の点であるから ⑦ より $PQ = P'Q'$ である.

注 ⑤ と ⑥ を用いて線分 PP' の中点と線分 QQ' の中

点が一致することを示してもよい．

第6章 複素数平面

(類題50の解答)

(1) $f(x)=x^3-3b^2x+2a(4a^2-3b^2)$
$=-3b^2(x+2a)+(x^3+8a^3)$
$=-3b^2(x+2a)+(x+2a)(x^2-2ax+4a^2)$
$=(x+2a)(x^2-2ax+4a^2-3b^2).$

よって，$f(x)=0$ とすると，
$x=-2a$ または $x^2-2ax+4a^2-3b^2=0.$
上の第2式について，解の公式より
$x=a\pm\sqrt{a^2-(4a^2-3b^2)}$
$=a\pm\sqrt{-3(a^2-b^2)}.$
$a>b>0$ より $a^2-b^2>0$ であるから
$x=a\pm\sqrt{3(a^2-b^2)}\,i.$
$a>0$ より $\alpha=-2a,\ \beta=a+\sqrt{3(a^2-b^2)}\,i.$
よって，$\mathbf{A}(-2a,\ 0),\ \mathbf{B}(a,\ \sqrt{3(a^2-b^2)}).$

(2) $M\left(-\dfrac{a}{2},\ \dfrac{\sqrt{3(a^2-b^2)}}{2}\right).$

$f'(x)=3(x^2-b^2)$ より，$f'(x)=0$ とすると，$x=\pm b.$
よって，$F(b,\ 0),\ F'(-b,\ 0)$ としてよい．
$FM^2=\left(-\dfrac{a}{2}-b\right)^2+\left(\dfrac{\sqrt{3(a^2-b^2)}}{2}\right)^2$
$=\left(a+\dfrac{1}{2}b\right)^2.$
$a>b>0$ より，$a+\dfrac{1}{2}b>0$ であるから
$FM=a+\dfrac{1}{2}b.$

次に
$F'M^2=\left(-\dfrac{a}{2}+b\right)^2+\left(\dfrac{\sqrt{3(a^2-b^2)}}{2}\right)^2$
$=\left(a-\dfrac{1}{2}b\right)^2.$
$a>b>0$ より，$a-\dfrac{1}{2}b>0$ であるから
$F'M=a-\dfrac{1}{2}b.$

したがって
$FM+F'M=\left(a+\dfrac{1}{2}b\right)+\left(a-\dfrac{1}{2}b\right)=2a.$
よって，$FM+F'M$ は a のみに関係する定数となり，一定値は $\mathbf{2a}.$

(3) 2点 $F,\ F'$ を焦点とする楕円は中心が $O(0,\ 0)$ の横長の楕円で，$FM+F'M=2a$ より，長軸の長さは $2a$ となる．
また，短軸の長さを $2c$ とおくと，焦点が $(\pm b,\ 0)$ であるから，
$c^2=a^2-b^2.$
よって，楕円の方程式は
$\dfrac{x^2}{a^2}+\dfrac{y^2}{a^2-b^2}=1.$ ……①

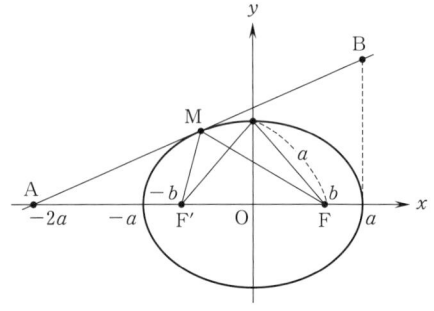

一方，直線 AB の方程式は
$y=\dfrac{\sqrt{3(a^2-b^2)}}{3a}(x+2a).$ ……②

①，②より y を消去して
$\dfrac{x^2}{a^2}+\dfrac{1}{a^2-b^2}\times\dfrac{3(a^2-b^2)}{9a^2}(x+2a)^2=1,$
$3x^2+(x+2a)^2=3a^2,$
$4x^2+4ax+a^2=0,$
$(2x+a)^2=0.$

よって，
$x=-\dfrac{a}{2}$（重解）

このとき②より，$y=\dfrac{\sqrt{3(a^2-b^2)}}{2}$ であるから，

①，②は点 M で接している．

[別解]

①の点 $M\left(-\dfrac{a}{2},\ \dfrac{\sqrt{3(a^2-b^2)}}{2}\right)$ における接線の方程式は

$\dfrac{-\dfrac{a}{2}x}{a^2}+\dfrac{\dfrac{\sqrt{3(a^2-b^2)}}{2}y}{a^2-b^2}=1$

つまり

$-\dfrac{x}{a}+\sqrt{\dfrac{3}{a^2-b^2}}\,y=2.$

である．
これは2点 $A(-2a,\ 0),\ B(a,\ \sqrt{3(a^2-b^2)})$ を通るから直線 AB は点 M で ① に接する．

〈参考〉
複素数平面上で $f(x)=0$ の3つの解 $\alpha,\ \beta,\ \overline{\beta}$ に対応する点を A，B，C とし，$f'(x)=0$ の2つの解に対応する2点を F，F' とすると，F，F' を焦点とする楕円 ① は三角形 ABC に各辺の中点で接します．とてもきれいですね．

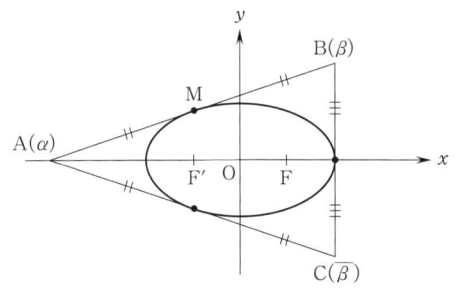

実は，3次方程式に対してファン・デン・ベルグ (Van den Berg) の定理といわれる次の美しい定理が成り立ちます．

$$f(x) = ax^3 + bx^2 + cx + d$$

とすると

$$f'(x) = 3ax^2 + 2bx + c.$$

いま，複素数平面上で $f(x) = 0$ の解を z_1, z_2, z_3 とし，$f'(x) = 0$ の解を α, β とする．$A(z_1)$, $B(z_2)$, $C(z_3)$, $F(\alpha)$, $F'(\beta)$ とする．

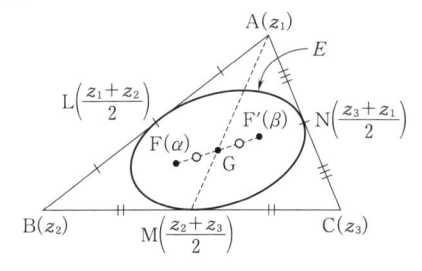

3点 A，B，C が三角形をつくるとき，F，F' を焦点とし，三角形 ABC の各辺の中点 L，M，N で各辺と接する楕円 E が存在する．しかも，三角形 ABC の重心 G は楕円 E の中心，つまり線分 FF' の中点である．

（類題 51 の解答）

(1) $\alpha = \cos\dfrac{2\pi}{n} + i\sin\dfrac{2\pi}{n}$.

ド・モアブルの定理より

$$\alpha^k = \left(\cos\dfrac{2\pi}{n} + i\sin\dfrac{2\pi}{n}\right)^k$$
$$= \cos\dfrac{2k\pi}{n} + i\sin\dfrac{2k\pi}{n}.$$
$$(k = 1, 2, \cdots, n-1)$$

よって，$A_0(1)$, $A_1(\alpha)$, $A_2(\alpha^2)$, $\cdots$, $A_{n-1}(\alpha^{n-1})$ は単位円 $|z|=1$ に内接する正 n 角形の頂点である．

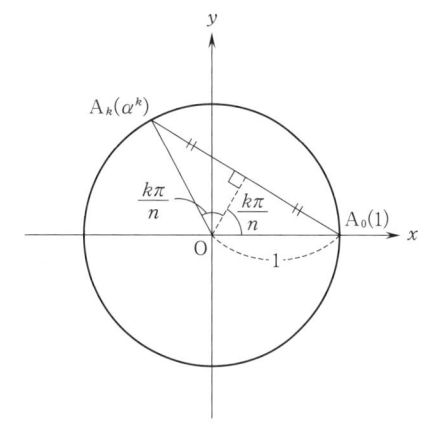

上の図より，

$$A_0A_k = 2\sin\dfrac{k\pi}{n} \quad (k = 1, 2, \cdots, n-1). \quad \cdots\cdots ①$$

[別解]

$$A_0A_k{}^2 = |1 - \alpha^k|^2$$
$$= (1 - \alpha^k)(1 - \overline{\alpha^k})$$
$$= 1 - (\alpha^k + \overline{\alpha^k}) + |\alpha^k|^2$$
$$= 2 - 2\cos\dfrac{2k\pi}{n}$$
$$= 4\sin^2\dfrac{k\pi}{n}.$$

$k = 1, 2, \cdots, n-1$ より $0 < \dfrac{k\pi}{n} < \pi$ であるから $\sin\dfrac{k\pi}{n} > 0$. したがって，

$$A_0A_k = 2\sin\dfrac{k\pi}{n} \quad (k = 1, 2, \cdots, n-1).$$

(2) $(\alpha^k)^n = \left(\cos\dfrac{2k\pi}{n} + i\sin\dfrac{2k\pi}{n}\right)^n$
$$= \cos 2k\pi + i\sin 2k\pi$$
$$= 1. \quad (k = 1, 2, \cdots, n-1)$$

よって，α, α^2, $\cdots$, α^{n-1} は方程式 $z^n = 1$ の 1 以外の異なる $n-1$ 個の解である．

$$z^n - 1 = (z-1)(z^{n-1} + z^{n-2} + \cdots + z + 1).$$

より，α, α^2, $\cdots$, α^{n-1} は方程式

$$z^{n-1} + z^{n-2} + \cdots + z + 1 = 0.$$

の異なる $n-1$ 個の解である．

したがって，

$$z^{n-1} + z^{n-2} + \cdots + z + 1$$
$$= (z - \alpha)(z - \alpha^2)\cdots(z - \alpha^{n-1}). \quad \cdots\cdots ②$$

と因数分解できる．

② で $z = 1$ として，

$$(1 - \alpha)(1 - \alpha^2)\cdots(1 - \alpha^{n-1}) = n. \quad \cdots\cdots ③$$

(3) $A_0A_1 \cdot A_0A_2 \cdots A_0A_{n-1}$
$$= |1 - \alpha||1 - \alpha^2|\cdots|1 - \alpha^{n-1}|$$

$$\begin{aligned}&=|(1-\alpha)(1-\alpha^2)\cdots(1-\alpha^{n-1})|\\&=n. \quad (\text{③ より})\end{aligned} \quad \cdots\cdots④$$

よって，①と④より
$$\left(2\sin\frac{\pi}{n}\right)\left(2\sin\frac{2\pi}{n}\right)\cdots\left(2\sin\frac{(n-1)\pi}{n}\right)=n.$$

ゆえに，
$$\sin\frac{\pi}{n}\sin\frac{2\pi}{n}\cdots\sin\frac{(n-1)\pi}{n}=\frac{n}{2^{n-1}}.$$

(類題 52 の解説)

(1) $\alpha=\cos\dfrac{2\pi}{7}+i\sin\dfrac{2\pi}{7}.$

ド・モアブルの定理より
$$\begin{aligned}\alpha^7&=\cos 2\pi+i\sin 2\pi\\&=1.\end{aligned} \quad \cdots\cdots①$$

よって，
$$\begin{aligned}\sum_{k=0}^{6}\alpha^k&=1+\alpha+\alpha^2+\alpha^3+\alpha^4+\alpha^5+\alpha^6\\&=\frac{1-\alpha^7}{1-\alpha}=0. \quad \cdots\cdots②\end{aligned}$$

また，$|\alpha|=1$ であるから，
$$|\alpha|^2=\alpha\overline{\alpha}=1. \quad \cdots\cdots③$$

①の両辺に $\overline{\alpha}$ をかけて，
$$\overline{\alpha}\alpha^7=(\overline{\alpha}\alpha)\alpha^6=\overline{\alpha}.$$

よって，③より
$$\alpha^6=\overline{\alpha}. \quad \cdots\cdots④$$

ゆえに，$\alpha, \alpha^2, \cdots, \alpha^6$ はすべて異なるから $\alpha^m=\overline{\alpha}$ となる m ($1\leq m\leq 6$) は
$$m=6.$$

[別解]
$$\begin{aligned}\overline{\alpha}&=\cos\frac{2\pi}{7}-i\sin\frac{2\pi}{7}\\&=\cos\left(2\pi-\frac{2\pi}{7}\right)+i\sin\left(2\pi-\frac{2\pi}{7}\right)\\&=\cos\frac{12\pi}{7}+i\sin\frac{12\pi}{7}\\&=\alpha^6.\end{aligned}$$

$\alpha, \alpha^2, \cdots, \alpha^6$ はすべて異なるから $\alpha^m=\overline{\alpha}$ となる m ($1\leq m\leq 6$) は
$$m=6.$$

(2) ④の両辺に $\overline{\alpha}$ を掛けて
$$\overline{\alpha}\alpha^6=(\overline{\alpha}\alpha)\alpha^5=\overline{\alpha}^2. \quad \cdots\cdots⑤$$

よって，③より
$$\alpha^5=\overline{\alpha^2}. \quad \cdots\cdots⑥$$

同様にして，
$$\alpha^4=\overline{\alpha^3}.$$

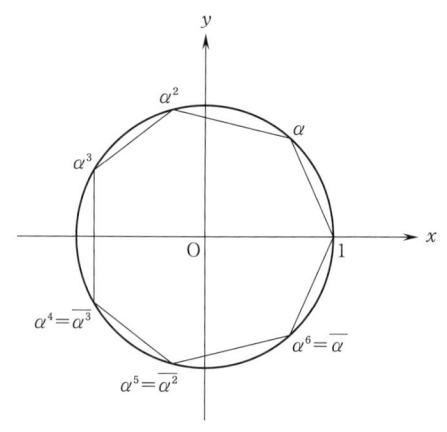

$\beta=\alpha^3+\alpha^5+\alpha^6$ であるから，④，⑤，⑥より
$$\begin{aligned}\overline{\beta}&=\overline{\alpha^3}+\overline{\alpha^5}+\overline{\alpha^6}\\&=\alpha^4+\alpha^2+\alpha.\end{aligned}$$

したがって，
$$\begin{aligned}\beta+\overline{\beta}&=(\alpha^3+\alpha^5+\alpha^6)+(\alpha^4+\alpha^2+\alpha)\\&=\alpha+\alpha^2+\alpha^3+\alpha^4+\alpha^5+\alpha^6\\&=-1. \quad (\text{②より}) \quad \cdots\cdots⑦\end{aligned}$$

$$\begin{aligned}\beta\overline{\beta}&=(\alpha^3+\alpha^5+\alpha^6)(\alpha+\alpha^2+\alpha^4)\\&=\alpha^4+\alpha^5+\alpha^7+\alpha^6+\alpha^7+\alpha^9+\alpha^7+\alpha^8+\alpha^{10}\\&=\alpha^4+\alpha^5+1+\alpha^6+1+\alpha^2+1+\alpha+\alpha^3 \quad (\text{①より})\\&=3+(\alpha+\alpha^2+\alpha^3+\alpha^4+\alpha^5+\alpha^6)\\&=3+(-1) \quad (\text{②より})\\&=2. \quad \cdots\cdots⑧\end{aligned}$$

(3) ⑦と⑧より $\beta, \overline{\beta}$ は 2 次方程式
$$t^2+t+2=0$$
の 2 解である．
$$t=\frac{-1\pm\sqrt{7}i}{2}.$$

ここで，$\alpha^k=\cos\dfrac{2k\pi}{7}+i\sin\dfrac{2k\pi}{7}$
$$(k=1, 2, 3, 4, 5, 6)$$
であるから $\mathrm{Im}\alpha^k=\sin\dfrac{2k\pi}{7}.$

よって，
$$\begin{aligned}\mathrm{Im}\beta&=\mathrm{Im}(\alpha^3+\alpha^5+\alpha^6)\\&=\sin\frac{6\pi}{7}+\sin\frac{10\pi}{7}+\sin\frac{12\pi}{7}\\&=\sin\left(\pi-\frac{\pi}{7}\right)+\sin\left(\pi+\frac{3\pi}{7}\right)+\sin\left(2\pi-\frac{2\pi}{7}\right)\\&=\sin\frac{\pi}{7}-\sin\frac{3\pi}{7}-\sin\frac{2\pi}{7}<0\\&\left(0<\frac{\pi}{7}<\frac{2\pi}{7}<\frac{3\pi}{7}<\frac{\pi}{2} \text{より}\right)\end{aligned}$$

したがって，
$$\beta=\frac{-1-\sqrt{7}i}{2}.$$

第6章 複素数平面　49

注 ① より
$$\alpha^7-1=(\alpha-1)(\alpha^6+\alpha^5+\alpha^4+\alpha^3+\alpha^2+\alpha+1)=0.$$
$\alpha \neq 1$ であるから，
$$\alpha^6+\alpha^5+\alpha^4+\alpha^3+\alpha^2+\alpha+1=0.$$

（類題53の解答）

(1) $z=r(\cos\theta+i\sin\theta)$ とする．$0<r<1$ より $z\neq 1$ であるから，
$$1+z+z^2+\cdots+z^n=\frac{1-z^{n+1}}{1-z}. \quad \cdots\cdots ①$$
$z^k=r^k(\cos k\theta+i\sin k\theta)$ であるから ① より
$$\sum_{k=0}^{n} r^k(\cos k\theta+i\sin k\theta)$$
$$=\frac{1-r^{n+1}\{\cos(n+1)\theta+i\sin(n+1)\theta\}}{1-r(\cos\theta+i\sin\theta)}$$
$$=\frac{1-r^{n+1}\cos(n+1)\theta-ir^{n+1}\sin(n+1)\theta}{1-r\cos\theta-ir\sin\theta}$$
$$=\frac{\{1-r^{n+1}\cos(n+1)\theta-ir^{n+1}\sin(n+1)\theta\}(1-r\cos\theta+ir\sin\theta)}{(1-r\cos\theta)^2+r^2\sin^2\theta}$$
$$=\frac{\{1-r^{n+1}\cos(n+1)\theta\}(1-r\cos\theta)+r^{n+2}\sin(n+1)\theta\sin\theta}{1+r^2-2r\cos\theta}$$
$$+i\frac{\{1-r^{n+1}\cos(n+1)\theta\}r\sin\theta-r^{n+1}(1-r\cos\theta)\sin(n+1)\theta}{1+r^2-2r\cos\theta}$$
$$=\frac{1-r\cos\theta-r^{n+1}\cos(n+1)\theta+r^{n+2}\cos n\theta}{1+r^2-2r\cos\theta}$$
$$+i\frac{r\sin\theta-r^{n+1}\sin(n+1)\theta+r^{n+2}\sin n\theta}{1+r^2-2r\cos\theta}. \quad \cdots\cdots ②$$

一方，
$$\sum_{k=0}^{n} r^k(\cos k\theta+i\sin k\theta)$$
$$=\sum_{k=0}^{n} r^k\cos k\theta+i\sum_{k=1}^{n} r^k\sin k\theta$$
$$=C_n+iS_n \quad \cdots\cdots ③$$

であるから，② と ③ の実部と虚部を比較して，
$$C_n=\frac{1-r\cos\theta-r^{n+1}\cos(n+1)\theta+r^{n+2}\cos n\theta}{1+r^2-2r\cos\theta},$$
$$S_n=\frac{r\sin\theta-r^{n+1}\sin(n+1)\theta+r^{n+2}\sin n\theta}{1+r^2-2r\cos\theta}.$$

(2) $0<r<1$ より
$$0\leq |r^{n+1}\cos(n+1)\theta|\leq r^{n+1}\to 0 \quad (n\to\infty)$$
であるから，はさみうちの原理より
$$\lim_{n\to\infty}|r^{n+1}\cos(n+1)\theta|=0.$$
よって，
$$\lim_{n\to\infty}r^{n+1}\cos(n+1)\theta=0.$$
同様にして，
$\lim_{n\to\infty}r^{n+2}\cos n\theta=0$, $\lim_{n\to\infty}r^{n+1}\sin(n+1)\theta=0$,
$\lim_{n\to\infty}r^{n+2}\sin n\theta=0$ であるから(1)より，

$$\begin{cases}\lim_{n\to\infty}C_n=\dfrac{1-r\cos\theta}{1+r^2-2r\cos\theta}, \\ \lim_{n\to\infty}S_n=\dfrac{r\sin\theta}{1+r^2-2r\cos\theta}.\end{cases}$$

（類題54の解答）

(1) Qを表す複素数を q とし，K, L, M, N を表す複素数をそれぞれ α, β, γ, δ で表す．

　四角形 BAPQ は正方形であるから，$\overrightarrow{BQ}(q-z_2)$ は $\overrightarrow{BA}(z_1-z_2)$ を $\dfrac{\pi}{2}$ 回転したものである．
よって，
$$q-z_2=i(z_1-z_2).$$
$$q=z_2+i(z_1-z_2).$$
K(α) は AQ の中点であるから，
$$\alpha=\frac{z_1+q}{2}$$
$$=\frac{1}{2}\{z_1+z_2+i(z_1-z_2)\}.$$

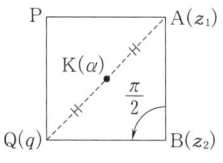

(2) 同様にして，
$$\beta=\frac{1}{2}\{z_2+z_3+i(z_2-z_3)\},$$
$$\gamma=\frac{1}{2}\{z_3+z_4+i(z_3-z_4)\},$$
$$\delta=\frac{1}{2}\{z_4+z_1+i(z_4-z_1)\}.$$
よって，
$$\gamma-\alpha=\frac{1}{2}\{-z_1-z_2+z_3+z_4+i(-z_1+z_2+z_3-z_4)\},$$
$$\delta-\beta=\frac{1}{2}\{z_1-z_2-z_3+z_4+i(-z_1-z_2+z_3+z_4)\}.$$
したがって，
$$\delta-\beta=i(\gamma-\alpha)$$
となるから，$\overrightarrow{KM}(\gamma-\alpha)$ を $\dfrac{\pi}{2}$ 回転したものが $\overrightarrow{LN}(\delta-\beta)$ である．
よって，
$$KM=LN \quad かつ \quad KM\perp LN$$
である．

(3) 線分 KM と線分 LN の中点が一致するから
$$\frac{\alpha+\gamma}{2}=\frac{\beta+\delta}{2}$$
である．
よって，
$$z_1+z_2+z_3+z_4+i(z_1-z_2+z_3-z_4)$$
$$=z_1+z_2+z_3+z_4+i(-z_1+z_2-z_3+z_4)$$

$\iff z_1-z_2=z_4-z_3$
$\iff \overrightarrow{BA}=\overrightarrow{CD}.$
したがって,
四角形 ABCD は平行四辺形
である.

(類題 55 の解答)
(1) $A(\alpha)$, $B(\beta)$, $C(\gamma)$, $D(\delta)$ とおく.

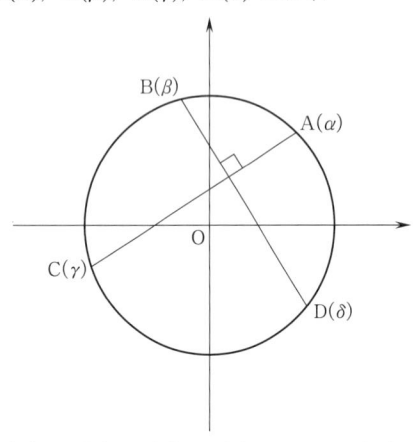

$A(\alpha)$, $B(\beta)$, $C(\gamma)$, $D(\delta)$ は単位円 $|z|=1$ 上の点であるから
$$|\alpha|=|\beta|=|\gamma|=|\delta|=1.$$
よって,
$$\bar{\alpha}=\frac{1}{\alpha},\ \bar{\beta}=\frac{1}{\beta},\ \bar{\gamma}=\frac{1}{\gamma},\ \bar{\delta}=\frac{1}{\delta}. \quad \cdots\cdots ①$$
$\overrightarrow{AC} \perp \overrightarrow{BD}$
$\iff$ 「$\gamma-\alpha$ と $\delta-\beta$ のなす角が $\pm\frac{\pi}{2}$」
$\iff \arg\dfrac{\delta-\beta}{\gamma-\alpha}=\pm\dfrac{\pi}{2}$
$\iff$ 「$\dfrac{\delta-\beta}{\gamma-\alpha}$ は純虚数」
$\iff \dfrac{\delta-\beta}{\gamma-\alpha}+\overline{\left(\dfrac{\delta-\beta}{\gamma-\alpha}\right)}=0$
$\iff \dfrac{\delta-\beta}{\gamma-\alpha}+\dfrac{\bar{\delta}-\bar{\beta}}{\bar{\gamma}-\bar{\alpha}}=0$
$\iff (\bar{\gamma}-\bar{\alpha})(\delta-\beta)+(\gamma-\alpha)(\bar{\delta}-\bar{\beta})=0$
$\iff \left(\dfrac{1}{\gamma}-\dfrac{1}{\alpha}\right)(\delta-\beta)+(\gamma-\alpha)\left(\dfrac{1}{\delta}-\dfrac{1}{\beta}\right)=0$
(① より)
$\iff \dfrac{\alpha-\gamma}{\alpha\gamma}(\delta-\beta)+(\gamma-\alpha)\dfrac{\beta-\delta}{\beta\delta}=0$
$\iff \dfrac{1}{\alpha\gamma}+\dfrac{1}{\beta\delta}=0$
$\iff \alpha\gamma+\beta\delta=0.$

(2) 複素数平面上で考える.
この正 n 角形の頂点を A_0, A_1, $\cdots$, A_{n-1} とおく.

この正 n 角形 $A_0A_1\cdots A_{n-1}$ は単位円 $|z|=1$ に内接し,$A_0(1)$ としてよい.このとき,
$$z=\cos\frac{2\pi}{n}+i\sin\frac{2\pi}{n} \quad \cdots\cdots ②$$
とおくと,ド・モアブルの定理より
$$z^k=\cos\frac{2k\pi}{n}+i\sin\frac{2k\pi}{n}$$
となるから $A_1(z)$, $A_2(z^2)$, $\cdots$, $A_{n-1}(z^{n-1})$ とおける.

また ② より,
$$z^n=1. \quad \cdots\cdots ③$$
いま,直交する対角線が存在するとして
$$A_jA_k \perp A_lA_m$$
とおくと (1) より
$$z^jz^k+z^lz^m=0.$$
よって,
$$z^{j+k-l-m}=-1.$$
両辺を n 乗して
$$z^{n(j+k-l-m)}=(-1)^n.$$
③ より
$$1=(-1)^n.$$
n は奇数であるからこれは矛盾する.
ゆえに,n が 3 以上の奇数のとき,正 n 角形の対角線は直交することはあり得ない.

(類題 56 の解答)
(1) $z_1=wz_3$, $z_2=wz_1$, $z_3=wz_2$. $\quad\cdots\cdots ①$
① より,
$$z_1=wz_3=w^2z_2=w^3z_1.$$
$$(1-w^3)z_1=0. \quad \cdots\cdots ②$$
もし,$z_1=0$ ならば,① より $z_1=z_2=z_3=0$ となり三角形 ABC は存在しないから $z_1\neq 0$.
よって,② より
$$1-w^3=0.$$
$$(1-w)(1+w+w^2)=0. \quad \cdots\cdots ③$$
ここで,$w=1$ ならば,① より $z_1=z_2=z_3$ となり三角形 ABC は存在しないから $w\neq 1$.
したがって,③ より
$$1+w+w^2=0 \quad \cdots\cdots ④$$

[別解]
① の 3 式の辺々を加えると,
$$z_1+z_2+z_3=w(z_1+z_2+z_3).$$
$z_1+z_2+z_3\neq 0$ とすると $w=1$ となり,① より $z_1=z_2=z_3$ となるから三角形 ABC は存在しない.
ゆえに,
$$z_1+z_2+z_3=0.$$
これに ① を用いると
$$z_1+wz_1+w^2z_1=0.$$

$(1+w+w^2)z_1=0.$

$z_1=0$ とすると $z_1=z_2=z_3=0$ となり三角形 ABC は存在しないから $z_1\neq 0$.

したがって,
$$1+w+w^2=0.$$

(2) ① より,
$$\frac{z_1-z_2}{z_3-z_2}=\frac{wz_3-z_2}{wz_2-z_2}$$
$$=\frac{(w^2-1)z_2}{(w-1)z_2}$$
$$=w+1 \quad\cdots\cdots ⑤$$

ここで, ④ より $w=\dfrac{-1\pm\sqrt{3}\,i}{2}$ であるから
$$w+1=\frac{1\pm\sqrt{3}\,i}{2}$$
$$=\cos\left(\pm\frac{\pi}{3}\right)+i\sin\left(\pm\frac{\pi}{3}\right).$$
(複号同順)

よって, ⑤ より
$$z_1-z_2=\left\{\cos\left(\pm\frac{\pi}{3}\right)+i\sin\left(\pm\frac{\pi}{3}\right)\right\}(z_3-z_2).$$
(複号同順)

これより $\overrightarrow{\mathrm{BC}}(z_3-z_2)$ を $\pm\dfrac{\pi}{3}$ 回転すると, $\overrightarrow{\mathrm{BA}}(z_1-z_2)$ になるから,

三角形 ABC は正三角形

である.

[別解]

④ より $w=\dfrac{-1\pm\sqrt{3}\,i}{2}=\cos\left(\pm\dfrac{2\pi}{3}\right)+i\sin\left(\pm\dfrac{2\pi}{3}\right)$

であるから ① より z_1, z_2, z_3 を原点Oのまわりに $\pm\dfrac{\pi}{3}$ 回転したものが, それぞれ z_2, z_3, z_1 になるから

三角形 ABC は正三角形

である.

(3) ① より
$$z=z_1+2z_2+3z_3$$
$$=w^2z_2+2z_2+3wz_2$$
$$=(w^2+3w+2)z_2$$
$$=\{(w^2+w+1)+2w+1\}z_2$$
$$=(2w+1)z_2 \quad (④ より)$$
$$=\pm\sqrt{3}\,iz_2 \quad \left(w=\frac{-1\pm\sqrt{3}\,i}{2} より\right)$$
$$=\sqrt{3}\left\{\cos\left(\pm\frac{\pi}{2}\right)+i\sin\left(\pm\frac{\pi}{2}\right)\right\}z_2.$$
(複号同順)

これより, $\overrightarrow{\mathrm{OB}}(z_2)$ を $\pm\dfrac{\pi}{2}$ 回転して $\sqrt{3}$ 倍したものが $\overrightarrow{\mathrm{OD}}(z)$ であるから

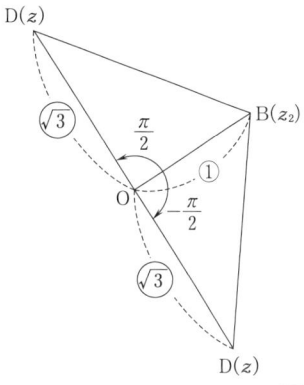

三角形 OBD は OB : BD : OD $=1:2:\sqrt{3}$ の直角三角形である.

(類題 57 の解答)

$w=\dfrac{(z_1-z_3)(z_2-z_4)}{(z_2-z_3)(z_1-z_4)}$ とおく.

$$\arg w=\arg\frac{(z_1-z_3)(z_2-z_4)}{(z_2-z_3)(z_1-z_4)}$$
$$=\arg\left(\frac{z_1-z_3}{z_2-z_3}\cdot\frac{z_2-z_4}{z_1-z_4}\right)$$
$$=\arg\frac{z_1-z_3}{z_2-z_3}+\arg\frac{z_2-z_4}{z_1-z_4}$$
$$=\angle z_2z_3z_1+\angle z_1z_4z_2 \quad\cdots\cdots ①$$
$$=\angle z_1z_4z_2-\angle z_1z_3z_2. \quad\cdots\cdots ①'$$

(i) z_3, z_4 が弦 z_1z_2 に関して同じ側にあるとき

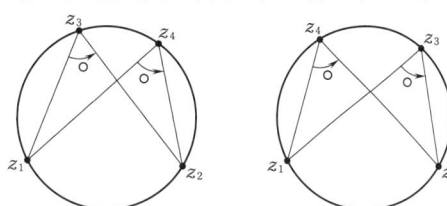

z_1, z_2, z_3, z_4 は同一円周上にあるから
$$\angle z_1z_3z_2=\angle z_1z_4z_2.$$

よって, ①' より $\arg w=0$.

ゆえに, w は正の実数である.

(ii) z_3, z_4 が弦 z_1z_2 に関して反対側にあるとき,

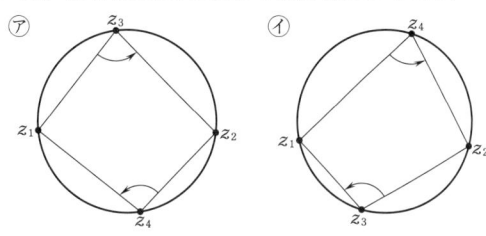

㋐　　　　　　　　　㋑

z_1, z_2, z_3, z_4 は同一円周上にあるから
㋐ のとき
$$\angle z_1z_3z_2+\angle z_2z_4z_1=\pi.$$

よって，①より
$$\arg w = -(\angle z_2 z_3 z_1 + \angle z_1 z_4 z_2) = -\pi$$
であるから，w は負の実数である．
④のとき
$$\arg w = \angle z_2 z_3 z_1 + \angle z_1 z_4 z_2 = \pi$$
であるから，w は負の実数である．

以上により，z_1, z_2, z_3, z_4 が同一円周上にあるとき，$\dfrac{(z_1-z_3)(z_2-z_4)}{(z_2-z_3)(z_1-z_4)}$ は実数である．

(類題58の解答)

(1) $\quad \mathrm{OP}\cdot\mathrm{OQ}=2. \quad\cdots\cdots$①

Q は O を始点とする半直線 OP 上の点であるから
$$w = kz \quad (k>0) \quad\cdots\cdots\text{②}$$
とおける．
② を ① に代入して，
$$|z||kz|=2.$$
$k>0$ より，$k=\dfrac{2}{|z|^2}$．
よって，② より
$$w=\dfrac{2z}{|z|^2}=\dfrac{2}{\overline{z}}. \quad\cdots\cdots\text{③}$$

(2)

[解答1]

$\overrightarrow{\mathrm{AB}}(-2+2i)$ より P(z) を直線 AB 上の任意の点とすると，$z-2$ は $-1+i$ に平行であるから $z-2=t(-1+i)$ (t は実数) とおける． 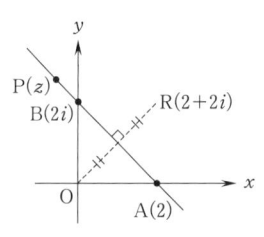
よって，
$$\dfrac{z-2}{-1+i}=t \text{ (実数)}$$
$$\iff \dfrac{z-2}{-1+i}=\overline{\left(\dfrac{z-2}{-1+i}\right)}$$
$$\iff \dfrac{z-2}{-1+i}=\dfrac{\overline{z}-2}{-1-i}$$
$$\iff (-1-i)(z-2)=(-1+i)(\overline{z}-2)$$
$$\iff (1+i)z-(1-i)\overline{z}=4i$$
$$\iff \boldsymbol{(1-i)z+(1+i)\overline{z}=4}.$$

[解答2]

直線 AB に関して，原点 O と対称な点を R とすると，R($2+2i$) である．
直線 AB は線分 OR の垂直二等分線であるから，直線 AB 上の任意の点 z に対して，
$$|z|=|z-(2+2i)|. \quad\cdots\cdots\text{☆}$$
よって，
$$|z|^2=|z-(2+2i)|^2$$
$$\iff z\overline{z}=\{z-(2+2i)\}\{\overline{z}-(2-2i)\}$$
$$\iff (2-2i)z+(2+2i)\overline{z}=8$$
$$\iff \boldsymbol{(1-i)z+(1+i)\overline{z}=4}$$

(3) 対称性より P(z) が線分 AB 上を動くときの Q(w) が描く図形を求めればよい．
(2)より線分 AB は
$$(1-i)z+(1+i)\overline{z}=4, \quad\cdots\cdots\text{④}$$
$$\mathrm{Re}\,z \geqq 0 \text{ かつ } \mathrm{Im}\,z \geqq 0. \quad\cdots\cdots\text{⑤}$$
③ より $z=\dfrac{2}{\overline{w}}$ であるから，これを ④ に代入して，
$$\dfrac{2(1-i)}{\overline{w}}+\dfrac{2(1+i)}{w}=4$$
$$\iff |w|^2-\dfrac{1-i}{2}w-\dfrac{1+i}{2}\overline{w}=0$$
$$\iff \left(w-\dfrac{1+i}{2}\right)\left(\overline{w}-\dfrac{1-i}{2}\right)=\dfrac{1}{2}$$
$$\iff \left|w-\dfrac{1+i}{2}\right|=\dfrac{1}{\sqrt{2}}. \quad\cdots\cdots\text{⑥}$$

ここで，③ より $w=\dfrac{2z}{|z|^2}$ であるから ⑤ と $\mathrm{Re}\,w \geqq 0$ かつ $\mathrm{Im}\,w \geqq 0$ は同値である．

よって，P(z) が線分 AB 上を動くとき，Q(w) は円 ⑥ 上の $\mathrm{Re}\,w \geqq 0$ かつ $\mathrm{Im}\,w \geqq 0$ 上を動く．

したがって，対称性より Q(w) は下の図を描く．

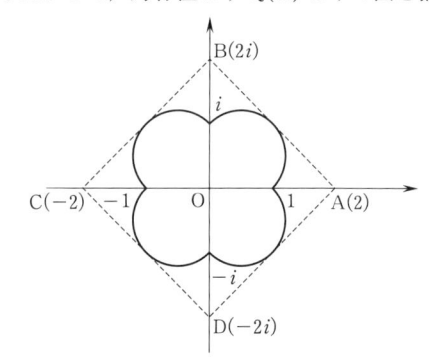

注 $z=\dfrac{2}{\overline{w}}$ を ☆ に代入してもよい．

〈参考〉

平面上に，定点 O を中心とする半径 r の円 C があり，また，平面上の O と異なる点 P に対し，O を端点とする半直線 OP 上の点 Q が
$$\mathrm{OP}\cdot\mathrm{OQ}=r^2$$
を満たすとする．このとき点 P を点 Q に移す変換を「中心が O，半径が r の円 C による反転」といいます．

以下，$r=1$ とします．

(I) 反転は次のようにして容易に作図できます.
$$OP \cdot OQ = 1 \quad \cdots\cdots ①$$

(i) 点 P が円 $|z|=1$ 上のとき
Q は半直線 OP 上にあり ① を満たすから Q=P である.

(ii) 点 P が円 $|z|=1$ の外部にあるとき
点 P から円 $|z|=1$ に引いた 2 本の接線の接点を A, B とすると, AB と OP の交点が Q である. 実際, △OAP∽△OQA より,

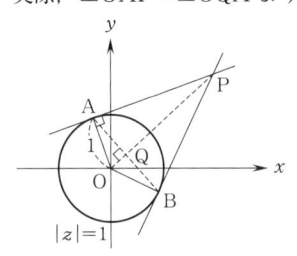

OA : OP = OQ : OA.
OP・OQ = OA² = 1.

(iii) 点 P が円 $|z|=1$ の内部にあるときは (ii) の逆をすればよい.
すなわち, P を通り OP に垂直な弦 AB を引き, A, B における接線の交点が Q である.

(II) なお, 反転に関して次のことが成り立ちます.

(P の描く図形)	(Q の描く図形)
(i) 原点 O を通る直線	⇒ 同じ直線
(ii) 原点 O を通らない直線	⇒ 原点 O を通る円
(iii) 原点 O を通る円	⇒ 原点 O を通らない直線
(iv) 原点 O を通らない円	⇒ 原点 O を通らない円

(類題 59 の解答)

$P_n(z_n)$ $(n=0, 1, 2, \cdots)$ とおくと, $z_0=0$, $z_1=1+i$.
$n \geq 2$ のとき, $\overrightarrow{P_{n-2}P_{n-1}}$ $(z_{n-1}-z_{n-2})$ を $\dfrac{\pi}{3}$ 回転して, $\dfrac{2}{3}$ 倍したものが $\overrightarrow{P_{n-1}P_n}$ (z_n-z_{n-1}) であるから,

$$\alpha = \frac{2}{3}\left(\cos\frac{\pi}{3}+i\sin\frac{\pi}{3}\right) = \frac{1}{3}+\frac{\sqrt{3}}{3}i$$

とおくと
$$z_n - z_{n-1} = \alpha(z_{n-1}-z_{n-2}). \quad \cdots\cdots ①$$

$z_1 - z_0 = 1+i$ であるから, ① より
$$z_{n+1} - z_n = (1+i)\alpha^n. \quad \cdots\cdots ②$$

また, ① より
$$z_n - \alpha z_{n-1} = z_{n-1} - \alpha z_{n-2}. \quad \cdots\cdots ①'$$

$z_1 - \alpha z_0 = 1+i$ であるから, ①' より

$$z_{n+1} - \alpha z_n = 1+i. \quad \cdots\cdots ③$$

③ − ② より
$$(1-\alpha)z_n = (1+i)(1-\alpha^n).$$

$\alpha \neq 1$ であるから,
$$z_n = \frac{(1+i)(1-\alpha^n)}{1-\alpha}. \quad \cdots\cdots ④$$

ここで, $\alpha^n = \left(\dfrac{2}{3}\right)^n\left(\cos\dfrac{n\pi}{3}+i\sin\dfrac{n\pi}{3}\right)$

であるから
$$\lim_{n\to\infty}|\alpha^n| = \lim_{n\to\infty}|\alpha|^n = \lim_{n\to\infty}\left(\frac{2}{3}\right)^n = 0$$

である.
よって,
$$\lim_{n\to\infty}\alpha^n = 0.$$

ゆえに, ④ で $n\to\infty$ として
$$\lim_{n\to\infty}z_n = \frac{1+i}{1-\alpha}$$
$$= \frac{1+i}{\dfrac{2}{3}-\dfrac{\sqrt{3}}{3}i}$$
$$= \frac{3}{7}\{2-\sqrt{3}+(2+\sqrt{3})i\}.$$

したがって P を表す複素数は
$$\frac{3}{7}\{2-\sqrt{3}+(2+\sqrt{3})i\}.$$

(類題 60 の解答)

(1) $|z|=1$ より $z = \cos\theta + i\sin\theta$ $(0 \leq \theta < 2\pi)$ とおける.
このとき,
$$1+z = 1+\cos\theta+i\sin\theta$$
$$= 2\cos^2\frac{\theta}{2}+2i\sin\frac{\theta}{2}\cos\frac{\theta}{2}$$
$$= 2\cos\frac{\theta}{2}\left(\cos\frac{\theta}{2}+i\sin\frac{\theta}{2}\right).$$

これを $w = \dfrac{(1+z)^2}{2}$ に代入して,
$$w = \frac{1}{2}\cdot 4\cos^2\frac{\theta}{2}\left(\cos\frac{\theta}{2}+i\sin\frac{\theta}{2}\right)^2$$
$$= (1+\cos\theta)(\cos\theta+i\sin\theta).$$

よって, $w = x+iy$ (x, y は実数) とおくと,
$$\begin{cases} x = (1+\cos\theta)\cos\theta, & \cdots\cdots ① \\ y = (1+\cos\theta)\sin\theta. & \cdots\cdots ② \end{cases}$$

Im$w = y$ であるから ② より
$$\frac{dy}{d\theta} = -\sin^2\theta+(1+\cos\theta)\cos\theta \quad \cdots\cdots ③$$
$$= -(1-\cos^2\theta)+(1+\cos\theta)\cos\theta$$
$$= (1+\cos\theta)(2\cos\theta-1).$$

したがって, y の増減は次のようになる.

θ	0	$\cdots$	$\dfrac{\pi}{3}$	$\cdots$	π	$\cdots$	$\dfrac{5\pi}{3}$	$\cdots$	2π
$\dfrac{dy}{d\theta}$		$+$	0	$-$	0	$-$	0	$+$	
y	0	↗	$\dfrac{3\sqrt{3}}{4}$	↘	0	↘	$-\dfrac{3\sqrt{3}}{4}$	↗	0

ゆえに，Im $w=y$ のとり得る値の範囲は
$$-\frac{3\sqrt{3}}{4}\leqq \operatorname{Im} w \leqq \frac{3\sqrt{3}}{4}.$$

(2) ① より
$$\frac{dx}{d\theta}=-\sin\theta\cos\theta-(1+\cos\theta)\sin\theta$$
$$=-\sin\theta-\sin 2\theta.$$
③ より
$$\frac{dy}{d\theta}=\cos\theta+\cos^2\theta-\sin^2\theta$$
$$=\cos\theta+\cos 2\theta.$$
よって，
$$\left(\frac{dx}{d\theta}\right)^2+\left(\frac{dy}{d\theta}\right)^2=(-\sin\theta-\sin 2\theta)^2+(\cos\theta+\cos 2\theta)^2$$
$$=2+2(\sin 2\theta\sin\theta+\cos 2\theta\cos\theta)$$
$$=2(1+\cos\theta)$$
$$=4\cos^2\frac{\theta}{2}.$$
ゆえに，求める長さを L とすると，
$$L=\int_0^{2\pi}\sqrt{\left(\frac{dx}{d\theta}\right)^2+\left(\frac{dy}{d\theta}\right)^2}\,d\theta$$
$$=\int_0^{2\pi}\sqrt{4\cos^2\frac{\theta}{2}}\,d\theta$$
$$=\int_0^{2\pi}\left|2\cos\frac{\theta}{2}\right|d\theta$$
$$=4\int_0^{\pi}\cos\frac{\theta}{2}\,d\theta$$
$$=4\left[2\sin\frac{\theta}{2}\right]_0^{\pi}$$
$$=8.$$

注1　類題 35 と同じカージオイドです．

注2　$y=\left|2\cos\dfrac{\theta}{2}\right|$ $(0\leqq\theta\leqq 2\pi)$ は $\theta=\pi$ に関して対称です．